JN438753

고분자공학개론

사이플러스
Science plus

머리말

고분자는 20세기 전반에 태동하여 중반의 고분자 산업의 획기적인 발전과 더불어 눈부신 발전을 거듭해오고 있다. 지금까지 포장재, 구조재 등의 일반 산업용 고분자를 위시해서 다양한 기능성 고분자, 내열성 고분자, 엔지니어링 플라스틱, 전도성 고분자, 의료용 고분자, 광특성 고분자 등의 많은 고분자들의 개발을 경험해왔다. 고분자과학과 산업의 발달로 인해 우리 주위의 생활이 많은 변화를 가져왔다고 해도 과언이 아니다. 수많은 전자 전기 제품들이 다량의 고분자를 함유하고 있으며 자동차, 비행기 같은 운송 분야에도 고분자들이 중요하게 사용되고 있다. 고분자과학의 발전은 아직도 계속되고 있으며, 최근에도 메탈로센 촉매에 의한 중합과 리빙 라디칼 중합, 생체고분자, 그리고 분자 모델링 등 많은 진보가 진행되고 있는 것을 목도할 수 있다.

우리나라의 고분자 산업은 세계에서 손꼽히는 규모를 자랑한다. 그와 더불어 사회와 학계의 필요에 따라 많은 대학에서 고분자 전공학과들이 생겨서 다수의 고분자 전공자들을 배출하게 되었다. 그러나 그 동안 대학 강단에서 고분자에 입문하는 학생들에게 고분자 과학을 소개하면서 고분자를 알지 못하는 상태에서 고분자에 대해 배우게 한다는 것이 쉬운 작업이 아님을 절감하게 되었다. 무엇보다도 적합한 수준의 교재의 부족이 가장 심각했다.

따라서 이 책은 고분자에 입문하는 학생들에게 보다 알기 쉬우면서도 필요한 지식을 충분히 전달할 수 있게 하는 교재 개발의 필요성을 염두에 두고 계획되었다. 그 동안 다년간에 걸쳐 강단에서 고분자과학개론, 고분자화학, 고분자물리, 고분자물리화학, 고분자재료 등을 강의한 경험과 그 동안 수집한 자료들을 바탕으로 이 책을 집필하게 되었다.

이 책은 기초화학과 물리의 지식을 갖고 있는 일반인들과 학부생들을 대상으로 한 고분자과학 입문서이다. 고분자에 대한 기초로부터 시작하여 고분자의 구조 및 특성, 고분자의 제조, 그리고 고분자의 가공과 분석에 이르기까지 고분자 과학의 전반적인 사항에 대한 소개를 하고 있다. 각 단락에는 연습문제를 첨부하여 내용의 이해와 자습에 도움을 줄뿐만 아니라 대학 교재로서 충분한 역할을 할 수 있도록 배려하였다. 부록으로 고분자를 공부하는데 도움이 될 사항들을 모아놓았다.

이 책이 완성되기까지 협조와 조언을 아끼지 않은 동료들과 원고 작성과 편집에 도움을 준 대학원생들에게 감사를 드린다. 그러나 무엇보다도 이 책이 나오는데 직접적인 기여를 한 것은 다름 아닌 강의를 수강하였던 학생들이다. 부족한 점이나 의도에 적합하지 않은 부분, 또 누락된 부분도 있을 것이다. 모쪼록 사계의 많은 질정을 당부 드린다. 끝으로 이 책이 나오게 끔 적극적으로 도움을 준 출판사 관계자 여러분께 심심한 사의를 표한다.

2009. 2. 저자 일동

차례

제1편 ■ 고분자 개요 ... 11

제1장 고분자 소개 ······ 13

1.1 고분자 과학의 발전 ······ 13
1.2 고분자 공업의 현황 ······ 16

제2장 고분자의 기본정의 ······ 19

2.1 고분자의 골격구조 ······ 21
2.2 단일중합체와 공중합체 ······ 25
2.3 열가소성 플라스틱과 열경화성 플라스틱 ······ 29
2.4 고분자 구조에 기초를 둔 분류 ······ 30

제3장 고분자 분자량 ······ 33

3.1 평균분자량 ······ 35
3.2 분자량 측정 방법 ······ 38
3.2.1 고분자의 분별 ······ 39
3.2.2 겔 투과 크로마토그래피 ······ 40
3.2.3 말단기 분석법 ······ 42
3.2.4 삼투압법(Osmometry) ······ 43
3.2.5 증기압 삼투압법(Vapor-pressure Osmometry) ······ 45
3.2.6 모세관 점도법(Capillary Viscometry) ······ 47
3.2.7 광산란법(Light-scattering methods) ······ 51

연습문제 ······ 57

제2편 ■ 고분자의 구조 및 특성 ... 59

제4장 고분자의 사슬구조 61

4.1 입체형태 61

4.1.1 화학적 조성 61

4.1.2 위치이성질화 63

4.1.3 디엔 고분자 64

4.1.4 입체화학적 구조 66

4.1.5 분지 68

4.1.6 가교 69

4.2 입체상태 70

4.2.1 랜덤코일 71

4.2.2 실제 사슬 73

4.2.3 희박용액에서 벌크까지 74

4.3 Flory-Huggins 이론 75

연습문제 79

제5장 고분자의 구조 81

5.1 고분자 구조 및 형태학의 개요 81

5.1.1 Fringed Micelle 이론 82

5.1.2 사슬굽힘 이론 82

5.2 고분자 결정형성을 위한 구조적 요건 83

5.2.1 화학적 규칙성 83

5.2.2 입체규칙성 85

5.2.3 분자량 86

5.3 고분자의 결정구조 87

5.3.1 결정모형의 분류 및 단위세포 87

5.3.2 결정 평면과 Miller Indices 90

5.3.3 평면간 거리(Interplanar spacings) 90

제6장 고분자의 형태학 93

6.1 용액 결정화된 고분자의 형태학 93

6.1.1 고분자 단결정 93

6.1.2 사슬 굽힘 라멜라 결정의 성장 및 구획화 96

6.1.3 Dendrite 형성 및 다층 라멜라 결정 (multilayered crystals) 97

6.1.4 사슬굽힘의 구조적 특성 및 굽힘 표면 ··· 99
6.1.5 기타 모형의 결정 형태 ··· 102
6.2 용융 결정화된 고분자 결정의 형태학 ··· 105
6.2.1 Spherulites ··· 106
6.2.2 Hedrites(Axialites) ··· 109
6.2.3 Epitaxy ··· 111
연습문제 ··· 114

제7장 고분자의 물성 ··· 115

7.1 점탄성 거동 ··· 115
7.2 유리전이 ··· 118
7.3 WLF 식 ··· 119
7.4 고무탄성 ··· 121
연습문제 ··· 124

제8장 고분자의 특성 해석과 시험 ··· 125

8.1 기계적 성질의 측정 ··· 128
8.1.1 고분자의 응력-변형률 관계 ··· 128
8.1.2 기계적 성질 측정 방법 ··· 129
8.2 전기적인 성질의 측정 ··· 132
8.3 분광학적인 분석 방법들 ··· 133
8.3.1 적외선분광법 ··· 133
8.3.2 핵자기공명분광법 ··· 137
8.4 열분석법 ··· 141
연습문제 ··· 144

제3편 ■ 고분자의 생성 ... 145

제9장 고분자의 합성 ··· 147

9.1 서론 ··· 147
9.2 고분자 합성법의 분류 ··· 152
연습문제 ··· 156

제10장 단계중합 ··· 157

10.1 축합중합 ······ 157

10.1.1 서론 ······ 157

10.1.2 축합중합의 동력학 ······ 159

10.1.3 축합중합에 의한 고분자의 합성 ······ 164

10.2 중부가반응 ······ 165

연습문제 ······ 168

제11장 연쇄중합 ······ 169

11.1 라디칼 연쇄중합 ······ 169

11.2 라디칼 연쇄중합의 메카니즘 ······ 172

연습문제 ······ 178

제12장 이온성 연쇄중합 ······ 179

12.1 이온성 연쇄중합의 특징 ······ 179

12.2 음이온 연쇄중합 ······ 181

12.3 양이온 연쇄중합 ······ 187

연습문제 ······ 191

제13장 배위화합물을 촉매로 한 연쇄중합 ······ 193

13.1 배위화합물 촉매 ······ 193

연습문제 ······ 197

제14장 개환에 의한 연쇄중합 ······ 199

14.1 고리화합물의 안정성 및 중합성 ······ 199

14.2 고리에테르 화합물의 개환중합 ······ 201

14.3 락탐의 개환중합 ······ 202

14.4 락톤의 개환중합 ······ 205

14.5 그 외의 개환중합에 의하여 형성되는 고분자 ······ 206

연습문제 ······ 208

제15장 공중합 ······ 209

15.1 축합중합의 공중합 ······ 209

15.2 연쇄중합에 의한 공중합체의 합성 ······ 211

15.3 이온성 연쇄중합에 의한 공중합체 합성 ······ 218

연습문제 ······ 220

제16장 천연고분자 ······ 221

16.1 서론 ······221
16.2 단백질 ······222
16.3 다당류 ······225
16.4 핵산 ······227
16.5 그 외의 천연고분자 ······230
연습문제 ······233

제4편 ■ 고분자 가공 ... 235

제17장 고분자 가공 ······237

17.1 서론 ······237
17.1.1 역사적 고찰 ······ 237
17.2 일반적인 가공공정 ······238
17.2.1 압출 성형 ······ 238
17.2.2 칼렌더링 ······ 247
17.2.3 사출성형 ······ 249
17.2.4 중공 성형 ······ 261
17.2.5 열 성형 ······ 264
17.2.6 압축과 이송 성형 ······ 267
17.2.7 주형, 슬러쉬 성형, Dip 주형, 파우더 코팅, 그리고 회전성형 ······ 268
17.3 고분자 가공시 사용되는 충진제, 가소제 및 기타 첨가제 ······269
17.3.1 가소제 (Plasticizer) ······ 270
17.3.2 산화방지제 (Antioxidant) ······ 271
17.3.3 착색제 (Colorant) ······ 271
17.3.4 연소방지제 (Flame retardant) ······ 271
17.3.5 안정제 (Stabilizer) ······ 272
17.3.6 배합 ······ 272
17.4 고무 공업에 관련된 가공 ······272
17.4.1 합성 고무 역사 ······ 273
17.4.2 배합 및 고무 생성 ······ 273
17.4.3 가황 공정 ······ 274
17.4.4 보강 (Reinforcement) ······ 275
17.4.5 카본블랙 (Carbon Black) ······ 276
17.5 섬유 공업 ······276

17.5.1 직물 및 직포의 성질 ···· 277
17.5.2 원면(원료 섬유)제조 공정 ···· 280
17.5.3 인조 섬유 제조 방법 (방사) ···· 280
17.6 그 밖의 다른 공정 ···· 285
17.6.1 고분자 가공의 기본적 단계와 형태 만드는 공정의 분석 ···· 286

제18장 고분자 공업과 산업 ···· 291

18.1 세계 고분자산업의 발달 ···· 291
18.2 우리나라 고분자산업의 발달 ···· 292
연습문제 ···· 296

제19장 기능성 고분자 및 고분자 전망 ···· 297

19.1 기능성 고분자 ···· 298
19.1.1 전자기능성 고분자 ···· 298
19.1.2 생체적합 기능성고분자 ···· 300
19.1.3 광기능성 고분자 ···· 302
19.1.4 이온교환수지 ···· 303
19.1.5 그 외의 기능성 고분자 ···· 304
19.2 고분자 전망 ···· 305
연습문제 ···· 307

부록 ■ 참고자료 309

부록 A. 고분자 이름 약어들 ···· 311

부록 B. 고분자 상표명 및 일반명 ···· 315

부록 C. 고분자 관련 자료들 ···· 317

C1 학술지 및 잡지 ···· 317
C1.1 국내 ···· 317
C1.2 국외 ···· 317
C2 핸드북·사전류 ···· 318

01

[고분자 개요]

1장 고분자 소개
2장 고분자의 기본 정의
3장 고분자 분자량

1장 고분자 소개

1.1 고분자 과학의 발전

세계2차대전 이후 우리는 두 가지의 뜻 깊은 혁명을 경험했다.

그 첫째는 컴퓨터 혁명이고, 두 번째는 재료 혁명이다. 지금까지 사용해오던 전통적인 재료 즉 철강, 구리, 알루미늄, 유리, 면, 모 그리고 종이 등을 유기합성물질로 대치하게 되었으며, 현재 합성고분자공업은 우리가 상상할 수 있는 가지각색의 생산품에 이용할 수 있도록 10,000가지 이상의 물질을 만들고 있다. 이제 반세기가 조금 넘는 고분자공업은 세계 경제 성장의 주된 원동력이 되어 왔으며, 고분자물질의 생산은 부피로 기준하여 금속의 생산량을 이미 추월하였다. 실제로 우리는 고분자시대에 살고 있는 것이다.

고분자가 처음 합성된 것은 문헌에 의하면 1838년과 1839년에 폴리비닐클로라이드(polyvinyl chloride)와 폴리스티렌(polystyrene)으로 알려져 있지만, 그 당시는 고분자의 개념이 분명하지 못하였고 또한 공업화도 생각하지 못하였다. 실질적으로는 1907년 L. Baekeland에 의해서 페놀-포름알데하이드(phenol-formaldehyde) 수지를 합성하고 1910년에 공업화에 성공했기에, 일반적으로 완전 합성한 최초의 고분자는 페놀-포름알데하이드로 알고 있다. 그러나 천연고분자를 적당한 화학약품으로 개질하여 플라스틱으로 사용했던 것은 이보다 수십 년 전이었다. 1846년 J. W. Hyatt는 니트로셀룰로오스(nitrocellulose)에 장뇌를 첨가하여 셀룰로이드(celluloid)라는 준 합성플라스틱을 제조하였다. 이 셀룰로이드가 개발된 동기는 그 당시 유럽에서 성행되던 당구경기의 당구공을 상아로 만들었는데, 아프리카에서 수렵을 금지하는 법률이 입법화되므로 상아를 대신할 수 있는 재료의 요구에 따라 개발된 플라스틱이었다. 그러나 이러한 천연고분자를 개질한 준 합성플라스틱과 합성플라스틱이 재료를 사용되고 있었지만, 고분자의 이론적 개념에 대한 이해가 부족하였다. 1922년에 이르러서 독일의 H. Staudinger는 고분자는 공유결합에 의해서 단순한 화학적 단위가 길게 결합된 큰 분자를 뜻하는 고분자(macromolecule)를 소개하였다. 이때부터 고분자에 대한 학문이 활발히 연구되기 시작하였다.

그 결과 Staudinger는 천연고무와 폴리스티렌의 구조를 발표하였으며, 1928년에는 K. H. Meyer와 H. F. Mark도 X-선 방법으로 셀룰로오스(cellulose)와 천연고무의 결정크기를 측정하는 등 많은 연구결과들이 발표되면서 Staudinger의 고분자이론을 믿게 되었다. 그리고 1953년에 Staudinger는 고분자과학에 대한 연구업적을 인정받아 노벨화학상을 수상하였다.

1930년에서 1940년 사이에는 수많은 합성고분자가 생성되면서 현대규모의 합성고분자 공업이 출발되었다. 그 당시 미국의 W. H. Carothers는 섬유를 생산하기 위해 분자량이 큰 폴리에스터(polyester)를 성공적으로 합성하였으며, 다음 단계로 헥사메틸렌디아민(hexamethylene diamine)과 아디프산(adipic acid)의 축합반응에 의해서 나일론 66(nylon 66)을 개발하였고, 1938년 미국의 Du Pont사에 의해서 나일론 66은 공업화되었다.

한편, K. Ziegler는 알킬티타늄클로라이드(alkyl titanium chloride) 착물을 촉매로 사용하여 상온과 낮은 압력에서 고밀도 폴리에틸렌(polyethylene)을 합성하였고, G. Natta는 프로필렌(propylene)으로부터 입체규칙성 폴리프로필렌(polypropylene)을 만들어, 고분자과학의 새로운 영역을 열게 되었으며, 이 업적으로 1963년 두 사람은 노벨 화학상을 공동 수상하였다. 이후, 고분자의 급속한 기술의 발달은 산업사회의 요구에 따라 고강도, 고강성 및 내열성 고분자를 개발하게 되었다. 그 결과 1970년대에는 방향족(polyaromatic) 고분자인 플리이미드(polyimide), 폴리페닐설파이드(poly(phenyl sulfide)), 폴리에테르설폰(poly(ether sulfone)) 그리고 폴리아마이드(polyamide) 등이 등장하였다.

또한 P. J. Flory는 고분자 사슬의 입체적 구조에 대한 연구결과로 1972년 노벨화학상을 수상하였다.

1980년대에는 폴리아릴설폰(poly(arylsulfone)), 폴리에테르에테르케톤(poly(ether ether ketone)) 그리고 폴리에테르이미드(poly(ether imide)) 등의 고성능 고분자와 고분자 분리막, 전도성 고분자, 고분자 복합재 등 고기능성 고분자들이 개발되었다. 또한 최근에 우리는 많은 양의 새로운 고분자과학과 접할 수 있었다. 예를 들면, 초임계중합(supercritical polymerization), 새로운 촉매(metallocene, living radical, group transfer 등), 덴드리머(dendrimer), 새로이 개발된 고분자 시스템에 바탕을 둔 생체접합물질 그리고 신 고분자물질의 특성을 예측하고 설계하도록 하는 능력 등 많은 분야가 개척되었다. 그리고 고분자의 특성분석은 이전에는 상상조차 못할 영역까지도 가능하게 만들었다.

공학 분야에서 고분자물질을 사용하면 생산가격도 낮출 뿐만 아니라 물성의 증가도 가져올 수 있다는 점에서 많은 분야에서 기존의 재료를 대체하고 있다. 고분자 물리학의 기본특성에 대한 근본적인 이해를 바탕으로 더욱 심오한 분자수준의 거동해석까지도 가능해지고 있다. 이러한 발전 속도가 지속된다면 21세기 전반기에는 무엇이 이루어질지 상상할 수도 없을 것이다. 한 가지 분명한 것은 모든 이러한 발전은 현대사회에 고분자과학의 입지를 분명히 한다는 점이다.

표 1-1은 고분자물질의 개발연대를 나타내었다.

표 1-1 • 고분자 물질의 개발 연대

고분자	발견	생산	주요 응용
Phenolic resins	1907	1910	thermosets (electrical insulators)
Methyl rubbers	1912	1915	elastomers
Alkyd resins	1847	1926	thermosets (coatings)
Amino resins	1915	1928	thermosets
Poly(methyl methacrylate)	1880	1928	plastics (organic glass)
Poly(butadiene)	1911	1929	elastomers (number Bunas)
Poly(vinyl acetate)	1912	1930	adhesive, poly(vinyl alcohol)
Poly(styrene)	1839	1930	thermoplastics, foams
Poly(vinyl chloride)	1838	1931	thermoplastics (synthetic fiber)
Poly(ethylene oxide)		1931	thickeners, sizes
Poly(chloroprene)	1925	1932	elastomers
Poly(vinyl ethers)	1928	1936	adhesives, plasticizers
Unsaturated polyesters	1930	1936	thermosets
Poly(isobutylene)		1937	elastomers
Styrene-butadiene rubbers	1926	1937	elastomers (letter Bunas)
Poly(hexamethylene adipamide)	1934	1938	fibers, thermoplastics
Poly(vinylidene chloride)	1838	1939	thermoplastics (packaging films)
Poly(N-vinyl pyrrolidone)		1939	blood plasma expander, binders, etc.
Poly(ethylene), low density	1933	1939	thermoplastics
Poly(ϵ-caprolactam)	1938	1939	fibers, thermoplastics
Polyurethanes	1937	1940	fibers, plastics, elastomers, foams
Poly(acrylonitrile)	1940	1941	fibers
Silicone	1901	1942	fluids, resins, elastomers
Epoxy resins	1938	1946	adhesives
Poly(tetrafluoroethylene)	1939	1950	plastics, fibers
Bisphenol A polycarbonate	1941	1953	fibers, bottles
Poly(ethylene), high density	1898	1953	thermoplastics
Poly(butadiene), cis-1,4-	1953	1955	thermoplastics, foams
Poly(propylene), isotactic		1956	elastomers
Poly(formaldehyde)	1954	1957	thermoplastics, fibers
Aromatic polyamides	1839	1959	thermoplastics
Styrene-butadiene-styrene		1961	high modulus fibers
block copolymers		1965	thermoplastics elastomers

1.2 고분자 공업의 현황

인간은 풍요롭고 안락한 생활을 위해서 항상 새로운 재료를 찾게 되며, 특히 고분자 재료는 필요한 강도, 탄성율, 경량, 내부식성, 다양한 가공성, 안가 등 공학적인 이점 때문에 이러한 요구에 잘 부응하고 있다. 표 1-2는 세계의 합성수지 생산능력을 보여주고 있다. 2006년 전 세계의 합성수지 생산량은 18,900만 톤으로 1996년 생산량 11,100만 톤에 비해 약 56%이상 증가되었다. 특히 중국을 중심으로 한 신흥시장은 지속적으로 매년 12~18%성장을 하고 있다.

우리나라는 2006년 총생산량이 10,586천 톤으로 세계 생산량의 5.6%에 달하여 세계적으로 다섯 번째 합성수지 생산국으로 나타났다.

그러나 우리나라에서 생산되는 것은 주로 범용 플라스틱으로 폴리에틸렌, 폴리프로필렌, 폴리염화비닐, 폴리스티렌 등에 편중되어있는 실정이다. 부가가치가 높은 고성능 엔지니어링 플라스틱 생산은 거의 전무한 상태이다. 한편, 2005년 선진 공업국의 국민 일인당 플라스틱 소비량을 보면 그림 1-1과 같다.

표 1-2 • Global 합성수지 생산능력추이

단위 :천톤

구분		1996년	2000년	2002년	2004년	2006년(비중)	성장률
아시아	한국	6,990	9,128	10,022	10,229	10,586(5.6%)	5%
	일본	11,428	11,793	11,540	11,535	11,243(5.9%)	0%
	중국	5,622	13,265	16,556	21,233	27,950(14.7%)	18%
	기타	12,745	20,828	22,991	24,494	26,586(14.0%)	12%
	소계	36,785	55,014	61,109	67,491	76,347(40.3%)	9%
북중미	북미	32,029	39,927	41,650	43,023	43,505(23.0%)	3%
	남미	6,493	6,717	7,546	7,900	8,947(4.7%)	6%
	소계	38,522	46,644	49,196	50,923	52,452(27.7%)	3%
유럽		32,078	37,040	39,947	41,442	42,567(22.5%)	3%
중동		3,609	5,861	7,929	9,645	12,056(6.4%)	14%
기타		4,141	4,964	5,368	5,699	6,110(3.2%)	6%
계		115,135	149,523	163,549	175,200	189,532	6%

자료 : KPIA

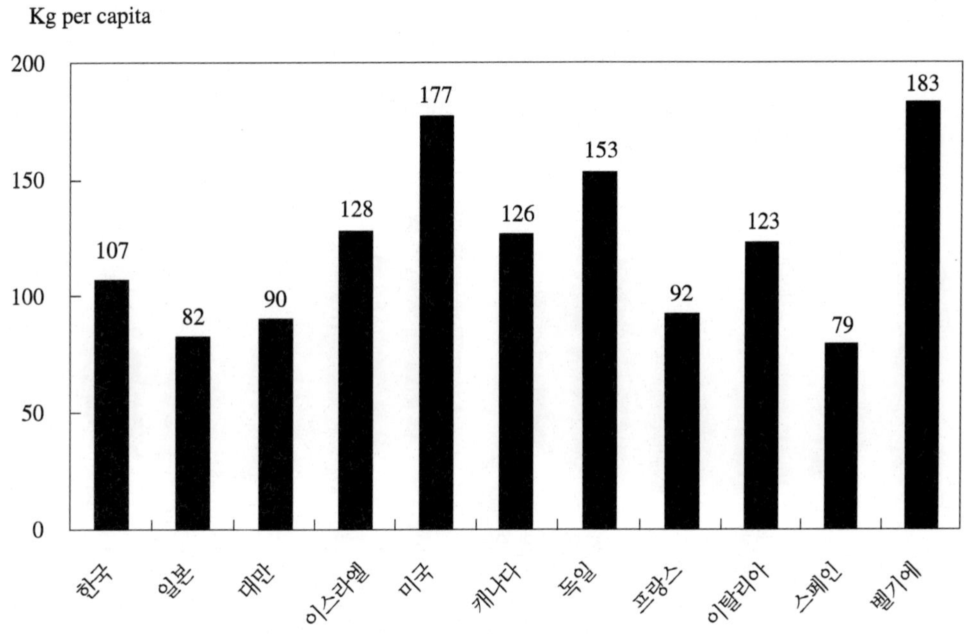

자료: plastic age Dec.(2005)

그림 1-1 • 주요국별 1인당 플라스틱 소비량

미국의 경우 국민 1인당 연간 177kg의 플라스틱을 소비하고 있으며, 다음으로 벨기에, 독일, 이스라엘, 캐나다, 이탈리아 그리고 한국은 일곱 번째로 플라스틱을 많이 소비하고 있는 국가이다.

이들 플라스틱의 응용분야를 살펴보면 가장 많은 부분이 포장분야로써 필름, sheet, laminates, 플라스틱 용기, 수송용 컨테이너 등이며, 이 분야에 사용되는 수지는 폴리에틸렌, 폴리프로필렌, 폴리에틸테레프탈레이트 등이다.

다음으로 건축 분야이다. 현재 빌딩과 건축분야에서 플라스틱이 기존의 금속과 목재를 대치하고 있으며, 이 분야의 세계시장은 매년 5~6%로 성장해 왔다. 주로 사용되는 플라스틱은 폴리염화비닐이 47% 이상이며 다음으로 페놀수지, 폴리에틸렌, 유레아 및 멜라민수지, 폴리우레탄, 불포화폴리에스테르 등의 플라스틱이 이용되고 있다.

수송분야에서는 자동차, 이륜차, 차량, 선박, 항공기 등이 포함되며 특히 항공산업에서는 섬유강화 고분자 복합재료의 진출이 괄목할만하다.

그림 1-2는 국내 자동차 생산에 있어서 고분자 재료의 사용비율을 나타낸 것이다. 플라스틱과 고무가 16%를 차지하고 있으며, 이 분야에서도 플라스틱재료가 금속재료를 점진적으로 대치하고 있음을 알 수 있다. 이들 재료로는 폴리프로필렌과 TPO가 48%로 제일 많고 다음으로 나일론, ABS수지, 폴리에틸렌 등이 뒤를 잇고 있다. 이러한 플라스틱이 국내 자동차에 사용되고

있는 비율은 외국의 선진 자동차 회사와 동등한 수준으로 나타나고 있다.

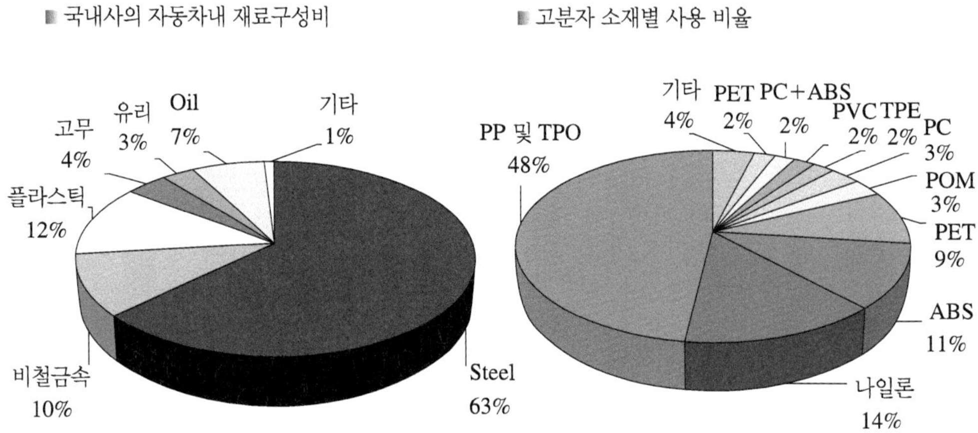

그림 1-2 ◦ 국내 자동차에 있어서 고분자 재료의 사용비율

2장 고분자의 기본정의

고분자과학은 고분자로 구성된 화학물질의 화학, 물리화학 그리고 물리학과 관련된 학문이다. 고분자물질을 기본적인 공업적 응용 면을 보면 플라스틱, 섬유, 탄성체(고무), 접착제 그리고 도료 등으로 나눌 수 있다. 고분자과학은 또한 분자생물학, 생화학 그리고 생물물리학의 중심 과학 중의 하나이다. 고분자(macromolecule)란 그 어원이 그리스어로 "makro" 크다는 의미와 라틴어의 "molecula" 작은 덩어리라는 뜻의 합성어로써, 수많은 원자로 구성된 분자이며 높은 분자량을 가지고 있다. 용해성 합성고분자는 수천에서 수백만의 분자량을 가지고 있으며, 어떤 생물고분자는 그 분자량이 수십 억에 이르는 것도 있다. 일반적으로 고분자와 저분자를 구별하는 분명한 분자량 기준은 없지만 고분자라면 적어도 수천 개의 원자로 이루어진 것으로 보기 때문에 이들 분자의 분자량은 10.000 이상이 되어야한다.

IUPAC (International Union of Pure and Applied Chemistry)는 macromolecule(고분자)와 polymer molecule(중합체분자) 단어를 동의어로 간주했다. 중합체(polymer)는 그 어원이 그리스어로 "polys" 많다는 의미와 "meros" 단위 또는 부분이라는 의미의 합성어이며, 이는 polymer molecule과는 달리 이들의 분자로 구성된 물질이다. IUPAC에서 정의된 고분자(macromolecule)는 상대적으로 높은 분자량의 분자이며, 또한 낮은 분자량을 갖는 분자로부터 유도된 단위의 수많은 반복에 의해서 이루어진 구조를 갖는다. 예를 들어,

$$n\,CH_2 = \underset{\textstyle Cl}{\underset{|}{CH}} \longrightarrow \sim\!\sim CH_2 - \underset{\textstyle Cl}{\underset{|}{CH}} - CH_2 - \underset{\textstyle Cl}{\underset{|}{CH}} \sim\!\sim \qquad (1)$$

반응식(1)에서 보면 polyvinyl chloride라는 고분자는 vinyl chloride라는 저분자 물질이 화학반응하여 공유결합으로 연결된 수많은 반복단위로 이루어져있다.

반응식(2)에 styrene으로부터 polystyrene을 중합한 반응을 나타냈다.

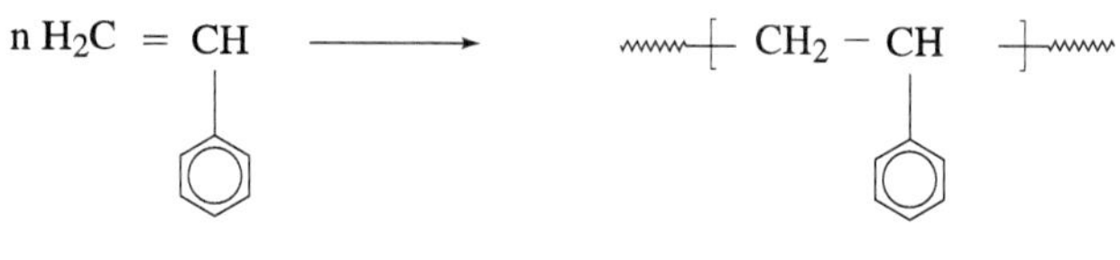

styrene polystyrene (2)

여기에서 styrene은 화학반응에 의해 이중결합 중 π결합이 절단되어 styrene분자끼지 σ결합에 의해 연결되므로 고분자인 polystyrene을 형성한다. 이때 styrene을 단량체(monomer)라고 하며, polystyrene은 단량체 단위를 반복단위(repeating unit), 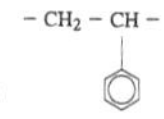 라고 하며 이 반복단위의 수, 즉 n을 고분자의 중합도(degree of polymerization, DP)라고 한다.

중합반응은 연쇄적으로 일어나므로 단량체에 단량체가 결합되어 이량체(dimer)가 되고, 이것에 다시 단량체가 결합되어 삼량체(trimer)를 이룬다. 이와 같은 방법으로 사량체, 오량체 등의 선형구조의 물질을 이룬다. 이 과정에서 단량체의 중합이 충분히 이루어지지 않은 반복단위가 대략 10보다 작은 분자들을 올리고머(oligomer)라고 부른다. 이들 올리고머의 열적, 기계적 특성은 고분자와 비교할 때 매우 다른 양상을 보인다. 예를 들면, 반복단위가 7인 styrene 올리고머는 상온에서 점성 액체이지만, 높은 분자량의 polystyrene은 단단한 고체이다. 고분자의 분자량은 다음과 같이 계산된다.

$$\text{고분자 분자량 (M)} = \text{반복단위의 화학식량(m)} \times \text{중합도(n)} \qquad (3)$$

문제 1

분자량이 58,800인 polypropylene, $-[CH_2-\underset{CH_3}{CH}]_n-$, 의 중합도를 구하시오.

풀이

polypropylene의 반복단위 화학식량; 42

따라서 중합도, n = 58,800/42 = 1400

선형구조의 고분자는 주쇄(main chain)가 대부분 탄소로 이루어져있으며, 이들 탄소들이 이는 결합각은 메탄, CH_4,에서 처럼 109.5℃로 이루어졌기 때문에 실제적으로는 그림 2-1과 같이 지그재그(zigzag)형태들이다.

한편, 탄소-탄소 단일결합길이는 1.54Å이다. 그러나 탄소-탄소사이의 겉보기 지그재그 거리는 1.26Å이라는 계산이 나온다. 그러므로 펼쳐진 분자연쇄의 길이를 계산할 때는 탄소-탄소사이의 길이를 1.26 Å 으로 계산해야 한다.

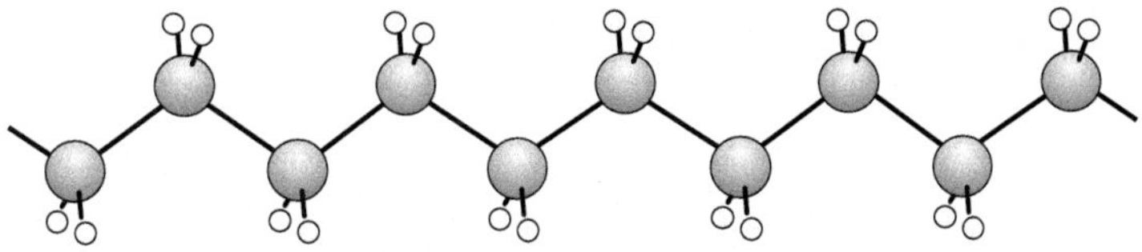

그림 2-1 • zigzag 형태의 polyethylene의 분자구조

문제 2

중합도가 1200인 polyethylene 분자 $-\!\!\left[CH_2-CH_2\right]\!\!-_n$의 길이를 구하시오.

풀이

polyethylene의 반복단위 길이,

0.126mm × 2 = 0.252nm

따라서 polyethylene 분자의 길이 :

0.252nm/반복단위 × 1200반복단위 = 302.4nm

한편, olefin계 고분자와는 달리 기능기를 가진 저분자물들의 축합반응에 의해 고분자를 형성하는데, 이러한 예는 nylon 66[poly(hexamethylene adipamide)]이며, 이들의 반복단위는 두 개의 작은 분자들의 결합 형태로 구성되었다.

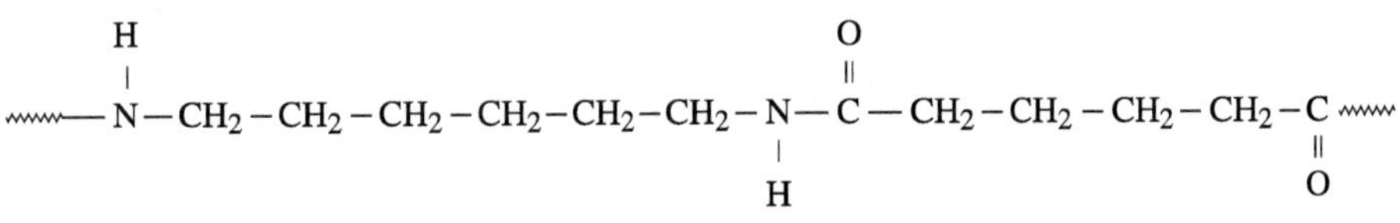

nylon 66

2.1 고분자의 골격구조

Polyvinyl chloride나 polystyrene의 구조는 선형(linear)의 구조를 갖고 있다. 반면 polyethylene은 가지형(branched)구조를 이루고 있다. polyethylene에는 가지가 많은 저밀도 polyethylene(low density polyethylene, LDPE)과 비교적 가지가 적은 고밀도 polyethylene (high density polyethylene, HDPE)이 있다. LDPE와 HDPE의 밀도는 각각 0.92~0.94와 0.95 g/cc가 되며, LDPE분자의 경우 methylene기(-CH2-)가 20개 내지 100개당 한 개의 가지가 존재한다. 선형분자나 가지형분자 모두 적당한 용매에 용해하며, 가열하면 용융된다. 그러나 저분자와 같이 쉽게 용매에 녹지는 않는다. 왜냐하면 저분자에 비해서 고분자의 표면적이 훨씬 크므로 분자간에 작용하는 힘이 크기 때문이다. 가지형 고분자가 선형고분자와 다른 성질은 결정화 경향이 낮고, 용액의 점도가 다르며 광산란성이 있다는 점이다.

고분자를 구성하는 원소에 따라 분자간에 작용하는 힘이 다르다. polyethylene은 탄소와 수소로만 이루어졌기 때문에 분자간에는 가장 약한 van der Waals힘만 작용한다. 그러므로 유연하며 주로 film으로 사용된다. 이에 반해 polyvinyl chloride(PVC)와 polyacrylonitrile (PAN)은 그림 2-2에서보는 바와 같이 전기음성도가 강한 염소원자와 nitrile기가 존재하므로 분자들 사이는 van der Waals힘보다 강한 쌍극자 힘이 작용되므로 플라스틱이나 섬유로 사용된다.

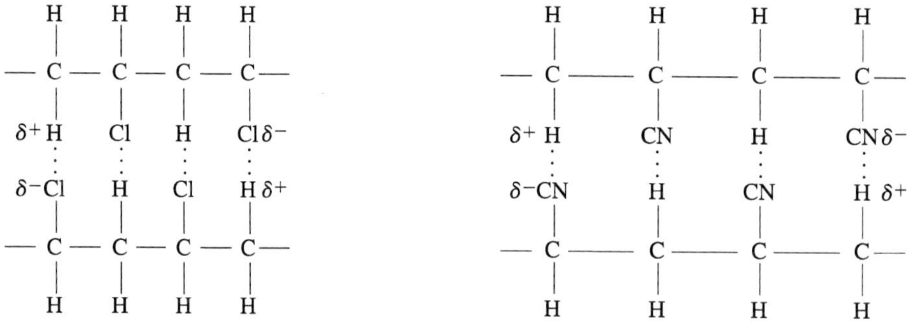

그림 2-2 • Polyvinyl chloride와 polyacrylonitrile의 분자사이 쌍극자힘 작용

Nylon 66은 그림 2-3에서 보는 바와 같이 전기음성도가 강한 질소원자와 결합되어 있고 상대분자의 carbonyl기에 존재하는 산소원자의 접근으로 분자간에 작용하는 힘으로는 가장 큰 수소결합을 하고 있다. 따라서 이 고분자는 강한 섬유로 이용하고 있다.

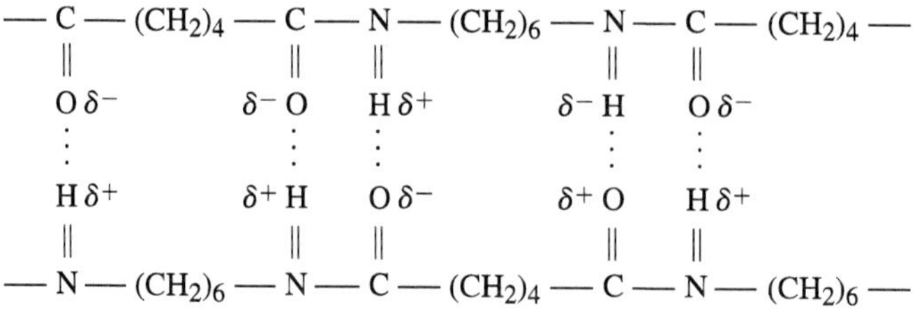

그림 2-3 • Nylon 66 분자들 사이의 수소결합

그림 2-4 ● 분자들의 entanglement 모양

한편, 파라핀왁스(paraffin wax)와 HDPE의 반복단위는 같지만 그들이 소유하는 성질은 상당히 다르다. HDPE는 그 분자가 커서 그림 2-4에서처럼 entanglement를 이루고 있다. 분자의 길이가 충분히 길어서 spaghetti가 엉클어져 있는 모양으로 안정한 형태를 유지하므로 적당한 기계적·열적성질을 갖는다.

그러나 파라핀왁스는 분자의 길이가 너무 짧아서 entanglement를 형성하지 못하므로 HDPE에 비해 훨씬 낮은 기계적 물성을 나타낸다.

고분자들이 entanglement를 하기 위한 최소한의 길이가 필요한데 이 분자의 길이를 critical chain length, Z, 라고 부른다. Poly(methyl methacrylate), polystyrene 그리고 polyisobutylene의 경우 critical chain length에서 주쇄의 원자수는 각각 208, 730 그리고 610이다.

Z는 고분자의 극성과 형태(shape)에 의존하며, 고분자의 용융점도 η는 Z와 (4)식과 같은 관계가 있다.

$$\log\eta = 3.4\ \log Z + \ \log k \tag{4}$$

여기서, k는 온도에 의존하는 상수이다.

일부 고분자의 구조는 phenol-formaldehyde처럼 3차원 망상구조(three dimensional network)로 이루어져 있으며, epoxy, 불포화 polyester, melamine, urea수지 등이 이러한 망상구조를 이룬 망상고분자(network polymer)이다.

일단 형성된 망상구조는 적당한 용매에는 팽윤이 일어나나, 용해는 되지 않으며 열에 의해서도 용융이 되지 않고 높은 온도에서는 분해가 일어난다. 이들 구조는 적당한 가교제에 의해서 선형 분자들끼리 가교반응에 의해 망상구조를 이루기 때문에 가교고분자(crosslinked polymer)라고도 한다. 이들의 성질은 단단하고 강하며 높은 열에도 잘 견딘다.

망상고분자 중에는 interpenetrating polymer network(IPN)가 있다. 이들 구조는 이미 형성

된 망상구조에 단량체를 침투시킨 다음 이들 단량체끼리 제2의 망상구조를 형성시켜 만든다. 이때 기존의 망상 구조와 새로이 생성된 망상구조 간에는 전혀 가교가 일어나지 않는다. 그림 2-5에는 여러 모양의 고분자 골격구조를 나타냈다.

마지막으로, 어떠한 고분자의 구조는 마치 사다리 모양을 하고 있는 것도 있다. 예를 들어 polyacrylonitrile(PAN)섬유를 가지고 탄소섬유를 만들기 위한 공정중에 안정화 공정이 있다. 이과정에서 PAN섬유는 주쇄에 붙어 있는 nitrile기의 고리화(cyclization)반응이 일어나 그림 2-6과 같은 고분자를 얻는다. 이러한 사다리형 분자는 열안정성이 아주 우수하며 어떠한 용매에도 용해되지 않고 가열하여도 녹지 않는 망상구조분자와 유사한 성질을 나타낸다.

Type	Sketch	Example
Linear		Poly(vinyl chloride) Polystyrene
Branched short chain		Low-density polyethtylene
Long chain branching		Low-density polyethtylene
Ladder		Poly(imidazole pyrrolones)
Network	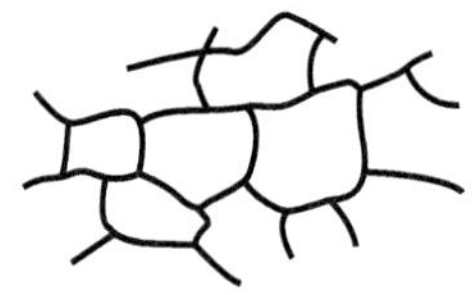	Phenol-formaldehyde resins
Interpenetrating polymer network (IPN)	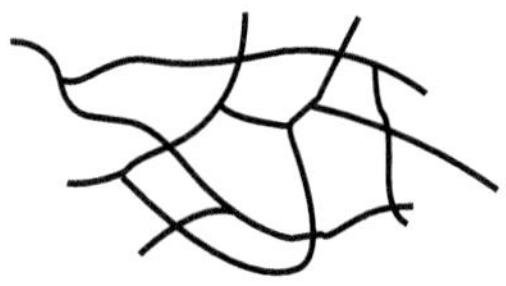	Two cross-linked polymers not bonded to each other

그림 2-5 ◦ 다양한 고분자의 골격구조

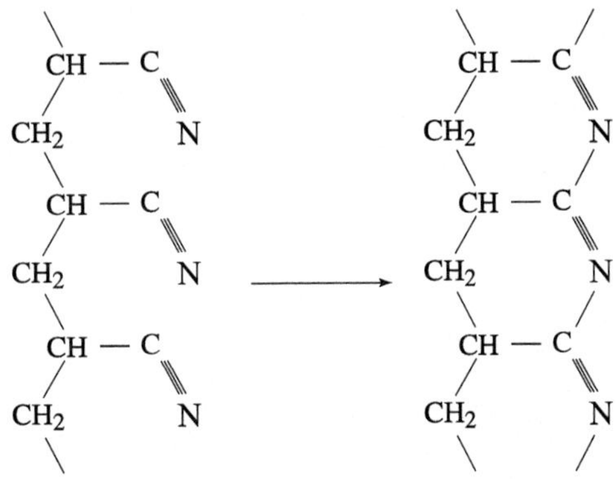

그림 2-6 • Polyacrylonitrile 분자의 고리화 반응에 의한 사다리형 분자 생성

2.2 단일중합체와 공중합체

Olefin 및 vinyl 등의 중합체는 단일 종류의 단량체가 이중결합이 깨어지면서 첨가반응하여 생성된 고분자로써 이들은 단일중합체(homopolymer)라고 한다. 표 2-1에 공업적으로 중요한 단일 중합체들의 반복단위와 특성 및 용도를 간략하게 설명하였다.

표 2-1 • 중요한 단일중합체

Name	Repeating Unit	Typical Properties	Typical uses
Polyacrylonitrile (including acrylic fibres)	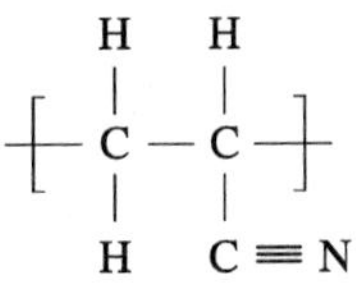	High strength; good stiffness; tough; abrasion resistant; resilient; good flex life; relatively good resistance to moisture and stains, chemicals, insects, and fungi; good weatherabilty	Carpeting, sweaters, skirts, socks, slacks, baby garments
Poly (vinyl acetate)	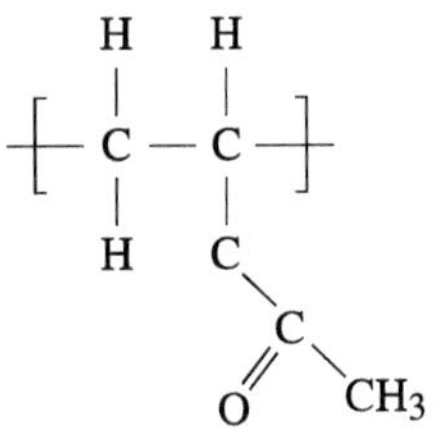	Water sensitive with respect to physical properties such as adhesion and strength; generally good weatherability, fair adhesion	Lower molecular weight used in chewing gums, intermediate in production of poly (vinyl alcohol), water-based emulsion paints

표 2-1 중요한 단일중합체(계속)

Name	Repeating Unit	Typical Properties	Typical uses
Poly (vinyl alcohol)	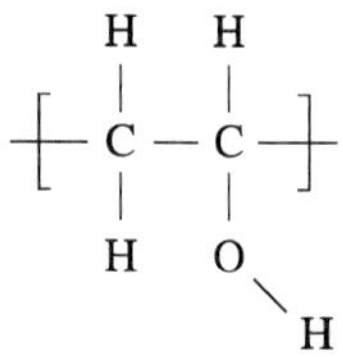	water soluble, unstable in acidic or basic aqueous systems; fair adhesion	Thickening agent for various suspension and emulsion systems, packaging film, wet-strength adhesive
Poly (vinyl chloride) and poly (vinylidene chloride)	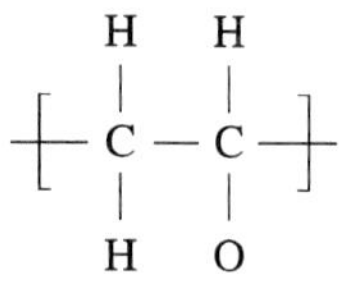 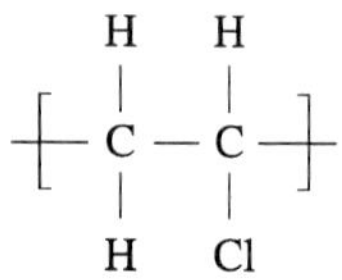	Relatively unstable to heat and light, fire resistant; resistant to chemicals, insects, fungi; resistant to moisture	Calendered products such as film sheets and floor coverings; shower curtains, food covers, rain-wear, handbags, coated fabrics, insulation for electrical cable and wire, phonograph records
Polytetrafluoro-ethylene (Teflon)	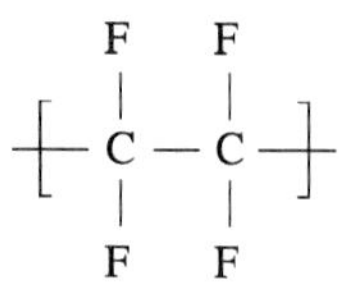	Insoluble in most solvents, chemically inert, low dielectric loss, high dielectric strength, uniquely nonadhesive, low friction properties, constant electrical and mechanical properties from 20 to about 250℃, high impact strength, not hard, outstanding mechanical properties	Coatings for frying pans, etc.; wire and cable insulation; insulation for motors, oils, transformers, generators; gaskets; pump and valve packings; nonlubricated bearings
Polyethylene (low-density, branched)	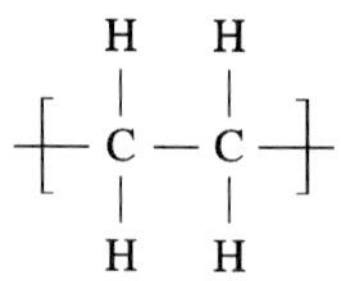	Dependent on molecular weight, branching, molecular weight distribution, etc.; good toughness and pliability over a wide temperature range, outstanding electrical properties, good transparency in thin films, inert chemically, resistant to acids and bases, ages on exposure to light and oxygen, low density, flexible without plasticizer, resilient, high tear strength, moisture resistant	Films; sheeting used in bags, pouchers, produce wrapping, textile materials, frozen foods, etc.; drapes, table clothes; covers for construction, ponds, greenhouses, trash can liners, etc.; electrical wire and cable insulator; coating of foils, papers, other films; squeeze bottles

표 2-1 • 중요한 단일중합체(계속)

Name	Repeating Unit	Typical Properties	Typical uses
Polyethylene (high-density, linear)	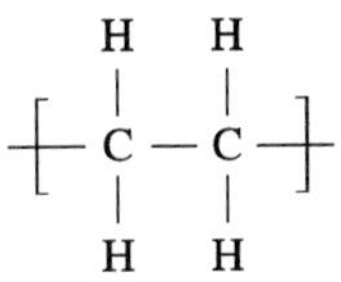	Most of the differences in properties between branched and linear concerns the high crysrallinity of the latter; linear polyethylene range, greater hardness and tensile strength.	Bottles, housewares, toys, films, sheets, extrusion coating, pipes, conduit, wire and cable insulation
Polypropylene	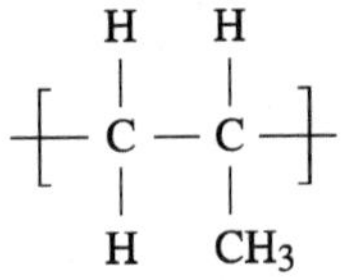	Lightest major plastic; its high crystallinity imparts to it high tensile strength, stiffness, and hardness, good gloss, high resistance to marring; high softening range permits polymer to be sterilized; good electrical properties, chemical inertness, moisture resistance	Filament-rope, webbing, cordage; carpeting; injection molding applications in appliance, small houseware, and automotive fields
Polystyrene	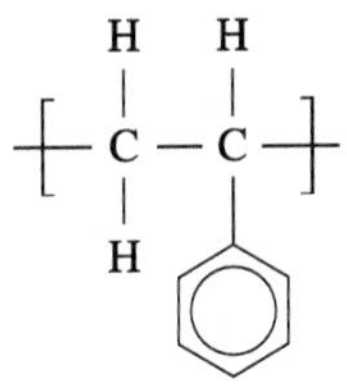	Clear; easily colored; easily fabricated; transparent; fair mechanical and thermal properties; good resistance to acids, bases, oxidizing and reducing agents; readily attacked by many organic solvents; good electrical insulator	Used for the production of ion-exchange resins, heat and impact resistance copolymers, ABS resins, etc., foams, plastic optical components, lighting fixtures, housewares, toys, packaging, appliances, home furnishings
Poly (methyl methacrylate)	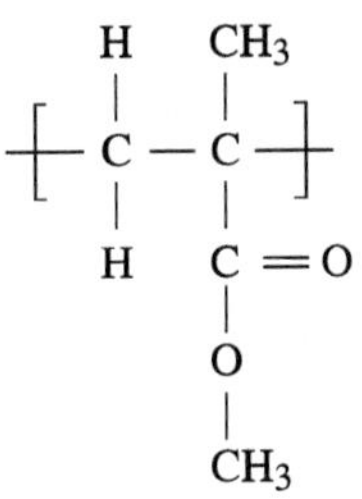	Clear, transparent, colorless, good weatherability, good impact strength, resistant to dilute basic and acidic solutions, easily colored, good mechanical and thermal properties, good fabricability, poor abrasion resistance compared to glass	Available in cast sheets, rods, tubes, and molding and extrusion compositions; applications where light transmission is needed, such as tail and signal-light lenses, dials, medallions, brush backs, jewelry, signs, lenses, skylight "glass"

Monomer(s)	B	B and S; poly(B-co-S)				S
Class of Polymer	homopolymer	random copolymer	alternating copolymer	block copolymer	graft copolymer	homopolymer
Chemical Name	poly B	poly (B-ran-S)	poly (B-alt-S)	poly (B-b-S)	poly (B-g-S)	poly S
Schematic Chemical Structure	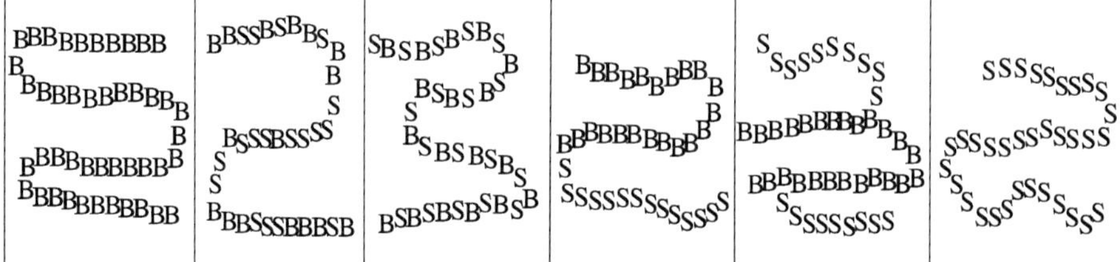					
Example	polybutadiene	poly(butadiene -ran-styrene)	poly(butadiene -alt-styrene)	poly(butadiene -b-styrene)	poly(butadiene -g-styrene)	polystyrene

그림 2-7 여러 종류의 공중합체 구조

종종 서로 다른 둘 또는 세 종류의 단량체가 중합반응에 의해서 새롭고 긴요한 성질을 갖는 중합체를 얻는 것이 가능하다. 두 종류의 단량체가 중합하여 두 개의 다른 반복단위를 갖는 중합체를 공중합체(copolymer), 그리고 세 종류의 단량체가 중합에 참여하여 화학적으로 세 개의 다른 반복단위를 갖는 중합체를 삼원중합체(terpolymer)라고 부른다.

공업적으로 가장 널리 사용되는 합성고무가 styrene(S) 단위와 butadiene(B) 단위의 정확한 순서는 중합과정에서 두 단량체의 상대적인 반응성에 의해서 몇몇 종류의 공중합체를 얻을 수 있다. 이들 중에는 그림 2-7에서 보는 바와 같이, S 단위와 B 단위가 무질서한 순서로 이루어진 random 공중합체, 교대로 이루어진 alternating 공중합체, styrene 단위인 S가 긴 block을 형성한 다음 butadiene단위인 B의 block이 이루어진 SB-twoblock 공중합체가 있다.

만약 S-block 하나가 더 있을 경우는 SBS-triblock 공중합체가 된다.

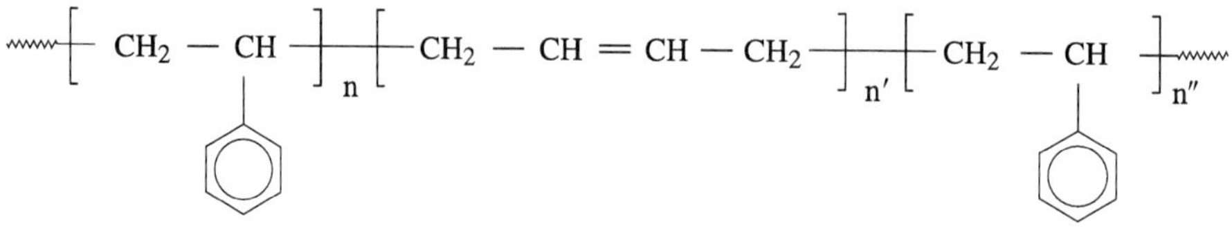

SBS-triblock 공중합체

여기서 n, n', n" 첨자는 block의 길이를 나타낸다.

그리고 graft 공중합체는 두 종류의 단량체 중 하나의 단량체가 먼저 완전한 고분자쇄가 형성된 다음 나머지 단량체가 가지처럼 길게 중합된 공중합체를 말한다. 예를 들어, polyvinylchloride에 styrene을 graft 중합시키면 식 (5)와 같다.

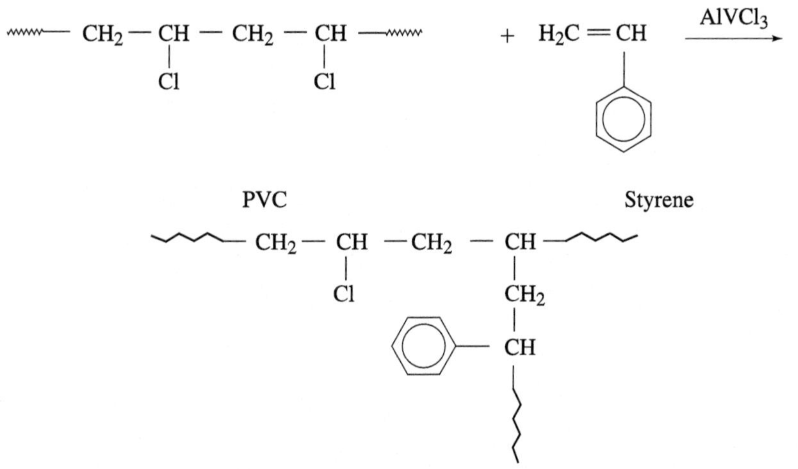

(5)

Graft copolymcr

Block 공중합체와 graft 공중합체는 주로 탄성체로 대단히 중요 재료로 이용된다.

2.3 열가소성 플라스틱과 열경화성 플라스틱

모든 고분자물질은 그들의 열적 거동에 의해 열가소성(thermoplastic)과 열경화성(thermoset)으로 분류된다.

열가소성플라스틱은 가열에 의해 용융되고 적당한 용매에 의해 용해될 수 있는 선형 또는 가지형 구조의 고분자이다. 이것은 가열과 냉각 사이클에 의해서 소성을 나타내거나 단단한 고체로 존재하므로 사출과 압출성형 같은 가공기술에 의해서 어떤 모양으로도 성형이 가능하다. 지금까지 공업적으로 중요하게 사용되는 polystyrene, polyolefin(polyethylene, polypropylene 등), poly(vinyl chloride) 그리고 nylon 등이 여기에 속한다.

이에 비해 열경화성 플라스틱은 그 구조가 거대한 삼차원 망상구조로 되어있기 때문에 열에 의해서 용융되거나 소성을 띠지 않고 높은 온도에서는 분해될 뿐이다. 적당한 용매에 의해서

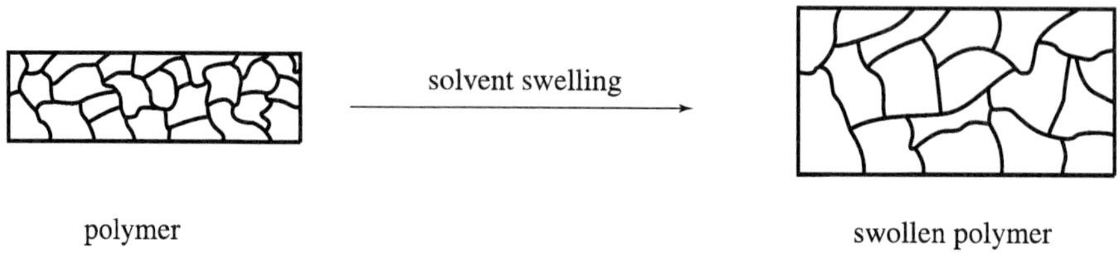

그림 2-8 • 열경화성 고분자의 팽윤

팽윤(swelling)은 되지만 용해는 되지 않는다. 그림 2-8은 망상구조인 열경화성 플라스틱이 용매가 침투되어 부풀어 오른 팽윤 상태를 보여주고 있다.

열경화성 플라스틱도 경화반응 이전에는 열가소성플라스틱처럼 열에 의해 용융되어 필요한 모양으로 성형되지만, 일단 성형 공정에서 경화반응이 끝난 후에는 다시는 열에 의해 용융되거나 소성을 띠지 않는다. 경화반응이란 선형고분자들끼리 공유결합을 통하여 서로 연결되므로, 열경화성 고분자를 가교고분자(cross-linked polymer)라고도 부른다.

이들은 특히 내열성, 내 creep성 그리고 용매에 대한 저항성이 우수하기 때문에 복합재료, 도료 그리고 접착제 등에 적당한 고분자로, epoxy, phenol-formaldehyde 그리고 불포화 polyester 등이 여기에 속한다. 열경화성 고분자는 경화정도에 따라 세 가지로 구분하는 데 경화반응 이전, 즉 경화가 전혀 일어나지 않은 상태를 A-stage 그리고 경화반응이 완전히 이루어진 상태를 C-stage라고 하며 이 두상태의 중간, 즉 부분적으로 경화반응이 진행된 것을 B-stage라고 부른다.

2.4 고분자 구조에 기초를 둔 분류

고분자의 골격(backbone)이 탄소원자로만 이루어진 homochain 고분자와 탄소원자 이외에도 산소, 질소, 또는 황과 같은 원자가 포함된 heterochain 고분자로 분류할 수 있다.

Homochain 고분자 중에도 그들의 골격이 탄소-탄소 단일 결합(-C-C-)으로만 이루어진 고분자를 polyalkylene이라고 부르며, 예를 들어 polyethylene, polystyrene, polyvinylchloride, polypropylene 등이 있다.

탄소-탄소 골격 고분자 중에는 이중결합(-C=C-)이 포함된 분자가 있는데 이를 polyalkenylene이라고 부르며, polyisoprene 그리고 polybutadiene 등이 이에 속하며, 탄성체로서 유용한 고분자들이다.

또 다른 예로는 전도성 고분자로 이용될 수 있는 고분자로써 탄소와 탄소 골격이 삼중결합(-C≡C-)이 포함된 예로서 polyalkynylene이라고 부른다.

Heterochain 고분자 중에는 골격에 carbonyl, amide 또는 ester 등의 기능기의 종류에 따라 표 2-2와 같이 나눌 수 있다.

표 2-2 • 중요한 heterochain 고분자의 골격구조

Carbon–Oxygen polymers	
polyethers	—C – O—
polyester of carboxylic acid	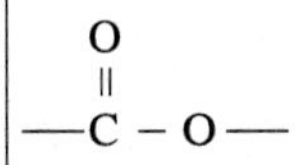
polyanhydrides of carboxylic acid	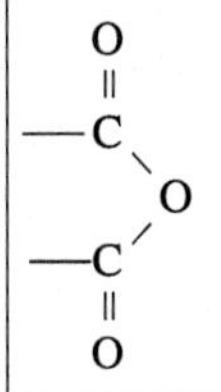
polycarbonates	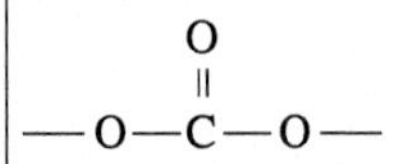
Carbon–Sulfur polymers	
polythioethers	—S – C—
polysulfones	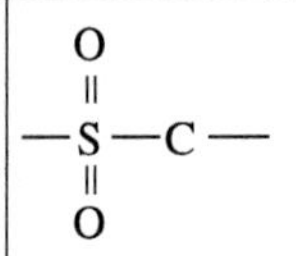
Carbon–Nitrogen polymers	
polyamines	—C – N—
polyimines	—C = N—
polyamides	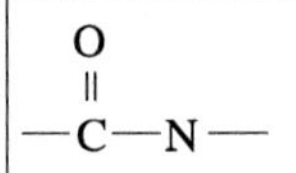
polyimides	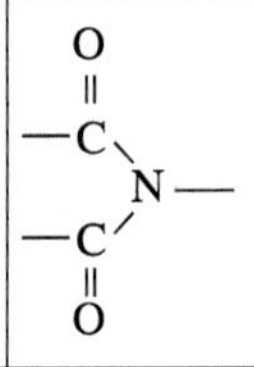
polyureas	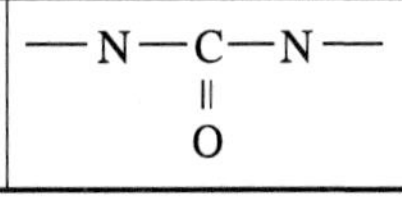

3장 고분자 분자량

고분자의 평균 분자량, $\overline{M}$은 반복단위의 화학식량에 평균중합도, $\bar{n}$ 또는 $\overline{DP}$를 곱한 값이다. 중합체는 단량체로부터 합성과정에서 그 반응속도론적 특성 때문에 중합도가 다른 많은 고분자들로 이루어져 있으며 결과적으로 분자량 분포를 가지게 된다.

예를 들어, 저분자인 pentane의 경우는 그 분자량이 어떠한 경우라도 72이지만 polyethylene의 경우, 그 분자량이 30,000이라면 실제는 이 값보다 크고 작은 분자량을 갖는 많은 분자들 즉, 25,000, 56,000, 18,000 43,000 등 다양한 크기의 분자들로 이루어져 있어 이것을 평균한

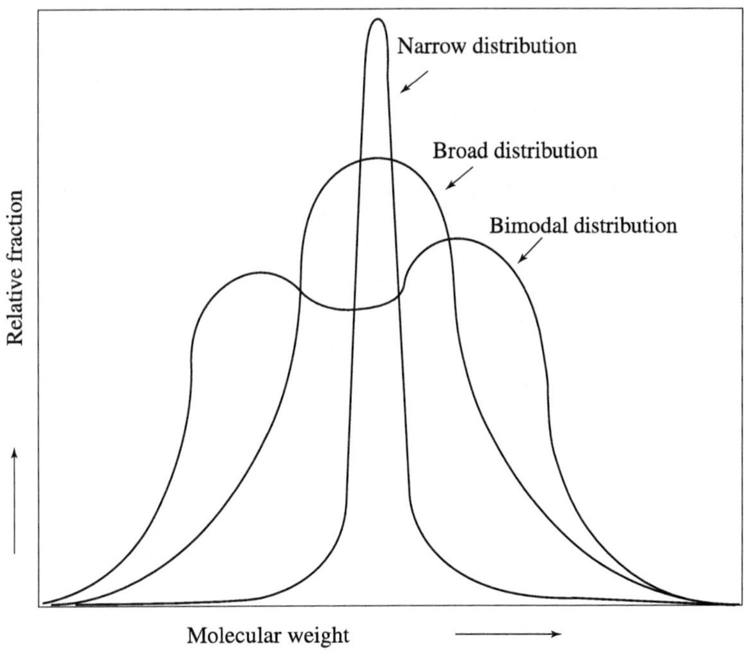

그림 3-1 • 다양한 분자량 분포도

값이 30,000 이라는 것이다. 대부분의 합성 고분자와 많은 천연 고분자의 경우는 상대적으로 넓은 분자량 분포가 나타나지만, 어떤 고분자는 좁은 분자량 분포가 나타나는데 이것은 중합과정에서 반응물의 입체적 또는 전자적 요인 때문이다.

분자량 분포가 넓은 것을 다분산(polydisperse)이라고 하고, 특이한 단백질과 핵산은 전형적인 저분자 물질처럼 하나의 특이한 분자량을 갖는다. 이를 단분산(monodisperse) 되었다고 말한다. 또한 분자량 분포곡선의 봉우리가 하나(mono-), 둘(bi-) 또는 여러 개의 봉우리(polymodal)가 있을 수 있다. Bimodal 분자량 분포곡선을 갖는 것은 두 가지 다른 방법이나 환경으로부터 중합되는 고분자의 특성이다. 그림 3-1에 여러 형태의 분자량 분포곡선을 나타냈다. 그리고 분자량의 크기에 따라 고분자의 상태도 다르다. 예를 들어 작은 분자량의 polystyrene은 점조한 액체이고, 분자량이 20,000에서는 깨지기 쉬운 중합체(brittle polymer), 그리고 분자량이 250,000 정도에서는 단단한(hard) 플라스틱이 된다.

전형적인 작은 분자와 큰 분자이지만, chain entanglement에 필요한 임계연쇄길이(critical chain length)보다는 작은 분자들은 일반적으로 기계적 성질이 약하고 적당한 반응성 물질에 의해 화학반응이 쉽게 일어날 수 있는 것으로 보아 이러한 특성은 분자량의 크기에 분명히 관계가 있다. 무결정 고분자 물질에서 용융점도, 인장강도 및 강성, 충격강도 또는 인성 그리고 열에 대한 저항성과 용매에 대한 저항성은 그들의 분자량과 분자량 분포도에 의존한다. 이와는 달리 밀도, 비열용량 그리고 굴절률은 그 임계분자량이상에서는 분자량에 무관하다.

용융점도는 chain entanglement에 필요한 임계분자량 이상에서 평균분자량의 3.4승에 비례한다. (즉, $\eta = \overline{M}^{3.4}$) 그러므로 용융점도는 분자량이 증가함에 따라 급격히 증가하며 따라서 분자량이 큰 물질은 가공, 성형하는데 보다 많은 에너지가 필요하다. 분자량에 따른 고분자 물질의 특성 변화의 근본적인 이유는 분자간 인력의 변화이다. 같은 화학적 구조일지라도 사슬이 길어지면 분자의 표면적이 넓어지고 따라서 분자간의 인력 또한 커진다. 고분자 물질의 많은 특성이 분자량 증가에 따라 증가하며 한 예를 들면 그림 3-2와 같다.

이 그림에서 나타난 모든 성질이 분자량의 증가와 함께 급격하게 증가하고 있다. 그러나 인장강도와 충격강도 변화곡선에서는 일정한 크기의 분자량 이상에서는 이들의 증가율이 현저하게 둔화되는 것을 볼 수 있는데 이 지점에 해당하는 분자량을 threshold molecular weight value(TMWV)라고 한다. 이 TMWV는 유리전이온도(Tg), 무결정성 고분자에서는 응집에너지 밀도(cohesive energy density, CED), 결정성 고분자에서는 결정의 크기 그리고 고분자복합재(polymer composites)에서는 보강재의 효과에 따라 다르다.

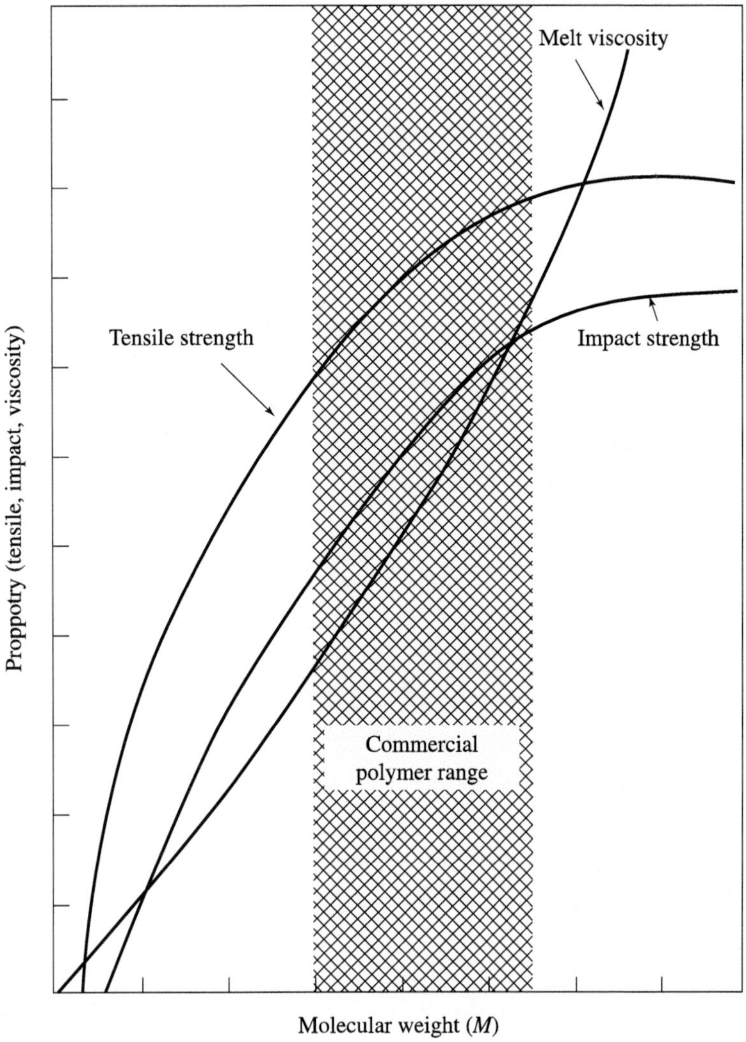

그림 3-2 • 고분자물질의 특성과 분자량의 관계

3.1 평균분자량

한 고분자 시료 중에는 여러 가지 크기의 분자들이 포함되어 있으므로 이 시료의 분자량을 표시할 수 있는 평균 분자량 개념이 필요하다. 평균 분자량은 측정 방법에 의하여 평균을 취하는 방법에 따라 수평균 분자량 (number average molecular weight), 중량평균 분자량 (weight average molecular weight), z 평균 분자량 (z average molecular weight) 등이 있다.

고분자 시료 중에 분자량이 M_1인 분자의 수가 N_1, 분자량이 M_2인 분자의 수가 N_2, ⋯, 분자량이 M_i인 분자의 수를 N_i라고 가정하자.

우선 분자량 분포를 분자의 개수로 표시하기 위하여 i 분자의 몰분율을 x_i라고 놓으면, (6) 식과 같이 표시된다.

$$x_i = \frac{N_i}{\sum_{i=1}^{\infty} N_i} \tag{6}$$

수평균 분자량 $\overline{M}_n$은 분자의 개수를 중시하는 분자량의 평균값으로 분자량의 몰농도 개념으로 이해될 수 있다. 즉, 수 평균 분자량은 개개 분자의 분자량 총합을 전체 분자의 수로 나누어줌으로써 계산된다.

$$\overline{M_n} = \sum_{i=1}^{\infty} x_i M_i = \frac{\sum_{i=1}^{\infty} N_i M_i}{\sum_{i=1}^{\infty} N_i} \tag{7}$$

예를 들어, 10개의 고분자 분자가 있는데 이중 3개의 분자는 분자량이 1.0×10^5, 5개의 분자는 분자량이 2.0×10^5, 나머지 2개의 분자량은 3.0×10^5 일 때, 수 평균 분자량 $\overline{M}_n$은 다음과 같이 계산된다.

$$\overline{M}_n = \frac{(1.0 \times 10^5) \times 3 + (2.0 \times 10^5) \times 5 + (3.0 \times 10^5) \times 2}{3 + 5 + 2} = 1.90 \times 10^5$$

대부분의 열역학적 특성은 계에 존재하는 입자의 수에 관련되므로 수 평균 분자량, $\overline{M}_n$과 관련지을 수 있다. 또한 총괄적인 성질(colligative properties)은 존재하는 입자의 수에만 의존하므로, 수평균 분자량과 분명히 관계가 있다. 여기에서 총괄적인 성질은 용질의 종류에 관계없이 용질의 농도에 따라 변화하는 양을 말하며 빙점 강하, 비점 상승, 증기압 강하 그리고 순수 용매와 용액 간의 삼투압 등이 총괄적인 성질에 포함된다. 그러므로 수평균 분자량 $\overline{M}_n$은 고분자 용액에서 이들의 성질을 측정하여 구할 수 있다.

다음으로 분자량의 무게 분포를 살펴보기로 하자.

i 분자의 무게분율을 w_i 라 놓으면, 이것은 i 분자의 무게를 전체의 무게로 나눈 값으로 다음과 같이 표시된다.

$$w_i = \frac{N_i M_i}{\sum_{i=1}^{\infty} N_i M_i} \tag{8}$$

중량평균 분자량, $\overline{M}_w$는 각 분자의 무게를 중시하는 분자량의 평균값으로 무게 농도 개념으로 이해될 수 있으며, (9) 식과 같이 표시할 수 있다.

$$\overline{M}_w = \sum_{i=1}^{\infty} w_i M_i = \frac{\sum_{i=1}^{\infty} N_i M_i^2}{\sum_{i=1}^{\infty} N_i M_i} \qquad (9)$$

앞에서 수평균 분자량 계산의 한 예를 가지고 중량 평균 분자량을 계산하면 다음과 같다.

$$\overline{M}_w = \frac{(1.0\times10^5)^2\times3+(2.0\times10^5)^2\times5+(3.0\times10^5)^2\times2}{(1.0\times10^5)\times3+(2.0\times10^5)\times5+(3.0\times10^5)\times2} = 2.16\times10^5$$

점도와 인성과 같은 커다란 변형과 관련된 bulk properties는 중량평균 분자량, $\overline{M}_w$에 의해 특히 영향을 받으며, $\overline{M}_w$는 광산란법(light scattering)과 초원심분리법(ultracentrifugation)에 의해 측정할 수 있다. 그렇지만 용융 탄성(melt elasticity)은 Z 평균 분자량, $\overline{M}_z$에 보다 밀접하게 의존한다. Z 평균 분자량은 자주 사용하지는 않지만, 중량 평균 분자량보다 무게 가중치가 높은 평균 분자량이며 식 (10)과 같이 표시된다.

$$\overline{M}_z = \frac{\sum_{i=1}^{\infty} N_i M_i^3}{\sum_{i=1}^{\infty} N_i M_i^2} \qquad (10)$$

앞에서 평균 분자량 계산의 예를 가지고 Z 평균 분자량을 계산하면 다음과 같다.

$$\overline{M}_z = \frac{(1.0\times10^5)^3\times3+(2.0\times10^5)^3\times5+(3.0\times10^5)^3\times2}{(1.0\times10^5)^2\times3+(2.0\times10^5)^2\times5+(3.0\times10^5)^2\times2} = 2.37\times10^5$$

$\overline{M}_w$는 단분산 시스템을 제외하고는 항상 $\overline{M}_n$보다 크며, $\overline{M}_w/\overline{M}_n$의 비는 다분산성 지수(polydispersity index)라고 하며, 고분자량의 분포 정도가 나타낸다. 이 지수가 1 일 경우, 즉 $\overline{M}_w = \overline{M}_n$이면 단분산(monodisperse)이며 다분산(polydisperse)은 이 지수값이 1보다 크다. 일반적으로 여러 가지 평균 분자량 값의 크기 순서는 $\overline{M}_z > \overline{M}_w > \overline{M}_n$이다.

모든 고전적인 분자량 측정 방법은 고분자 용액이 필요하며, 특히 고분자의 분자들간 상호 작용을 최소한으로 줄이기 위해 묽은 용액을 사용한다. 용액의 농도는 100ml당 고분자 1g 이하가 녹아있는 용액을 사용한다. 실질적으로 용질의 상호 작용을 배제하기 위하여 무한 희석

용액까지 측정하는 의사법을 도입한다.

Mark-Houwink 방정식에서 지수 α=1 일 때, 점도법에 의해서 얻어진 점도 평균 분자량 $\overline{M}_v$와 $\overline{M}_w$의 값은 같다. 그렇지만 전형적인 α의 값은 0.5에서 0.8 정도이므로 값은 $\overline{M}_w$와 $\overline{M}_n$의 사이에 있는 것이 보통이다.

3.2 분자량 측정 방법

상대적인 분자량, 환산 분자 질량 그리고 몰질량을 결정하는 실험적 방법에는 절대적인 방법(absolute methods), 상대적인 방법(relative methods) 그리고 당량 측정 방법(equivalent methods)이 있다.

절대적인 방법은 고분자 구조에 관해 어떤 가정도 없이 분자량과 몰질량(molar mass)을 계산할 수 있는 실험적 데이터를 얻는 방법이다. 절대적인 방법에 의해서 몰질량을 결정하는 방법은 삼투압(osmotic pressure), 광산란법(static light scattering), Sedimentation equilibrium 등의 평형 조건에 기초를 둔 것이다.

당량 측정 방법은 고분자의 화학적 구조에 관한 정보가 필요하다. 만일 말단기 구조와 한 분자 내에 존재하는 말단기의 수를 알고 있으면 말단기 정량(end group determinations)을 통하여 상대적인 분자 질량을 계산할 수 있다.

다음, 상대적 방법은 용매 분자나 고분자의 상호 작용 뿐만 아니라 고분자의 화학적, 물리적 구조에 의해서도 영향을 받게 된다. 상대적인 방법은 항상 보정을 해야만 한다. 가장 중요한 상대적인 방법에는 희석 용액 점도 측정법과 입자 크기 축출 크로마토그래피(size-exclusion chromatography)가 있다.

표 3-1에 고분자 분자량을 결정하는 전형적인 기술들이 소개되었으며 이 책에서는 가장 자주 사용되는 기술들을 간단히 설명하고자 한다.

표 3-1 ◦ 전형적인 분자량 측정 방법

Method	Type of mol. wt. average	Applicable wt. range	Other information
Light scattering, static	$\overline{M}_w$	to ∞	absolute method
Viscometry of dilute solutions	$\overline{M}_v$	10^2 ~ 10^6	relative method
Membrane osmometry	$\overline{M}_n$	2×10^4 ~ 2×10^6	absolute method
Vapor phase osmometry	$\overline{M}_n$	to 40,000	absolute method

표 3-1 ◦ 전형적인 분자량 측정 방법(계속)

Method	Type of mol. wt. average	Applicable wt. range	Other information
Size-exclusion chromatography	$\overline{M}_{n,w,z}$	to ∞	relative method
Electron and X-ray microscopy	$\overline{M}_{n,w,z}$	10^2 ~ ∞	absolute method
Ebullioscopy, cryoscopy	$\overline{M}_n$	to 50,000	absolute method
End-group determination	$\overline{M}_n$	to 20,000	equivalent method
Centrifugation	$\overline{M}_{w,z}$	to ∞	absolute method

* 여기서 ∞는 적당한 용매에 용해할 수 있는 가장 높은 분자량을 의미함.

3.2.1 고분자의 분별

다분산성 고분자 시료 중에 비교적 좁은 범위의 분자량을 갖는 여러 fraction으로 분별하기 위해서는 분자량에 따라 변하는 특정한 성질을 이용하여 분리할 수 있다.

실질적으로 분별에 쓰이는 방법은 고분자 용액에 비용매 첨가, 고분자 용액의 냉각, 용매 증발, zone melting, 추출, 확산 또는 원심분리법 등이 있다. 여기에서는 비용매를 첨가하는 방법으로 가장 편리한 분별 침전법에 대해 설명하고자 한다. 분별 침전법은 분자량에 따라 용해도 파라미터 (solubility parameter)가 조금씩 변하는 것에 기초를 둔 것이다.

일정한 온도에서 고분자 용액 시료에 섞일 수 있는 적은 양의 비용매를 조금씩 첨가하면 시료 중에 가장 높은 분자량을 가진 분자부터 침전이 일어난다. 이러한 과정을 그림 3-3과 같이 반복하여 매번 얻은 침전물의 분자량을 분석하게 되면 분자량 분포도를 얻을 수 있다.

예를 들면, 벤젠에 polystyrene이 용해된 시료 용액에 isopropyl 알콜이나 메탄올을 용액이 탁하게 될 때까지 조심스럽게 적가(dropwise addition)한다.

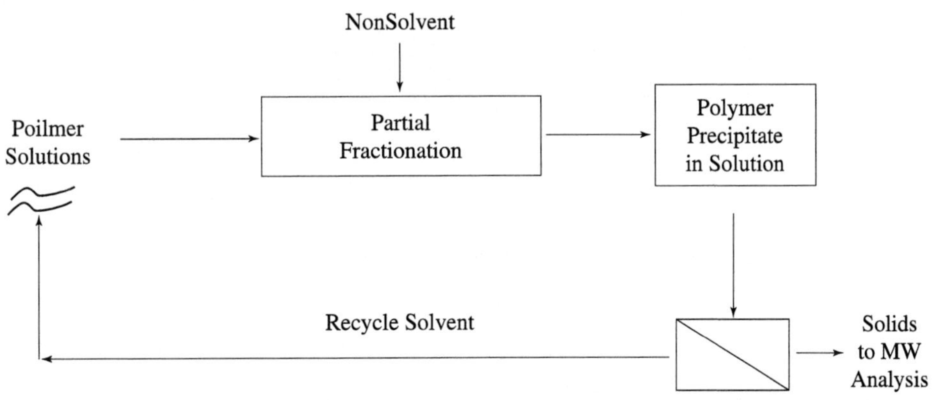

그림 3-3 ◦ 침전 분리법에 의한 분자량 분포 결정

이 용액 중에 있는 침전을 제거하기 전에 가열하였다가 식히면 보다 효과적인 분별 방법이 된다. 또한 soxhlet 추출 장치와 적당한 용매를 사용하여 시료인 고분자 물질을 특정한 시간 간격으로 추출하는 방법도 분별 방법으로 사용될 수 있다.

3.2.2 겔 투과 크로마토그래피

겔투과 크로마토그래피(gel permeation chromatography, GPC)는 용매에 용해된 고분자를 그 크기에 따라 분리하는 방법으로 size exclusion chromatography의 한 종류이다.

이 방법은 다공질의 가교된 polystyrene gel들로 채워진 column에 분자량 분포를 갖는 고분자 용액을 통과시킨다. 고정상인 polystyrene gel에는 1.0에서 1.0×10^6 nm의 크기를 갖는 기공들이 존재하므로, 이 기공의 크기보다 큰 시료분자들은 작은 기공에는 침투하지 못하고 액체를 따라 흘러 내려가지만 기공의 크기보다 작은 시료분자들은 그 기공에 침투해서 얼마간 머물 수 있다. 그 결과 크기가 작은 분자들은 column을 통과하여 유출하는 시간이 지연될

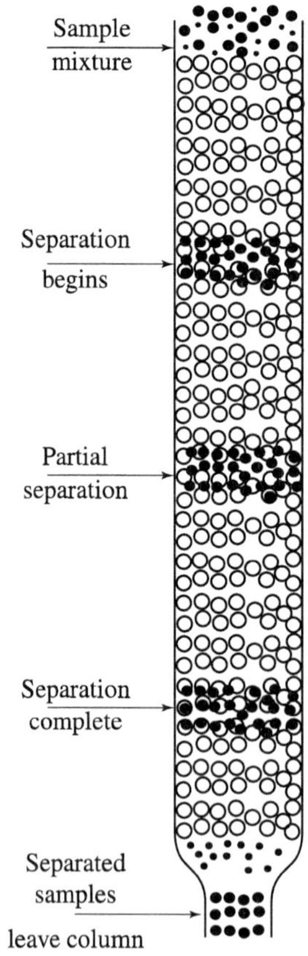

그림 3-4 ◦ 다공질의 고정상과 작고 큰 시료분자들간의 상호작용에 의한 분리

것이고 이와는 반대로 크기가 큰 시료분자들은 기공에 침투할 수 없기 때문에 용매가 흘러가는 대로 유출되어 작은 분자들 보다 column을 빨리 통과 할 것이다.

그림 3-4에 다공질의 polystyrene gel이 채워진 column이 있고 상단에서 시료분자의 크기가 다른 혼합물이 있다. 이들이 column을 통과하면서 앞에서 설명한 원리에 의해 크기가 큰 분자들이 먼저 유출되어 분자의 크기에 따라 분리할 수 있는 것을 보여주고 있다. GPC는 일차적인 방법으로 분자량 분포를 얻는 것이 아니다.

실험결과는 분자의 상대적인 크기 순서대로 유출되어 그림 3-5와 같은 곡선을 얻는다. 이 그림에서 가로축은 시간, 세로축은 유출량을 표시한 것이다. 그러므로 절대적인 방법에 의해 분자량이 결정된 표준물질을 이용함으로써 이 곡선을 보정하여 평균분자량과 분자량분포도를 얻을 수 있다.

전형적인 GPC기기의 개략도를 그림 3-6에 보였다. 그림 왼쪽 부분은 시료와 용매를 column과 검출기로 일정한 속도를 유지하며 흘러 갈 수 있도록 기계펌프를 이용하여 일정한 압력을 가하는 부분이다.

시료가 그림의 상부에서 주입시키면 용매에 따라 column으로 보내진다. 이 column에서 분자의 크기에 따라 분리되어 검출기인 굴절계에 도달하게 된다. 여기서는 reference column과 analytical column에서 나온 순수용매와 유출용매간의 굴절률 차이를 측정한다. 이 굴절차를 시간에 대해 도시하면 GPC chromatogram을 얻을 수 있다.

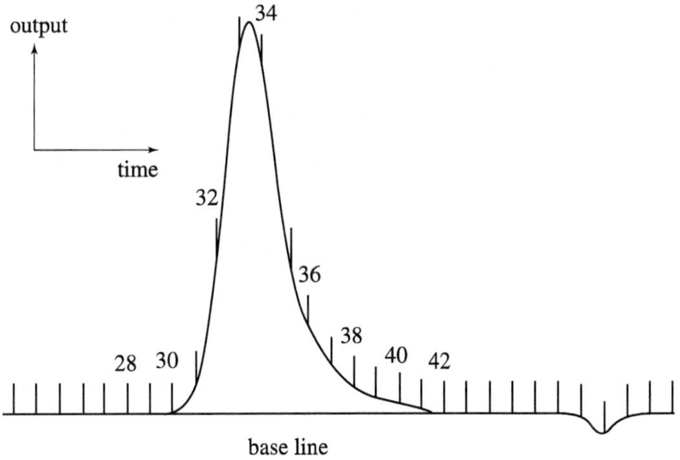

그림 3-5 ◦ 전형적인 GPC chromatogram

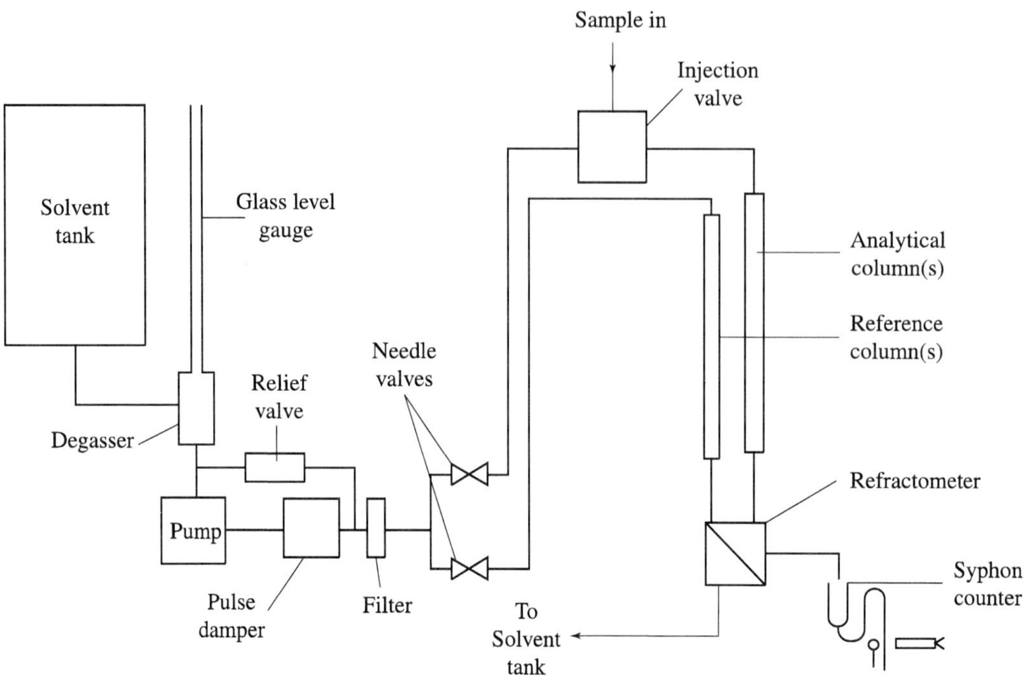

그림 3-6 Gel permeation chromatography 장치의 개략도

3.2.3 말단기 분석법

초기에는 고분자에 존재하는 말단기를 검출하는 것이 불가능했으나 분석기술의 발달로 지금은 nylon과 같은 선형분자의 관능말단기를 정량적으로 분석하는 것이 가능하다. 말단기 분석법(end group analysis)은 분자구조에 가지가 달리지 않은 선형 축중합체의 분자량분석에 유용하므로 polyester, polyamide(nylon)와 같은 고분자들을 적당한 용매에 용해시켜 분자 말단에 달려 있는 carboxyl기, amine기, hydroxyl기 등을 정량하므로 이들의 분자량을 구한다. 이 방법은 고분자의 개수를 세는 것이므로 얻어진 분자량은 당연히 수평균분자량이 된다.

이 수평균분자량의 계산은 다음과 같다.

$$\overline{M_n} = \frac{\text{한분자당 적정할 말단기 수}}{1g\text{당 말단기의 몰수} } \tag{11}$$

예를 들어, 분자구조가 다음과 같은 polyester 10g을 정량하는 데 0.1-M KOH 표준용액 30ml가 소모되었다고 가정하자.

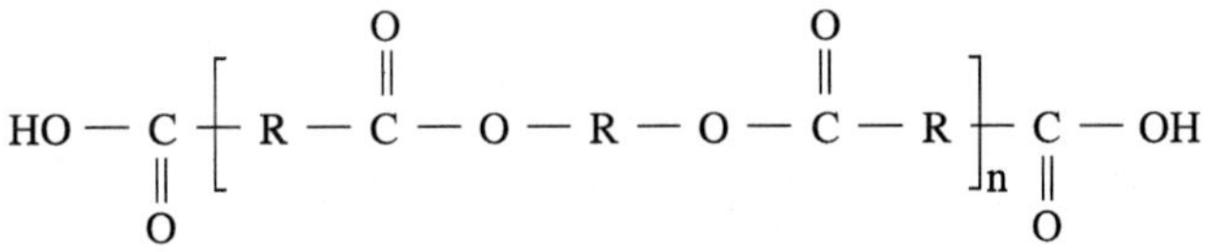

그러면 polyester 1g당 말단기의 몰수는 다음과 같다.

$$\frac{0.1\mathrm{mol} / l \times 30\mathrm{ml}}{10\mathrm{g}} = 3.0 \times 10^{-4}\ \mathrm{mol} / \mathrm{g}$$

구조식에서 보는 바와 같이 polyester 분자당 적정되어야 할 carboxyl기는 2개이다. 그러므로 수평균분자량은

$$\overline{\mathrm{M}}_{\mathrm{n}} = \frac{2}{3.0 \times 10^{-4}} = 6.7 \times 10^{3}$$

으로 주어진다. 고분자의 말단기가 습식분석법으로 정량될 수 없을 경우는 기기분석 방법으로 말단기를 정량하는 방법도 사용될 수 있다. 그리고 측정하고자 하는 시료의 분자량이 너무 크면 상대적으로 시료의 단위무게당 말단기의 농도가 크게 감소하므로 이런 경우는 말단기 분석방법에 의한 분자량 측정은 적합하지 못하다.

3.2.4 삼투압법(Osmometry)

고분자용액의 총괄적 특성은 주어진 량의 용매 내에 존재하는 고분자 분자의 수에 의존하게 되므로 이런 방법을 이용하여 측정된 분자량은 수평균분자량이다.

삼투압법의 원리는 고분자를 용해한 용매분자는 자유로이 통과할 수 있지만 고분자 분자는 통과할 수 없는 반투막을 기초로 하고 있다. 그림 3-7에서 같이 고분자용액과 순수용매가 반투막으로 분리되어 있을 때 용매의 화학포텐셜은 용액보다 용매 쪽이 높기 때문에 용매분자가 용액 쪽으로 이동하게 된다. 이로 인해 용액 쪽의 액면이 올라가게 되어 압력이 발생하게 된다. 따라서 적당한 압력에 도달하면 더 이상의 용매분자가 용액 쪽으로 이동하는 것을 억제하며 결국 평형에 이르게 되는데 이 평형상태에서의 압력을 삼투압(osmotic pressure)이라고 한다.

삼투압은 총괄적 성질, 즉 존재하는 입자들의 수에 의존하기 때문에 이 압력의 측정은 용매 대 고분자용액의 삼투압 결정에 응용될 수 있다. 그림 3-7에서 두 기둥의 액체 높이의 차이 h는 용액의 밀도, ρ와 중력가속도, g를 함께 곱해 줌으로써 삼투압 Π로 전환될 수 있다(즉, $\Pi = h\rho g$). 삼투압을 측정하여 분자량을 구하는 방법은 Van't Hoff의 식을 바탕으로 한 것이다.

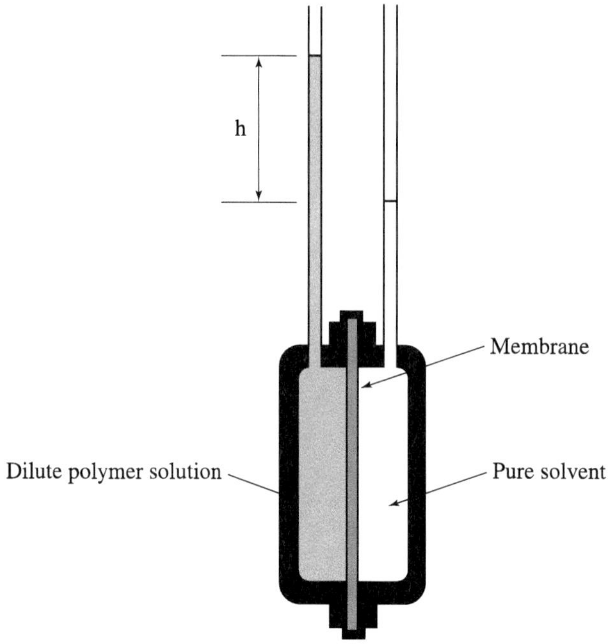

그림 3-7 ● 반투막에 의한 삼투압 측정

$$\frac{\Pi}{c} = RT\left(\frac{1}{\overline{M}n} + Ac\right) \tag{12}$$

여기서, c는 용액의 농도이고 A는 virial 계수이다.

식 (12)에서 $\frac{\Pi}{RTc}$를 농도 c에 대해 plot하면 그림 3-8에서 보는 바와 같이 직선을 얻고 무한 희석용액, $c \rightarrow 0$에서의 외삽점이 $\frac{1}{\overline{M}n}$이 되므로 수평균 분자량을 구할 수 있다. 그림에서 선의 기울기는 virial 상수 A이며 이는 응집에너지밀도와 관계되며 θ온도에서 이 값은 0이 될 것이다. 직선의 기울기는 용해력의 증가와 함께 증가하기 때문에 용해력이 낮은 용매와 묽은 용액을 사용하는 것이 편리하다.

삼투압법으로 측정 가능한 분자량의 한계는 측정의 정밀도에 의해 결정되는데 비교적 정확한 값을 얻기 위해서는 고분자의 분자량이 20,000 이상이 되어야 하며 대략 500,000까지 측정 가능하다.

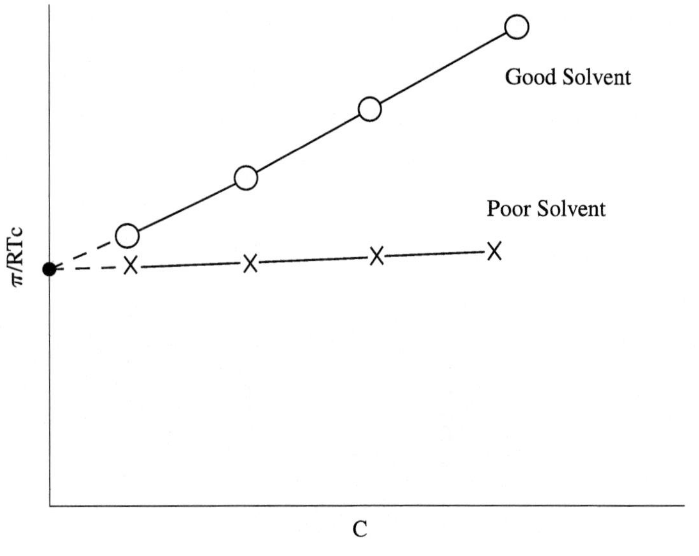

그림 3-8 ● $\frac{1}{\overline{M}n}$ 을 결정하기 위한 Π/RTc 대 농도 c의 plot

3.2.5 증기압 삼투압법(Vapor-pressure Osmometry)

증기압 삼투압법은 증기상 삼투압법(Vapor-phase Osmometry)이라고도 부른다. 순수 용매에 고분자물질을 첨가했을 때, 용매의 활동도가 감소하기 때문에 용매의 증기압은 낮아지게 될 것이다. 이때 용매와 용액간에 증기압 차이와 용액에 녹아 있는 고분자의 수평균 분자량 $\overline{M}_n$ 사이의 관계는 다음과 같이 나타낼 수 있다.

$$\lim_{c \to 0} \left(\frac{\Delta p}{c}\right) = \frac{p_1{}^{\circ} V_1{}^{\circ}}{\overline{M}n} \tag{13}$$

여기서 Δp는 용액과 용매의 증기압 차이(p_1 - p_1°), c는 용액의 농도, p_1°와 V_1°는 각각 용매의 증기압과 몰부피이다. 식 (13)에서 보면 Δp는 $\overline{M}_n$에 대해 반비례적인 관계에 있으므로 비록 분자량이 작은 고분자일지라도 증기압 감소에 따른 영향은 대단히 작을 것이다. 그러므로 증기압의 직접적인 측정으로 분자량을 결정하는 것은 부정확한 방법이다. 이런 이유 때문에 열전기적 측정(thermoelectric measurements)에 기초를 둔 간접적으로 접근하는 방법이 사용되고 있다. 다음의 그림 3-9에서 이 기기를 설명하고 있다.

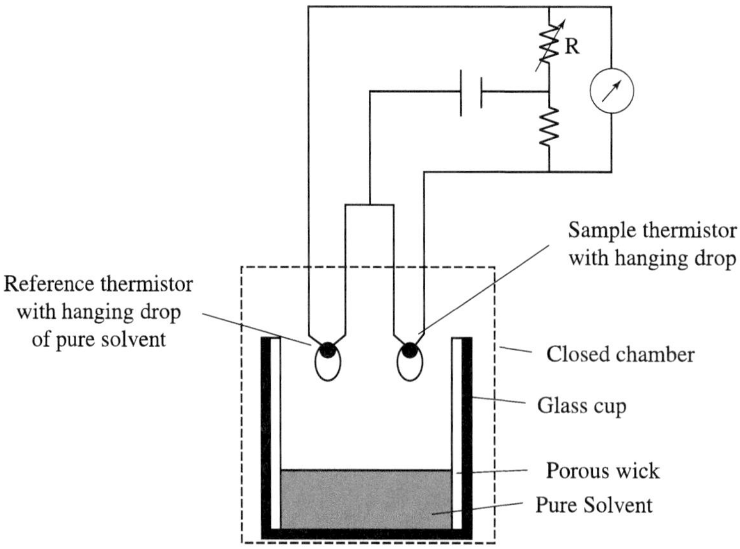

그림 3-9 ◦ 증기압 삼투압 측정장치

증기압 삼투압 측정기는 밀폐된 그리고 일정한 온도(±0.001℃)로 유지할 수 있는 용매 증기가 포화된 장치 내에 한 쌍의 thermistor(저항 온도계)를 사용한다. 용매 한 방울을 주사기로 한쪽 thermistor에 그리고 묽은 고분자 용액 한 방울은 다른 쪽 thermistor에 매단다. 그러면 용액의 증기압이 순수 용매의 증기압보다 낮으므로 용매 증기들이 용액 쪽으로 옮겨 오게 된다. 이 과정에서 발생되는 증발 잠열로 인해 용액 방울의 온도는 용액의 증기압과 용매의 증기압이 같아질 때까지 올라간다. 두 thermistor간의 온도차이가 저분자량의 표준물질에 의해 보정된 저항차이(ΔR) 항으로 기록된다.

묽은 고분자용액의 여러 농도에서 ΔR/c를 측정하고 식 (14)에 의해 ΔR/c를 농도에 따라 plot하여 외삽하면 농도, c=0에서 수평균 분자량 $\overline{M}_n$을 얻는다.

$$\left(\frac{\Delta R}{c}\right)_{c \to 0} = \frac{K_{VPO}}{\overline{M}n} \tag{14}$$

여기서 KVPO는 분자량이 정확히 알려진 저분자량 표준물질로 ΔR을 측정해서 얻는 보정상수이다.

막삼투압법에서와 같이, ΔR/c대 c를 plot한 직선의 기울기는 제2의 virial 계수와 관계가 있다. 증기압 삼투압법을 위해 사용될 보정물질은 순도가 99.9% 이상 되고 낮은 증기압(용매 증기압의 0.1% 이내)을 가져야 한다.

증기압 삼투압법은 장치도 간단하고 결과의 재현성도 우수해 많이 쓰이고 있는 방법으로서 분자량 측정 한계는 보통 40,000이하가 된다. 그 이상의 범위에는 막삼투압법을 이용할 수 있다.

3.2.6 모세관 점도법(Capillary Viscometry)

Staudinger는 분자량 측정을 위해 점도법을 소개했다. 점도측정은 용액속의 분자들이 점유한 공간에 영향을 주기 때문에 분자량 변화에 상당히 예민하다. 분자량 측정을 위해 사용되는 점도법은 분산상에서 구형 입자의 분산도 대 그들의 부피분율의 상대점도에 관한 Stock-Einstein 방정식에 기초를 두었다.

표 3-2는 여러 가지 점도의 정의를 나타냈다. 일반적으로 사용되는 측정법의 하나가 농도와는 관계가 없는(용액의 농도가 0에 접근) 고유점도의 측정법이며, 고유점도는 용매의 선택에 영향을 받는다.

중요한 상관 관계는 Mark-Houwink 방정식이다.

$$[\eta] = KM^a \tag{15}$$

여기서 $[\eta]$는 고유점도, K는 상수, a는 분자량에 관련된 지수이다. 지수 a는 전형적으로 분자량이 높은 고분자에서는 3.4값을 갖는다. 식 (15)의 상수들은 고분자, 용매 그리고 온도에 따라 변하고 이들 값은 표 3-3에 나타내었다.

표 3-2 • 여러 가지 점도의 정의

Symbol	Type of viscosity	Equation	Units	IUPAC
η	Solution	-	Poise	
η_0	Solvent	-	Poise	
η_r	Relative	η/η_0	Dimensionless	Viscosity ratio
η_{sp}	Specific	$(\eta-\eta_0)/\eta_0$	Dimensionless	
η_{in}	Inherent	$(\ln \eta_r)/c$	Deciliter/g	
$[\eta]$	Intrinsic	$(\eta\ sp/c)_{c=0} = (\ln \eta r)/c_{c=0}$	Deciliter/g	Limiting viscosity number
η_{red}	Reduced	η_{sp}/c	Deciliter/g	

표 3-3 Mark-Houwink Parameters

Polymer	Solvent	$[\eta] = KM^a$, $[\eta]$ = intrinsic viscosity			
		Temp. ℃	$K \times 10^3$ [ml/g]	a	Mol. Wt. Range $M \times 10^{-4}$
Polyacrylamide	Water	30	6.31	0.8	2-50
Poly(acrylic acid)	Dioxane-1.4	30	76	0.5	13-82
Poly(acrylonitrile)	Butyrolactone	20	34.3	0.73	4-40
Poly(methyl methacrylate)	Acetone	20	5.5	0.73	7-700
Poly(butadiene)	Toluene	30	30.5	0.725	5-50
Poly(chloroprene)	Benzene	25	2.02	0.89	6-150
Poly(isoprenes)	Benzene	30	18.5	0.74	8-28
Poly(vinyl chloride)	Benzyl alcohol	155.4	156	0.5	4-35
	Chlorobenzene	30	71.2	0.59	3-19
	Cyclohexane	20	11.6	0.85	2-10
Polyethylene, low pressure	Biphenyl	127.5	323	0.5	2-30
	Octanol	180.1	286	0.5	2-105
	P-Xylene	105	16.5	0.83	13-50
high pressure	Decalin	70	38.73	0.738	0.2-3.5
	p-Xylene	75	135	0.63	0.2-7.6
Polypropylene, atactic	Benzene	25	27	0.71	6-31
	Cyclohexane	25	16	0.8	6-31
	Toluene	30	21.8	0.725	2-34
isotactic	Biphenyl	125.1	152	0.5	5-42
	p-Xylene	85	96	0.63	
syndiotactic	Heptane	30	31.2	0.71	9-45
Polystyrene, atactic	Benzene	20	6.3	0.78	1-300
	Chloroform	25	7.16	0.76	12-280
	Chlorohexane	28	108	0.479	0.6-69
	Toluene	20	4.16	0.788	4-137
isotactic	Benzene	30	9.5	0.77	4-75
	Chloroform	30	25.9	0.734	9-32
	Toluene	30	11	0.725	3-37
Poly(vinyl alcohol)	Water	25	140	0.6	1-7
Polyoxymethylene	Dimethylformamide	130	22.4	0.71	0.15-1.5
Polypropylene oxide	Acetone	25	75.5	0.56	0.1-0.4
	Benzene	20	11.1	0.79	0.07-0.33

표 3-3 • Mark-Houwink Parameters(계속)

Polymer	Solvent	$[\eta] = KM^a$, $[\eta]$ = intrinsic viscosity			
		Temp. ℃	$K \times 10^3$ [ml/g]	a	Mol. Wt. Range $M \times 10^{-4}$
Polytetrahydrofuran	Ethyl acetate	30	42.2	0.65	2.6-113
	Toluene	28	25.1	0.78	3-12
Poly(ethylene terephthalate)	Tetrachloroethane	50	13.8	0.87	0.04-0.1
Nylon 6	Trifluoroethanol	50	58.2	0.73	1.3-10
Nylon 6,6	Aqueous HOOH	25	35.3	0.786	0.6-6.5
Nylon 6,10	m-Cresol	25	13.5	0.96	0.8-2.4

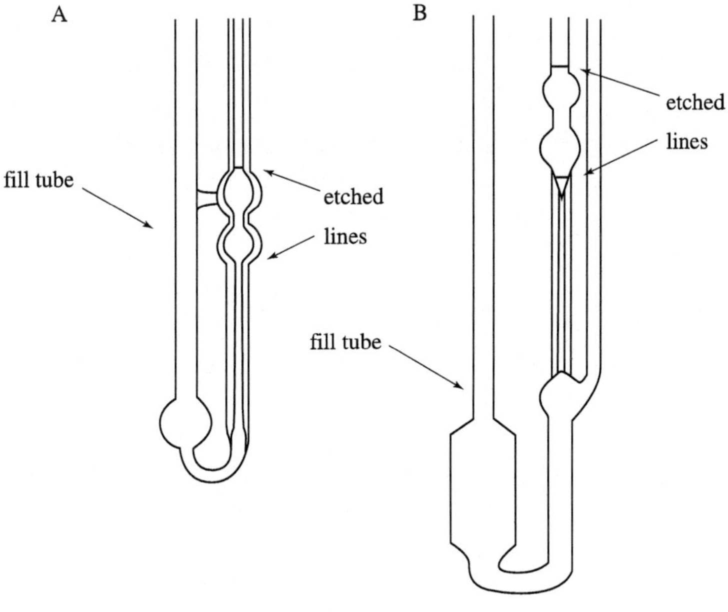

그림 3-10 • Ostwald-Fenske(A) 와 Ubbelohde(B)모세관 점도계

점도 측정 방법으로 얻어진 평균분자량은 수평균 분자량과 무게 평균 분자량 사이의 값을 갖는다. 모세관 점도계는 쓰기 편리하여 고분자 실험에서 흔히 사용하고 있으며, 그림 3-10은 자주 이용되는 모세관 점도계를 보여주고 있다.

점도측정은 고분자용액이 일정한 반경을 갖는 모세관을 층류(laminar flow)로 흐르는 것으로 간주하고, 시료용액을 점도계 오른쪽 reservoir 윗 표시선까지 끌어올린 다음 유출시험을 시작한다. 시료용액의 액면(meniscus)이 reservoir 윗 표시선부터 아래 표시선까지 통과하는데 요하는 시간은 용액의 점도와 직접 관계가 있으므로 이 과정에서 요하는 시간 t는 다음과 같이 나타낸다.

$$t = \frac{8\eta L}{\pi g \rho R^4} \int_{h_1}^{h_2} \frac{dQ}{h} \tag{16}$$

여기서 L은 모세관의 길이, R은 모새관의 반지름, h_1과 h_2는 각각 위와 아래의 액면 높이, Q는 용액의 부피, ρ와 η는 용액의 밀도와 점도이다.

식 (16)은 주어진 점도계에서 적분과 몇몇 parameter들이 일정하므로 유출시간 t는 식 (17)과 같다.

$$t = \frac{\eta}{A\rho} \tag{17}$$

여기서 A는 점도계 상수, η/ρ량은 유체의 동점도이고 점도계 상수는 표준용액을 가지고 보정하여 결정한다.

용액점도 대 용매점도의 비는 상대점도(relative viscosity)이며,

$$\eta_r = \frac{\eta}{\eta_0} = \frac{t\rho}{t_0\rho_0} \tag{18}$$

여기서 η_r은 상대점도, 첨자 0은 용매의 값을 표시한다.

희박용액의 경우 용매와 용액의 밀도의 비는 거의 1이며 상대점도는 유출시간의 비가 된다. 고분자의 농도가 0에 접근할 때 상대점도는 1에 접근한다.

비점도(specific viscosity)는 고분자로 인해 점도의 증가분율을 말하므로, 비점도 η_{sp}는

$$\eta_{sp} = \eta_r - 1 = \frac{t - t_0}{t_0} \tag{19}$$

비점도는 고분자 농도와 비선형적이며, power series expansion을 사용하여 모델화되었다.

$$\eta_{red} = \frac{\eta_{sp}}{c} = [\eta] + \alpha c + \beta c^2 + \cdots \tag{20}$$

환원점도(reduced viscosity), η_{red}는 비점도 대 농도의 비이며, 고유점도, $[\eta]$는 농도가 0에 접근하는 환원점도로써 극한값을 갖는다. 고유점도는 분자 상호 작용을 무시하는, 즉 농도가 0인 상태에서 용액의 점도를 증가시키는 고분자의 능력의 크기이다.

식 (20)의 계수 α와 β를 고분자용액의 특성에 연관시키는 것은 어렵다. 용액점도를 위해 두 개의 잘 알려진 실험적 모델이 있다.

Huggins 모델은 계수 α는 $[\eta]^2$에 비례한다고 가정하므로, 식 (21)처럼 나타낼 수 있다.

$$\frac{\eta_{sp}}{c} = [\eta] + k[\eta]^2 c \tag{21}$$

이 식에서 η_{sp}/c 대 c의 plot는 절편이 $[\eta]$이고, 기울기가 $k[\eta]^2$인 직선이 될 것이다.

Huggins 계수 k는 고분자용매를 위한 상수이며 이 값은 흔히 0.3에서 0.5사이가 된다.

또 식 (21)과 비슷한 실험식이 Kramer에 의해 제안되었다.

$$\frac{\ln(\eta/\eta_0)}{c} = [\eta] + k'[\eta]^2 c \tag{22}$$

Kramer 식으로부터 고유점도를 구하는 또 하나의 방법이 제시된다. 즉, 이 식의 좌변의 값을 본성점도(inherent viscosity), η_{in}라 하는데, 이를 농도에 대해 plot하고 c=0으로 외삽하여도 식 (23)과 같이 고유점도를 구할 수 있다.

$$\lim_{c \to 0} \frac{\ln(\eta/\eta_0)}{c} = \lim_{c \to 0} \eta_{\in} = [\eta] \tag{23}$$

앞에서 서술한 두 방법으로 고유점도를 구하는 과정은 그림 3-11과 같다. 두 직선은 c=0으로 외삽할 때 한 점에서 만나야하며 이 절편값이 고유점도 $[\eta]$이다.

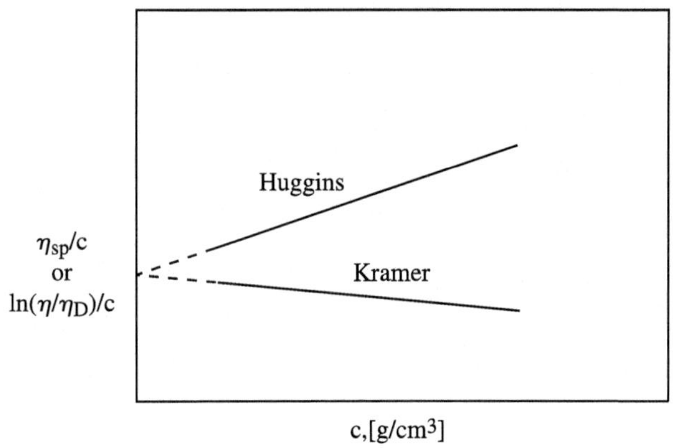

그림 3-11 • Huggins 식과 Kramer 식에 의해 고유점도를 구하는 방법

3.2.7 광산란법(Light-scattering methods)

중량 평균 분자량을 직접 얻는 방법은 오직 산란법에 의해서만 가능하다. 가장 일반적으로 사용되고 있는 기술은 고분자 희박용액을 광산란시키는 것이다. 특수하게 만들어진 고체 시편

을 가지고 소각 중성자 산란을 통해 $\overline{M}_w$를 결정할 수도 있는데 이 기술이 고분자 분야에서 현재 매우 중요함에도 불구하고 시편의 제조비용이 비쌀뿐더러 특수한 설비가 필요하기 때문에 분자량 측정에 일반적으로 사용되지는 못하고 있다. 고분자 희박용액의 광산란 측정에 사용되는 기본적인 원리를 다음에 설명하였다.

광산란의 기본 관계식은 다음과 같이 주어진다.

$$\frac{Kc}{R(\theta)} = \frac{1}{\overline{M_w}P(\theta)} + 2A_2c + \cdots \tag{24}$$

이 식에서, $P(\theta)$는 산란 함수, c는 농도이다. 여기서 K는 굴절률이 n_0 인 순수 용제의 함수일 뿐만 아니라 고분자 희박용액의 비굴절 증분(specific refractive increment) dn/dc, 그리고 입사광의 파장 λ의 함수임을 다음 관계로부터 알 수 있다.

$$K = \frac{2\pi^2 n_0^2}{N_A \lambda^4}\left(\frac{dn}{dc}\right)^2 \tag{25}$$

여기서 N_A는 아보가드로 수 (6.02×10^{23} molecules/mol)이다. 비굴절 증분은 고분자 희박용액에서 고분자의 농도가 증가함에 따른 굴절률 n의 변화이다. 식 (24)에서의 $R(\theta)$ 항은 Rayleigh ratio라 부르며 다음과 같이 정의된다.

$$R(\theta) = \frac{i(\theta)r^2}{I_0 V} \tag{26}$$

이 식에서 I_0는 입사광의 강도이며 $i(\theta)$는 산란된 빛의 강도로서 산란 부피 V로부터 거리 r 만큼 떨어진 곳에서 입사각에 대해 θ의 각도로 측정한 값이다. 식 (24)에서 인자 $P(\theta)$는 입자 산란 함수(particle scattering function)라 하며, 사슬의 크기와 여러 각도에 따른 산란광의 강도 형태가 함께 작용하는 함수이다. 이를 그림 3-12에 나타내었다. 빛의 파장보다 작은 구형 입자는 산란광의 강도가 이루는 대칭적인 외피를 형성하는 독립적인 산란 중심으로서 작용한다. 작은 입자의 경우, $P(\theta)$는 일정하지만, 크기가 $\lambda/20$보다 큰 고분자 사슬의 경우에는 동일 사슬을 따라 서로 다른 지점으로부터의 산란이 발생하게 된다.

이 때문에, 간섭 효과로 인한 산란광의 강도 감소가 일어날 수 있고, 그림 3-12에서 처럼 산란 외피는 더 이상 대칭형의 구형으로 나타나지 않게 된다. 이 경우, 산란과 강도의 각에 대한 의존성은 입자의 산란 함수에 따라 결정된다. 희박용액에서 랜덤하게 코일링된 형태의 단분산계의 분자들인 경우, 다음 식과 같이 표현할 수 있다

$$P(\theta) = \frac{2}{v^2}\left[e^{-v} - (1 - v)\right] \tag{27}$$

여기서

$$v = 16\left(\frac{\pi n}{\lambda}\right)^2 < s^2 > \sin^2\left(\frac{\theta}{2}\right) \tag{28}$$

$\langle s^2 \rangle$는 나선(gyration) 평균의 제곱이다. 선형 사슬 고분자의 경우, $\langle s^2 \rangle$은 end-to-end distance의 평균 제곱과 관계를 가진다.

$$< s^2 > = \frac{< r^2 >}{6} \tag{29}$$

광산란 측정의 기본적인 장비를 그림 3-13에 나타내었다. High-intensity mercury lamp (또는 후에 설명할 레이저)로부터 나온 빛은 편광되어서 걸러진 고분자 희박용액이 든 glass sample cell를 지나가기 전에 걸러진다. 각 θ에서 산란광의 강도는 고전압의 광전배전관 (photomultiplier tube)으로부터 나오는 신호로 기록된다. 이 대신에 다중 감지기를 몇 군데 고정된 위치에 설치할 수도 있다. (24)식으로부터 $\overline{M}w$를 결정하기 위하여, R(θ) 값이 측정되어진 각 각에 대한 P(θ) 값을 알아야 한다. 고분자의 분자량 분포가 다분산을 나타내면, P(θ)는 (27)식에서 주어진 바와 같이는 정확하지 않지만, 고분자 시료 속에 존재하는 다양한 크기를 가진 사슬들의 양을 근거로 하여, 이와 같은 방정식으로 나타낸 서로 다른 크기의 고분자 사슬들을 합계하여 결정할 수 있다.

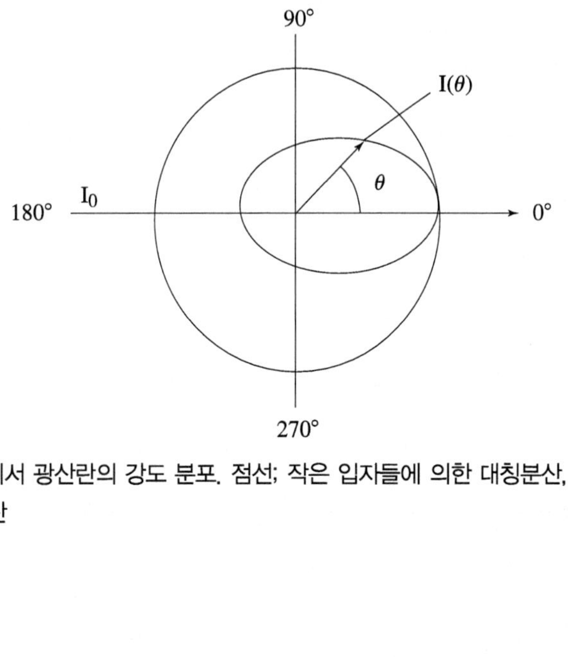

그림 3-12 ● 여러 각도에서 광산란의 강도 분포. 점선; 작은 입자들에 의한 대칭분산, 실선; 큰 입자들에 의한 비대칭 분산

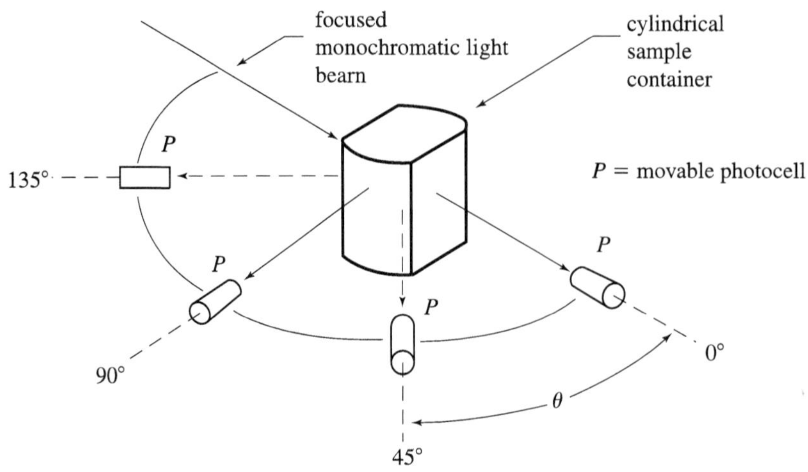

그림 3-13 ◦ 전통적인 광산란 기기의 대략적 모형

이 P(θ)에 대한 정보를 잘 알 수 없기 때문에, 분명한 P(θ) 값을 필요로 하지 않는 이러한 방식으로 데이터들을 다루는 것이 통례이다. 실제로는 dissymmetry와 Zimm 방법의 두 가지 접근법이 사용되고 있다. 이들을 다음에 논의하였다.

1) Dissymmetry methods

Dissymmetry 방법으로 분자량을 결정하기 위해서는 몇 가지 다른 농도를 가진 고분자 희박용액을 가지고, 세 각(보통 45°, 90°, 135°)에서의 산란강도를 측정해야 한다(그림 3-13). 비대칭 비율, z는 다음과 같이 정의된다.

$$z = \frac{i\,(45°)}{i\,(135°)} \tag{30}$$

z가 보통 농도에 의존하는 값이므로, 농도가 0 일 때의 값은 $(z\text{-}1)^{-1}$을 농도에 대해 도시하여 알 수 있다. 그러면 이 값은 P(90°)를 구하는데 사용되고 또한 어떤 구조(즉, rod, disk, sphere, random coil)를 가지는가에 따라 알려진 값으로부터 $\langle r^2\rangle^{1/2}$를 결정할 수 있다. 이러한 정보가 없을 경우에는 용액내의 고분자는 일반적인 유연성 체인 고분자의 전형적 형태인 랜덤 코일형을 갖는다고 간주한다. 일단 P(90°)을 알게 되면 절편으로부터 $\overline{M}_w$를 구할 수 있고 Kc/R(90°)를 0까지 외삽된 농도에 대해 도시할 때 그 기울기로부터 A_2를 얻을 수 있다.

2) Zimm methods

광산란 데이터로부터 $\overline{M}_w$를 구하는 다른 방법으로는 Zimm plot이 있다. 이 과정은 사슬의 구조를 미리 알 필요가 없다는 점에서 장점을 가진다. 그러나 Zimm plot은 dissymmetry 방법에서보다 더 많은 각도에서 광산란 강도를 측정해야 한다. 농도가 0일 때와 각이 0일 때를 모두 외삽하여야 분자량, 두 번째 비리얼 계수, 사슬 크기를 구할 수 있게 된다.

P(θ)가 일정 값으로 접근하는 소각 한계에서, 1/P(θ)의 series expansion을 시킴으로써 식 (24)는 다음과 같이 된다.

$$\frac{\mathrm{Kc}}{\mathrm{R}(\theta)}=\frac{1}{\overline{\mathrm{M}}_{\mathrm{w}}}\left[1+\frac{16}{3}\left(\frac{\pi \mathrm{n}}{\lambda}\right)^{2}<\mathrm{s}^{2}>\sin^{2}\left[\left(\frac{\theta}{2}\right)\right]\right]+2A_{2}c \qquad (31)$$

여러 각도와 농도에서 Kc/R(θ)를 $\langle s^2\rangle \sin^2(\theta/2)$ 에 대해 도시한 것을 그림 3-14에 보였다. 횡축의 k 항은 임의의 상수로 각 커브간에 간격을 두기 위해 도입하였다. θ=0°와 c=0 일 때까지 두 값을 동시 외삽하면 식 (31)의 두 번째와 세 번째 항이 0이 되고, 이 때 절편의 역수를 취하면 $\overline{\mathrm{M}}_{\mathrm{w}}$ 값을 얻게 된다. 식 (31)을 살펴보면 A2 는 θ=0 일 때의 외삽선의 기울기의 반으로 정해지게 됨을 알 수 있다. 이는 즉 c=0 일 때 외삽선의 초기 기울기로부터 얻어지는 gyration의 평균 제곱 반경인 것이다. 즉,

$$<\mathrm{s}^{2}\geqq\frac{3\overline{\mathrm{M}}_{\mathrm{w}}}{16}\left(\frac{\lambda}{\pi \mathrm{n}}\right)^{2}\times \mathrm{slope} \qquad (\mathrm{at}\,\theta=0) \qquad (32)$$

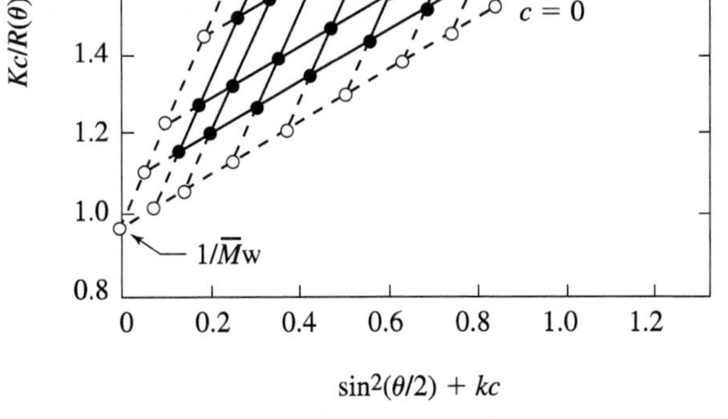

그림 3-14 ◦ 여러 각도(θ)와 용액의 농도(c)에서 얻은 광산란 data(●)의 Zimm polt. Zero 산란각과 zero농도까지 동시 외삽한 것이 점선으로 표시되었다.

3) Low-Angle Laser Light-Scattering (LALLS)

최근에 헬륨-네온(He-Ne) 레이저(λ=6328 Å)가 기존의 상업용 광산란 장비에 사용되던 광원들을 대체하고 있다. 이 광원이 가지는 높은 강도로 인하여 훨씬 작은 각(2°에서 10°)에서도 광산란을 측정할 수 있게 되었을 뿐 아니라 낮은 농도를 가진 더욱 작은 시편에 대해서도 측정이 가능하게 되었다. 작은 각도에서 입자 산란 함수 P(θ)가 일정치로 접근하기 때문에 식 31은 작은 구형 입자의 산란에 대한 고전적인 Debye 방정식을 매우 간단하게 줄여준다.

$$\frac{K_c}{R(\theta)} = \frac{1}{\overline{M}_w} + 2A_2c \tag{33}$$

따라서, 단일 각도에서 $Kc/R(\theta)$를 c에 대해 도시하면 절편값의 역수를 취해 $\overline{M}_w$를 구하고 기울기의 절반으로부터 A_2를 얻을 수 있다.

25℃의 아세톤에 녹아있는 cellulose acetate(CA)를 가지고 $Kc/R(\theta)$를 c에 도시한 대표적인 LALLS를 그림 3-15에 나타내었다. 절편으로부터 150,000의 $\overline{M}_w$ 값을 얻어내고, 두 번째 비리얼 계수인 A_2는 기울기로부터 7.53×10^{-3} mL mol/g^2 임을 얻는다. LALLS 방법의 한 가지 단점은 산란이 단일 각에서만 측정되므로 사슬의 크기를 구할 수 없다는 것이다.

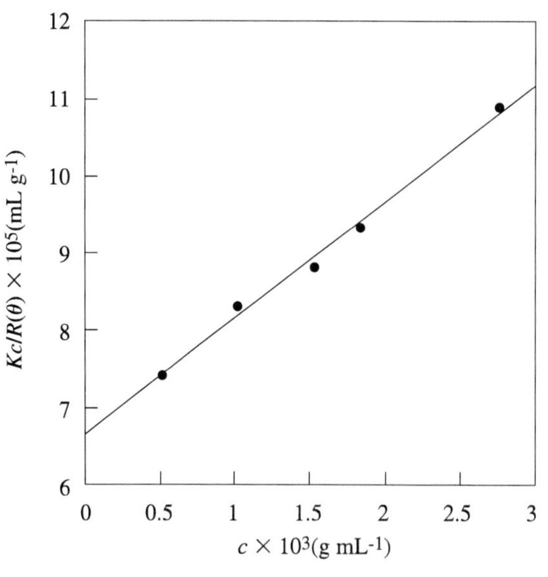

그림 3-15 아세톤에 녹아있는 cellulose acetate의 농도 대 레이저 광산란 data의 plot

연 | 습 | 문 | 제

1. 다음 물질 중에 열에 의해 가소성을 보이는 것을 고르시오.

a) 생고무 b) 목재 c) 셀루로즈
d) 에보나이트 e) A-stage 페놀수지 f) 셀루로즈 아세테이트

2. 다음 고분자 물질에서 분자 간에 작용하는 주된 힘은 무엇인가?

a) 선상 폴리에틸렌 b) 폴리 염화 비닐 c) 나이론
d) 셀루로즈 e) Teflon f) 천연고무

3. A-stage 페놀수지와 C-stage 페놀수지 중 어느 것이 열에 안정한가? 그 이유는 무엇인가?

4. 열경화성 플라스틱과 열가소성 플라스틱을 분자구조와 관련하여 특성을 비교하시오.

5. 고밀도 폴리에틸렌과 저밀도 폴리에틸렌 중에 어느 쪽이 부피가 큰가? 또 어느 쪽이 연화점이 더 낮은가? 그 이유도 함께 설명하시오.

6. 다음의 평균분자량 $\overline{M_v}$, $\overline{M_w}$, $\overline{M_n}$ 그리고 $\overline{M_z}$ 중의 값의 크기 순서로 나열하시오.

7. 폴리에틸렌의 수평균분자량($\overline{M_n}$)이 1,400,000일 경우 평균중합도($\overline{DP}$)는 얼마인가?

8. 다음의 분자량 측정방법 중 어느 것이 수평균분자량($\overline{M_n}$)을 측정하는 기술인가?

a) viscometry b) cryometry c) osmometry
d) light scattering e) ultracentrifugation f) ebulliometry

9. 고유점도 또는 극한점도[η]와 평균분자량, 과는 어떠한 관계가 있는가?

10. 고분자 물질은 일반적으로 비점이 없다. 그 이유가 무엇인가?

11. Styrene과 butadiene의 (a) homopolymer, (b) alternating copolymer, (c) random copolymer (d) block copolymer 그리고 (e) graft copolymer의 구조를 그리시오.

12. $\overline{M_w}/\overline{M_n}$ 값의 의미는 무엇인가?

13. 말단기 분석방법으로 분자량을 측정할 수 있는 고분자를 선택하시오.

a) polyethylene　　b) nylon　　c) polyester

d) ABS　　e) butyl rubber

14. Polyethylene과 paraffin의 구조는 $H(CH_2\text{-}CH_2)n\ H$과 같은 methylene기로 이루어져 있다. 그러나 이들의 기계적 물성과 열적 특성은 현저히 차이가 있다. 그 이유가 무엇인가?

02

고분자공학개론

Polymer science and technology

[고분자의 구조 및 특성]

4장 고분자의 사슬구조

5장 고분자의 구조

6장 고분자의 형태학

7장 고분자의 물성

8장 고분자의 특성 해석과 시험

4장 고분자의 사슬구조

고분자의 입체형태(configuration)는 원자들이 일차결합을 통해 연결되어 있는 구조를 말한다. 이것은 중합시에 완성되며 결합이 깨어지기 전에는 그 성격이 변하지 않는다. 반면에 입체상태(conformation)는 고분자 내에 존재하는 단일결합들의 회전에 따라 생기는 공간적 모양을 말한다. 이것은 결합이 유지된 채로 변한다. 입체상태는 이 장의 뒷부분에 다루었다.

4.1 입체형태

합성고분자는 제한된 수의 반복단위가 일차결합을 통해 다수 연결되어 이루는 고분자량의 사슬로 이루어진다. 그 사슬들의 길이가 서로 다른 경우가 대부분이며 따라서 앞 장에서 상세히 살펴본 분자량 및 분자량 분포는 고분자사슬의 중요한 구조적 변수에 포함된다. 그런데 사슬의 구조적 변수는 이러한 분자량뿐만 아니라 화학적 조성, 위치이성질화, 입체화학적 구조, 분지, 가교 등 다양하다.

4.1.1 화학적 조성

화학적 조성은 반복단위의 종류를 말한다. 합성고분자는 크게 대별하여 단독중합체와 공중합체로 나눌 수 있는데, 두 경우 모두 반복단위가 어떤 것인지에 따라 고분자 사슬의 특성이 크게 달라진다. 특히 공중합체의 경우는 반복단위들의 배열까지도 구조적인 변수가 된다.

선형 단독중합체의 경우 다음과 같은 일반식으로 나타낼 수 있다.

X-A-A-A-A-..........-Y

여기서 X와 Y는 말단기이며, 이것 또한 구조적 변수 중 하나로 볼 수 있다. 반복단위 A에 따른 물성 변화의 예를 보이면 다음과 같다.

구조		Tm
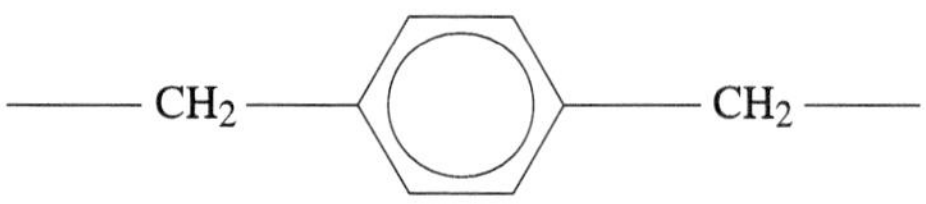	poly(-xylene)	~400°C
—— CH_2 —— CH_2 ——	polyethylene	~135°C
—— CH_2 —— O ——	polyoxymethylene	~165°C

공중합체는 기본단위의 수를 명시할 필요가 있을 때 이원공중합체, 삼원공중합체 등으로 부르기도 한다. 이원공중합체의 경우 다음과 같은 몇 종류로 대별될 수 있다.

random	-A-B-A-A-B-A-B-B-B-A-A-B-A-
block	-A-A-A......-A-A-B-B-.....-B-B-B-
alternating	-A-B-A-B-A-B-A-B-A-B-A-B-A-B-

graft

```
-A-A-A-A-A-A-A-A-A-A-A-A-A-A-
       B              B
       B
       B              B
       :              B
       :              :
       B              :
                      B
```

여기서 볼 수 있듯이 조성뿐만 아니라 기본단위들이 이루고 있는 연결방식의 분포, 곧 연속분포(sequence distribution)도 중요한 구조변수로 작용한다. 랜덤공중합체는 A와 B가 무작위로 연결되어 있는 것이고, 블록공중합체는 각 단위들이 긴 블록을 이루고 그것들이 서로 연결되어 있는 것이다. 위 그림에서는 블록이 두 개인 경우만을 예시했지만 블록의 수가 여럿인 경우도 있다. 이때는 블록의 길이의 분포도 구조변수가 된다. 교대공중합체는 A와 B가 정확히 교대로 나타난다. 그라프트공중합체는 한 종류의 반복단위로 이루어진 골격(backbone) 고분자에 다른 종류의 반복단위들이 가지를 이루고 있다.

위에 보인 것들은 전형적인 경우들만을 보이고 있음을 유의해야 한다. 실제 다양한 변형이 존재할 수 있다. 예를 들어 그라프트공중합체에서 골격 고분자 자체가 공중합체일 수 있고 가지들 자체도 공중합체일 수 있다. 실로 합성고분자는 소수의 반복단위가 다양한 구조를 보일 수 있음을 항상 유념해야 한다.

4.1.2 위치이성질화

이성질체란 화학식은 동일한데 구조식이 다른 분자이다. 고분자는 반복단위의 연결 방식이 변할 때 대개 화학식이 변하는 것은 아니기 때문에 다양한 구조변수에 따른 이성질화가 다수 발생한다.

위치위성질화는 주로 비닐 단량체에서 만들어지는 비닐 고분자에서 논의된다. 물론 단량체의 처음과 마지막이 구별되는 축합고분자 등에서도 위치이성질화가 논의될 수 있다. 비닐 단량체는 치환기가 붙어 있는 쪽을 머리(head, H), 붙어 있지 않은 쪽을 꼬리(tail, T)로 하여 구별한다.

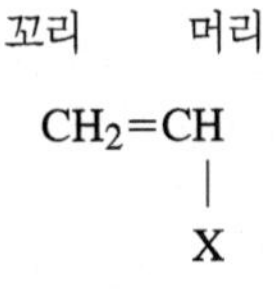

여기서 중합시에 활성점이 단량체를 공격해서 반응이 이루어질 때 다음과 같은 두 가지 방식의 부가가 가능하다.

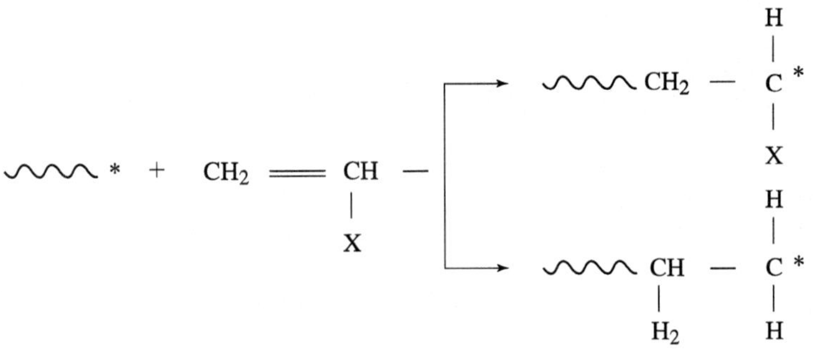

이것이 반복될 때 다음과 같은 세 경우의 구조가 발생할 수 있다.

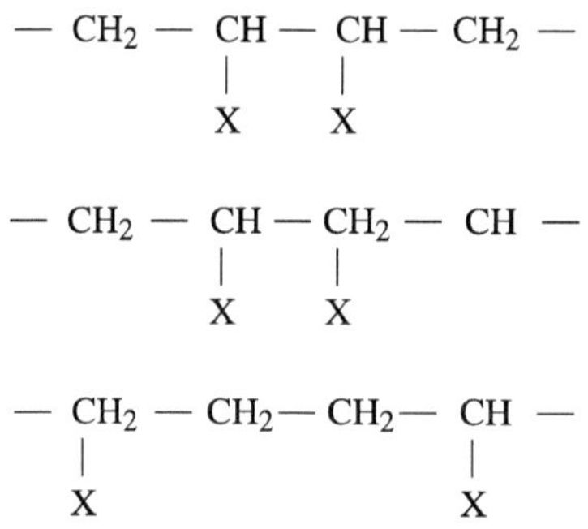

이런 구조 중에 어떤 것이 주로 생성되는지는 사슬 성장 중의 상황을 고려하면 알 수 있다. 곧 앞에 보인 머리와 꼬리가 생성되는 두 반응 가운데 활성점이 치환기에 의해 안정화되는 머리 쪽의 전이상태의 에너지가 꼬리 쪽보다 낮다. 따라서 머리가 생성되는 반응이 우세하다. 또 머리-꼬리 구조가 생성되는 경우가 치환기가 이웃하는 머리-머리 구조가 생성되는 경우보다 입체적으로 안정하다. 따라서 머리-꼬리 구조가 생성될 확률이 높아진다.

그리고 비록 머리 쪽에 활성점이 생성되는 반응으로 이어져도 머리-머리가 생성될 확률도 있으며, 또 종결반응에서 활성 사슬들이 서로 반응해서 이어지는 조합(combination)반응에 의해 머리-머리가 생성될 수도 있다. 일반 산업고분자에서는 실제 분석해보면 머리-머리를 관측하기 어려운데 이것은 가공 과정을 거치면서 불안정한 머리-머리 구조가 용이하게 분해되는 경향이 있기 때문이다.

치환기 X가 불소(F)인 경우는 특별한 언급을 요한다. 이것은 불소의 크기와 전기적 특성상 머리 쪽에 활성점을 갖는 것과 꼬리 쪽에 활성점을 갖는 것의 에너지 차이가 적다. 따라서 부가를 할 때 머리-꼬리 구조뿐만 아니라 머리-머리 구조가 경쟁적으로 생성될 수 있다. 이것은 탄소 NMR법이나 불소 NMR법으로 명확한 분석이 가능하다.

4.1.3 디엔 고분자

디엔 고분자는 비닐 고분자에 비해 훨씬 다양한 구조변수를 보일 수 있어 따로 언급한다. 자주 사용되는 디엔 단량체는 다음과 같은 일반구조로 표현할 수 있다.

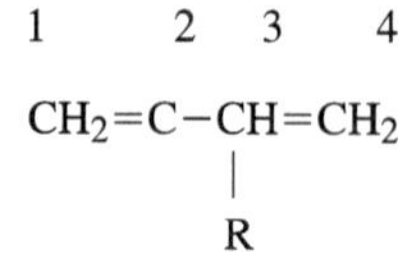

R이 H이면 butadiene, CH_3이면 isoprene, 그리고 Cl이면 chloroprene이다. 참고로 유용한

재료인 천연고분자는 cis-1,4-polyisoprene이다.

디엔 단량체가 디엔 고분자로 중합될 때 부가 방식은 1,4-부가, 1,2-부가, 3,4-부가의 세 가지가 가능하다. 이중 1,4-부가의 경우 2와 3번 탄소들 사이에 이중결합이 생성되기 때문에 cis와 trans의 두 이성질화가 가능하다.

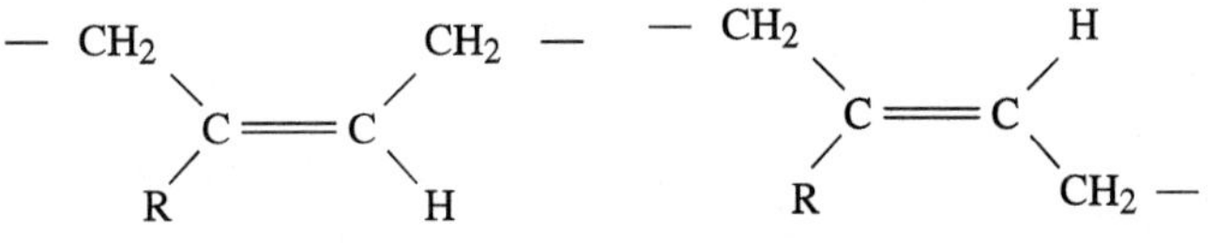

cis trans

trans의 경우는 사슬이 직선적이 되며, 반면에 cis의 경우는 구부러져서 유연성(flexibility)이 커진다. trans-1,4-구조로 이루어진 고분자는 플라스틱 성질을 보이고 cis-1,4-구조는 고무 성질을 보이는 경향이 있다. 그리고 세 가지 부가 방식 모두 머리, 꼬리의 구별이 가능해서 위치이성질화를 보일 수 있다.

이렇게 부가 방식, cis-trans 이성질화, 위치위성질화가 종합되어 이루는 디엔고분자의 구조는 무척 다양하다. 몇 가지 예를 보이면 다음과 같다.

4,1-1,4 head-to-head
1,4-4,1 tail-to-tail
4,1-3,4 head-to-head
1,4-4,3 tail-to-tail
1,4-1,4
3,4-3,4

이러한 디엔 고분자에서 가황가교가 이루어질 때에는, 디엔 고분자 자체의 구조적 변수도 다양하지만, 가교점이 여러 탄소 위치에 있을 수 있고 고리구조 등도 이룰 수 있기 때문에 디엔 고분자의 가교 구조는 아주 복잡하다.

디엔 고분자의 구조는 중합 반응조건에 따라 변한다. 대개 단량체는 이중결합들이 서로 반발하는 경향이 있어 멀리 떨어져서 그 상태로 중합을 하면 trans-1,4-구조가 우세하게 생성된다. 이것이 자유라디칼중합의 경우인데, 반응온도를 낮출수록 그 경향이 심해진다. 반면에 정전기적 상호작용이 관여하는 이온중합을 통하면 1,2-구조, cis-1,4-구조 등의 함량을 높일 수 있다.

4.1.4 입체화학적 구조

비닐 고분자에서 주로 논의되는 입체화학적 구조는 근본적으로 부제탄소(chiral carbon)의 존재에서 기인한다.

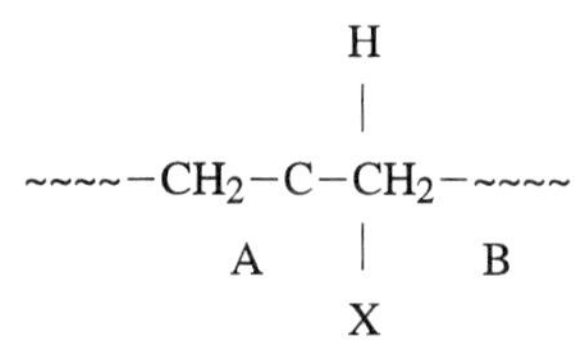

원칙적으로 A 사슬과 B 사슬은 동일하지 않기에 중앙의 탄소는 네 개의 치환기 모두 다르다. 이것이 부제탄소인데, A와 B의 성격이 완연히 다르다면 광학적 활성(optical activity)보인다. 그러나 비닐 고분자에서 A와 B는 대개 전기적 성질이 유사하기 때문에 광학적 활성을 보이지는 않는다. 이런 이유에서 비닐 고분자의 부제탄소는 준(pseudo)부제탄소라 불리기도 한다.

그러나 비닐 고분자에서 부제탄소의 중요성은 광학적 성질보다는 구조의 규칙성에 있다. 곧 이웃하는 두 반복단위에서 다음 두 경우의 구조가 존재한다.

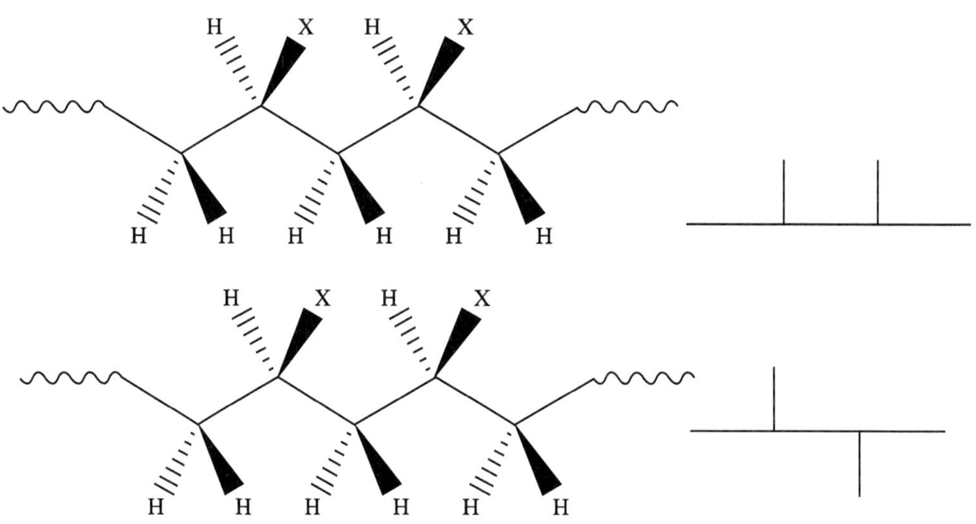

이 두 세그먼트는 단일결합들 주위로 아무리 회전을 시켜도 동일하게 만들 수 없는 다른 입체적 구조이다. 이 그림은 골격 탄소들을 지그재그 즉 펼친 구조로 만들어 놓았을 때의 상황임을 주목하라. 이 두 가지 구조를 간단히 위 그림 하부의 기호로 표시한다. 이것을 Fisher 투영이라고 한다.

이런 구조들이 다수 발생하는 경우 Fisher 투영을 이용해서 표시하면 다음과 같은 구조들이 생길 수 있다.

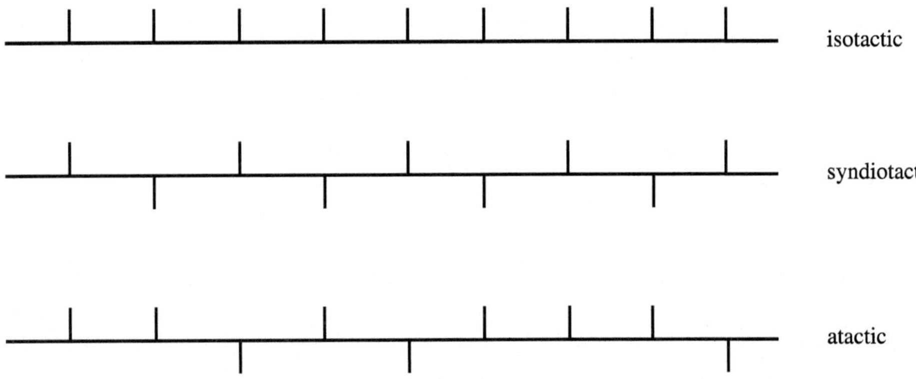

물론 이들은 전형적인 예에 속하며 다른 다양한 조합이 가능하다. 또한 실제 고분자에서는 단일결합 주위의 회전을 통해 다양한 입체상태를 보이기 때문에 예를 들어 이소택틱과 신디오택틱 고분자를 한 눈에 구별하기 어려운 경우가 많기에 구별하려면 사슬의 골격을 펼친 구조로 변환시켜 생각하는 것이 필요하다.

이런 입체적 구조의 변화를 택티서티(tacticity)라 부른다. 입체규칙성(strereoregularity), 입체이성질화(stereoisomerism), 사면체 입체이성질화(tetrahedral stereoisomerism) 등으로 부르기도 한다. 택티서티는 특히 모폴로지, 곧 결정성에 큰 영향을 주는데, 일반적으로 어택틱 고분자는 사슬 길이방향으로의 규칙성이 없기 때문에 일정한 패킹이 불가능해서 거의 무정형 고분자이다. 반면에 이소택틱이나 신디오택틱 고분자는 결정성 고분자를 생성할 수 있다. PP는 자유라디칼 중합을 하면 어택틱 PP가 얻어지는데, 이것은 공업적 응용이 제한되어 있다. 충분한 물성을 보이는 공업적으로 중요한 PP는 이소택틱이며 이는 택티서티 조절이 물성에 큰 영향을 미친다는 사실을 잘 보여주는 예이다.

일반적인 라디칼중합에서 비닐 고분자의 치환기가 클수록 입체장애와 정전기적 반발을 줄이기 위해 치환기들이 서로 멀리 떨어진 상태로 부가되는 경향이 커진다. 이것은 곧 신디오택틱 구조의 생성이 우세하게 되는 결과를 가져온다. 같은 이유로 중합 온도가 낮을수록 신디오택틱 구조가 생성되는 경향이 커진다. 반면에 이온 중합을 하게 되면 짝이온과 성장사슬 말단의 치환기 및 부가되는 단량체의 치환기 사이의 상호작용이 존재하여 일정한 방식으로 단량체의 부가가 일어날 수 있다. 이것은 택틱 구조의 생성을 가져온다. 또한 지글러-나타 촉매와 같은 배위중합의 경우는 그 상호작용이 더 클 수 있기 때문에 역시 택틱 구조의 생성을 가능하게 해준다.

4.1.5 분지

많은 고분자는 다소의 분지 구조를 함유하고 있다. 분지는 다관능성 단량체 등을 이용해서 명시적으로 도입하기도 하지만 근본적으로 연쇄이동을 통하여 생성될 수 있기 때문이다. 고분자에 분지가 있을 경우 구조적인 변수에는 골격탄소 100개 혹은 1000개 당 분지점의 수, 분지의 형태, 분지점의 분포 등이 있다.

분지는 단쇄분지(short chain branching, SCB)와 장쇄분지(long chain branching, LCB)로 나눌 수 있는데, 대개 장쇄는 골격 사슬과 분지 사슬의 구별이 불가능할 경우로 볼 수 있다. 여기서는 주로 올레핀 고분자를 대상으로 하여 논의하기로 한다. 이때 분지는 Cx로 표시되는데 x는 분지에 있는 탄소 수이다.

SCB는 공중합, 그라프트화, 분자내 연쇄이동, 분자간 연쇄이동 등을 통해 생성된다. 공중합은 일정한 길이의 분지를 도입하기 유용한 방법이다.

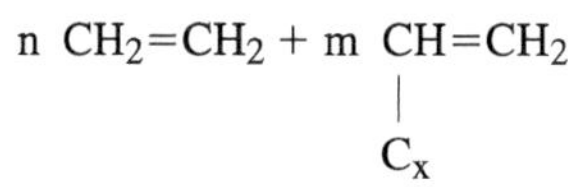

그라프트화는 골격에 단량체를 추가로 그라프트를 시켜 분지를 도입하는 방식이다. 그리고 연쇄이동은 성장고분자 말단의 성장활성점이 이동해가서 거기서 단량체가 계속 부가되어 분지를 이루는 것인데, 연쇄이동은 분자간 및 분자내에서 일어날 수 있다. 이중 분자내 연쇄이동은 입체적으로 안정한 6원고리 전이상태를 통해 쉽게 일어날 수 있다.

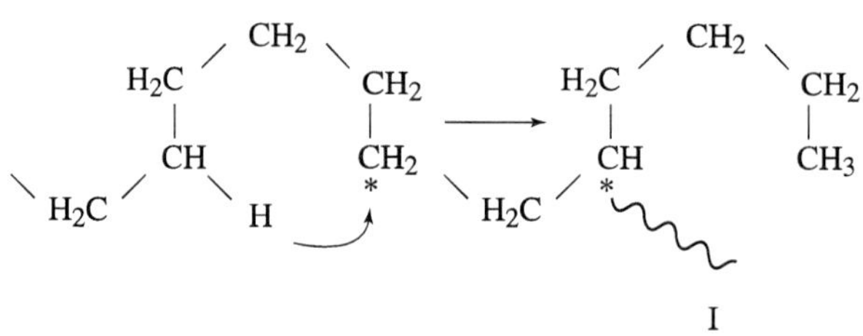

이것을 특히 backbiting이라 부르는데, 위와 같이 한 번 일어나면 C_4 분지가 생긴다. 이것을 다른 관점에서 보면 활성점이 그것이 있던 탄소를 제외하고 4번째 탄소의 위치로 이동하는 것이다. 위의 I 구조에 단량체가 하나 더 붙었을 때를 고려하면 다음과 같은 다중 backbiting 역시 가능하다.

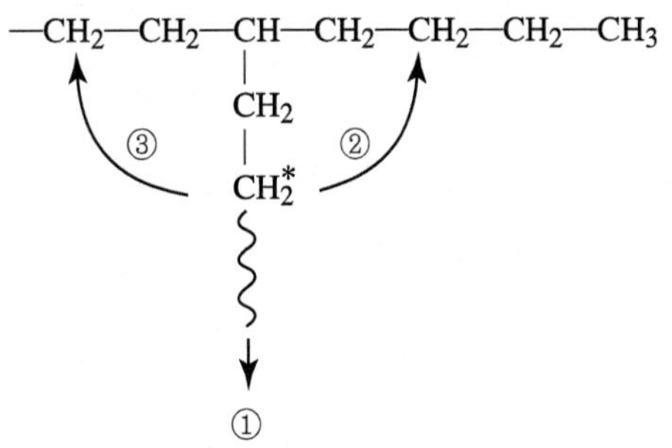

여기서 ①이 앞에 언급한 C_4 분지이고, ②는 C_2 분지와 C_4 분지를 생성하며, ③은 두 개의 C_2 분지를 생성한다. 이런 방식으로 backbiting을 통해 다양한 기하학적 모양의 분지구조가 생성될 수 있다. 전체적으로 C_2 분지와 C_4 분지가 다수 생성됨을 알 수 있고 C_1 분지와 C_3 분지는 그런 구조를 형성할 수 있는 중간 고리 상태가 존재하지 않기 때문에 발생하지 못한다. 반면에 C_5, C_6 분지 등은 고리 스트레인이 작아 생성될 가능성이 있다.

LCB는 분자간 연쇄이동에 의해서 저절로 생성되는 것도 가능하고, 다관능기 화합물의 도입을 통하여 생성되기도 한다. Divinyl benzene 같은 가교제를 소량 투입하여 분지를 생성시키기도 한다.

SCB의 분석은 대개 NMR, 특히 탄소 NMR에 의해 이루어진다. 그러나 현재의 NMR 분해능으로 C_5 분지 이상은 구별하기 어렵다. 반면에 LCB는 점도법, 광산란법, GPC, 침강법(sedimentation) 등 주로 분지의 변수에 따른 용액 속에서의 거동의 변화를 관찰함으로써 해석된다.

4.1.6 가교

입체형태를 논할 때 제외할 수 없는 것이 가교이다. 가교는 분지가 심해져서 두 사슬 사이를 잇는 것으로 볼 수 있다. 가교는 주로 가교제를 도입하여 형성된다.

가교구조에서는 단위 체적 당 가교점의 개수로 정의되는 가교밀도(crosslink density)와 가교점 사이의 사슬, 곧 네트웍 사슬의 평균분자량($\langle M_c \rangle$)이 주요한 변수를 구성한다. 물성에는 이들뿐만 아니라 네트워크 사슬의 유연성도 큰 영향을 미친다. 열경화성 고분자들은 주로 가교밀도가 높고 $\langle M_c \rangle$가 작은 반면, 탄성을 크게 보이는 고무 재료들은 유연하고 긴 네트워크 사슬을 갖고 있다.

가교 고분자는 사슬들이 별개로 거동할 수 없어 용매에 용해가 되지 않으며 열의 의한 용융도 불가능하다.

특별한 종류의 가교구조도 존재하는데 IPN(interpenetrating network)가 대표적이다. 이것은 두 종류의 고분자가 각각 가교구조를 이루고 있고 이 둘은 분자수준에서 서로 엉키어 있다. 이것은 첫 번째 단량체를 이용하여 가교 고분자를 제조한 후 그것을 두 번째 단량체로 팽윤시켜 가교제를 넣고 중합하는 방법을 통해 얻을 수 있다. 두 번째 단량체가 가교제 없이 중합되면 하나는 가교 고분자고 다른 것은 선형고분자로 이루어진 semi-IPN을 얻을 수 있다. 실제 제조에서는 다른 종류의 고분자들이 섞이지 않는 문제가 발생할 수도 있으며, 제조된 고분자가 IPN인지를 확인하는 분석은 용이하지는 않다.

한편 이상의 가교는 화학적 방법을 통해 얻어지는 화학적 가교이었는데 물리적 가교도 가능하다. 이것은 이온 도메인 형성이나 결정 도메인 형성 등에 기초하여 사슬들의 일부가 서로 물리적으로 속박되게 하여 가교점을 이루고 속박되지 않는 부분들이 네트워 사슬을 이루게 만드는 방법을 통해 달성된다. 그러나 물리적 가교는 입체형태의 주제와는 벗어난다.

4.2 입체상태

입체상태는 고분자의 모폴로지에 직접 연관이 있는 주제이기도 하지만, 여기서는 사슬의 크기(chain dimension)를 주 대상으로 하는 사슬통계학(chain statistics)의 관점에서 살펴보고자 한다.

유연한 사슬로 이루어진 고분자는 긴 실이 그러하듯 이리저리 꼬이는 경향이 있다. 고분자는 기본단위의 개수가 많아지면, 즉 사슬의 길이가 길어지면 그 크기도 커질 것임은 자명하다. 그러나 어느 정도의 비율로 커지는지 궁금하지 않을 수 없으며, 용액 속에 들어가면 그 크기가 어떻게 변하는지, 또 궁극적으로 벌크(고분자만 있는 상태)의 경우 고분자 사슬들의 크기는 어떠할 지 등의 의문점이 생긴다.

고분자 사슬은 골격에 단일결합이 존재하며, 단일결합 주위로는 회전이 가능하다. 분자는 일정한 온도에 놓이게 되면 그 원자들은 그 열적 에너지로 인한 운동을 하며, 다양한 입체형태를 보이는 원동력이 된다. ->C-C<-에서 C-C의 단일결합은 핵 사이의 정전기적 반발과 인력, 전자와 전자 사이의 반발, 또한 근본적인 결합 포텐셜 등에 의해 비틈 에너지(torsional potential energy)가 비틈 각(torsion angle)의 함수로 나타난다. 곧 어떤 각도에서는 안정해서 그 각도를 취하는 경향이 크며 어떤 각도에서는 불안정해서 그 각도로 존재하는 경우는 적어지게 된다. 이것을 butane을 예로 들어 보이면 다음과 같다.

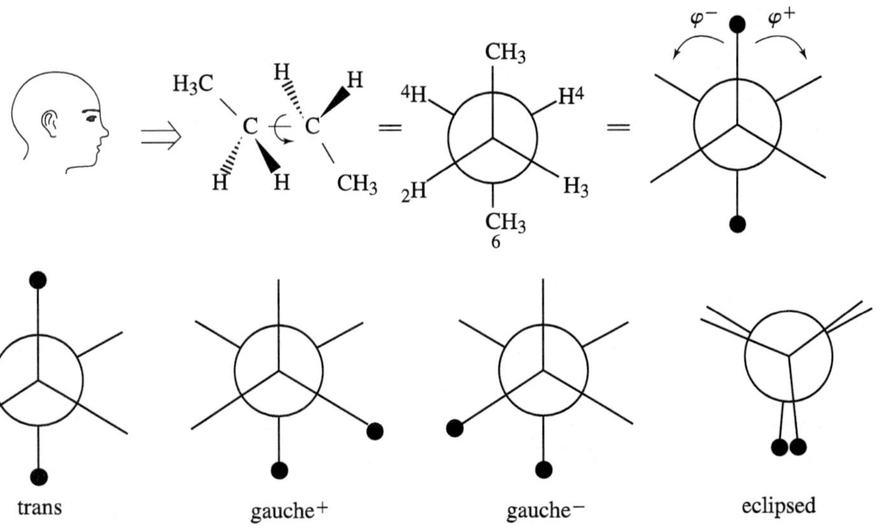

입체상태가 trans일 때 가장 안정하며 gauche+와 gauche-일 때 다소 안정하다. 반면에 eclipsed일 때 반발력이 가장 커서 불안정하다. 일차 근사로서 이런 butane이 계속 이어진 상황이 고분자 골격을 나타내는 것으로 볼 수 있다. 따라서 고분자 골격에 있는 단일결합들은 trans로 존재할 확률이 높지만 gauche+나 gauche-로 존재할 확률도 충분히 존재한다. 따라서 고분자 사슬은 이쪽저쪽으로 120도 혹은 -120도 비틀어지고 긴 사슬일 경우 전체적으로 실이 꼬인 듯한 모양을 이루게 된다.

4.2.1 랜덤코일

더 논의를 단순하게 하기 위해, 우선 진공 속에 놓여 있는 이상적인 사슬 하나를 가정하고 그에 대해 살펴보면 다음과 같다. 여기서 이상적인 사슬이란 길이가 ℓ인 링크들이 이어진 것인데 링크는 체적이 0이라서 링크 사이에 반발력이 없고 한 링크가 다른 링크를 뚫고 지나갈 수도 있는 '유령'과 같은 사슬이다. 이런 유령 상태를 비섭동(unperturbed) 상태라 한다. 또한 이웃하는 링크는 각각 임의의 방향을 향할 수 있다. 링크의 개수를 n이라 하면 사슬의 펼친 길이는 정확히 $n\ell$이 된다. 이런 사슬을 랜덤비행(flight) 사슬, 자유연결(freely-jointed) 사슬, 혹은 간단히 랜덤코일이라 부른다.

사슬의 크기를 나타내는 척도는 여러 종류가 있는데 대표적인 것이 말단간거리(end-to-end distance)이다. 한 말단(A)을 기준점으로 잡고 다른 말단(B)까지의 거리를 말하는데, 분자량을 이야기할 때처럼 사슬 하나에 대해서는 큰 의미가 없고 여러 사슬의 평균치가 의미가 있다. (혹은 관점을 바꾸어 한 사슬이 여러 상태로 존재할 때의 평균치로 봐도 된다.) 그런데 이때

말단 B는 A에 대해 전후좌우에 임의로 위치할 것이기 때문에 +와 -가 동일한 확률로 발생하여 그 평균치는 항상 0이 되어 단순한 평균치는 의미가 없다. 그래서 거리의 제곱평균제곱근(root mean square; rms) 값을 구해서 평균말단간거리로 삼는다. 제곱근은 제곱평균은 거리의 제곱의 차원을 갖고 있어 거리의 차원으로 만들기 위해 취한다.

랜덤코일에 대해서 말단간거리 r의 제곱평균값은 다음과 같이 주어진다.

$$\langle r^2 \rangle_o = n\ell^2$$

여기서 아래첨자 o는 비섭동 곧 유령임을 의미한다. ℓ은 일정한 상수이기 때문에 $\langle r^2 \rangle_o$이 n 곧 고분자의 분자량에 비례한다는 결론이 나온다. rms 값인 $\sqrt{< r^2 >_o}$은 $\sqrt{n}\ell$ 로 주어진다.

랜덤코일의 경우는 링크와 링크가 가상의 점(주로 'bead'라고 부름)으로 이어져 있다고 보고 거기에 링크에 해당되는 질량이 모여 있다고 생각한다. 고분자의 크기를 나타내는 다른 척도는 회전반경(radius of gyration) s이다. 이것은 고분자 사슬의 무게 중심에서부터 각 요소들까지의 평균거리인데, 말단간거리의 논의에서와 동일하게 이것 역시 rms 값을 고려해야 의미가 있다. 랜텀코일의 경우엔 요소는 bead가 되며 s는 사슬의 무게중심에서 각 bead까지의 거리의 rms 값이다. 여기서 s는 다음과 같이 주어진다.

$$\langle s^2 \rangle_o = \frac{1}{6}n\ell^2$$

또 하나의 유용한 개념은 방사상분포함수(radial distribution function)이다. 한 말단(A)을 기준으로 하고 거기서 다른 말단(B)까지 이어진 벡터를 $\vec{r}$이라 하면, 이 함수는 말단 B가 $\vec{r}$에 위치한 체적요소 $d\vec{r}$ = dxdydz 놓여 있을 확률 분포함수 $W(\vec{r})$이다.

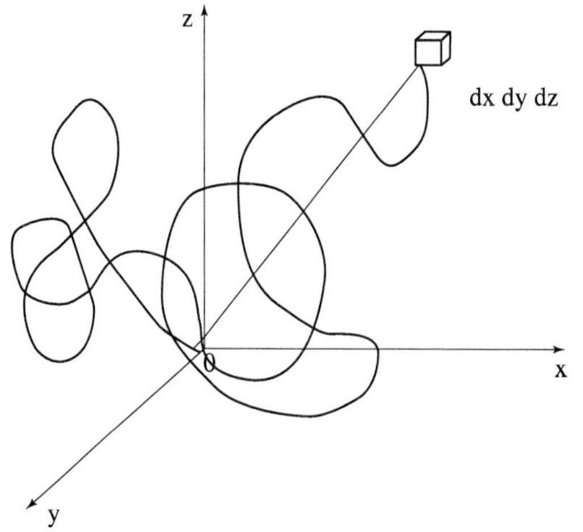

랜덤코일에 대해서 $W(\vec{r})$은 다음과 같이 주어진다.

$$W(\vec{r}) = \left(\frac{3}{2nl^2}\right)^{3/2} e^{-\frac{3}{2nl^2}}$$

이것은 Gaussian 함수이다. 그런데 $W(\vec{r})$보다 유용한 함수는 W(r)이다. 이것은 사슬 말단 B를 r만큼 떨어진 거리에서 발견할 확률 분포함수이다. r은 벡터가 아니므로 이것은 r에 위치한 체적요소 dr에 놓여 있을 확률 분포함수를 의미한다. 곧

$$W(r) = W(\vec{r})\ 4\pi r^2$$

으로 주어진다. $W(\vec{r})$과 W(r)을 그래프로 그려보면 다음과 같다.

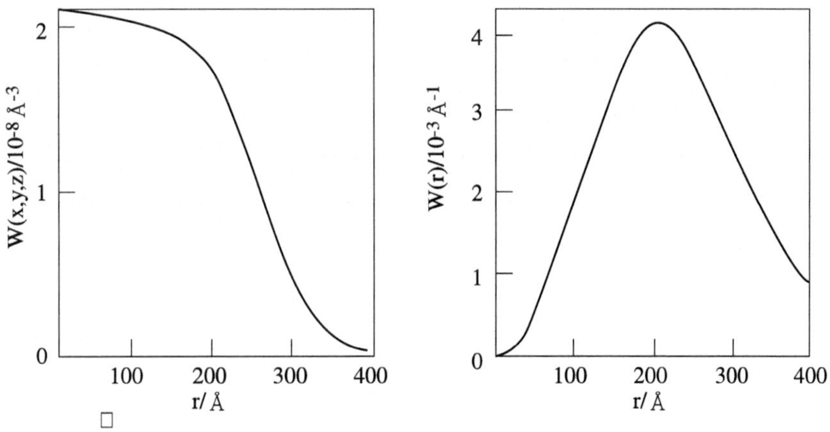

그림 4-11 ● K

여기서 W(r)을 이용해서 $\langle r^2 \rangle_o$ 을 구해볼 수 있다.

$$\langle r^2 \rangle_o = \int_0^\infty r^2 W(r) dr = n\ell^2$$

예상한 대로 앞의 결과와 같은 값이 나왔다.

4.2.2 실제 사슬

실제사슬에서는 이웃하는 링크들이 각각 임의의 방향을 향할 수 있는 랜덤코일과는 달리 결합각도 존재하며 앞의 butane에 대해 살펴보았듯이 결합 주위로 비트는 것도 자유스럽지 않다. 이런 사항들이 고려될수록 말단간거리나 회전반경 모두 커진다는 것을 짐작할 수 있다.

여기서도 여전히 비섭동 상태를 가정한다. 이때 결합각을 θ라 하면, 말단간거리는 다음과 같이 주어진다.

$$\langle r_2 \rangle o = n \ \ell_2 \ (\frac{1-\cos\theta}{1+\cos\theta}) \ \sigma_2$$

여기서 σ는 결합주위의 비틂이 제한될수록 커지는 값이며 입체 파라미터(steric parameter)라 부른다. 대개 온도가 올라가면 σ는 줄어든다. 여기서 여전히 사슬의 크기의 rms 값은 $\sqrt{n}$에 비례함을 알 수 있다.

이제 사슬이 '몸'을 가져 링크와 링크 사이에 반발력이 작용하며 한 링크가 다른 링크를 뚫고 들어가지 못하는 실제 사슬의 경우를 고려해 보기로 하자. 유령일 때는 다른 것이 차지하고 있던 부피에 접근할 수 있었으나 몸을 가졌을 때는 더 이상 접근할 수 없게 된다. 따라서 일정한 양의 부피가 접근 금지, 곧 '배제'되어 사슬이 커지는 효과가 난다. 이렇게 비섭동상태에서 섭동상태로 바뀌면서 사슬이 커지는 상황을 '배제부피효과(excluded volume effect)'라고 부른다. 이때 사슬말단의 분포가 Gaussian 분포를 보이던 것이 비 Gaussian 분포로 바뀐다.

이 효과는 재료가 열팽창을 통해 커지는 것에 비유할 수 있다. 따라서

$$\sqrt{< r^2 >} = \alpha_r \sqrt{< r^2 >_o}$$

으로 놓으며, 회전반경의 경우도 유사하다.

$$\sqrt{< s^2 >} = \alpha_s \sqrt{< s^2 >_o}$$

여기서 α_r과 α_s는 모두 팽창계수이다.

Flory는 말단간거리 r과 링크의 수 n 사이의 관계에 대해 다음과 같은 관계를 유추해 냈다.

$$r \sim n^{3/(d+2)}$$

여기서 d는 차원(dimension)이다. 실제 사슬은 3차원 물체이므로 d = 3이고, $r \sim n^{3/5}$의 관계가 얻어진다. 랜덤코일, 곧 이상적 사슬의 경우는 앞에서 살펴본 바와 같이 $r \sim n^{1/2}$의 관계임이 잘 알려져 있다. 여기서 이상적 사슬의 차원을 구해보면 d = 4가 나온다. 과연 이상적 사슬은 4차원 물체이다. 유령이기 때문이다.

4.2.3 희박용액에서 벌크까지

지금까지는 사슬 하나가 진공 중에 존재할 때의 크기에 대해 살펴보았다. 이것이 용매 속에

들어갈 때는 어떻게 될까. 낮은 농도의 희박용액에서는 사슬들이 용매 속에 따로따로 분리해서 존재를 한다. 농도가 높아지면 어느 순간 사슬들이 서로 겹치기 시작한다. 이때의 농도를 overlap(중첩) 농도 혹은 임계(critical) 농도 c*라 부른다. 농도가 c*보다 높아지기 시작하면 농축용액(concentrated solution)이다. 결국 농도가 1이 되면 용매가 존재하지 않는 상황이며 이것이 벌크상태이다. 일반적으로 c*는 상당히 작아서 ~10^{-3} g/cm^3의 범위이다.

고분자 용액 이론들은 통계역학까지 동원하는 상당히 복잡한 경우가 많다. 간단히 개념적으로 접근하는 이론들을 중심으로 보면, 희박용액은 대개 Flory-Huggins 이론을 희박용액으로 확장시킨 이론으로 다룬다. 중첩농도 근처에서는 스케일링 이론(scaling theory)으로 접근한다. Flory-Huggins 이론은 원래 농축용액을 대상으로 만들어진 이론이기 때문에 농축용액 영역에서 적당한 이론이며, 정량적으로는 적용 한계가 있지만 정성적인 면에서는 거동의 이해에 도움을 준다. 한편 Flory는 용매의 양이 줄어들어서 고분자 벌크 상태로 갈수록 팽창계수가 1.0에 가까이 갈 것임을 예측했는데, 이것은 바로 벌크에서 고분자 사슬의 크기는 이상적 사슬의 크기와 같을 것이라는 예측이었다. 후에 행해진 중성자 산란 등의 실험 결과들은 이 예측과 대체로 합치한다.

4.3 Flory-Huggins 이론

이 이론은 정량적 적용의 한계에도 불구하고 고분자와 저분자, 고분자와 고분자가 섞이는 문제에 대한 정성적 통찰력을 제공했고, 그에 따라 고분자 용액, 블렌드와 상분리, 분자량 분별 등을 이해하는 토대를 마련해 주었다.

Flory-Huggins 이론은 통계역학적인 접근방법이며 일종의 격자 이론(lattice theory)이다. 고분자용액을 용매 분자(1)의 크기에 해당하는 cell들로 나눈 격자로 가정한다. 그리고 고분자 사슬 역시 용매 분자의 크기를 단위로 해서 세그먼트로 쪼갠다. 세그먼트의 수를 x라 놓는다. 각 cell은 격자의 형태에 따라서 근접한 이웃(first neighbors)의 숫자가 달라지는데, 이 숫자를 배위수(coordination number) z이라 한다. 여기서 x개의 세그먼트는 고분자를 구성하고 있으므로 서로 이어져 있어야만 한다는 제약이 따른다. 용매와 용질(고분자) 분자수를 각각 N_1과 N_2로 놓으면 격자 사이트의 총 수 $N = N_1 + x N_2$로 주어진다.

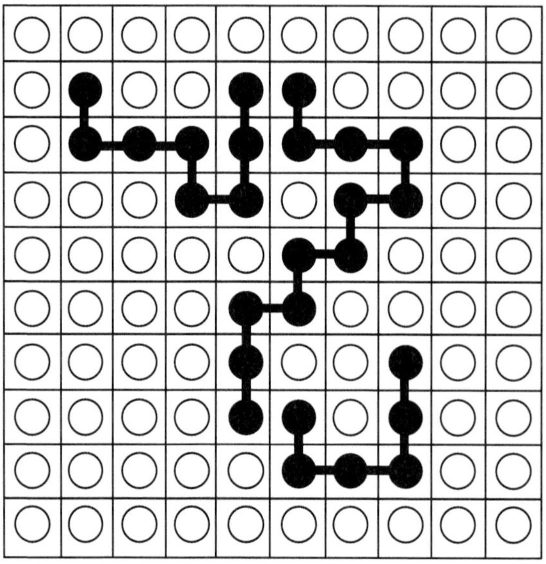

F-H는 우선 N_2개의 고분자를 N 사이트의 격자 안에 채우는 경우의 수 Ω_{12}를 유도했다. 그리고 N_1 사이트의 격자를 용매로 채우는 경우의 수 Ω_1은 1이며, N_2 사이트를 고분자로만 채우는 경우의 수 Ω_2는 얻어진 Ω_{12} 공식에서 $N_1 = 0$으로 놓음으로써 얻었다. 그리고 이것을 볼츠만 공식 $S = k \ln \Omega$에 대입하여 엔트로피 S_{12}, S_1, 그리고 S_2를 얻었다. 곧 N_1 사이트의 격자(용매)와 N_2 사이트의 격자(고분자)가 섞일 때의 엔트로피의 변화(entropy of mixing)를 계산할 수 있었다. 그 결과는 다음과 같다.

$$\Delta S_m = S_{12} - (S_1 + S_2) = -R\ (n_1 \ln \varphi_1 + n_2 \ln \varphi_2)$$

여기서 R은 기체상수이며, n_1과 n_2는 각각 1(용매)와 2(용질; 고분자)의 몰 수이고, φ_1과 φ_2는 각각의 체적분율(volume fraction)이다.

그리고 섞음에 따른 엔탈피의 변화(enthalpy of mixing) ΔH_m을 구했다. 여기서 용해의 과정을 마치 화학반응에서처럼 다음과 같이 고려했다.

$$\frac{1}{2}\ [1\text{-}1] + \frac{1}{2}\ [2\text{-}2] \rightarrow [1\text{-}2]$$

곧 용해란 용매끼리의 접촉과 용질끼리의 접촉만 있다가 용매와 용질이 섞임에 따라 둘 사이의 접촉이 생기는 과정이기 때문에 접촉 에너지(contact energy)의 변화를 고려했다. 그 결과 얻어진 ΔH_m은 다음과 같다.

$$\Delta H_m = RT\ n_1\ \varphi_2\ \chi$$

여기서 χ는 Flory-Huggins 상호작용 파라미터, 혹은 간단히 Flory 파라미터라 불리며, 용매와 용질 사이의 상호작용에 대한 정보, 곧 용해 과정에서의 접촉의 변화에 따른 에너지 변화와 배위수 정보를 함유하고 있는 중요한 파라미터이다.

따라서 혼합에 따른 Gibbs 에너지의 변화 ΔG_m은 다음과 같이 주어진다.

$$\Delta G_m = \Delta H_m - T\Delta S_m$$
$$= RT(n_1 \ln\varphi_1 + n_2 \ln\varphi_2 + n_1\varphi_2\chi)$$

이 식을 격자 사이트의 수 N으로 나누어주면 다음과 같은 사이트 1몰 당의 Gibbs 에너지 변화에 대한 식이 얻어진다.

$$\Delta G_m{}^* = RT(\varphi_1 \ln\varphi_1 + (\varphi_2/x)\ln\varphi_2 + \varphi_1\varphi_2\chi)$$

이 식은 χ가 0이거나 작은 숫자일 때는 처음 두 항이 지배적이어서 $\Delta G_m{}^*$ vs. φ_2의 곡선이 아래로 오목한 곡선이 되고 ($\varphi_1 = 1 - \varphi_2$), χ가 큰 경우는 마지막 항이 지배적이어서 위로 볼록한 곡선이 된다. 그 중간의 경우는 W자 모양의 곡선이 된다. 아래로 오목한 곡선의 경우는 어떤 조성의 혼합도 혼합에 따른 Gibbs 에너지가 감소하는 것이 되어 섞임을 의미하고 위로 볼록한 곡선의 경우는 반대로 증가하는 것이 되어 어떤 조성의 혼합도 진행하지 못하고 역으로 상분리를 보이게 된다. χ가 그 중간의 값을 취할 경우는 φ2에 따라 섞이는 영역과 상분리를 보이는 영역이 존재한다. 그림에서 I은 안정한 영역이며 균일한 상을 보인다. II는 준평형(metastable) 영역이며, III의 봉우리가 일종의 에너지 장벽 역할을 해서 핵발생 및 성장(nucleation and growth) 메커니즘에 의해 상분리 거동을 보인다. III는 불안정한 영역이며 자발적인 상분리 거동을 보이는데 이때의 상분리 메커니즘은 "spinodal decomposition" 메커니즘이라 불린다.

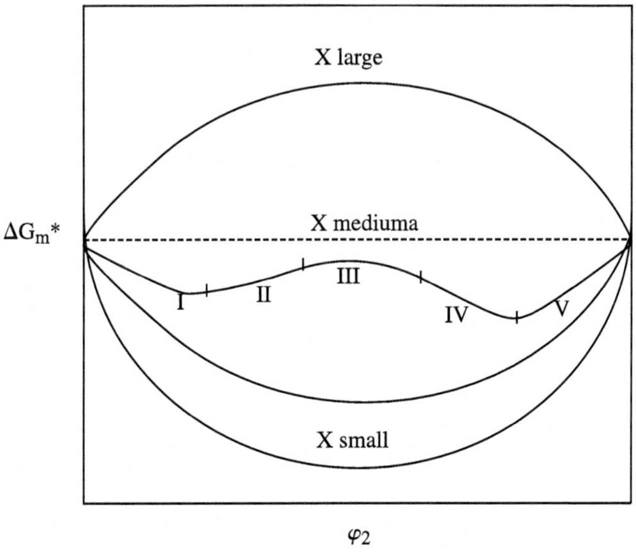

여기서 대개 χ는 온도의 함수로 χ(T)로 주어진다. 근사적으로

$$\chi(T) = a + b/T$$

로 놓으면 충분한 경우가 많다. 따라서 이것은 온도가 올라가면 χ가 감소하여 시스템이 혼합되는 방향으로 진행하고, 반면에 온도가 내려가면 χ가 증가하여 분리되는 방향으로 진행하며, 그 중간 온도에서는 조성에 따라 상분리가 일어나기도 하고 혼합되기도 하는 거동을 설명해줄 수 있다. 이런 혼합거동은 대개 용매-고분자 사이에 강한 상호작용이 없는, 이른바 비극성 시스템에서 나타나며 F-H 이론은 그런 시스템에 잘 적용되는 이론이다. 이때 일반적인 T vs. 조성(φ_2)의 상태도(phase diagram)는 다음 그림과 같다.

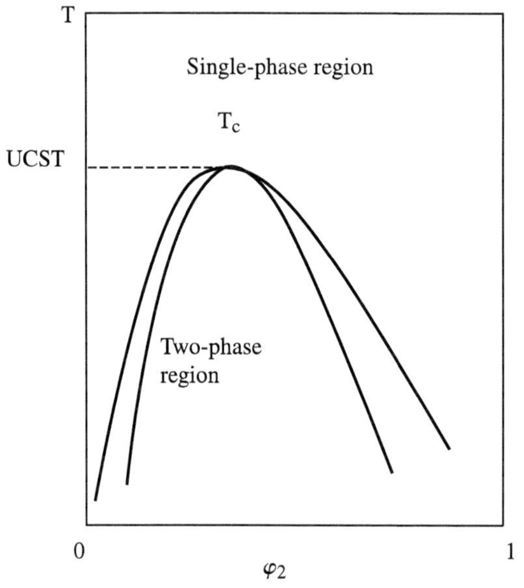

여기서 T_c는 UCST(upper critical solution temperature)라고 불리며, 이 온도 이상에서는 모든 조성에서 단일상을 이룬다. 또 이런 상태도를 보이는 거동을 UCST 거동이라 한다.

반면에 특성 상호작용(specific interaction)이 있는 경우에는 낮은 온도에서 그 상호작용에 의해 혼합되며 온도가 올라가면 오히려 상호작용이 방해를 받아 분리되는 경향을 보인다. 이것은 LCST(lower CST) 거동이라 불리며, 이런 경우에는 F-H 이론은 그대로 적용될 수 없다.

연 습 문 제

1. Polybutadiene의 가능한 미세구조를 모두 그리라.

2. 다음은 택티서티 관련 문제이다.

(a) 주사위를 20번 던져서 짝수가 나오면 ┴로, 홀수가 나오면 ┬로 그려 Fisher 투영을 완성하라.

(b) 다시 주사위를 20번 던져 1이 나오면 ┴로, 나머지가 나오면 ┬로 그려 Fisher 투영을 완성하라.

(c) (a)와 (b)의 두 경우에 각각 ┴┴ + ┬┬와 ┴┬ + ┬┴의 구조가 나올 확률을 계산하라.

(d) (a)와 (b)의 두 경우에 각각 ┴┴┴ + ┬┬┬, ┴┴┬ + ┬┬┴, ┴┬┬ + ┬┴┴, ┴┬┴ + ┬┴┬이 나올 확률을 계산하라.

(e) (c)와 (d)의 결과를 연관지으라.

3. 본문에서 분지의 생성 시 backbiting이 두 번 일어난 경우를 기술하였다. 이 상황에서 한 번 더 backbiting이 일어날 때 생성될 수 있는 분지 구조들을 조사하라.

4. 중합도가 10,000인 polyethylene을 C-C가 하나의 링크를 이루는 랜덤코일로 가정하고 그 회전반경을 계산하라.

5. 4와 같은 동일한 가정하에, 이 polyethylene이 밀도 0.92 g/cm^{3}인 용융상태를 이루고 있다. 여기서 회전반경을 반지름으로 하는 하나의 구 안에 들어 있는 고분자들을 이으면 몇 개의 사슬에 해당하는가.

6. Flory-Huggins 이론에서 χ가 아주 커서 $\Delta G_m^* = RT\varphi_1\varphi_2\chi$로 가정할 수 있을 때 φ_2의 함수로 ΔG_m^*를 그리고 상거동을 설명하라.

5장 고분자의 구조

화학적 조성에 의한 분류와는 별도로 고분자는 그들의 물리적 상태에 따라 비결정성(amorphous) 그리고 결정성(crystalline) 고분자로 분류되며, 또한 고분자를 구성하는 화학적 조성 및 여타 물리적 조건에 의한 고분자의 구조는 그들의 물리적 상태를 결정하는데 대단히 중요한 역할을 한다. 실제로 비결정성과 결정성이 완전히 분리될 수 있을 만큼 그 경계가 명확하지는 않을지라도 일반적으로 X-선 회절에 의한 Bragg 피크가 관찰되는 경우를 결정성이라 하고 그렇지 않은 경우를 비결정성이라 부르고 있다. 비결정성 고분자는 비정질 상태나 유체 또는 유리 상태로 존재하며 그들의 화학적 또는 이성체적 불규칙성에 의해 결정격자를 형성할 수 없는 경우를 말한다. 따라서 자연히 결정성 고분자를 형성할 수 있는 고분자의 구조적 양상은 가공을 통한 고분자 특성의 발현에 중요한 이해의 대상이 아니 된다 할 수 없으며, 그러한 결정형성의 과정 및 결정형태를 관찰하는 소위 형태학(morphology)은 고분자의 성질 및 특성을 이해하는데 있어서 고분자 구조와 관련하여 대단히 중요한 관심의 대상이 된다.

결정성 고분자는 그들의 고체 상태에 있어서 대단히 복잡한 구조와 형태를 나타내는데 이는 그들 조성 분자들의 사슬형태의 성질 때문으로 전통적인 저분자 고체에서는 거의 관찰되지 않는 결정화 거동을 나타낸다. 이러한 결정화 거동과 관련하여 이 장과 다음 장에서는 다음과 같은 내용이 다루어지고 있다. 첫째, 고분자에 있어서의 결정성, 즉 결정화에 필요한 고분자의 구조적 요건 및 특성 그리고 고분자의 결정구조에 관한 사항들이 논의되며, 둘째, 고분자 결정의 결정화 및 결정형태와 관련하여 용액상태로부터 결정화된 결정의 형태 그리고 이와 함께 용융상태로부터 결정화된 결정의 형태에 관한 사항들이 논의된다.

5.1 고분자 구조 및 형태학의 개요

형태학이란 결정의 외부모형 및 그 내부구조에 관한 학문적 분야로서, 일반적으로 고분자 사슬의 경우 용액이나 용융상태 하에서는 random coil 형태의 구조를 취하는 반면, 고체상태 하에서는 비정형 또는 결정형태의 구조를 취하게 된다. 고분자 사슬이 결정을 이루게 되는 이론적 배경으로는 크게 다음의 두 가지 이론이 뒷받침되어 왔다.

5.1.1 Fringed Micelle 이론

이 이론은 1930년대 Sauter 등에 의해 제안된 이론으로 고분자 사슬이 중간 중간의 비정형 영역을 경유하여 하나 이상의 결정 형성에 관여하고 있다고 하는 이론으로, 부분적 결정(semicrystalline)을 이루고 있는 고분자의 평균물성(bulk property)을 설명하는 데는 매우 적합한 이론이지만 고분자 사슬들의 규칙적 배향(orientation)이나 특정형태의 결정모형 등을 설명하는 데는 부적합한 이론이다.

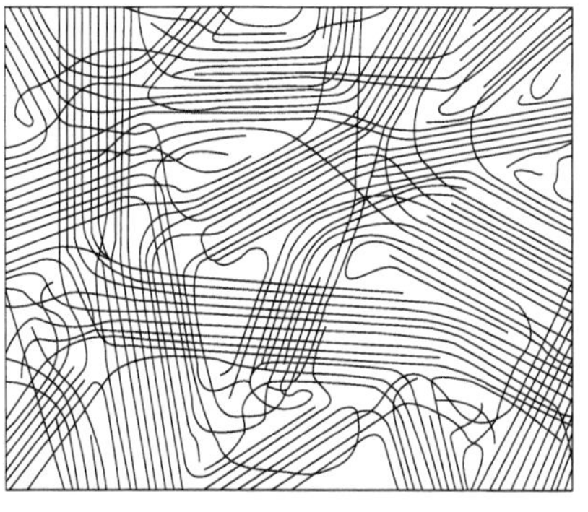

그림 5-1 ◦ 고분자의 결정-비정형 구조를 나타내는 Fringed Micelle 모델

5.1.2 사슬굽힘 이론

이 이론은 1957년 Keller 교수에 의해 용액상태로부터 성장된 폴리에틸렌의 결정구조가 고분자 사슬이 사슬굽힘(chain folding) 형태에 의해 형성된다는 것이 밝혀진 이래로 Flory 등에 의한 고분자결정 형성의 이론적 전개의 전기를 이룬 고전적 고분자결정 형성의 주 이론으로 받아들여지고 있다. 라멜라라고 불리는 고분자결정은 두께가 약 100 Å 정도로 고분자사슬이 굽힘 형태에 의해 판상모형(platelet)의 결정형태를 취하고 있다는 것이 소각 X-선 산란(SAXD)에 의해 확인되고 있다.

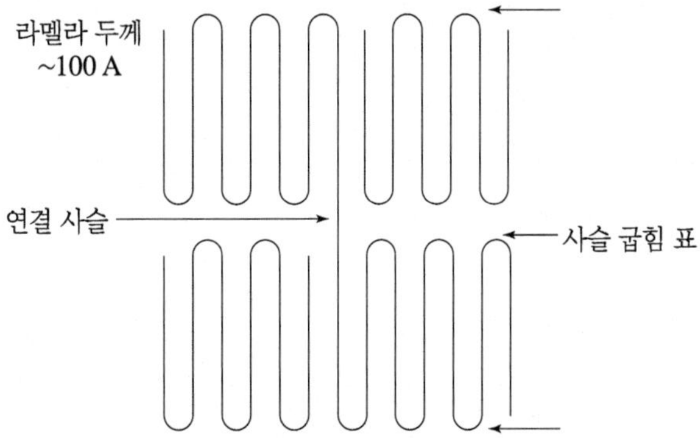

그림 5-2 • 사슬굽힘의 도식적 모형

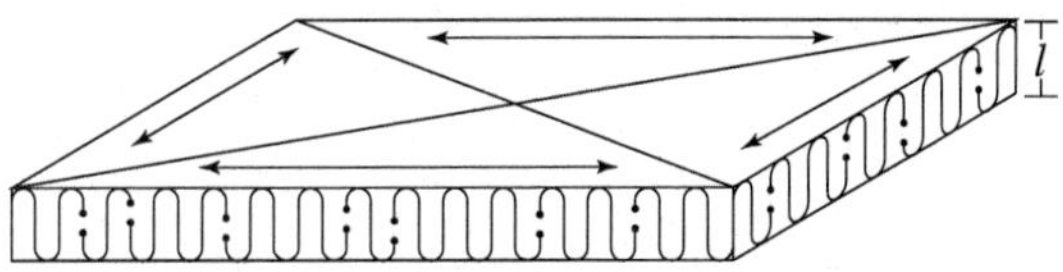

그림 5-3 • 고분자 라멜라의 2차원적 도식적 모형

5.2 고분자 결정형성을 위한 구조적 요건

5.2.1 화학적 규칙성

고분자가 결정을 형성하기 위한 구조적 요건으로 우선 아래와 같이 고분자 사슬을 형성하는 화학적 반복단위(chemical repeat unit)의 규칙성이 존재해야 한다.

-A-A-A-A-A-A-A-A-A-A-A-A-A-A-A-A-

위와 같은 고분자 구조의 전형적인 예는 폴리에틸렌과 나일론 6,6 등에서 찾을 수 있다.

예 폴리에틸렌

$$-\!\!\left[CH_2 - CH_2 \right]\!\!-$$

Poly(hexamethylene adipamide), Nylon 6,6

$$-\!\!\left[NH - (CH_2)_6 - NH - \overset{O}{\overset{\|}{C}} - (CH_2)_4 - \overset{O}{\overset{\|}{C}} - O \right]_n\!\!-$$

한편, 위와 같은 단일 중합체 외에도 블록 공중합체나 교대 공중합체의 경우는 고분자 결정을 이룰 수 있는 반면, 랜덤 공중합체의 경우는 일반적으로 결정화하지 않는다. 또한 같은 단일 중합체라도 결정화도(crystallinity)에 영향을 미치는 요인으로 부가반응에 있어서 반복단위 radical의 부가방법에 따라 결정화가 영향을 받는데 일반적인 head-to-tail 형태의 부가형태에 head-to-head 또는 tail-to-tail 형태의 불규칙한 부가형태의 존재는 결정화도를 낮추는 요인이 될 수 있다.

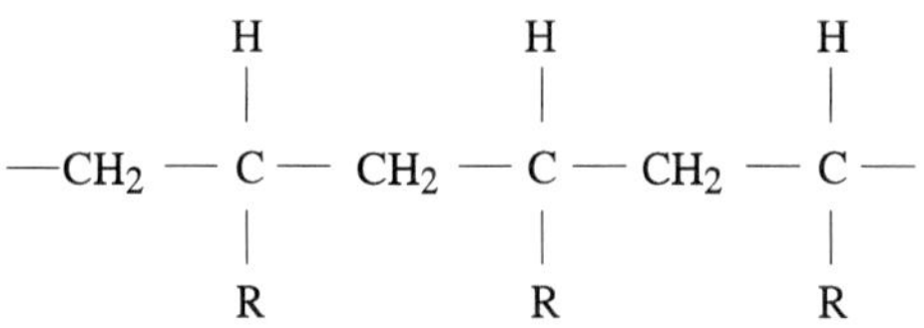

(head-to-tail 부가)

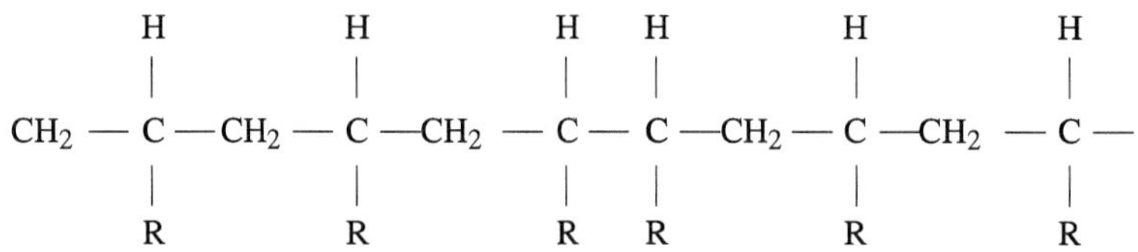

(tail-to-tail 부가)

결정화도에 영향을 미치는 또 다른 요인으로 곁가지(side chain branch)의 존재를 들 수 있는데 폴리에틸렌의 경우 고압중합(high pressure polymerization)에 의해 합성된 폴리에틸렌의 경우 100 개의 (CH_2) 반복단위 당 약 3 개 정도의 곁가지가 존재하게 되며 이로 인해 결정화도가 약 40-50 %에 불과한 소위 저밀도 폴리에틸렌이 생산되게 되며 저압중합(low pressure polymerization)의 경우 약 1000 개의 $-CH_2-$ 반복단위당 약 3 개 정도의 곁가지만 존재해 거의 선형의 폴리에틸렌(linear polyethylene)을 형성해 결정화도가 약 90-95 %에 달하는 소위 고밀도 폴리에틸렌(high density polyethylene)을 생성하게 된다.

예 polyethylene

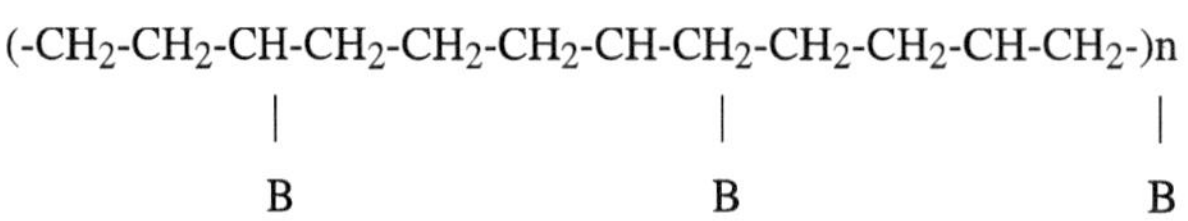

B = $-CH_3$, $-C_2H_5$

5.2.2 입체규칙성

고분자 사슬에 측쇄가 부착되고 그리고 측쇄가 부착된 탄소 원자가 비대칭 탄소라면 구조적으로 소위 입체이성(stereoisomerism) 효과가 존재하게 된다. 입체적 규칙성(stereoregularity)을 가지는 고분자의 존재는 1955년 Ziegler와 Natta에 의해 부가반응에 의한 비닐 고분자의 합성에 의해 최초로 확인되었다.

예 비닐 고분자

$$(-CH_2-\underset{\displaystyle R}{\underset{|}{CH}}-)n$$

1) 이소택틱

측쇄기 R들이 주 사슬 zig-zag 탄소 평면을 기준으로 공간상에서 같은 한 면으로 치우쳐 존재할 경우의 구조를 말하며 결정화가 가능한 입체적 구조요건이 된다.

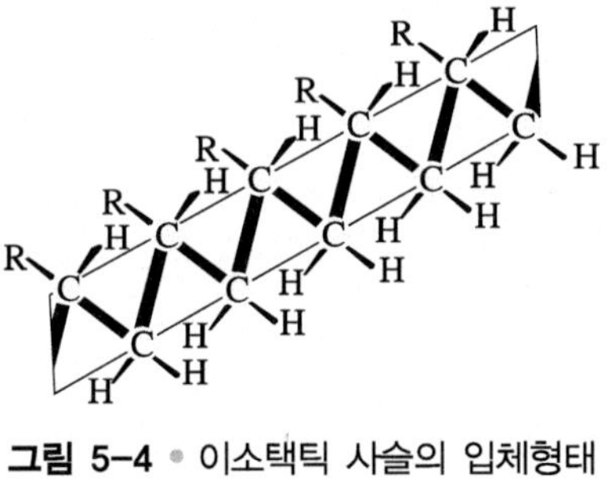

그림 5-4 • 이소택틱 사슬의 입체형태

2) 신디오택틱

측쇄기 R들이 주사슬 zig-zag 탄소 평면을 기준으로 공간상에서 왼쪽, 오른쪽으로 교대로 배열되어 있는 구조를 말하며 결정화를 위한 필요 입체규칙성(regularity)이다. 한편, 같은 화학식에 의한 고분자 결정이라도 이소택틱 구조와 신디오택틱 구조에 의한 결정은 각기 아주 다른 결정구조를 나타내게 된다. 일예로 이소택틱 폴리프로필렌이 31 helical 구조의 monoclinic 결정형태를 나타내는 반면, 신디오택틱 폴리프로필렌은 2 fold screw axis의 결정구조를 나타내고 있다.

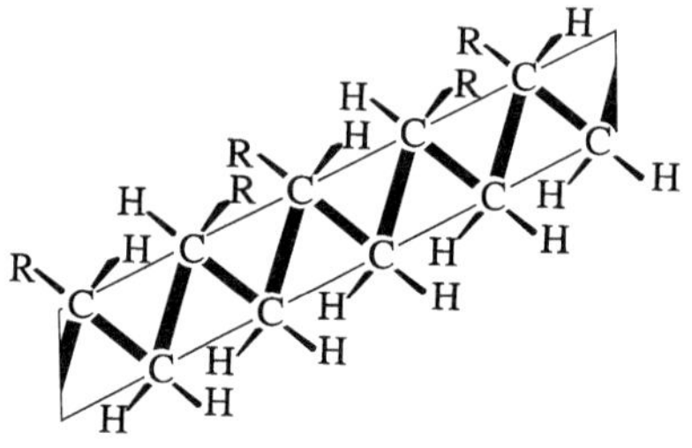

그림 5-5 • 신디오택틱 사슬의 입체형태

3) **어택틱**

측쇄기 R들이 주사슬 zig-zag 탄소 평면을 중심으로 공간상에서 왼쪽, 오른쪽으로 아무런 규칙성이 없이 불규칙적으로 배열되어 있는 입체구조를 말하며 결정화가 일어날 수 없는 입체구조이다.

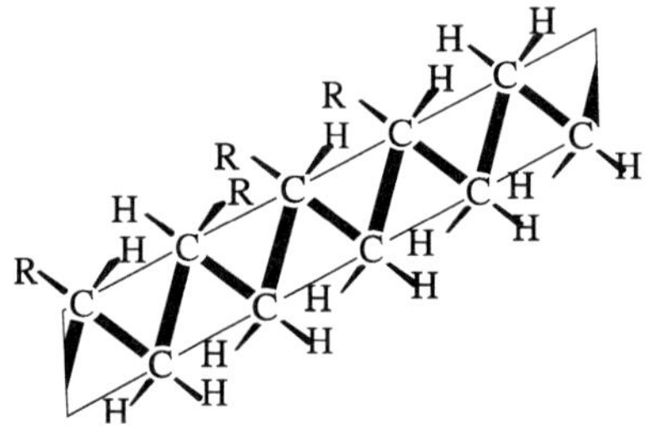

그림 5-6 • 어택틱 사슬의 입체형태

5.2.3 분자량

고분자에 있어서 일반적으로 분자량 분포(molecular weight distribution)는 매우 그 범위가 넓으며 이는 결정의 불규칙성 및 결정화도를 떨어뜨리는 매우 주요한 요인이 된다. 한편, 우리가 통상적으로 관심을 가지고 있는 대개의 고분자의 분자량은 10^4 ~ 10^6 정도 범위이며 fully extended된 길이는 약 0.1 ~ 10 μm 정도이다. 아래 표 4-1에 통상적으로 많이 이용되는 주요 고분자의 이름 및 그 화학 반복단위 구조가 보여 진다.

표 5-1 • 주요 고분자와 화학 반복

1. polyethylene	[— CH_2 — CH_2 —]
2. polyprolylene	[— CH_2 — CH —] CH_3
3. poly(4-methylpentene-1)	[— CH_2 — CH —] CH_2 CH_3 — CH CH_3
4. polybutene-1	[— CH_2 — CH —] CH_2 CH_3
5. polystylene	[— CH_2 — CH —] 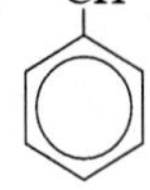
6. polyoxymethylene	[— CH_2 — O —]
7. poly(ethylene oxide)	[— CH_2 — CH_2 — O —]
8. polyterafuoroethylene	Cl [— CF_2 — C —] F
9. polytetrafluoroethylene	[— CF_2 — CF_2 —]
10. poly(vinyl chloride)	[— CH_2 — CF —] Cl
11. polyacrylonitrile	[— CH_2 — CH—] CN
12. poly(ethlene adipate)	O O ‖ ‖ [— O — C — $(CH_2)_4$ — C — O — $(CH_2)_2$ —]
13. poly(gluamic acid)	O ‖ [— C — CH — NH —] CH_2 — COOH
14. poly(hexamethytlene adipamide) (nylon 66)	O O ‖ ‖ [— NH — $(CH_2)_6$ — NH — C — $(CH_2)_4$ — C —]

5.3 고분자의 결정구조

5.3.1 결정모형의 분류 및 단위세포

삼차원적 이동에 의해 규칙적 모형이 반복되는 결정의 기본단위를 단위세포(unit cell)라 하며 아래와 같이 육면체의 한 모서리를 임의의 원점으로 할 때 각 변으로의 반복길이 a, b, c 그리고 그들 사이의 각 α, β, γ 의 여섯 개의 인자를 중심으로 결정을 분류하게 된다.

위에서 언급한 바와 같이 단위세포를 구성하는 여섯 개의 인자를 중심으로 결정을 분류하면 아래 그림에서 보듯 인자들의 상호관계에 따라 cubic, tetragonal, orthorhombic, hexagonal, trigonal, monoclinic, triclinic 등과 같이 모든 결정을 일곱 개의 기본적인 결정시스템(seven crystal system)으로 분류할 수 있게 된다.

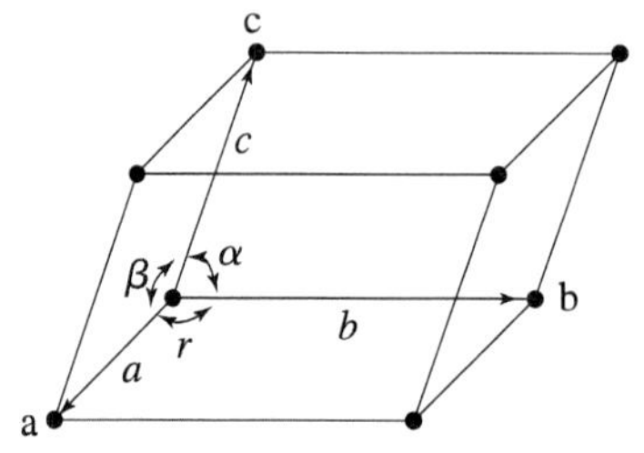

그림 5-7 ◦ 단위 세포

System	Axial lengths and angles	Bravais lattice	Lattice symbol
Cubic	Three equal axes at right angles a=b=c, $\alpha=\beta=\gamma=90^\circ$	Simple Body-centered Face-centered	P I F
Tetragonal	Three axes atl right angles, two equal a=b≠c, $\alpha=\beta=\gamma=90^\circ$	Simple Body-centered	P I
Orthorhombic	Three unequal axes at right angles a≠b≠c, $\alpha=\beta=\gamma=90^\circ$	Simple Body-centered Base-centered Face-centered	P I C F
Rhombohedral*	Three equal axes, equally inclined a=b=c, $\alpha=\beta=\gamma\neq90^\circ$	Simple	R
Hexagonal	Twoequalcoplanaraxesat120° third axis at right angles a=b≠c, $\alpha=\beta=90^\circ$, $\gamma=120^\circ$	Simple	P
Monoclinic	Three unequal axes, one pair not at right angles a≠b≠c, $\alpha=\gamma=90^\circ\neq\beta$	Simple Base-centered	P C
Triclinc	Threeunequalaxes,unequallyinclined and none at right angles a≠b≠c, $\alpha\neq\beta\neq\gamma\neq90^\circ$	Simple	P

*Also called trigonal

그림 5-8 ◦ 결정 시스템 및 Bravais 격자

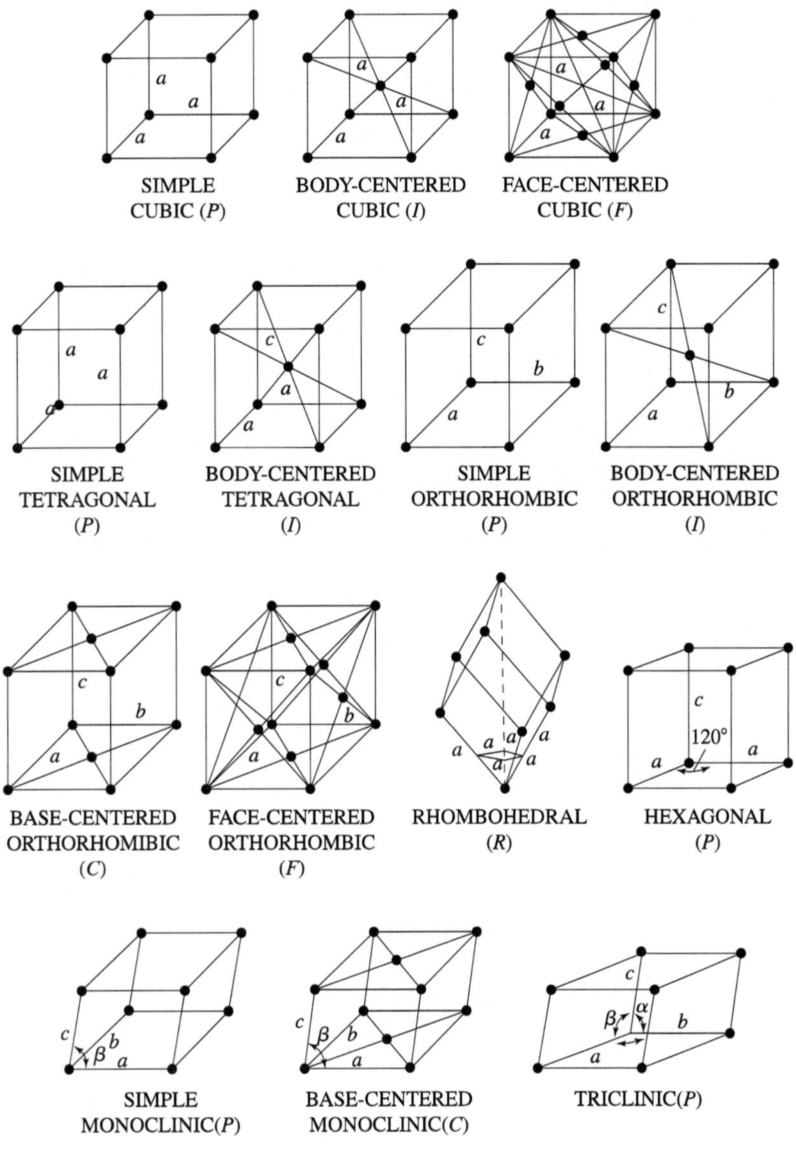

그림 5-9 • 14 개의 Bravais 격자 모형

한편, 이들 각 시스템의 모서리(primitive) 뿐만 아니라 내부(body-center)와 각 변(face-center)에 존재하는 격자점(lattice point)을 함께 고려할 경우 소위 아래와 같은 14개의 Bravais Lattice로 결정시스템을 분류하기도 한다.

5.3.2 결정 평면과 Miller Indices

결정 내에 존재하는 임의의 평면(plane)을 나타내는 방법으로 Index (hkl)의 표기법이 주로 이용되고 있는데, 이는 임의의 결정에서 그 결정을 구성하는 단위세포의 변 a를 1/h 만큼 변 b를 1/k 만큼 그리고 변 c를 1/l 만큼 절단한 평면의 경우 이들 절단 분율(fractions of intersection) (1/h, 1/k, 1/l)의 역수(reciprocal) (hkl)을 그 평면을 나타내는 Miller 지수로 이용하고 있다. 한편 단위세포의 임의의 축(axis)에 평행한 평면의 경우는 축과 무한대에서 만나게 되므로 그 역수는 0이 되어 Miller 지수에 있어서 (hk0), (h0l), (0kl) 등과 같이 표기된다. 또한 단위세포의 각 축과 음(negative)의 방향에서 절단을 이루는 평면의 경우는 위의 해당 Miller 지수 위에 막대기(bar)를 그어 그 평면의 방향을 나타내게 된다. Miller Index에 의한 평면 표기를 예로 들면 아래와 같다.

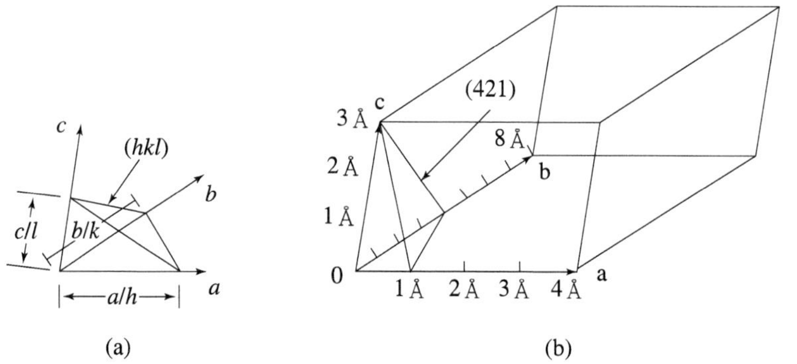

그림 5-10 ◦ Miller 지수에 의한 결정 평면 표기

5.3.3 평면간 거리(Interplanar spacings)

단위세포의 원점으로부터 임의의 평면 (hkl)까지의 수직거리 또는 (hkl) 평면간의 수직거리를 d-spacing이라 하며 dhkl로 나타낸다. 아래에 임의의 결정 평면간의 d-spacing을 나타낸 도식적 그림이 보여 진다.

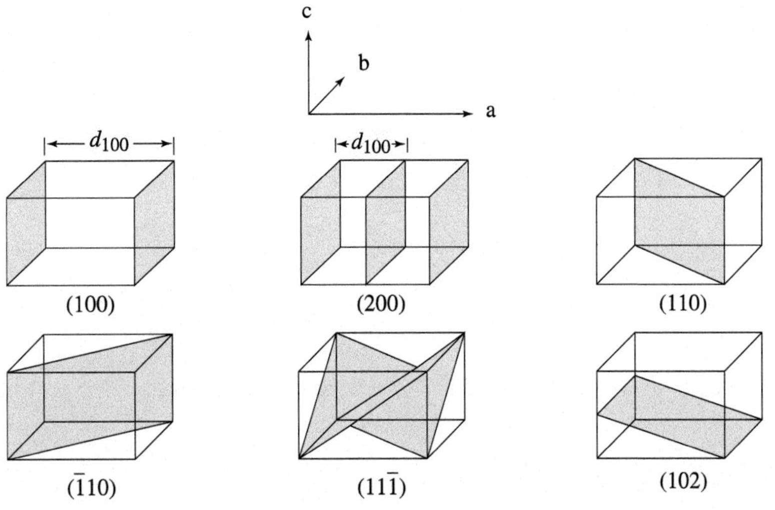

그림 5-11 • 격자 평면의 Miller 지수에 의한 표기

연 습 문 제

1. 고분자가 결정을 이루기 위한 구조적 요건(structural requirement)에 대해 설명하라.

2. Stereoregularity가 무엇이며 어떤 경우에 발생하는지 설명하라.

3. 고분자의 tacticity에 대해서 설명하라.

4. Syndiotactic과 isotactic의 일반적인 구조적 차이에 대해 설명하라.

5. Syndiotactic과 isotactic stereoregularity를 나타내는 대표적 고분자의 예를 들어 그들의 실제 물성 및 구조적 차이점을 설명하라.

6. 고분자의 결정화도(degree of crystallinity)를 측정하기 위한 측정방법에 대해 설명하라.

7. 고분자 결정화도의 측정방법에 따라 측정결과가 조금씩 달라지는 이유에 대해 설명하라.

8. 고분자 결정 시스템에 대해 설명하라.

9. 고분자결정을 나타내는 Miller index와 Interplanar spacing에 대해 설명하라.

10. 고분자결정을 표현하는 방법 중 Bravais Lattice가 무엇인지, 또 일반적 결정시스템과는 어떻게 다른지 설명하라.

11. 고분자구조의 실격자(Real Lattice)와 역격자(Reciprocal Lattice)무엇이며 서로 어떤 관계를 가지고 있는지 설명하라.

6장 고분자의 형태학

6.1 용액 결정화된 고분자의 형태학

용액 결정화된(solution-crystallized) 고분자 결정의 경우 성장온도, 성장시간 등 여러 인자가 결정성장에 영향을 미치나 일반적으로 그 농도가 약 0.1 % 이하의 묽은 용액의 경우는 단결정(single crystal)이 형성되며 그 이상의 농도 하에서 결정이 성장될 경우는 복잡한 형태의 결정(complex crystal)이 형성된다. 결정성장의 실험적 진행과정을 요약하면 다음과 같다.

1) 해당 고분자가 높은 온도에서는 용해되지만 실온에서는 불용인 적절한 용매를 선택한다.
2) 고분자가 용해 될 수 있는 온도까지 온도를 올려 적절한 농도의 해당 고분자를 용해시킨다.
3) 완전히 용해된 고분자 용액을 용해 온도보다 낮은 미리 설정된 일정한 결정화 온도하에서 결정성장을 시킨다. (isothermal crystallization).

6.1.1 고분자 단결정

묽은 용액으로부터 형성된 가장 간단한 형태의 결정은 단층(monolayer)의 결정으로 일반적으로 아래 그림과 같은 고분자 사슬이 굽힘에 의해 형성된 라멜라(chain folded lamellae) 모형의 단결정을 형성한다.

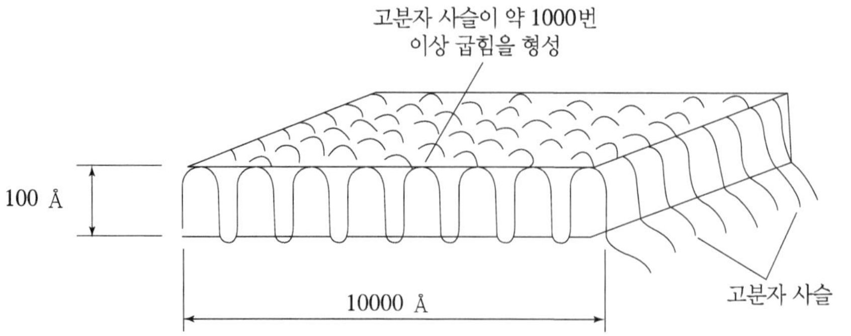

그림 6-1 ◦ 고분자 라멜라 결정의 도식적인 모형

위와 같은 라멜라의 두께는 일반적으로 undercooling($\Delta T = T_d - T_c$)의 정도, 사용하는 용매 그리고 용액의 농도에 따라 달라지지만 약 50-150 Å 정도이며 결정화 온도가 높아질수록 두께는 증가한다. 한편 실험적으로 라멜라 두께의 측정은 단결정 라멜라를 침전시켜 전자현미경(electron microscopy)에 의한 shadowing 방법을 이용하거나 crystal Mat 형태로 결정을 침전시켜 소각 X-선 회절법(small angle X-ray diffraction)에 의한 방법이 널리 이용되고 있다. 또한 용액 결정성장된 라멜라 모형의 경우도 사용되는 물질, 용매 그리고 실험조건에 따라 달라지게 되는데, 폴리에틸렌의 경우 아래 그림에서 보듯 일반적으로 마름모(lozenge) 모형이나 끝이 잘려나간 마름모(truncated lozenge) 모형의 라멜라를 형성하며 결정 구조는 orthorhombic의 단위세포(unit cell)를 형성한다.

(a)

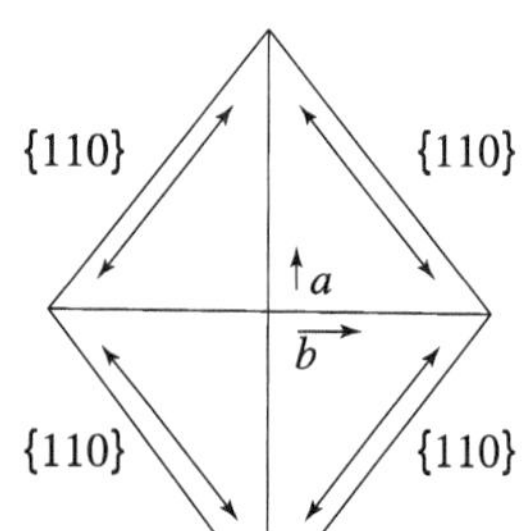

(b)

그림 6-2 ◦ (a) 마름모 모양의 결정 형태를 나타내는 용액 성장 폴리에틸렌 결정의 전자현미경 사진, (b) 사진 (a)에 보인 결정 형태의 도식적 모형

또한 polyoxymethylene의 경우 아래 그림과 같이 hexagonal 모형의 라멜라 결정을 이루며 결정구조 또한 hexagonal 의 단위세포를 형성하게 된다.

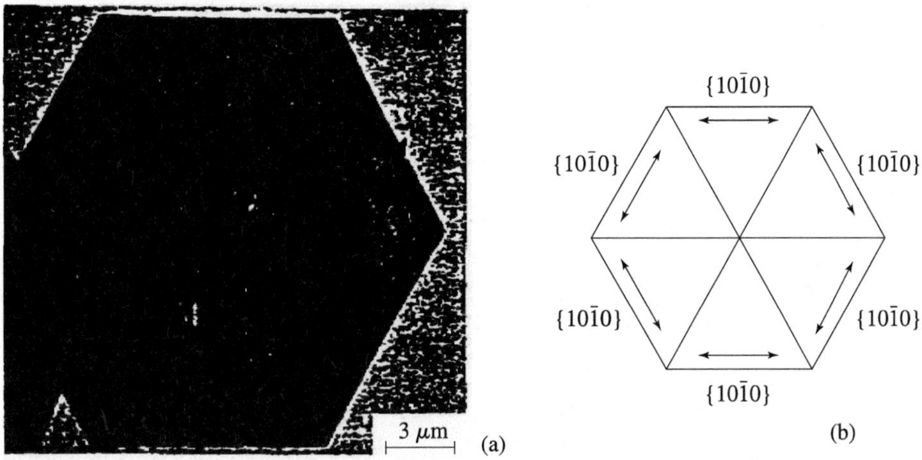

그림 6-3 • (a) 0.02% orthodichlorobenzene 용액에서 성장한 polyoxymethylene 결정의 전자현미경 사진, (b) 사진 (a)에 보인 결정형태의 도식적 모형

또 다른 예로 poly(4-methylpentene-1)의 경우 아래 그림에서 보듯 사각형 모형의 라멜라 결정을 나타내며 내부 결정구조는 tetragonal의 단위세포를 형성하게 된다.

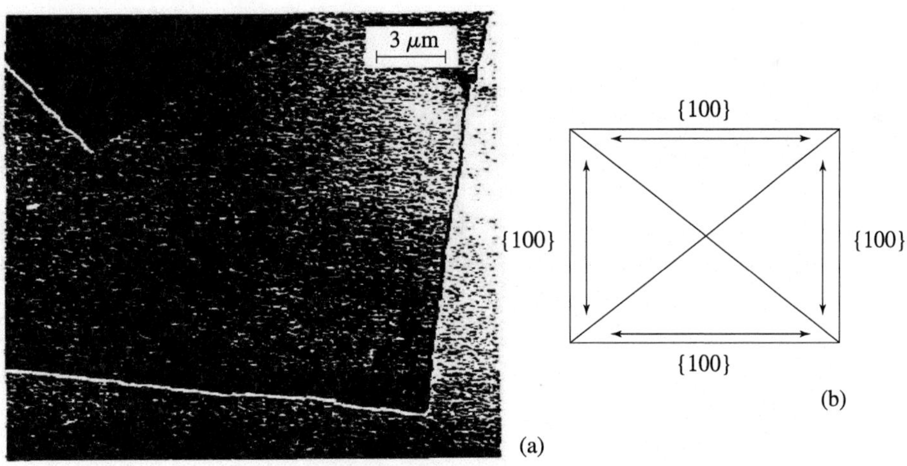

그림 6-4 • (a) 0.1% xylene 용액으로부터 성장된 poly(4-methylpentane-1) 결정의 전자현미경 사진, (b) 사진 (a)에 보인 결정 형태의 도식적 모형

6.1.2 사슬 굽힘 라멜라 결정의 성장 및 구획화

고분자 사슬 굽힘에 의해 형성된 라멜라는 결정성장 방법의 특이성에 의해 결정의 구획(sector)이 지어지게 되는데 라멜라 결정은 바로 이 라멜라 각 구획의 측면을 따라 새로운 사슬들이 굽힘에 의해 부착됨으로서 측면성장을 계속하게 되며, 바로 이러한 결정성장의 방법 때문에 본질적으로 라멜라는 많은 구획으로 나누어지게 된다.

한편 각 구획에서 연속적으로 맞닿아 형성된 각각의 fold 면들 사이에는 상호간의 입체방해(steric hindrance) 현상을 줄이기 위해 그 형성 fold level이 아래의 도식적 그림에서 보듯 일정각도로 계단식으로 규칙적인 staggering 현상을 나타내게 되는데 바로 이러한 이유로 인해 형성된 라멜라는 속이 빈 소위 hollow pyramid 형태의 결정모형을 이루게 된다.

한편 이러한 이유로 매우 얇은 두께의 라멜라 결정은 약간의 장력에 의해서도 쉽게 무너져 내리게 되며 이때 각 구획을 따라 갈라지며 형성되는 선을 cleavage plane이라 하고 앞서 관찰된 polyethylene 라멜라 결정의 경우에서 보듯 지진에 의해 단층이 어긋나듯 라멜라 한

(a)

(b)

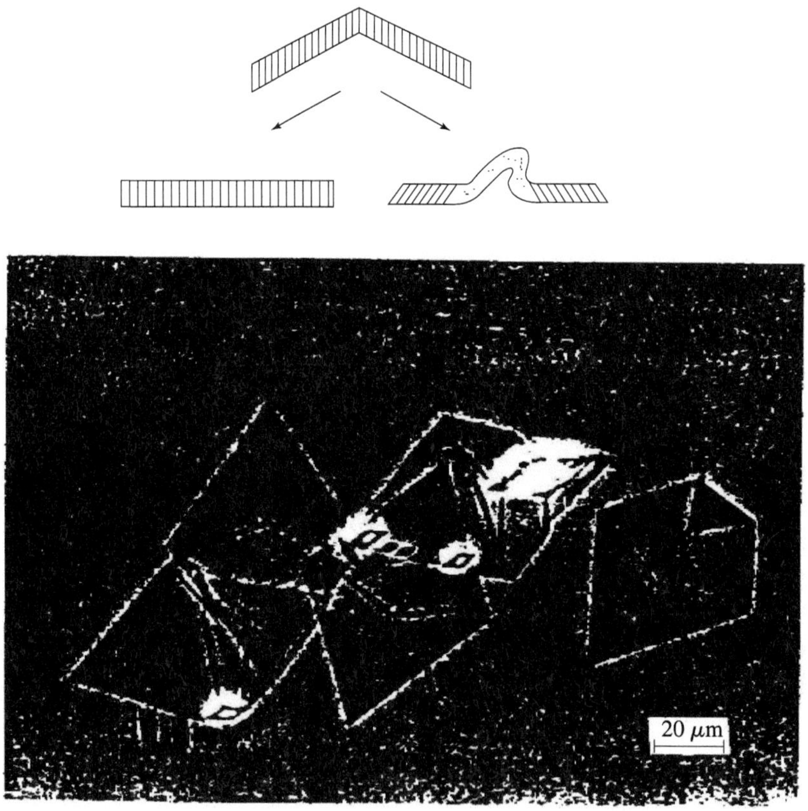

그림 6-5 • (a) hallow pyramid 붕괴 모형.
(b) 건조시 Pleats을 나타내며 붕괴한 비평면 폴리에틸렌 결정의 현미경 사진

가운데 형성되는 굵은 선을 pleats라고 부른다. 따라서 이러한 현상을 피하며 온전한 형태의 라멜라 결정을 관찰하기 위해서는 액체 속에 결정을 부유(suspension)시켜 현미경으로 관찰하여야 한다.

6.1.3 Dendrite 형성 및 다층 라멜라 결정 (multilayered crystals)

두께가 약 50-150 Å 정도의 단층의 라멜라가 매우 묽은 용액 하에서 supercooling의 정도가 적은 상태에서 형성되는 반면 일반적으로 용액의 농도가 진하거나 supercooling의 정도가 클 경우에는, 즉 용액의 결정화 온도가 낮을 때에는 다층의 매우 복잡한 형태의 소위 multilayered crystal을 형성하게 된다. 다층 라멜라 결정은 통상 base 라멜라 층의 중심부에 위치한 screw dislocation 부위에서 성장하기 시작해서 다음 그림에서 보듯이 같은 두께의 여러 층의 closed terrace나 spiral growth 형태의 결정을 형성한다.

그림 6-6 • 나선형의 연속층 형상을 보여주는 polyethylene 다층 결정의 현미경 사진

또한, 다층 라멜라 결정 중 특이한 형태의 결정중의 하나로 dendrite 결정이 있는데 이는 네 개 구획의 lozenge 형태의 단층 라멜라의 각각의 돌출 코너 부분에서 새로운 fold 층이 형성되어 계속하여 다층의 결정이 형성되는 것으로 아래 그림에서 보듯 특정 방향으로의 결정 성장이 가속화되어 polyethylene의 경우 네 개의 구획을 가진 lozenge 형태의 단층 라멜라의 a/b의 비가 약 1.495인 반면 다층 dendrite 결정의 경우 a/b의 비는 약 1.7-2.2 정도로 커지게 된다.

그림 6-7 ● Dendrite 결정 형태를 나타내는 polyethylene 결정의 현미경 사진. 화살표 B, C는 미세 돌출 부분을 가리킨다.

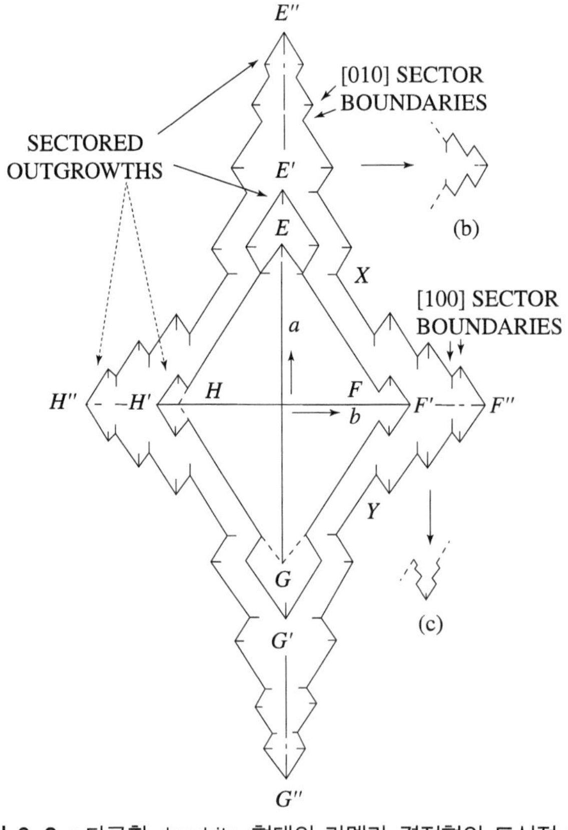

그림 6-8 ● 다구획 dendrite 형태의 라멜라 결정형의 도식적 모형

한편 위와 같이 결정의 코너에서 새로운 결정의 성장이 계속되는 이유는 단층 라멜라 결정이

핵 조절 과정(nucleation controlled process)에 의해 결정성장이 좌우되는 반면, dendrite의 경우는 확산 조절과정(diffusion controlled process)에 의해 결정성장이 좌우되기 때문이며, 따라서 결정의 코너 부분으로 고분자 사슬이 접근하기 쉽고 또한 결정화 과정 중에 발생하는 열의 주위로의 발산이 용이하기 때문에 결정의 코너 부분에서 새로운 결정성장이 계속되는 것으로 해석된다.

6.1.4 사슬굽힘의 구조적 특성 및 굽힘 표면

모든 고분자 사슬이 사슬굽힘에 의해 결정을 형성하는 것은 아니며 사슬굽힘에 의해 결정을 형성하기 위해서는 다음과 같은 구조적 특성을 지녀야 한다.

i) 고분자 사슬이 근본적으로 결정화할 수 있을 만큼 충분히 규칙적이어야 한다. 즉 atacticity와 같이 결정화를 방해하는 구조적 양상이 사슬 중에 존재하여서는 안된다.

ii) 고분자 사슬이 결정화 에너지(energy of crystallization), 즉 사슬굽힘에 사용된 에너지를 회복할 수 있을 만큼 충분히 길어야 한다. 일예로 탄소수가 16~94인 short paraffin은 결정화시 사슬굽힘을 일으키지 않는다.

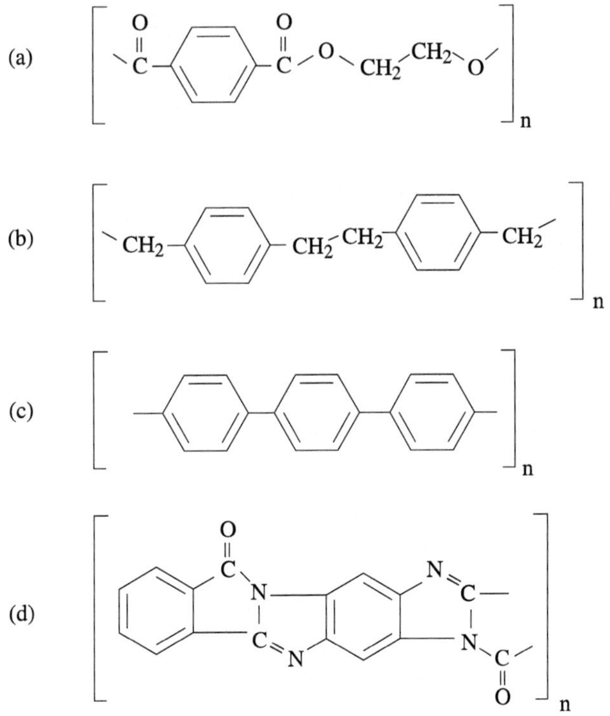

그림 6-9 • Chain folding이 가능한 경우와 가능하지 않은 경우의 고분자 사슬의 예

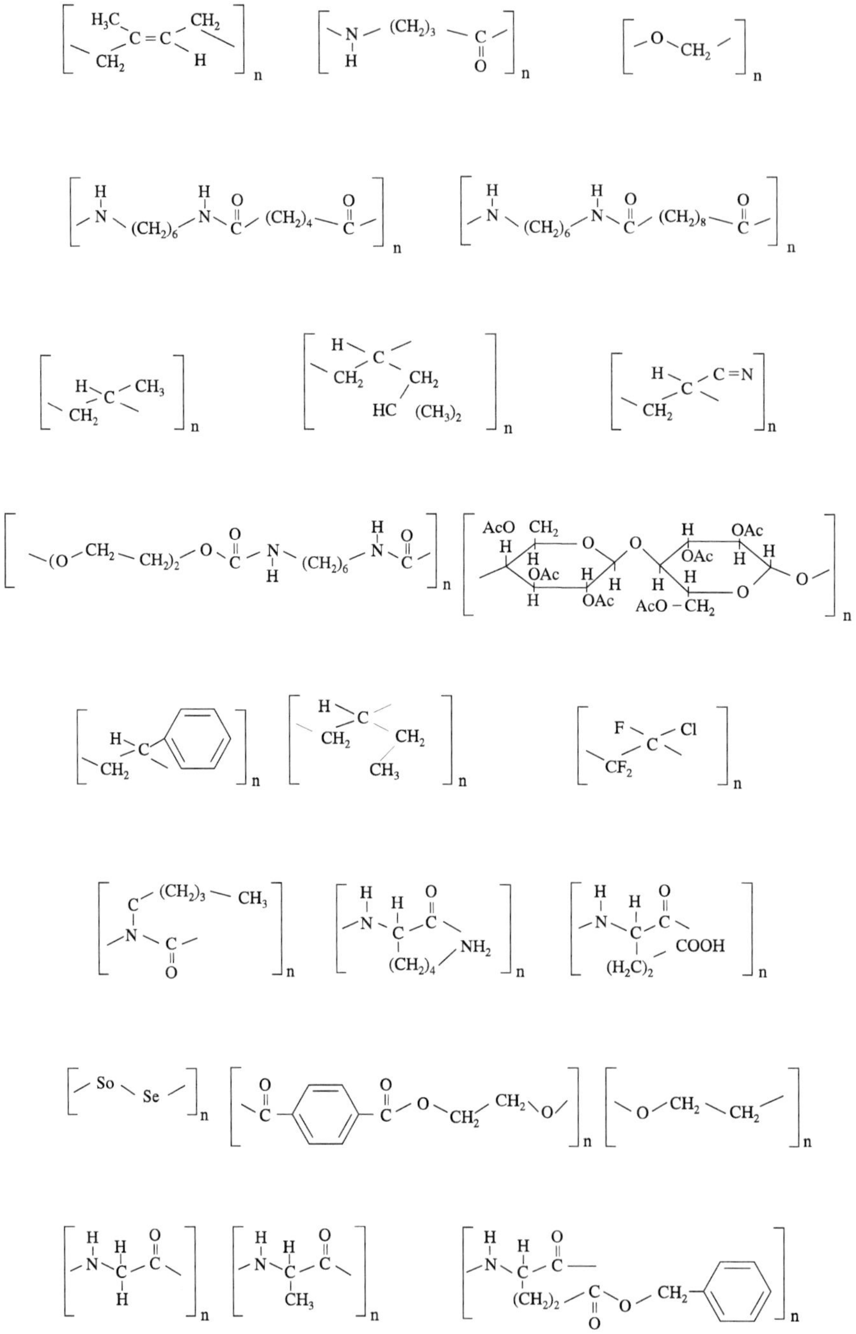

그림 6-10 • Chain folding에 의해 결정을 형성하는 고분자의 예

iii) 고분자 사슬은 너무 많은 에너지를 사용하지 않고도 사슬굽힘이 형성되도록 충분히 유연하여야 한다. 일반적으로 사슬 중에 -C-C-C-, -C-O-C-, -Si-O-Si- 그리고 -CO-NH-C-와 같은 회전 가능한 화학결합의 존재는 고분자사슬을 매우 유연하게 하며, phenyl기와 같은 aromatic ring의 존재는 사슬을 매우 단단하게(stiff) 한다.

위의 그림에서 사슬굽힘을 형성할 수 있는 경우와 없는 경우의 고분자 사슬의 대표적 예를 보였다.

한편, 용액 결정화된 polyethylene의 경우도 결정화도가 75-90% 정도에 지나지 않는 예에서 보듯 사슬굽힘의 형성 시 비 결정 부분이 함께 형성됨을 알 수 있는데, 그러한 비 결정 부분의 대부분은 fold 표면에 존재하는 것으로 알려져 있으며, 이의 이유로는 i) 결정내부로부터 사슬 끝부분의 결정외부로의 매달림(dangling cilia), ii) 라멜라 두께로 표현되는 평균 fold 길이에 대한 fold period의 fluctuation, iii) loose loops 그리고 iv) 인접하지 않은 곳으로의 fold 형성(non-adjacent reentry) 등과 같은 현상에 의한 fold 표면 형성 때문이며, 또한 fold 의 형성과정

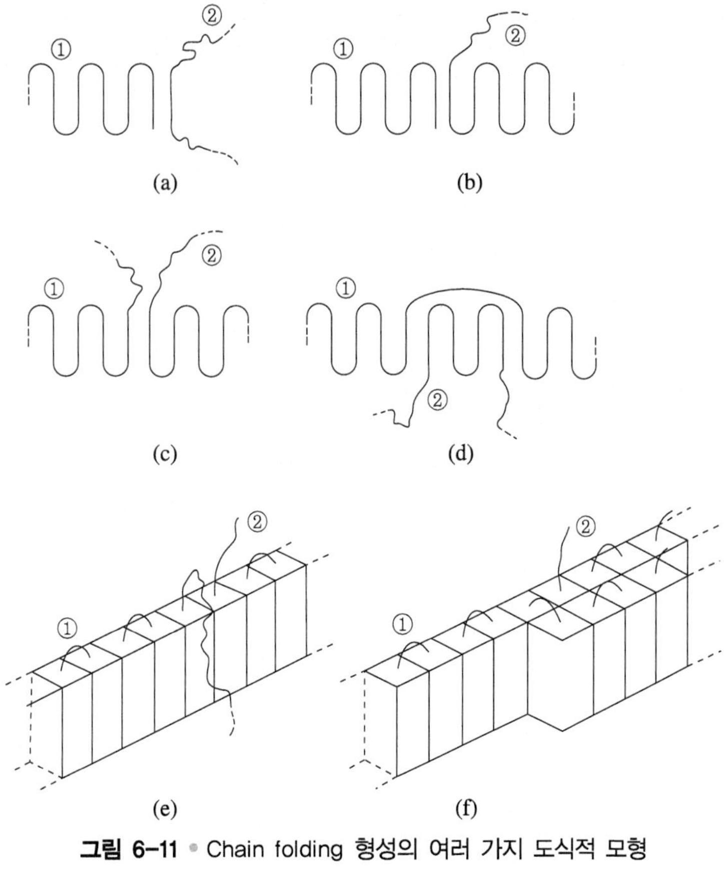

그림 6-11 · Chain folding 형성의 여러 가지 도식적 모형

과 밀접한 관계를 가지는 것으로 알려져 있다. 아래에 여러 형태의 불규칙한 fold 형성 과정들을 도식적 그림으로 나타냈다.

6.1.5 기타 모형의 결정 형태

6.1.5.1 판상형의 사슬굽힘 결정(Lath-shaped chain folded crystals)

α-monoclinic 결정형태로 결정화된 폴리프로필렌이나 β결정형태로 결정화된 barium poly-L-glutamate의 경우 사슬분자들이 아래 그림에서 보는 바와 같이 라멜라의 장축(long axis) 그리고 긴 옆면(lateral face)에 평행한 평면을 따라 사슬굽힘을 형성하여 소위 판상형의 사슬굽힘 라멜라를 형성한다.

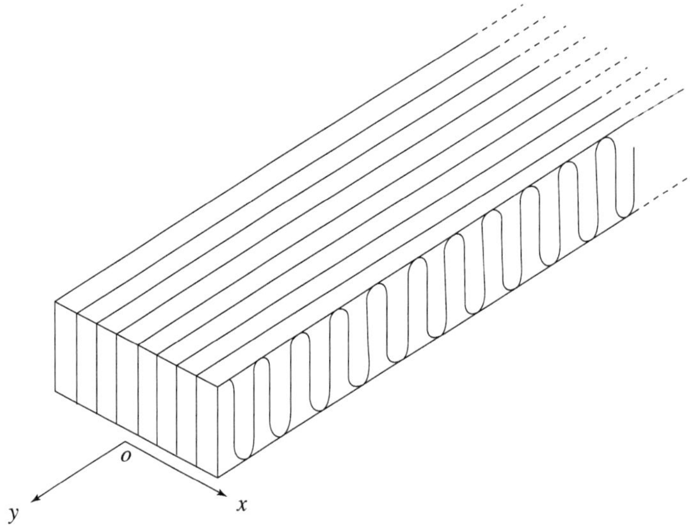

그림 6-12 ◦ 판상형 라멜라의 도식적 모형

6.1.5.2 굽은 모형의 결정형태 (Curved Crystals)

결정화 온도가 매우 낮은 상태 하에서 poly(4-methylpentene-1)이나 polyoxymethylene, 그리고 polychlorotrifluoroethylene과 같은 고분자의 경우는 아래 그림과 같이 소위 결정 속이 오목한 형태의 굽은 결정(curved crystal)을 형성한다.

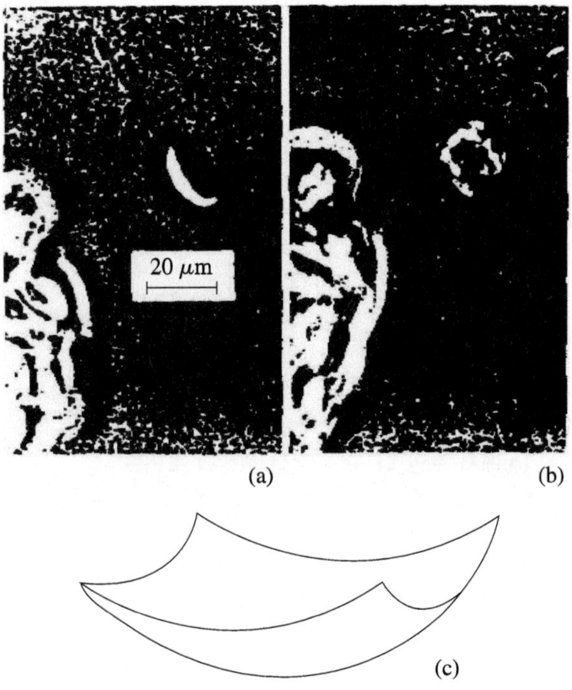

그림 6-13 • Curved crystal의 도식적 모형

한편, 위와 같은 굽은 형태의 라멜라가 형성되는 이유로는 supercooling의 정도가 큰 결정화 온도에 있어서는 여러 구획으로 나누어져 형성된 소위 다구획(multisectored) 라멜라의 주변에서 연속적으로 새로운 라멜라가 형성 성장해 나가는데, 이때 피라밋 형태의 라멜라의 구조적 특성상 아래 도식적 그림에서 보듯 사발 모양으로 결정이 약간씩 굽어져 형성되게 된다. 결정이 굽어져 나가는 각도는 네 개의 구획으로 나누어져 형성된 라멜라의 경우는 약 $\theta = 2°$ 그리고 여섯 개의 구획으로 나누어져 형성된 라멜라의 경우는 약 $\theta = 4.5°$ 정도로 그 기울기(inclination)가 계속하여 굽어져 결국은 속이 볼록 또는 오목한 굽은 결정이 형성되며, 많은 구획으로 나누어져 형성된 라멜라일수록 주변성장의 빈도수가 많아져 형성된 결정의 전체적인 굽힘의 정도는 심하게 된다.

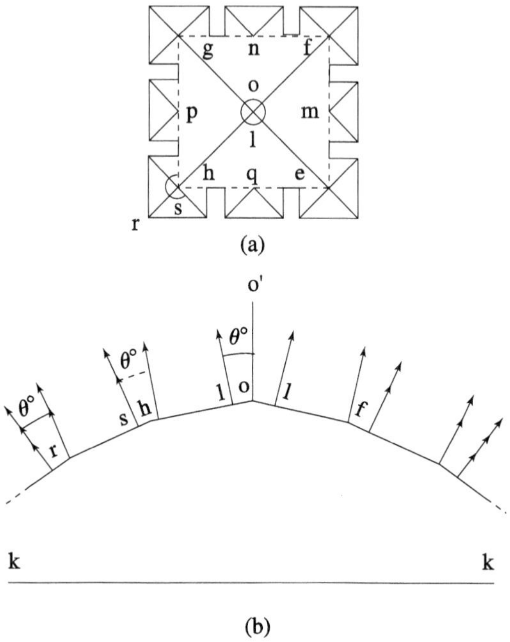

그림 6-14 ◦ (a) 네 구획 poly(4-methylpentane-1) 주위에서 성장해 나가는 결정의 평면도.
(b) 그림 (a)에서 보인 다 구획 결정 성장의 측면도

6.1.5.3 블록 공중합체의 결정형태

결정화가 가능한 고분자인 poly(ethylene oxide)와 무정형 고분자인 polystyrene의 두 고분자를 polystyrene의 무게비가 약 20-55% 사이에서 공중합체를 형성할 경우 아래 그림과 같이 결정국면(crystalline phase)과 비결정국면(amorphous phase)이 공존하는 결정이 형성되는데, 결정 부분은 poly(ethylene oxide)가 사슬굽힘 형태에 의한 결정을 형성하며 비결정 부분은 polystyrene 사슬이 무정형 형태로 결정부분을 중심으로 결정 양면에 존재함을 볼 수 있다.

한편, 이때 형성된 결정은 poly(ethylene oxide) 단일중합체(homopolymer)에 의한 결정과 그 구조가 같은 결정으로 따라서 공중합체에 있어서 화학적(chemical) 그리고 공간적 결함(steric imperfection)의 형태로 존재하는 polystyrene의 존재가 poly(ethylene oxide)의 결정형성을 전혀 방해하지 않음을 알 수 있다.

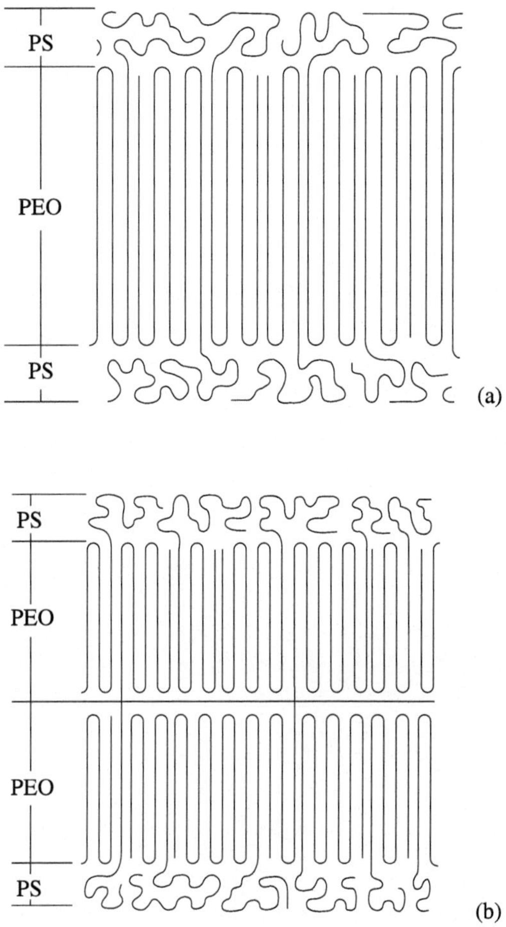

그림 6-15 ◦ PEO-PS block 공중합체에 의해 형성된 결정의 단면도

6.2 용융 결정화된 고분자 결정의 형태학

용융상태 하에서 결정화된 결정의 경우 용액상태 하에서 결정화된 결정이 비교적 단결정(single crystal) 형태의 단순결정을 이루는데 비하여 라멜라가 구형 대칭적으로 배열된 형태의 spherulite나 침상모형의 hedrite 또는 axialite 등과 같은 매우 복잡한 형태의 다층 결정을 형성하게 된다. 용융결정화(melt crystallization)의 일반적 실험방법을 요약하면 아래와 같다.

1) 적은 양의 고분자 분말 또는 고분자 칩을 현미경의 cover glass 사이에 두고 용융온도로 일정시간 온도를 올려 완전히 녹이거나 또는 여타 실험적 장치를 통해 고분자를 완전히 용융시킨다.
2) 용융된 고분자를 현미경의 hot stage 상에서 또는 결정화 온도로 유지된 항온조안에서

일정시간 결정화를 시킨다.

6.2.1 Spherulites

고분자를 용융 결정화 시킬 경우 일반적으로 나타나는 가장 보편적인 결정형태는 사슬이 굽혀진 단결정 라멜라가 아래 도식적 그림에서 보듯 중심부에서부터 뒤틀린 막대 모양으로 층층이 성장하여 원형형태로 뭉쳐진 다결정(polycrystalline)의 결정 형태를 이룬 소위 spherulite라 불리는 결정형태이다. 이때 spherulite를 구성하는 개개의 라멜라는 용액 결정 성장 하에서 형성된 라멜라의 모든 형태학적 특성, 즉, 사슬굽힘 이라든가 fold staggering, 구획화 그리고 불규칙한 fold 표면 형성 등과 같은 결정특성을 모두 그대로 유지한다.

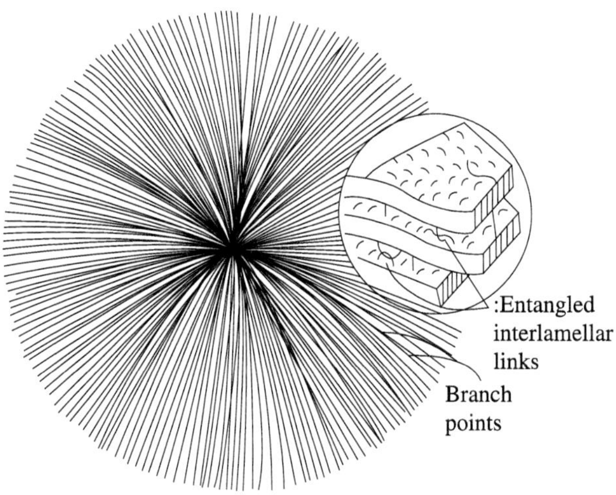

그림 6-16 • Chain folding 라멜라로 이루어진 고분자 spherulite

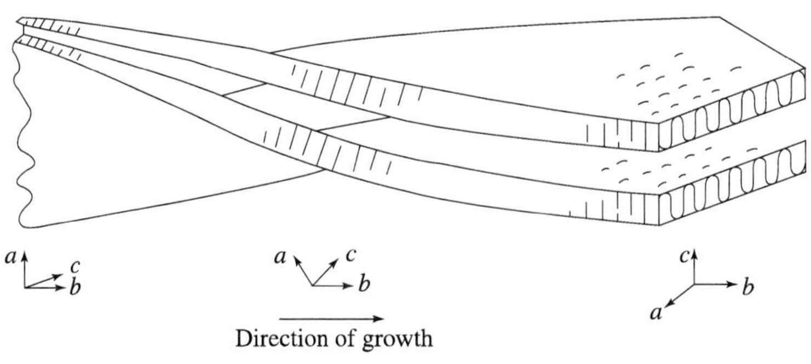

그림 6-17 • Polyethylene spherulite 내에서 라멜라 배열을 나타내는 도식적 모형

한편, spherulite 결정의 크기는 그 직경이 대개 100 μm 정도이며 일반적으로 supercooling 정도에 의존한다. 또한 spherulite 결정을 이루는 리본 형태의 개개 라멜라는 꼬인 형태로 층층히 쌓여 spherulite를 구성하고 있으며 아래 그림에서 보듯 개개 라멜라 내의 사슬축(chain axis)은 원형방향(radial)에 수직하게 배열되어 있으며 사슬의 배향(orientation)은 원에 접한 방향(tangential)을 따라 형성되어 결정을 이루고 있다.

6.2.1.1 Spherulite의 구성 및 형성 과정

용융 결정 성장 과정을 통해 형성되는 spherulite는 일종의 분자 분리 과정으로서 얼마만큼 균일한 분자량으로 그 물질이 구성되어 있느냐 하는 것이 spherulite 형성에 중요한 요인이 된다. 그 형성 과정을 살펴보면 다음과 같은 일반적인 네 단계의 과정을 거쳐 spherulite가 완성된다.

1) 결정핵의 형성(Primary order)

이 단계는 결정핵(nucleus)이 형성되는 단계로 불순물(dirt)이나 거대분자(very high M.W. molecules) 등이 중심이 되어 여러 개의 결정성장핵이 형성되어 모든 방향으로 균일하게 결정이 성장해 나가기 시작하는 단계이다.

2) 주축 라멜라 칼럼의 형성(Secondary order)

앞서 형성된 결정핵을 중심으로 개개 라멜라들이 각 방향으로 성장해 나가는 단계로 리본 형태의 라멜라가 꼬이면서(twisted ribbonlike lamellae) 반경 방향(radial)으로 성장해 나간다. 이때 라멜라 형성에 참여하는 분자 사슬들은 분자량이 매우 큰 사슬에서부터 중간 이상의 분자사슬(mid-high M.W. molecules)들이 주로 참여하게 된다. 한편 형성되는 라멜라 내의 분자 배향(molecular orientation)은 원의 접선 방향(tangential)이며 분자사슬(molecular chains), 즉 굽힘면(fold plane)은 원의 반경 방향(radial)에 수직(normal) 하거나 60°이상 기울어져 형성된다.

3) 부가적 라멜라 칼럼의 형성(Tertiary order)

뒤틀린 리본 형태의 라멜라 칼럼이 형성되면서 뒤틀린 부분을 중심으로 새로운 곁가지 라멜라 칼럼들이 성장하기 시작하는데 대개 중간 정도의 분자량 이상을 가진 분자 사슬(mid to high M.W. molecules)들이 이 단계의 라멜라 칼럼형성에 참여하게 된다. 한편, 이 단계에서 형성된 곁가지 라멜라는 앞서 형성된 주 라멜라 칼럼과 같은 분자배향(molecular orientation)을 지니며 성장해 나간다.

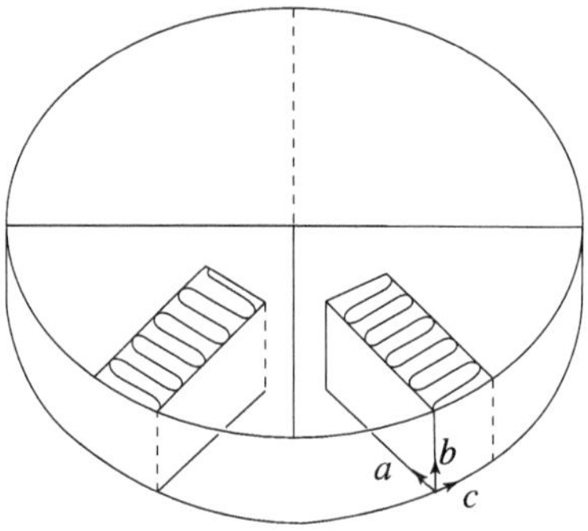

그림 6-18 • Spherulite내에서 고분자 사슬 배열을 나타내는 도식적 모형

4) 결정 공간 메움 단계(Quarternary order)

위 단계에서 형성된 라멜라 칼럼 중심으로 어느 정도 골격을 갖춘 spherulite의 빈 공간을 저분자나 왁스 또는 필라(low M.W. molecules, wax or filler) 등을 중심으로 메우게 된다.

이상에서 보듯 spherulite 형성과정은 다양한 분자량 분포(molecular weight distribution)를 가진 고분자의 일종의 분자 분리(molecular segregation) 과정으로 분자량 분포가 넓은 (polydisperse) 고분자일수록 spherulite 형성이 용이함을 알 수 있다.

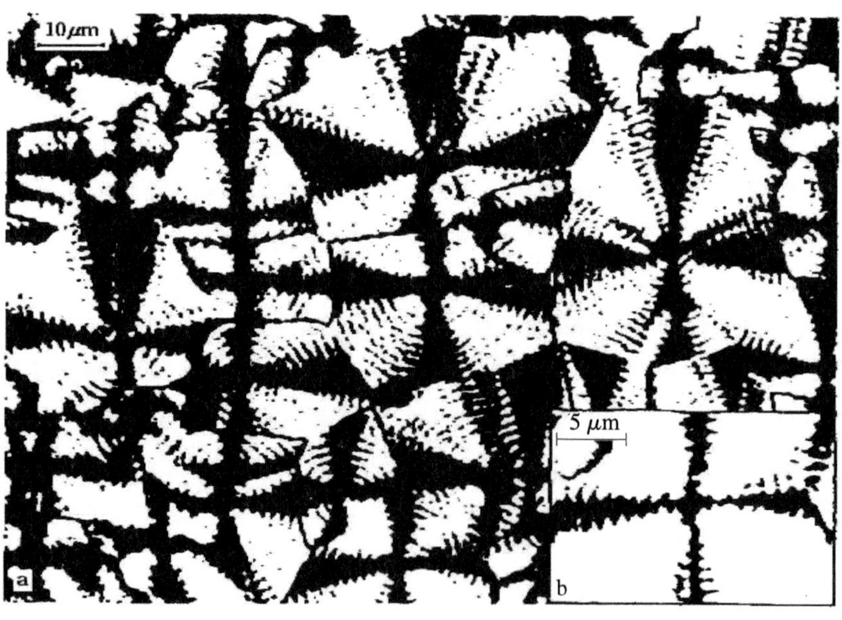

그림 6-19 • 현미경상의 cross polarizer 사이에서 관찰된 polyethylene spherulite 모형

6.2.1.2 Extinction Ring

편광 현미경 상에서 spherulite를 관찰할 경우 나타나는 특징의 하나는 아래 그림과 같은 소위 extinction ring의 존재로서, 이는 바로 spherulite 내의 라멜라 칼럼의 원 반경 방향을 향한 뒤틀림에 의한 현상으로서 일정 주기로 재현되는 분자 배향의 규칙성에 기인한다.

한편 링 간격(ring spacing) 즉 라멜라 칼럼 뒤틀림의 주기(period of twist)는 결정화 온도가 낮을수록 좁아지는데 이는 다음 그림에서 보듯 결정화 온도를 점차 낮추어 가며 형성되는 spherulite를 관찰할 경우 extinction ring의 간격이 점점 좁아짐을 알 수 있다.

그림 6-20 • 용융 상태로부터 연속적으로 냉각시키면서 결정화한 polyethylene spherulite 사진

6.2.2 Hedrites(Axialites)

용융 결정화에 있어서 결정화 온도가 일반적으로 spherulite가 광범위하게 형성되는 온도보다 높은 온도일 경우 또는 분자량 분포가 매우 좁은(monodisperse) 고분자일 경우에는 아래 그림에서 보듯 hedrite 또는 axialite라 불리는 나뭇단 형태(sheaflike)의 사슬굽힘 결정이 형성된다.

그림 6-21 ◦ (a) Hedrite의 측면도 (b) hedrite의 평면도

한편 Keith 등에 의해 제안된 아래 도식적 그림과 같이 결정형성에 있어서 spherulite 형성의 중간 과정의 형태로서 존재하는 hedrite 결정 형태의 가능성이 제시되기도 하는데 일반적으로 결정화 온도가 높아질수록 이 도식에 나타난 반경 R은 커지게 된다.

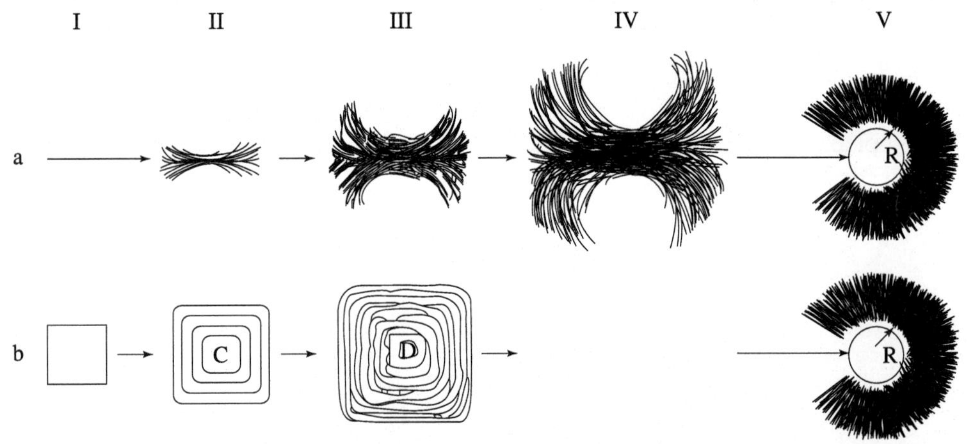

그림 6-22 • Keith에 의한 spherulite형성과정의 연속적 단계를 나타내는 도식적 모형. (a) 측면도 (b) 평면도

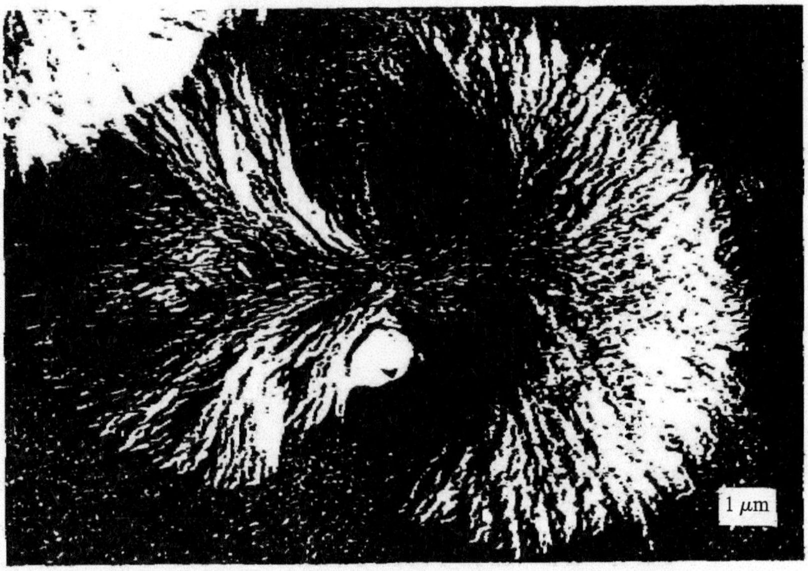

그림 6-23 • Nylon 6 spherulite의 초기형성 단계의 전자현미경 사진

6.2.3 Epitaxy

Epitaxy란 하나의 결정 물질 위에 배향성을 가진 또 다른 결정물질의 성장을 일컫는데 일반적으로 모체(substrate) 표면과 평행한 방향으로 배향된 사슬축(chain axis) 배열을 유지하게 된다. 고분자의 경우 epitaxy한 결정 성장은 다음과 같은 여러 모체 위에서 가능하다.

i) 같은 종류 또는 다른 종류의 배향된 고분자 표면

ii) Alkali halide 표면과 같은 비고분자(non-polymeric) 또는 무기물 결정의 표면
iii) 유리(glass), 석영(quartz) 그리고 금속(metal) 등의 표면

고분자 epitaxy 결정의 전형적인 예는 소위 아래 그림과 같은 shish-kebab 구조로서 이는 회전교반(stirred) 상태하의 용융 또는 용액 결정화 과정에서 형성된다.

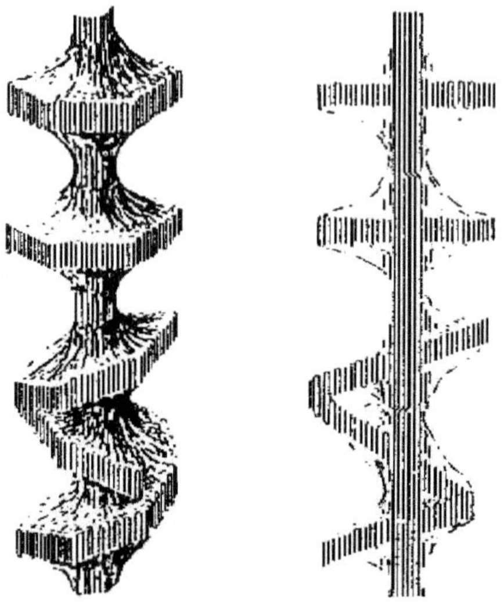

그림 6-24 고분자 용액의 회전 교반 결정화에 의해 형성된 'shish kebab'의 도식적 모형

위 그림에서 보듯 회전방향을 따라 사슬이 펼쳐진 형태(extended chain fibril)로 형성된 모체에 해당하는 결정형태를 shish라 부르며, 이 shish 위에 사슬의 방향이 shish의 펼쳐진 사슬의 방향을 따라 평행하게 epitaxy한 사슬굽힘 라멜라 결정(folded chain crystals)을 kebab이라 부른다.

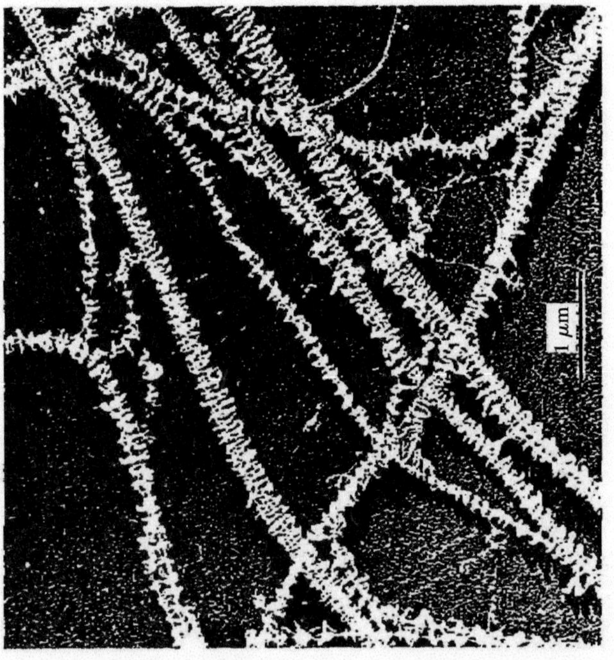

그림 6-25 • 'shish kebab'형태의 결정을 나타낸 polyethylene의 현미경 사진

연 습 문 제

1. 고분자가 용액결정화(Solution Crystallization)시 형성하는 결정형태에 대해 설명하라.

2. 고분자결정 성장시 단결정(Single Crystal)과 다결정(Multi Crystal)이 형성되는 결정화 조건의 차이점에 대해 설명하라.

3. Dendrite 결정형성에 대해 설명하라.

4. 고분자가 용융결정화(Melt Crystallization)시 형성하는 결정형태에 대해 설명하라.

5. Spherulite 형성과정에 대해 설명하라.

6. Spherulite와 Axialite의 차이점에 대해 설명하라.

7. 고분자의 열처리(Annealing)시 일어나는 내부 형태학적 변화에 대해 설명하라.

8. 고분자가 외부로부터 기계적 변형(Mechanical Deformation)을 받을 때 일어나는 내부 형태학적 변화에 대해 설명하라.

9. Shish-Kebab 형태의 고분자 결정형성 조건 및 과정에 대해 설명하라.

10. Chain Folding에 의해 형성되는 고분자결정의 형성과정을 열역학(thermo-dynamic) 및 속도론(kinetic)적 관점에서 설명하라.

7장 고분자의 물성

7.1 점탄성 거동

고분자는 점성과 탄성이 모두 존재하는 점탄성 거동을 보인다는 것이 큰 특징 중 하나이다. 따라서 외부에서 가해지는 힘, 온도, 전기장 등의 영향에 따라 다양한 거동을 보이기 때문에 고분자의 물성을 잘 이해하기 위해서는 고분자의 점탄성 거동에 대한 개념이 필수적이다.

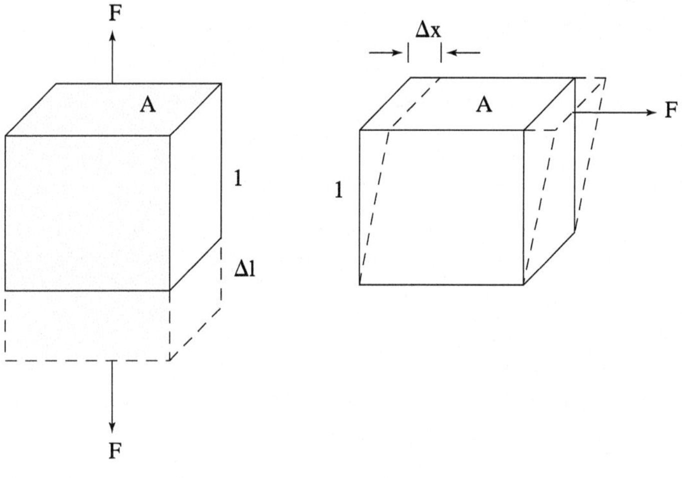

길이방향의 변형에 대해서는 '인장'(tensile)이란 용어를 쓴다. 인장 응력(stress) σ는 단위면적 당 가해지는 힘으로 정의된다.

$$\sigma = \frac{F}{A}$$

만일 범위가 넓어지고 표면이 평면이 아닐 때는 미분을 써서 개념을 확장할 수 있다. 여기서는 변형이 작은 규모로 일어나고 있는 것을 상상하고 정의를 받아들이면 충분하다. 이하에서도 동일하다.

인장 변형(strain) ϵ은 단위길이 당 늘어나는 정도로 정의된다.

$$\epsilon = \frac{\Delta l}{l}$$

또 σ와 ϵ의 비를 인장 모듈러스 E라 한다.

$$E = \frac{\sigma}{\epsilon}$$

이것은 대략 일정 단위의 변형을 시킬 때 들어가는 힘으로 볼 수 있으며 이것이 클수록 그 재료는 변형이 어려워진다. 따라서 모듈러스를 재료의 강한 정도(stiffness)의 척도로 생각할 수 있다.

재료는 인장 변형을 받는 경우도 많지만 전단(shear) 변형을 받는 경우도 많다. 전단 응력 σ은 인장의 경우와 동일하게 정의되며, 전단 변형 γ와 전단 모듈러스 G는 다음과 같이 주어진다.

$$\gamma = \frac{\Delta x}{l}$$

$$G = \frac{\sigma}{\gamma}$$

완전한 탄성체는 응력과 변형이 서로 비례한다.

$$\sigma = E\epsilon$$

반면에 완전한 점성체는 응력은 변형의 시간적인 변화량인 변형률(strain rate)에 비례한다.

$$\sigma = \eta \frac{d\epsilon}{dt}$$

그 비례상수가 점도(viscosity)이며, 이것은 변형에 저항하는 척도이다. 이 식은 큰 면적의 물체를 물에 천천히 넣으면 힘을 받지 않지만 갑자기 던져 넣으면 큰 힘을 받는 사실과 합치한다. 점성체 안에 있는 분자들은 상대적으로 자유롭게 움직일 수 있기 때문에 재배치할 시간적인 여유가 있으면 힘 혹은 저항이 걸리지 않기 때문이다.

탄성과 점성이 공존하는 점탄성체인 고분자는 일반적으로 다음 그림에서 보인 바와 같은 E vs. 온도의 거동을 보인다. 낮은 온도에서는 유리와 같은 딱딱한 물성을 보이며 어느 온도 이상에서는 고무와 같이 말랑말랑한 물성을 보인다. 그리고 온도가 더 이상 올라가면 선형 고분자인 경우 점성 액체가 되며 가교 고분자인 경우 흐름이 불가능하여 그대로 유지된다. 물론 온도가 높아짐에 따라 수반될 수 있는 분해는 없다고 가정한 거동이다. 여기서 가로축(온도)은 대략 시간 t의 로그 수치 log(t)로 생각해도 유사한 거동이 나타난다.

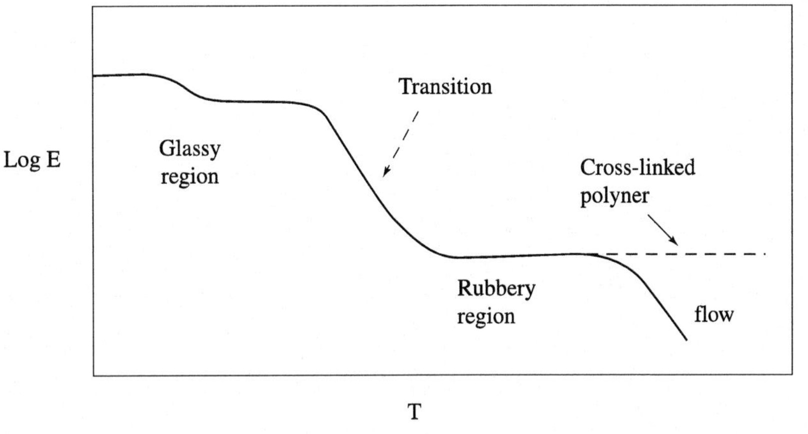

한편 변형이 주기적으로 주어지는 경우도 있다. 이것은 재료가 실제적으로 그런 상황에 놓이는 때도 있지만 재료의 특성을 해석하기 위한 목적으로 가하는 경우도 있다. 탄성은 외부의 변형에 순간적으로 반응하지만 점성은 앞에 보인 미분식이 지배하는 방식을 통해 반응하기 때문에 이런 주기적인 변형에 대한 재료의 반응을 고찰하는 것은 재료의 점탄성을 이해하는 좋은 도구를 제공한다. 이런 실험을 동적역학실험(dynamic mechanical test)이라 한다.

변형이 주기적으로 가해지는 경우

$$\epsilon = \epsilon_o \sin\omega t$$

로 놓을 수 있다. 탄성체의 경우 응력은 $\sin\omega t$에 비례한다.

$$\sigma = \sigma_o \sin\omega t$$

점성체라면

$$\sigma = \eta \frac{d\epsilon}{dt} = \eta\omega \cos\omega t$$

가 되어 90° 뒤에 반응이 나타난다. 점탄성체의 경우는 그 중간의 위치에서 다음과 같이 표현할 수 있다.

$$\sigma = \sigma_o \sin(\omega t + \delta)$$

여기서 δ를 위상각(phase angle) 혹은 위상지연(phase lag)이라 부른다. 여기서 변형과 응력이 미세하게 일어나는 조건임을 상기해야 이렇게 주어진 위상각 뒤에 반응이 일정하게 나타나는 거동을 이해할 수 있다.

이 식은 풀면 다음과 같이 변한다.

$$\sigma = \sigma_o \cos\delta \sin \omega t + \sigma_o \sin\delta \cos \omega t$$

곧 첫째 항은 탄성에 해당됨을 주목하면, 둘째 항은 점성에 의한 것임을 짐작할 수 있다. 이 식은 주로 다음과 같이 표현된다.

$$\sigma = \sigma_o E' \sin\omega t + \sigma_o E'' \cos\omega t$$

여기서 $E' = (\sigma_o/\epsilon_o) \cos \delta$이고 $E'' = (\sigma_o/\epsilon_o) \sin\delta$이다. E'은 저장 모듈러스(storage modulus)라 불리며, E"는 손실 모듈러스(loss modulus)라 불린다. δ는 간단히 $\tan \delta = E''/E'$으로 주어진다.

고분자에 점차 온도를 높이는 경우를 생각하면, 유리전이온도 T_g를 지날 때 탄성은 급격히 떨어지고 점성은 급격히 늘어난다. 따라서 $\tan\delta$가 급격히 커진다. 그 전후에서는 E"과 E'의 비가 각각 일정한 비율로 되기 때문에 $\tan\delta$가 피크로 나타난다. 이렇게 특히 탄성과 점성이 상대적으로 변할 때 $\tan\delta$는 각각 피크로 나타나며, 이런 일은 분자 내에 T_g를 포함한 각종 전이현상이 일어날 때 흔히 일어난다.

7.2 유리전이

유리전이 현상은 고분자의 특성 가운데 빼놓을 수 없는 대표적인 것이다. 완전한 결정이라면 유리전이 현상을 거치지 않고 바로 용융을 하기 때문에 유리전이 현상이 나타나지 않는다. 그러나 거의 모든 고분자는 준결정성 고분자(semicrystalline polymer)이거나 무정형이기 때문에 유리전이 현상을 다소간에 보인다.

유리전이 온도는 고분자의 구조에 따라 변한다. 우선 분자량이 증가할수록 T_g는 커지다가 일정한 분자량 이상이 되면 거의 변하지 않는다. 이것을 간단히 다음 수식으로 표현할 수 있다.

$$T_g = T_g^{\infty} - c/M_w$$

여기서 T_g^{∞}는 분자량이 충분히 클 때의 T_g이며, c는 적당한 비례상수이다. 사슬의 유연성(flexibility)은 T_g에 큰 영향을 미친다. 예를 들어 골격에 phenyl 고리가 para 구조로 들어갈수록 사슬의 유연성이 감소되어 T_g는 상승한다. 비닐 고분자의 경우

$$
\begin{array}{c} -CH_2-CH- \\ \quad\ | \\ \quad\ X \end{array}
$$

치환기의 덩치가 커질수록 사슬의 회전을 어렵게 만들어 T_g가 상승하는 경향을 보인다. 예를 들어 X=H인 polyethylene의 경우 T_g가 188 K 정도 되는데 벤젠 고리인 polystyrene은 약 373 K이다. 그리고 치환기의 극성도 T_g에 관여한다. 극성이 클수록 이웃하는 분자들과의 상호작용이 커져서 사슬의 유연성을 증가시키는 효과가 있고 T_g가 상승하게 된다. 예를 들어 X=CH_3인 polypropylene의 경우 T_g가 약 253 K인 반면 X=Cl인 PVC의 경우는 약 354 K로 높아진다. 여기서 CH_3의 크기가 Cl보다 큼에도 이런 경향을 보임을 주목하라.

이상의 요인들 외에도 랜덤 공중합체의 경우 그 조성에 따라 T_g가 변하는 것은 쉽게 짐작할 수 있다. 블록공중합체의 경우는 대개 각각의 성분이 독립적으로 T_g를 보여 두 개의 T_g가 나타난다. 가교의 경우는 가교밀도가 높아질수록 T_g가 상승하며 가교밀도가 어느 정도 이상 되면 T_g가 넓은 범위에서 나타나며 더 이상 커지면 아예 T_g가 사라지기도 한다.

Tg의 측정방법은 아주 다양하다. T_g 점에서 비체적, 모듈러스, 열용량, 굴절률, 분자운동 등이 달라지는데 이런 현상을 관측할 수 있는 방법이라면 T_g의 측정에 이용할 수 있다.

몇 가지 예를 들면, 우선 팽창계법(dilatometry)은 온도의 함수로 비체적을 측정한다. 비체적 vs. 온도의 기울기가 T_g 이하에서는 작고 이상에서는 크기 때문에 그 그래프가 T_g에서 꺽인다. 대표적으로 사용하는 방법은 DSC 법이다. 이것은 다른 곳에서 다루었기 때문에 여기서는 생략한다. 그리고 이 장의 앞에서 다룬 동적역학 방법을 이용해서 T_g 주위에서 점탄성의 거동이 달라지는 사실을 바탕으로 T_g를 측정할 수도 있다. 기타 유전완화(dielectric relaxation)와 분광학적 방법들도 T_g 측정에 이용될 수 있다.

7.3 WLF 식

우리가 흔히 가질 수 있는 문제는 고분자의 물성이 시간이 흐르면 어떻게 변할 것인가 하는 문제이다. 물론 오랜 시간에 걸쳐 고분자의 물성을 측정하면 되겠지만 실용적이 아니다. 이것을 해결한 개념이 바로 시간-온도 중첩(time-temperature superposition) 원리이다.

이 원리에서는 간단히 낮은 온도에서 긴 시간에 걸쳐 일어나는 물성 변화는 높은 온도에서 짧은 시간에 걸쳐 일어나는 변화와 근본적으로 동일하다고 본다. 물론 여기서도 시간이나 온도에 따른 고분자의 분해는 고려하지 않는다. 실제 고분자의 물성 변화라는 것은 분자의 움직임이 수반되는 현상이기 때문에 낮은 온도에서 긴 시간 동안 움직이는 것이나 높은 온도에서 짧은 시간 동안 움직이는 것의 정도는 같다고 보면 이런 개념이 타당함을 이해할 수 있다.

아래 그림의 왼쪽에서와 같이 여러 온도에서 제한된 짧은 시간 동안 물성실험을 행하여 log E(t) vs. log t 데이터를 얻었다고 하자. 아래쪽 데이터로 갈수록 모듈러스가 낮아지는 것이기 때문에 온도가 높은 경우이며 곧 낮은 온도-긴 시간의 데이터에 해당한다. 이 데이터들을 서로 상대적으로 이동하면서 적절히 높이를 맞추어주면 마스터 커브(master curve)가 얻어진다. 이것이 바로 원하는 긴 시간에 걸쳐 일어나는 물성 변화를 보여주는 데이터가 된다.

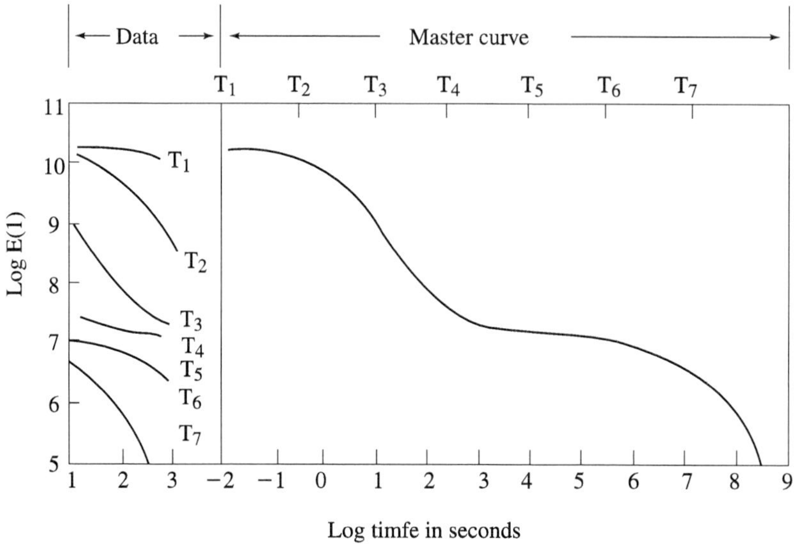

이때 수식으로 표현하면

$$E(T_1,\ t)\ -\ E(T_2,\ t/a_T)$$

으로 나타낼 수 있다. 여기서 a_T는 이동인자(shift factor)라 부른다. WLF 식은 Willams, Landel, 그리고 Ferry가 제안한 식으로서 곧 이 이동인자에 관한 식이다.

$$\log\ a_T\ =\ \frac{-C_1(T-T_g)}{C_2+T-T_g}$$

여기서 C_1과 C_2는 고분자에 따라서 조정되는 상수이다. 예를 들어 polystyrene의 경우 C_1 = 14.5, C_2 = 50.4이며 T_g = 373K이다. 천연고무의 경우 C_1 = 16.7, C_2 = 53.6, T_g = 200K이다. 일반적으로 C_1과 C_2의 대푯값(universial constants)은 C_1 = 17.4, C_2 = 51.6로 주어진다. 이 식은 대개 무정형 고분자에 적용이 되며 제한된 시간과 온도 범위에서만 잘 맞으며 결정성 고분자의 경우에는 적용할 수 없다. 그러나 시간과 온도의 관계를 명확히 이해할 수 있게 해주는 유용한 식이다.

7.4 고무탄성

고무재료는 고분자의 큰 분류인 플라스틱, 섬유, 고무 중 하나의 위치를 차지하는 중요한 재료이며, 고무의 탄성이 요구되는 분야는 다양하다. 고무는 큰 변형을 일으킬 수 있고 변형이 제거되면 원래의 상태로 돌아가는 고분자로 정의할 수 있다. 전형적인 금속들은 연신이 2% 남짓한 것에 비해 고무는 500%에서 1000% 정도까지도 연신이 가능하다. 탄성 모듈러스도 통상 금속의 10만배 정도 낮다.

고무탄성을 보이기 위해 분자가 갖추어야 될 조건은 다음과 같다.

1) 재료가 고분자 사슬로 이루어져야 한다.
2) 사슬들이 네트워크 구조로 서로 연결되어야 한다.
3) 사슬들은 높은 정도의 유연성을 지녀야 한다.

유연성은 골격 결합 주위의 회전이 용이할 것을 요구한다. 또한 재료가 쉽게 결정을 형성하면 탄성발현이 어렵다.

유연한 사슬은 랜덤 사슬 모양을 선호하며 양쪽에서 잡아당겨지면 엔트로피가 감소해서 원래 모양으로 돌아가려는 경향이 커진다. 이것은 용수철을 당겼을 경우와 마찬가지이며 따라서 유연한 사슬을 "엔트로피 용수철(entropic spring)"이라 부르기도 한다. 용수철과 같은 거동이지만 회복을 향한 추진력(driving force)은 엔트로피적이다.

네트워크의 변형에 따른 엔트로피 변화는 다음과 같이 구할 수 있다. 네트워크 사슬의 분포는 Gaussian 분포에 따른다고 보면

$$P(x, y, z) = c \exp\{-b^2 (x^2 + y^2 + z^2)\}$$

의 형태가 된다. 이것을 볼츠만 관계식 $S = k \ln \Omega$ (Ω = 배열의 수)와 연결을 지으면 변형 전의 엔트로피는

$$S(\text{before}) = c' - k\,b^2 (x^2 + y^2 + z^2)$$

의 형태가 얻어진다. 이것이 변형을 통해 $x \rightarrow x' = \lambda_1 x$, $y \rightarrow y' = \lambda_2 y$, $z \rightarrow z' = \lambda_3 z$으로 변했다고 하면, 변형 후의 엔트로피는

$$S(\text{after}) = c' - k\,b^2 (x'^2 + y'^2 + z'^2)$$

$$= c' - k\ b^2\ (\lambda_1^2\ x^2 + \lambda_2^2\ y^2 + \lambda_3^2\ z^2)$$

이 된다. 따라서 변형에 따른 엔트로피의 변화는

$$\triangle S = -\ k\ b^2\ \{(\lambda_1^2 - 1)\ x^2 + (\lambda_2^2 - 1)\ y^2 + (\lambda_3^2 - 1)\ z^2\}$$

이 된다. 사슬은 x 방향, y 방향, z 방향 모두 같은 거동을 보일 것이기 때문에 이 사실을 고려하여 네트워크 전체의 변형에 따른 엔트로피 변화를 고찰하면

$$\triangle S \propto -\ (\lambda_1^2 + \lambda_2^2 + \lambda_3^2 - 3)$$

의 형태를 얻는다. Helmholtz 에너지는

$$\triangle A = \triangle U - T\ \triangle S$$

인데 $\triangle U$는 무시할 수 있다. 따라서 다음과 같은 식을 얻는다.

$$\triangle A \propto T\ (\lambda_1^2 + \lambda_2^2 + \lambda_3^2 - 3)$$

고무가 한쪽 방향으로 인장을 받을 때, 고무의 체적의 변화가 없다고 가정하고, 인장 방향을 1 방향, 그리고 수직인 방향을 2, 3 방향이라 하자. 그러면 다음과 같은 식이 성립한다.

$$\lambda_1\ \lambda_2\ \lambda_3 = 1$$

이때 λ_1을 $\lambda = L/L_o$라 하면, 등방성 재료인 경우 $\lambda_2 = \lambda_3$이기 때문에

$$\lambda_2 = \lambda_3 = 1/\sqrt{\lambda}$$

가 된다. 이 결과를 $\triangle A$에 관한 식에 대입한 후, 다음 관계식을 이용하여 힘과 변형에 관한 식을 얻는다.

$$f = \left(\frac{\partial \Delta A}{\partial L}\right)_{T,V}$$

$$\propto (\lambda - 1/\lambda^2)$$

f와 응력 σ는 A_o를 1 방향에 수직인 초기 단면적이라 하면

$$f = \sigma\ (A_o / \lambda)$$

이므로 결국 σ와 λ(연신률)의 관계는 다음과 같이 얻어진다.

$$\sigma \propto (\lambda^2 - 1/\lambda)$$

이론과 전형적인 실제 경우를 비교하면 다음 그림과 같다.

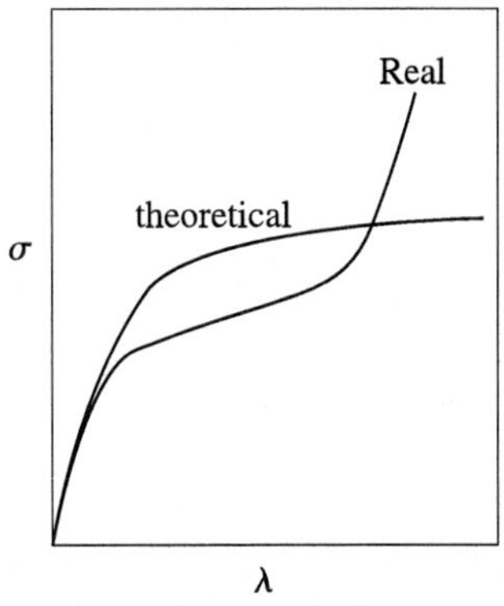

고연신 영역에서 차이를 특히 보이는데 대개 위 이론이 Gaussian 분포를 가정하고 고연신에서 사슬들이 배향하여 결정을 이루는 경향을 고려하지 않은 결과이다.

한편 고무탄성을 현상학적으로 다룰 수 있다. 앞의 고분자 사슬들을 직접 고려한 모델은

$$A = -TS = \frac{1}{2} G_o (\lambda_1^2 + \lambda_2^2 + \lambda_3^2 - 3)$$

의 형태에 기반을 두고 있는데 이것은 실험 데이터를 정확히 맞출 수 없다는 단점이 있다. 따라서 실험적인 식을 도입하여 맞추는 것이 현상학적 접근법이다. 연신에 따른 체적의 변화가 없다는 비압축성(incompressibility)을 가정하면 가장 단순한 형태 중 하나의 식이 다음 식이다.

$$\sigma = 2 (C_1 + C_2 / \lambda) (\lambda - 1 / \lambda^2)$$

이 식은 Mooney-Rivlin 식이라 불린다. 고무 연신 실험 데이터를 변형시켜 $\sigma/(\lambda - 1/\lambda^2)$ vs. $1/\lambda$ 의 관계를 그리면 직선식이 나오며 그 절편이 $2C_1$, 기울기가 $2C_2$가 된다. 이 식은 여러 고무 재료들의 거동을 실험적으로 잘 맞출 수 있다.

고무의 분자구조 변수는 가교밀도, 네크워크 불완전성, 사슬엉킴(entanglement) 등이다. 가교밀도가 높을수록 모듈러스는 증가한다. 그리고 가교구조 가운데는 고리를 이루거나 다른 사슬과 연결되지 않고 남아 있는 사슬 등의 여러 불완전 구조들이 존재한다. 가교점이 존재하여도 네트워크 사슬이 다음 사슬에 연결되어야만 실제 탄성에 기여할 수 있음은 당연한 이야기이다. 사슬엉킴은 준가교점(quasi crosslink)로서 모듈러스에 기여를 하며 그 정도는 무시할 수 없는 상당한 정도이다.

연 습 문 제

1. 시간 $t = 0$에서 완전 탄성체와 완전 점성체에 각각 σ_0의 순간 응력이 가해졌다. 이후 t에 따라 ϵ가 어떻게 변하는지를 밝혀라.

2. tan δ의 의미를 기술하고 고분자의 전이현상들과의 관계를 설명하라.

3. Universal constants를 사용하여 T_g = 300K인 고분자와 400K인 고분자가 500K에 놓였을 때 각각의 이동인자 a_T를 구하고 두 경우를 비교하여 그 의미를 설명하라.

4. 일정한 무게의 추에 의해 일정한 길이로 연신된 고무줄은 온도를 높이면 그 길이가 줄어든다. 이 현상을 설명하라.

5. $C_2/C_1 = 2$일 때 Mooney-Rivlin 식에 따른 σ vs. λ의 거동을 스케치하고 고분자 사슬을 고려한 모델과 비교하라.

8장 고분자의 특성 해석과 시험

고분자를 분자수준에서 디자인하고 개발하는 연구·개발 과정과 상업적으로 고분자를 원료로부터 중합하여 가공하여 판매에 이르는 생산·산업 과정 모두에서 필수불가결하게 관여되는 작업이 바로 분석과 시험이다.

분석(analysis)이란 말은 좁게는 시료가 어떤 화합물 또는 시료인지 알아내는 확인(identification)을 의미한다. 그리고 보다 넓게는 구조에 따라 물성이 어떻게 변화하는지의 관계, 즉 구조-물성관계(structure-property relationship)를 밝히는 작업을 의미한다. 후자의 경우 특성해석(characterization)이라는 용어를 사용하기도 한다.

표 8-1 • 고분자의 구조 변수

구조 변수	세부 항목
화학적 성분	
분자량 및 분자량 분포	
화학적 결합	말단기 피이드(feed) 중의 불순물 단량체 이성질화 부반응
주쇄결합	위치이성질체 입체특이성 분지 가교 고리 이성질체
주쇄 입체상태	규칙적인 주쇄 유연한 무정형 주쇄
형태학적 효과	결정상 계면 영역 고분자 사슬얽힘

고분자의 분석은 저분자량 화합물의 분석보다 훨씬 복잡하다. 이를 이해하기 분석의 대상이 되는 고분자의 구조에 대해서 살펴보기로 한다. 우선 고분자 재료라는 것은 대부분 다성분계 시스템으로 구성되어 있다고 보아야 한다. 고분자 블렌드, 복합재료 뿐만 아니라 일반적인 고분자 산업 재료에서는 고분자 매트릭스 이외에 가소제 충전재, 보강재 등의 첨가제가 함유되어 있다. 이중 고분자만을 주목해서 보더라도 구조가 아주 다양하게 나타날 수 있다. 고분자의 대표적 구조 변수를 표 8-1에 열거하였다.

그리고 분석과 시험의 대상이 되는 고분자의 물성은 화학적 성질, 물리적 성질, 전기적 성질, 역학적 성질, 광학적 성질, 등등 아주 다양한 종류로 구성되어 있다. 대표적인 고분자의 물성을 표 8-2에 예시하였다.

이 표에 나온 물성들 이외에서 이외에도 고분자가 특별한 용도에 사용되는 경우에는 그에 따르는 요구 물성이 또 존재하게 된다. 예를 들면 의료용 고분자의 혈액적합성, 생체적합성, 분해성 고분자의 광분해성과 생분해성(biodegradability), 필름 재료의 산소와 이산화탄소 등에 대한 기체투과성과 표면젖음성, 비선형광학 고분자의 비선형 광학성, 액정고분자 등의 배향성, 내열 고분자의 내열성, 그리고 투명성, 이온교환능, 광전성, 저온 내충격성, 고온 유동성, 용해성, 등등 그 물성의 종류는 아주 많다. 고분자가 실용적인 재료로서 사용되려면 특정한 조건들을 만족해야 한다.

표 8-2 ◦ 고분자의 대표적인 물성들

외관		
경도		
밀도		
기계적 성질	인장강도	압축강도
	굴곡강도	전단강도
	내충격성	강성(rigidity)
	크리프와 cold flow	피로 특성
	내구성	칫수안정성
열적성질	열팽창계수	
	열전도율	
	비열	
	열변형온도	
	내열성	
	난연성	
전기적성질	비저항	
	유전성	
	Power factor	
	내아크성	
내화학성	산, 염기, 용매, 기름, 유지 등에 대한 저항	

고분자는 그 응용에 있어 실로 다양하게 사용되며 각각의 경우 나름대로 요구되는 조건들이 있기 마련이다. 이 때 종종 재료에 대한 사양(specification)이란 용어를 쓰는데 그것은 한 가지 재료가 갖는 성질들의 범위를 종합한 것을 의미하기도 하고 경우에 따라선 어떠한 재료가 갖도록 요구되는 성질들의 범위를 종합한 것을 의미하기도 한다. 같은 종류 또는 계열의 고분자라 할지라도 분자량과 조성 등의 근본적인 구조와 첨가제들의 종류와 양, 블렌딩의 여부 등의 외부적인 구조 변수에 따라 각기 다른 성능을 발휘하는 제품군으로 나누어진다. 이들의 개발에 있어서 뿐만 아니라 생산에서의 품질검사에 이르기까지 분석 및 시험은 중요한 역할을 한다. 이런 사실들은 다양한 분석 및 시험이 요구된다는 것을 암시한다.

고분자 분석은 방법에 따라 대략 다음과 같이 나누어 볼 수 있다.

i) 원소분석, 전기화학적 방법, polarography 등을 이용한 방법

ii) 적외선, 라만(Raman), 자외-가시선(UV/Visible), 핵자기공명, 전자스핀공명, 질량분석 등의 분광학적 방법

iii) 광, X-선, 중성자, 전자 등을 사용하는 회절·산란법

iv) 광학현미경, 전자현미경 등을 이용하는 현미경법

v) 시차주사열량계(Differential Scanning Calorimetry; DSC), 열중량법(Thermogravimetric Analysis), 열분해법(Pyrolysis) 등을 이용하는 열적 방법

vi) 크로마토그래피를 중심으로 하는 분리법

vii) Rheometry, 점도법 등을 사용하는 유변학적 방법,

viii) 기타.

한편 시험은 분석과 개념적으로 유사하지만 일정한 규격과 규칙을 요구한다는 점에서 특징이 있다. 이를 위해서 많은 국제표준기구들이 설립되어 있을 뿐만 아니라, 각 나라에서도 표준기구들이 설립되어 있다. 그 중 고분자뿐만 아니라 다른 분야들을 총망라해서 가장 중요한 기구가 ISO(International Standards Organization)이다. 각 나라의 표준기구 중 고분자와 관련 있는 표준기구는 미국은 ASTM(American Society for Testing and Materials), 일본은 JIS(Japanese Industrial Standard), 그리고 한국은 KS(Korea Standard)이다. 이들 기구들은 고분자에 대해 관련 용어 뿐만 아니라 물리적·화학적 성질, 연소성, 화학적·환경적 저항성 등의 성질들과 열가소성 재료, 열경화성 재료, 복합재료 등의 재료에 대한 표준 사항들과 시험 규격을 정의한다.

원료 고분자의 분자량을 측정하는 것으로부터 시작하여 최종 성형된 고분자의 기계적 측정에 걸쳐 분석과 시험은 고분자를 이해하는 기본 틀이라고 볼 수 있다. 따라서 많은 분석 방법들은 고분자 물성을 기술할 때 자연스럽게 다루게 된다. 여기서는 대표적인 기계적인 물성 측정 방법, 전기적 성질 측정 방법, 그리고 분광학적인 분석 방법들을 중심으로 살펴보기로 한다.

8.1 기계적 성질의 측정

8.1.1 고분자의 응력-변형률 관계

응력(stress)은 단위 면적 당 가해진 힘으로 정의되며 변형률(strain)은 단위 길이 당 변형된 길이로 정의된다. 고분자의 재질에 따라 여러 가지 응력-변형률 거동을 보인다. 일정한 속도로 변형을 시키면서 응력을 측정하면 응력-변형률 곡선이 얻어지는데 고분자는 전형적으로 그림 8-1에 보인 거동들을 보인다. 그림에서 빗금 친 영역은 전체 변형에 들어가는 에너지를 나타내며 이것은 강인성(toughness)이라는 용어로 표현된다. 곡선에서 초기에는 직선 관계를 보이는 것이 일반적인데 직선 영역에서는 가한 변형을 없애면 원래상태로 대부분 돌아간다. 응력을 변형률로 나눈 값을 탄성률(modulus)라고 부르며 이는 stiffness라고 불리기도 한다.

변형에 대한 고분자의 거동은 시간과 온도에 따라 달라진다. 대개 긴 시간은 높은 온도와 상응한다. 자세히 설명하면 예를 들어 주어진 온도에서 긴 시간 동안 변형을 가한 결과는 보다 높은 온도에서 짧은 시간 동안 변형을 가해서 얻어낼 수 있다. 이 사실은 장시간에 걸친 고분자 물성의 변화를 분석하고 해석해야 할 경우에 아주 유용하게 이용된다.

열가소성 고분자를 낮은 온도 상태에서부터 온도를 올리면서 관찰하면 처음엔 딱딱한 상태로 있다가 어느 온도에서 물러지기 시작하고 온도가 더 올라가면 녹아 흐르는 것이 보통이다. 물러진다는 것을 유리전이라고 부르며 녹아 흐르는 현상은 결정성 고분자인 경우에는 용융

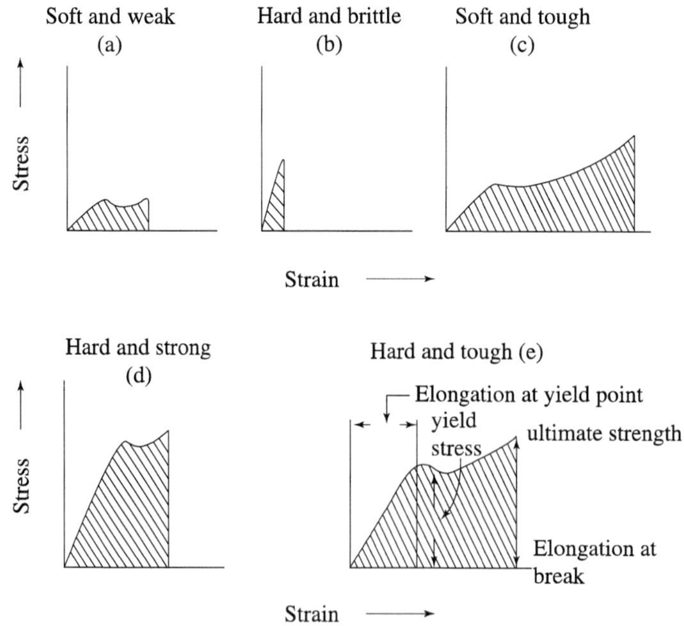

그림 8-1 • 전형적인 고분자의 응력-변형률 곡선들

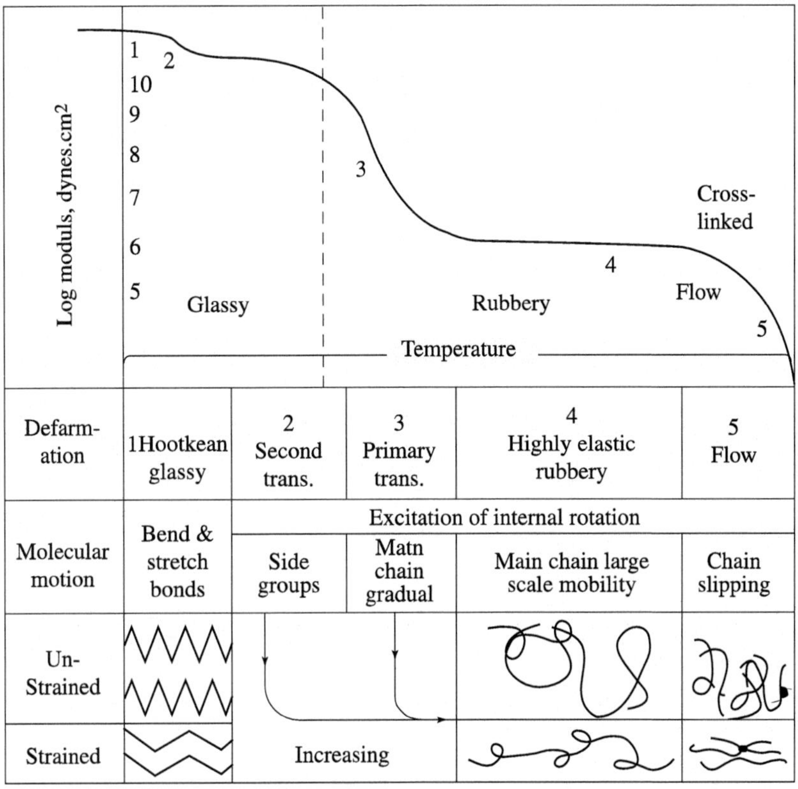

그림 8-2 • 온도에 따른 탄성률의 전형적인 변화

현상으로, 그리고 비정형 고분자인 경우에는 흐름(flow)으로 설명할 수 있다. 전형적인 반결정성 고분자에서의 온도에 따른 탄성률의 변화를 그림 8-2에 보였다. 온도 영역에 따라 유리상을 보이는 영역, 고무상을 보이는 영역, 그리고 유동영역이 있다. 그리고 경계영역으로서 유리전이 영역과 융해 영역이 있다. 유리상에서는 일정한 정도 이상의 응력을 받으면 부서지는 성질을 보이며 고무상에서는 유연한 성질을 보인다. 가교가 되어 있는 경우 고분자 사슬들이 서로 공유결합으로 이어져 있어서 흐름을 보이지 않는다. 결정성이 높은 경우에는 유리전이 영역이 작거나 보이지 않을 수도 있으며 반면에 무정형 고분자인 경우 융해 현상이 존재하질 않는다.

8.1.2 기계적 성질 측정 방법

인장강도, 탄성률, 신장률 등을 특정하기 위해서는 시험 시편을 일정한 규격으로 만들어서 양끝을 클램프로 잡는다. 그리고 한쪽 끝은 고정시키고 다른 끝에 하중을 가해 점차로 시편이 파괴될 때까지 잡아 늘인다. 일반적으로 사용되는 시편 모양을 그림 8-3a에 보였으며, 기계적인 성질을 측정하는데 많이 사용하는 인스트롱 기기를 그림 8-4에 보였다. 같은 기기를 가지고 어떤 방식으로 힘을 가해주느냐에 따라 다른 여러 가지 기계적 성질들도 측정될 수 있다. 예를 들어 시편의 한쪽 끝에 비틀림 힘을 가해서 비틀림 강도를 측정할 수 있고, 시편을 압축시켜

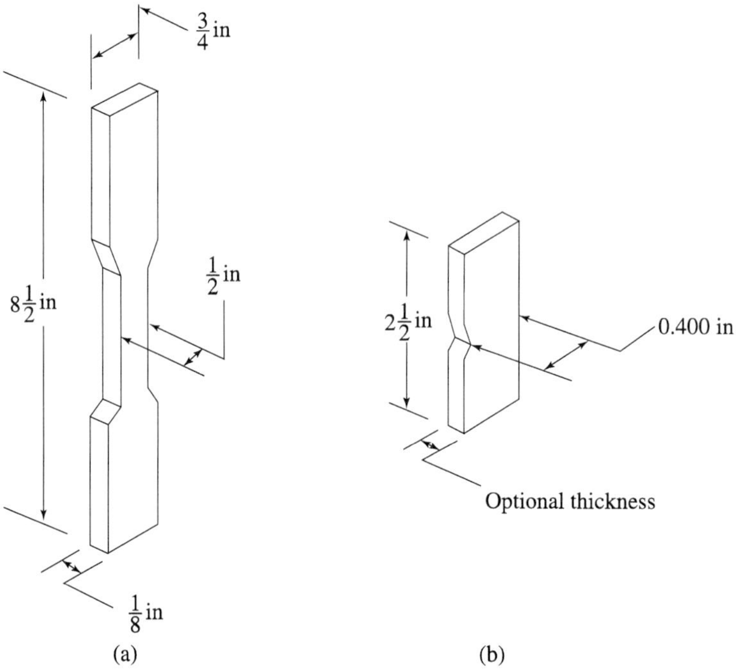

그림 8-3 ◦ 인장성질을 측정할 때(a)와 충격강도를 측정할 때(b) 주로 사용하는 시편의 모양과 규격.

그림 8-4 ◦ 고분자의 기계적 물성 측정을 위한 인스트롱 기기.

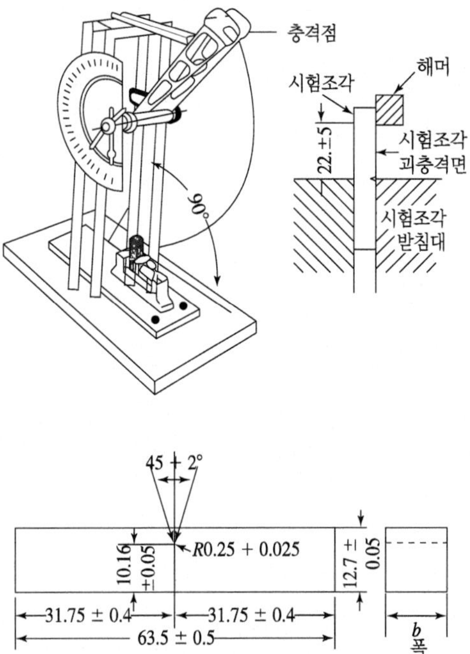

그림 8-5 ▪ 아이조드 충격시험기

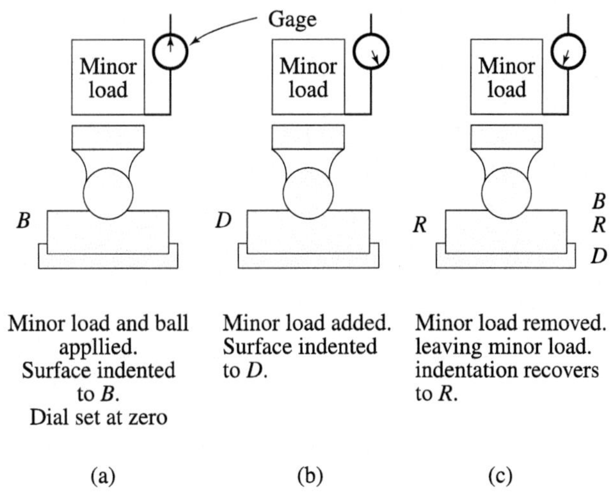

그림 8-6 ▪ 로크웰 경도시험. (a) 초기하중을 건 상태. (b) 강한 하중을 건 상태. (c) 하중을 제거하고 들어간 깊이를 측정함.

압축강도, 압축 탄성률 등을 구할 수 있다.

충격강도는 샤르피(Charpy), 아이조드(Izod), 낙구 등의 방법으로 측정한다. 이중 샤르피와 아이조드 방법은 유사하며 시편을 놓는 방식에 의해 구별된다. 이중 아이조드 충격시험기를

그림 8-5에 보였다. 시료는 중간에 노치를 주는데 그림 8-3b에 일반적인 규격을 보였다. 한편 낙구식 시험기는 일정한 높이에서 금속 구를 낙하시켜 고분자 시편의 파괴의 유무를 조사하는 간단한 시험기이다.

경도의 측정은 여러 가지 방식이 존재하는데 로크웰 경도시험과 긁어대기(Scratch) 경도 시험 등이 대표적이다. 로크웰 경도시험은 그림 8-6에 보였는데 둥근 금속구를 사용하여 약한 하중을 걸어 고분자 시편에 접촉시킨 다음 눈금을 0으로 조정하고, 강한 하중을 건 후 들어간 깊이를 측정하는 시험이다. 긁어대기 경도 시험은 다이아몬드 추에 일정한 하중을 걸어서 긁어 댄 줄이 나타나는지 여부와 상처의 깊이나 폭 등을 측정하여 경도의 기준으로 삼는 방식이다.

8.2 전기적인 성질의 측정

고분자는 전자 및 전기 산업에 광범위하게 사용되기 때문에 전기적 성질의 측정은 중요하다. 고분자는 재래적으로 절연물로 사용되어왔지만 전자기파 차폐나 전도성 재료로서도 사용되는 경우도 있기 다양한 전기적 성질의 측정이 존재한다. 고분자의 전기적 성질은 온도나 습도 등의 영향을 받기 쉽기 때문에 측정 시에 주의를 요한다.

절연물로서나 전도성 재료로서 고분자 시료를 분석할 경우에 가장 중요한 성질이 저항률(resistivity)이다. 체적 저항률은 그림 8-7a에 보인 회로도를 사용하여 측정하며 표면 저항률은 그림 8-7b의 회로를 사용한다. 일정한 직류전압(대개 500 V)을 1 분간 가한 후에 저항을 측정하여 회로 시험 크기를 감안하여 저항률을 산출한다.

그리고 전기 회로를 이용한 유전율 측정과 절연유 속에서 시편의 양면에 강한 전압을 걸어서 절연파괴를 일으키는 전압을 측정하는 내전압 시험, 시편의 한 표면 상에 두 개의 전극을 일정한 거리를 띄워서 접촉시켜 놓고 고전압, 미소전류의 아크를 보내어 시편 표면이 탄화하여 절연성이 없어질 때까지의 시간을 측정하는 내아크성 시험 등이 있다.

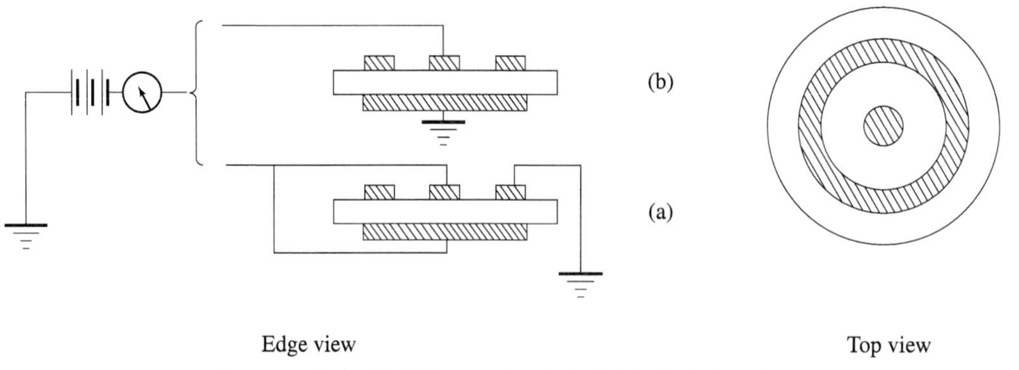

그림 8-7 ◦ 체적 저항률(a)과 표면 저항률(b)을 측정하는 회로도.

8.3 분광학적인 분석 방법들

많이 사용되는 분광학적인 방법들과 산란방법들을 표 8-3에 보였다. 이중 가장 많이 사용되는 방법은 적외선분광법(IR)과 핵자가공명분광법(NMR)이다.

표 8-3 • 고분자의 분석에 사용되는 분광학적 방법 및 산란방법

진동분광법
- 적외선분광법(IR)
- 라만분광법(Raman)

공명방법
- 핵자기공명법(NMR)
- 전자스핀공명법(ESR)

전자적 방법
- 자외-가시분광법(UV/Vis)
- 형광분광법

산란법
- X-선 산란법
- 전자 산란법
- 중성자 산란법

8.3.1 적외선분광법

IR 분광법에서는 IR 영역의 빛을 시료에 보내어 진동수에 따라서 흡수되는 정도를 나타내는 스펙트럼을 얻어서 구조와 연관된 해석을 한다. IR 영역의 빛의 에너지는 분자에서의 진동에너지에 해당되기 때문에 IR 분광법은 진동분광법의 일종이다. 분자의 진동은 분자 구조에 따라 특정한 진동수로 나타나기 때문에 IR 스펙트럼으로부터 분자 구조를 알아낼 수 있다. 그림 8-8에 대표적인 진동들을 보였다. 여기서 화살표나 +의 기호가 사용되는데 이것은 주기적인 진동의 한 주기에서 초기 변위의 방향과 크기를 나타낸다. 따라서 예를 들어 반 주기 후에는 반대 방향의 운동이 일어난다, 이런 국부적인 진동("군진동"이라 불림)외에도 분자의 더 많은 원자들이 관여하는 진동도 가능하다.

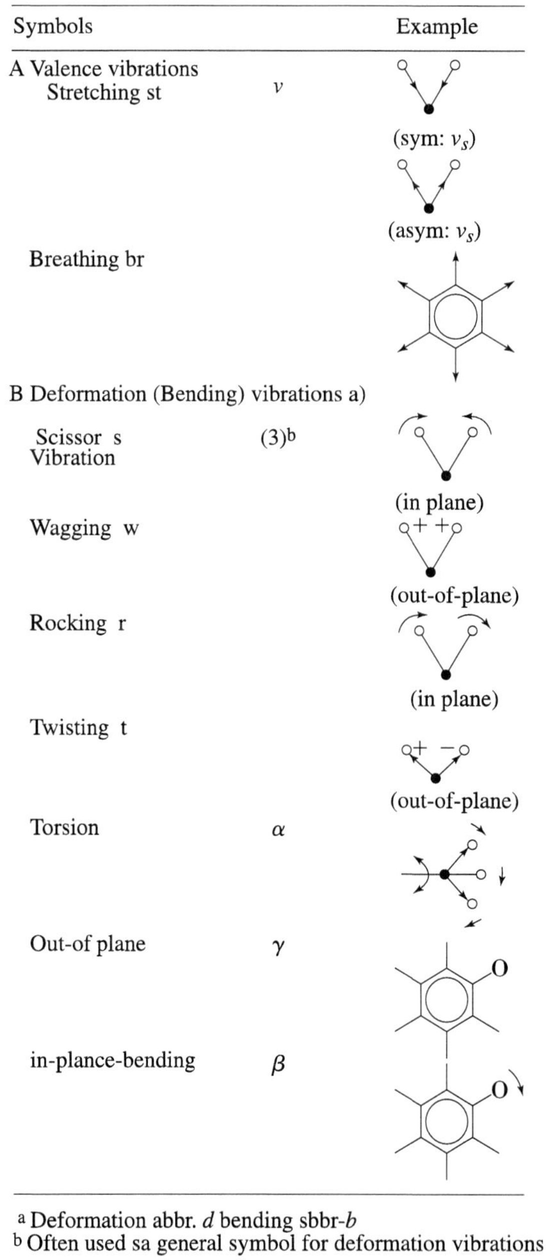

그림 8-8 ◦ 대표적인 군진동

IR 입사광의 강도는 균일하지 않고 진동수의 함수로 변화를 보인다. 이를 $I_o(\nu)$로 표시한다. 대개 수 ~ 수십 μm의 두께를 이루고 있는 시료에 빛이 입사하여 일부 광은 분자의 진동을 야기 시키고 에너지를 빼앗기게 된다. 시료를 투과한 광을 $I(\nu)$라고 하면 시료의 투과도 $T(\nu)$는 다음과 같이 주어진다.

$$T(\nu) = I(\nu) / I_o(\nu)$$

혹은 % 단위로

$$\% \ T(\nu) = 100 \ I(\nu) / I_o(\nu)$$

으로 나타난다. 또 흡수도는 A(Absorbance)는 다음과 같다:

$$A(\nu) = \log_{10} [I_o(\nu) / I(\nu)] = \log_{10} [1 / T(\nu)]$$

이 흡수도는 흡수하는 종(species)의 숫자에 비례를 한다. 이것은 곧 흡수도가 시료의 농도 C(mol/liter)와 투과 거리 ℓ(cm)에 비례한다는 것을 의미한다. 이것은 다음과 같은 Beer-Lambert 법칙으로 정리된다.

$$A = \epsilon \ C \ \ell$$

여기서 일종의 비례상수인 $\epsilon = \epsilon(\nu)$은 몰당 흡수계수라고 불리며 주어진 물질, 주어진 진동수에 따라 정해지는 고유상수이다. IR 스펙트럼은 T 또는 A를 진동수 ν의 함수로 도시하여 얻어지는데 진동수는 보통 파수(wavenumber) cm^{-1}의 단위로 나타나며 기기에 따라 약간씩 차이가 있기는 하지만 대개 4000 cm^{-1}에서부터 400 cm^{-1}에 이르는 것이 보통이다. 전통적으로 값이 오른쪽으로 갈수록 작아지는 것에 유의해야 한다. 기기적인 측면에서 현재 주로 사용되는 IR 분광법은 푸리에 변환(Fourier transform)에 기초를 둔 FT-IR법이다. FT-IR은 상당히 큰 민감도를 보이고, 측정시간이 짧고, 측정이 단순하며, 또한 얻어진 IR 스펙트럼이 분자의 구조를 잘 반영하기 때문에 널리 사용되고 있다.

화합물의 구조에 따라 피크가 나타나는 위치가 정해지는데 간단한 형태의 IR 구조-피크 상관관계를 그림 8-9에 보였다. 간단한 분석에서는 이러한 종류의 상관관계표를 이용하지만 실제적으로 궁극적인 분석은 기지의 표준물질의 스펙트럼과의 비교 해석을 통하여 얻어진다고 볼 수 있다.

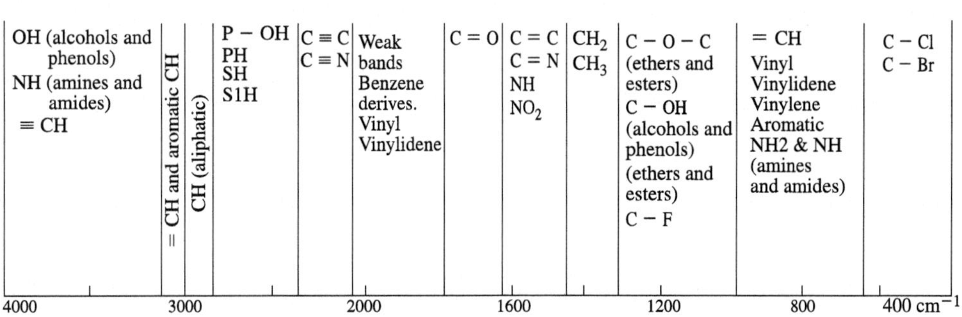

그림 8-9 • IR 진동영역

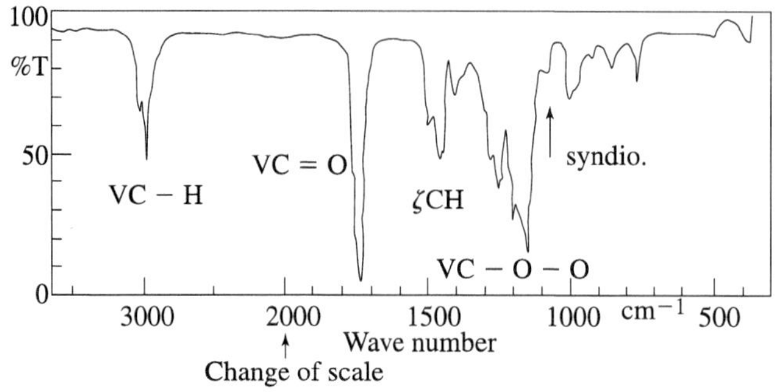

그림 8-10 PMMA의 IR 스펙트럼.

한 예로 PMMA의 IR 스펙트럼과 간단한 피크 지정(assignment)을 그림 8-10에 보였다. 이 그림에서처럼 2000 cm^{-1} 이상에서는 몇 가지 종류밖에 피크가 나타나지 않기 때문에 2000 cm^{-1} 아래에 비해서 스케일을 반으로 줄여 나타내는 것이 보통이다.

IR 스펙트럼은 분자의 물리적 및 화학적인 구조 변화에 민감하여 고분자의 다양한 분석 및 연구에 사용될 수 있다. 몇 분야를 열거해 보면 다음과 같다.

a) 화학구조, 특별한 종류의 화학결합, 말단기 분석 등
b) 분자의 입체배열(configuration)과 입체형태(conformation)
c) 결정구조, 결정화 과정 및 결정화도 측정
d) 배향
e) 분지
f) 공중합체 구조
g) 블렌드의 연구
h) 분해, 고리화 등의 화학분석 및 확인, 등등

IR 스펙트럼을 측정할 때 지금까지 언급한 방법, 즉 필름 상태의 얇은 시료에 빛을 투과시켜서 투과광의 강도를 측정하여 입사광의 강도와 비교하는 투과법 이외의 다양한 방법이 이용될 수 있다. 그 중 대표적인 것이 ATR(Attenuated Total Refectance)법이다. 이 방법에서는 관심있는 진동수 영역에서 IR을 흡수하지 않는 재질을 사용한다. 이런 물질을 window 물질이라고 하는데 사파이어나 KRS-5라 불리는 무기 물질, 그리고 KBr, ZnSe, Si, Ge 등이 사용되며 crystal 이라고 불리기도 한다. 그림 8-11에 ATR의 개략도를 보였다. 시료는 양옆을 비스듬하게 절단한 crystal 양쪽 또는 한쪽에 단단히 접착시킨다. 만일 sample이 없다면 crystal 안으로 입사된 빛은 crystal 안쪽의 굴절률이 바깥의 공기보다 크기 때문에 입사각이 충분히 큰 경우 전반사(total reflection)을 일으키게 된다. 시료가 있는 경우 유기 물질은 대개 굴절율이 1.5 전후이기 때문에 여전히 전반사의 상황이 일어난다. 그러나 시료가 IR을 흡수할 수 있을 때에는 흡수에

의해서 완전 전반사가 일어나지 않고 감쇠된(attenuated), 즉 줄어든 강도를 보이게 된다. 이것은 투과에서의 흡수에 의한 강도의 저하와 동일하며 따라서 기본적으로 투과 스펙트럼과 유사한 ATR 스펙트럼을 얻을 수 있다. 그러나 IR 빛이 crystal과 시료의 경계면에서 시료로 들어가는 투과 깊이가 수 μm 정도이며 또한 이것은 crystal 굴절률과 입사각의 함수이기 때문에 어느 한도 내에서 조절이 가능하다. 이 두 가지 특징, 즉 얕은 깊이에서 스펙트럼을 얻을 수 있으며 그 깊이를 조절할 수 있다는 면에ATR의 유용성이 근거한다. 그 응용 예를 보면 카본 블랙을 함유한 경우처럼 시료가 빛을 너무 많이 흡수하는 경우 투과 강도가 0이 되기 때문에 측정이 불가능한데 ATR로 측정하면 유용한 IR 스펙트럼이 얻어진다. 그리고 표면 연구, 흡착 연구 등에 ATR 법이 사용될 수 있다.

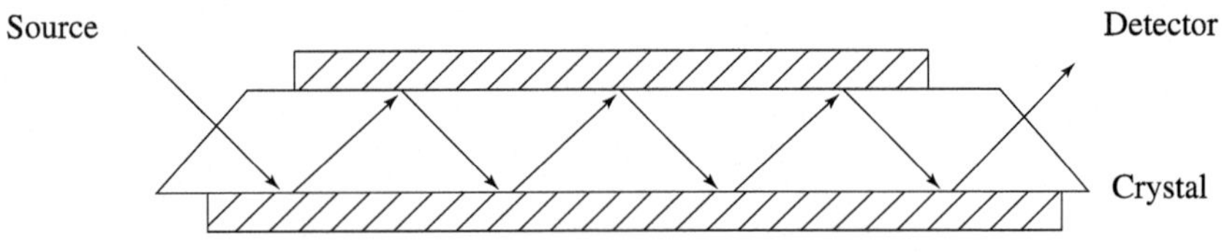

그림 8-11 • ATR 장치의 개략도.

8.3.2 핵자기공명분광법

핵자기공명분광법(Nuclear Magnetic Resonance Spectroscopy)은 범용 분석법 중 가장 강력한 방법으로 알려져 있다. NMR은 크게 분석 대상인 시료의 상태에 따라 액체상태와 고체상태 NMR로 나뉜다. 그리고 비파괴적으로 NMR 신호의 단층 검지(detection)가 가능한 MRI (Magnetic Resonance Imaging) 방법이 있어 의료임상용으로는 물론 재료의 분석에도 사용될 수 있다. 이들은 같은 자장 안에서의 핵자기공명 현상을 이용하지만 각각 기기적인 측면이 다르다.

가장 널리 사용되는 액체상태 NMR 기기의 개략도를 그림 6-12에 보였다. 현재의 NMR 기기는 초전도 자석(superconducting magnet)을 사용한다. 합금 와이어가 액체 헬륨 속에서 초전도 현상을 일으켜 저항이 없어져서 큰 전류에 의한 강력한 자장이 발생한다. 시료는 지름이 일반적으로 외경이 약 5 mm, 길이가 180 mm 정도 되는 유리튜브에 중수소화된 용매 속에 녹아있다. 시료가 그림 10에서처럼 자장(외부자장이라 부름) 안에 놓이게 되면 핵자기 성질이 있는 수소(^{1}H)와 탄소-13(^{13}C)은 두 가지 에너지 상태를 취하게 된다. 여기서 탄소 중 자연적으로 우세하게 존재하는 탄소-12는 자기적 성질이 없어서 NMR 신호를 주지 않는다. 그러나 탄소-13이 약 1.1 %의 자연함량으로 존재하여 탄소 NMR이 가능하다. 외부자장 안의 핵은 두 종류의

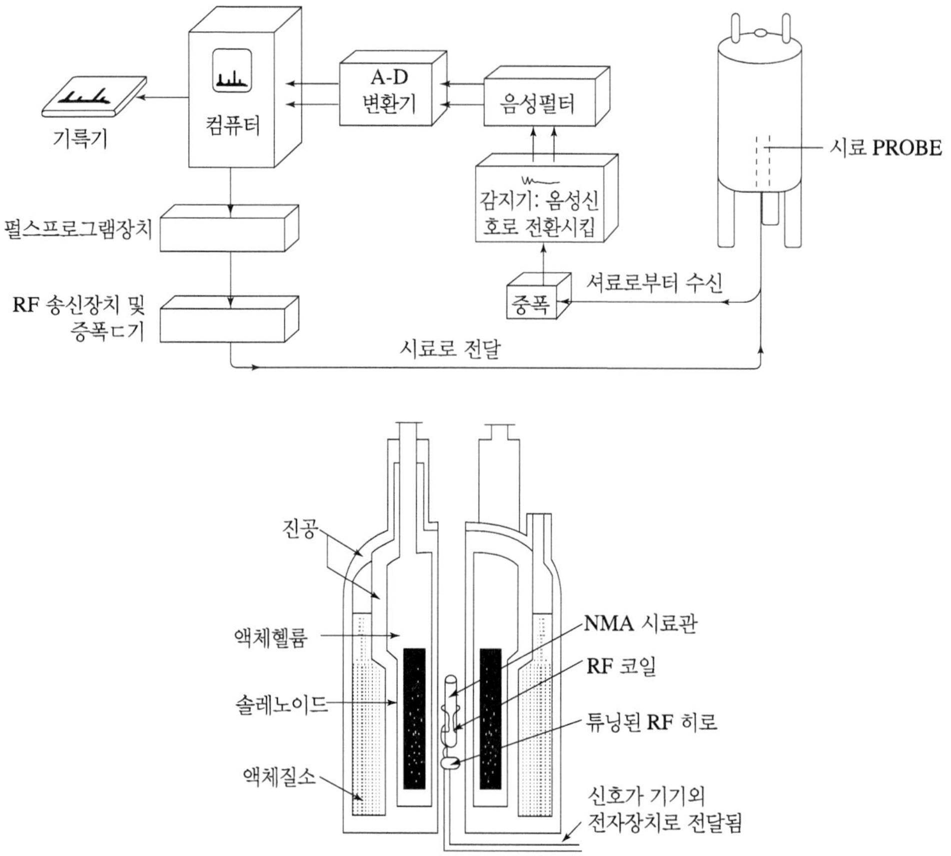

그림 8-12 ● NMR 기기의 개략도.

회전을 하고 있다고 묘사되는데 핵이 스스로 도는 스핀과 스핀 축이 외부자장 방향을 중심으로 도는 것이다. 세차운동은 핵이 느끼는 자장, B에 정비례하는 일종의 고유진동수, ν로 이루어진다.

$$\nu = - \gamma B$$

여기서 γ는 비례상수로서 magnetogyric ratio라고 불리는데 핵마다 고유한 상수이다. 핵이 취하는 두 에너지 상태간의 천이가 일어나면 에너지의 출입이 발생해서 측정될 가능성이 생기게 된다. 에너지 상태간의 천이는 같은 고유진동수를 갖는 두 개의 소리굽쇠간에 에너지가 전달되는 것처럼 고유진동수 ν와 같은 진동수를 갖는 또 다른 자장을 이용하여 얻는다. 일반적인 NMR 기기에서 ν는 기기에 따라 대략 60 MHz에서 600 MHz의 범위로 나타나기 때문에 이 두 번째 자장을 RF(radio frequency) 자장이라 부른다. NMR 실험은 시료를 외부자장 안에 넣은 후, RF 자장을 시료에 수 μsec 정도의 짧은 시간동안 가해서 시료의 핵들이 자기 에너지를 흡수하게 만든다. 이때의 RF 자장은 짧은 시간동안 적용된 신호이기 때문에 간단히 '펄스'라고 부른다. 그러면 에너지를 흡수한 핵들은 더 이상의 RF 자장이 작용하지 않기 때문에 시간의 함수로 시료를 외부 자장에 넣었던 때의 상태로 돌아가게 된다. 이때 핵의 고유의 진동수에 해당하는 신호가 시료 주위에 설치된 코일에 검출되게 된다. 이렇게 얻어진 시간에 따른 신호를 FID(free induction decay)라고 부른다. FID로부터 진동수 정보를 알아내는 작업인 푸리에 변환을 통하여 진동수 ν에 대한 강도를 구하면 그것이 바로 NMR 스펙트럼이 된다.

비록 외부자장은 균일하지만 분자 속에 있는 핵들은 놓여 진 위치에 따라 각 핵을 둘러싸고 있는 전자구름의 밀도도 다르고 이웃하는 원자들과 전자들이 미치는 영향이 다르기 때문에 각각 경험하는 자장이 달라서 다른 고유진동수를 보이게 된다. 이런 고유진동수의 차이는 실제 수소의 경우 수 Hz에서 수천 Hz, 탄소-13의 경우 수만 Hz까지의 범위를 보이기 때문에 고유진동수 자체의 크기인 수백 MHz 수준보다는 아주 작다. 따라서 편의상 다음과 같은 ppm(part per million) 단위를 사용한다.

$$\delta(\text{ppm}) = \frac{\nu_{\text{sample}} - \nu_{\text{ref}}}{\nu_0} \times 10^6$$

여기서 ν_{sample}, ν_{ref}, ν_0는 주어진 핵의 진동수, 기준 핵의 진동수, 그리고 기기의 진동수를 나타낸다. 기준 핵의 진동수로는 TMS(tetramethyl silane)과 같은 기준 물질의 진동수를 사용하는 것이 일반적이다.

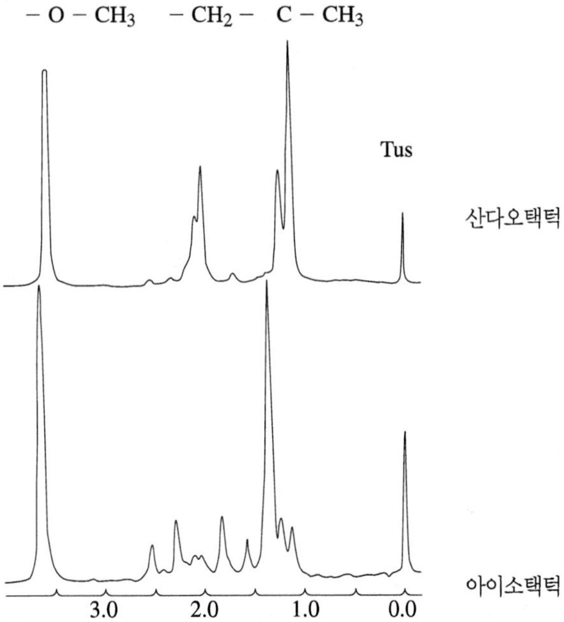

그림 8-13 ● 신디오택틱과 아이소택틱 수소 스펙트럼

전형적인 PMMA의 수소 스펙트럼을 그림 8-13에 보였다. 여기서 볼 수 있는 것과 마찬가지로 구조에 따라 피크들이 다른 위치에서 나타나므로 구조 해석이 용이하다. 그리고 예를 들어 신디오택틱 스펙트럼에서 보면 C-CH_3 위치에 피크가 세 개 나오는데 이들은 ppm이 낮은 쪽에서부터 각각 rr, mr, 및 mm 구조에 해당된다. 이러한 정보로부터 입체화학 이성질체 구조들의 함량을 구해낼 수 있게 된다.

용액상태 NMR은 고분자의 구조 분석에 널리 쓰이며, 분자 수준에서 핵들의 자기적 환경이 변화하는 현상들에 대해서는 모두 분석 및 연구를 행할 수 있다. 대표적으로 다음 분야에 사용된다.

a) 고분자 구조 확인
b) 입체배열
c) 입체상태
d) 연속구조
e) 분지와 가교
f) 공중합체 조성
g) Diene류 고분자의 이성질화
h) 블렌드/공중합체 종류의 구별
i) 중합반응 메커니즘
j) 산화와 분해
k) 고분자 용액
l) 말단기, 등등.

NMR 기법의 가장 큰 장점은 스펙트럼이 분자 수준을 잘 반영해 줄뿐만 아니라 스펙트럼 해석을 위한 여러 가지 기법이 존재한다는 것이다. 즉, 한 가지 시료에 대해 수소 NMR이나 탄소 NMR 뿐만 아니라 다양한 특수 1D NMR 기법, 2D 및 고차 NMR 기법 등을 사용할 수 있어서 스펙트럼 해석을 거의 완벽하게 해낼 수 있다. 이는 다른 종류의 분석법에서는 찾아보기 어려운 특징이다. 그리고 고체상태에서 NMR 신호를 얻어낼 수 있는 기법들이 1970년대부터 개발되어 현재 고체상태에서의 다양한 고분자 정보를 얻을 수 있게 되어 있다. 구체적으로 고체상태 NMR을 이용하여 다음과 같은 연구 및 분석을 행할 수 있다.

a) 완화 현상을 중심으로 한 고체상태에서의 분자운동 연구
b) 액정 고분자 및 다른 고분자들의 배향 연구
c) 전이상태 연구
d) 결정성 고분자에서의 무정형 영역과 결정 영역의 연구

e) 고분자/저분자량 화합물간의 상호작용
f) 블렌드와 공중합체들의 균일성과 상분리 현상의 규명
g) 용매에 녹지 않는 고분자들의 구조 연구: 가교 고분자, 내열성 고분자 등

8.4 열분석법

열분석은 고분자의 녹는점, 유리전이온도, 열적 안정성 등의 고분자의 열적 성질을 다룰 때 반드시 등장한다. 열적 성질에는 이러한 성질들을 포함하여 난연성, 내열성, 열팽창률, 열전도율, 연소성 등이 있다.

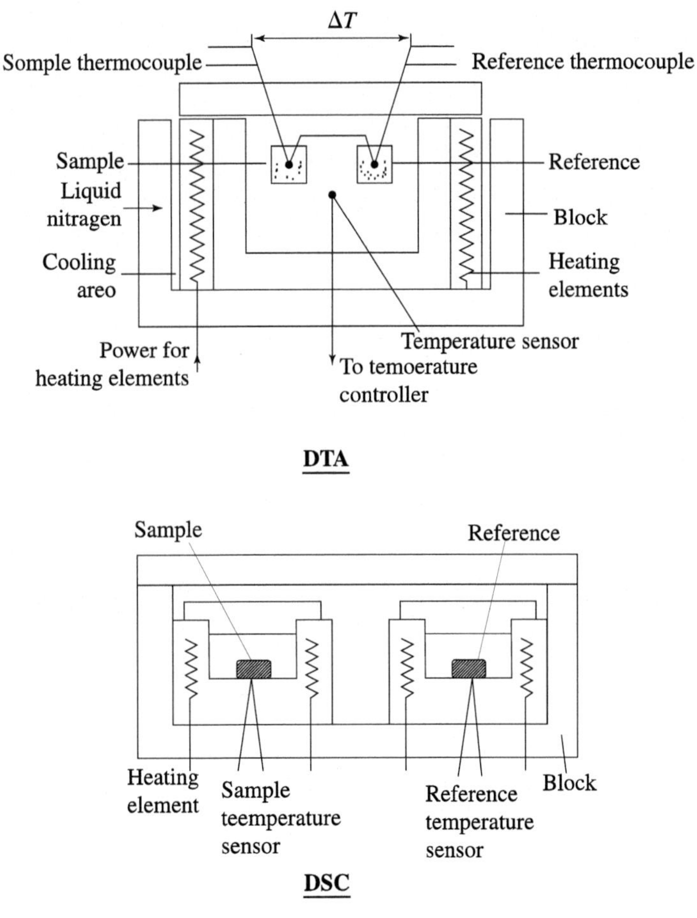

그림 8-14 ◦ DSC와 DTA의 개략도.

녹는점과 유리전이온도는 일반적으로 시차주사열량계법(Differential Scanning Calorimetry, DSC)과 시차열분석법(Differential Thermal Analysis, DTA)을 사용하여 측정한다. DSC와 DTA의 개략도를 그림 8-14에 보였다. 이들 기법에서는 소량의 고분자 시료와 측정하려고 하는 온도 범위에서 특정한 열적 상변화를 보이지 않는 기준 물질을 각각의 알루미늄 시료 팬에다 넣고 가열한다. 주로 질소 분위기하에서 실험이 이루어진다. 시료에서 열적 변화가 일어나면 그것이 신호로 나타나게 된다. 기준 물질로는 빈 팬이 사용되기도 하고 무수 알루미나 같은 열적 불활성 물질이 사용되기도 한다. DSC와 DTA의 차이점은 다음과 같다. DSC에서는 시료와 기준 물질이 각각 다른 히터로 가열되고 시료와 기준 물질의 온도가 항상 같도록 전기적 에너지를 조절한다. 이때 시료와 기준 물질의 전기적 에너지의 차이 d△Q/dt가 신호로서 기록이 된다. 반면에 DTA에서는 시료와 기준 물질이 같은 히터로 동일하게 가열된다. 그리고 시료와 기준 물질의 온도의 차이 △T가 신호로서 기록된다.

온도에 대해 d△Q/dt 또는 △T를 도시한 것을 열곡선(thermogram)이라고 하는데 가상 고분자에서 얻어지는 전형적인 예를 그림 8-15에 보였다. 여기서 A는 유리전이를, B는 융해를, C는 결정화를, D는 가교, 그리고 E는 증기화를 나타낸다. DTA와 DSC의 열곡선은 서로 모양이 유사하게 나온다.

유리전이온도 대신 보다 실용적으로 고분자 재료의 내열성을 시험하기 위해 열변형온도(Heat Distortion Temperature, HDT) 시험을 할 수있다. 이 시험에서는 폭 12.7 mm의 시편을 100 mm의 길이에서 양끝에서 받치고 중앙에 18.5 Kg/cm^{2}의 스트레스(응력)이 걸리게 하고는 분당 2 °C로 온도를 상승시키면서 0.254 mm 휘었을 때의 온도를 열변형온도로 삼는다. 이

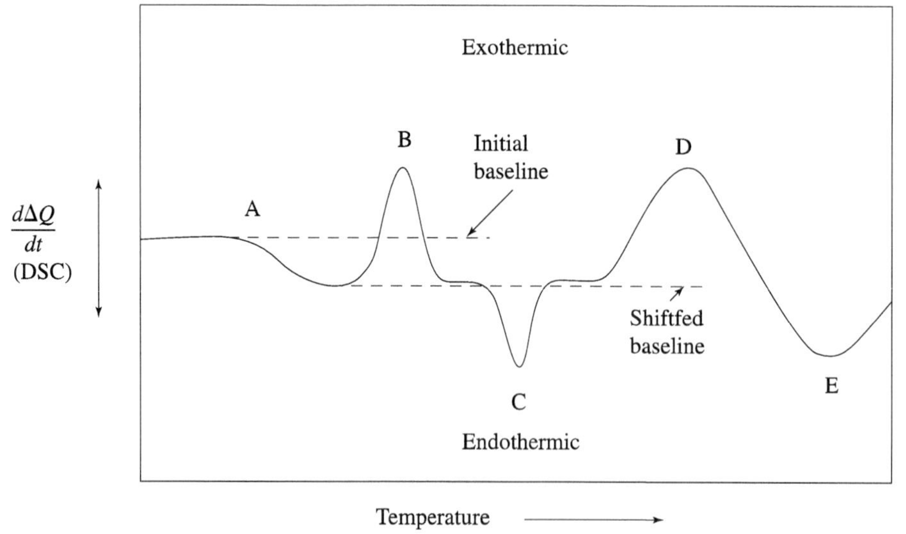

그림 8-15 • DSC와 DTA에서 얻어지는 전형적인 열곡선.

시험은 간단하지만 널리 사용된다.

열중량법(Thermogravimetric Analysis, TGA)은 고분자 시료의 열적 안정성을 측정하기 위해 사용된다. 원리는 비교적 단순해서, 작은 시료 팬에 시료를 넣고 가열, 즉 온도를 증가시키면서 시료의 무게가 어떻게 변하는지를 정교한 저울로 측정하는 것이다. 초기의 중량을 100 %로 놓고 온도의 함수로 중량이 감소해 가는 것을 추적하게 된다. 따라서 이 방법은 가열감량법이라고도 부른다. 또 다른 방식은 200 °C나 300 °C 또는 다른 일정한 온도에서 시간에 따른 중량의 감소를 측정하는 것이다. 이를 특히 등온 TGA법이라 부른다. 주어진 온도에서의 고분자 시료의 안정성을 판단하는데 적합한 방법이다.

연 습 문 제

1. 온도에 따른 모듈러스의 변화를 분자운동의 관점에서 서술하라.

2. 기계적 성질과 열적 성질에 속하는 물성을 각각 하나씩 선정하여 그 측정방법을 조사하라.

3. (a) μm 수준의 표면에서 IR 신호를 얻는 방법을 설명하라.

(b) 고분자재료의 μm 수준의 표면에서 얻을 수 있는 유용한 정보의 예들을 조사하라.

4. NMR을 이용하여 PMMA의 택티서티 정보를 알아보고자 한다. 실험 절차를 알아보고 결과를 예측하라.

5. DSC와 DTA의 유사점 및 차이점을 기술하라.

03

고분자공학개론

Polymer science and technology

[고분자의 생성]

9장 고분자의 합성

10장 단계중합

11장 연쇄중합

12장 이온성 연쇄중합

13장 배위화합물을 촉매로 한 연쇄중합

14장 개환에 의한 연쇄중합

15장 공중합

16장 천연고분자

9장 고분자의 합성

9.1 서론

현대 고분자공업의 측면에서 본다면 고분자란 일정한 반복단위(repeating unit)를 함유한 높은 분자량의 물질을 지칭한다. 그러므로 고분자란 일정한 반복단위가 일정한 법칙에 의하여 규칙적으로 연결된 화학구조를 가지고 있으며, 그 결과로 당연히 분자량은 증가하게 된다. 여기에서 고분자를 구성하고 있는 일정한 반복단위의 원료물질을 우리는 단량체(monomer)라고 하며 이러한 단량체들은 저분자량의 물질이고, 고분자를 형성하기 위한 활성기를 가지고 있는데, 이 활성기는 중합성이 있는 기능기(functional group)라고 볼 수 있다. 이러한 중합성이 있는 기능기를 중합기능기라고 부르기로 한다. 이 기능기의 활성을 이용하여 저분자량의 단량체를 고분자량의 고분자로 연결시켜 고분자를 형성시키는 과정을 중합(polymerization)이라고 한다. 이 장은 중합과정을 중심으로 한 고분자의 생성과정을 다루고 있으며 고분자과학을 처음으로 대하는 학생들을 위하여 고분자의 합성 즉, 고분자의 생성과정을 이해하는데 필수적인 사항들만을 골라 수록하고 있다. 내용의 이해를 위해서는 일반 화학이나 유기 화학의 기초적인 지식들이 요구되며, 이들이 필요한 경우는 스스로 배운 내용들을 점검해야 한다. 이제 저분자의 물질에서 고분자의 물질로 전환하는 여러 가지 방법들을 파악하기 위하여 간단한 고분자의 형성과정에 대한 개념부터 파악하기로 하자.

그림 9-1은 단량체의 중합성을 사람의 손으로 비유하여 고분자쇄가 형성되는 과정을 도식화하여 나타내고 있다.

본 장에서 시작되는 제3부에서는 저분자 화합물인 단량체들을 화학결합으로 연결하여 높은 분자량의 고분자를 형성하는 과정, 즉 고분자합성 과정을 중점적으로 다루고자 한다. 이러한 과정의 첫 번째 단계로 우리는 앞에서 말한 반복단위를 보다 세밀히 분석할 필요가 있다. 이러한 분석은 처음 대하는 고분자의 화학구조에서 고분자 물질이 어떠한 과정으로 얻어질 수 있는가를 이해하는 데 도움을 주며 나아가 고분자 화학에 대한 깊이 있는 이해를 위한 기초가

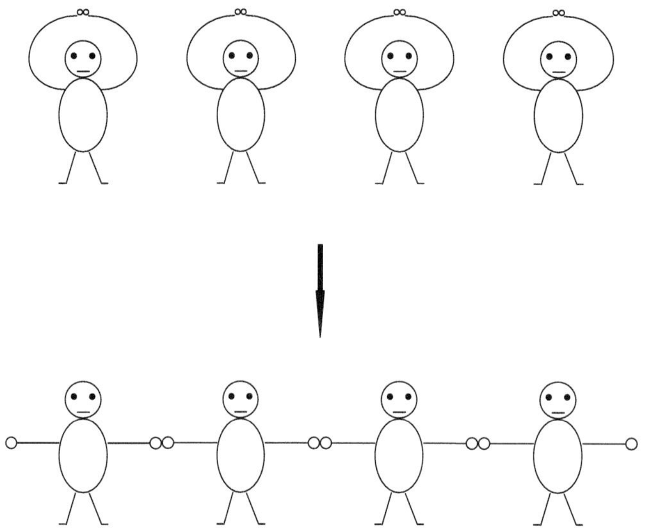

그림 9-1 ◦ 단량체의 중합기능기를 사람의 손으로 비유하여 고분자의 형성과정을 나타내었다. 저분자 화합물인 단량체는 활성인 손을 가지고 있기 때문에 촉매의 활동으로 중합반응을 일으켜 고분자가 된다. 그리하여 고분자는 사슬 모양으로 길게 연결된 구조를 가지고 있다.

된다. 다음과 같은 대표적인 고분자 표준물질인 폴리스티렌을 보자.

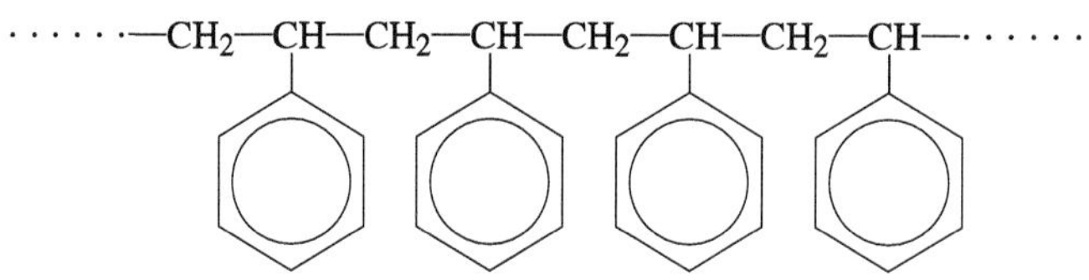

여기에서 우리는 쉽게 선상의 고분자쇄에서 반복되어 나타나는 구조를 알 수 있으며, 이는 단량체인 스티렌이 계속하여 화학결합을 한 모양을 나타내고, 이 외에는 다른 어떤 반복되어 나타나는 구조가 없음을 알 수 있다. 여러분들은 이러한 화학구조식을 보면서 늘 이러한 고분자는 어떻게 형성될 수 있겠는가를 생각해야 하며 연속된 고분자쇄의 구조에서 어떤 부분을 분절(disconnection)해야만 실제적으로 얻어질 수 있는 단량체가 될 것인가를 고심해야 한다. 이러한 숙달의 과정이 반복되어 익숙해지게 되면 나중에는 매우 복잡한 구조의 고분자 화합물에서도 쉽게 반복단위를 발견할 수 있을 것이며 이는 곧 고분자 합성의 전문가가 될 수 있는 초석이 된다. 다음으로 다음과 같은 구조의 고분자를 보자.

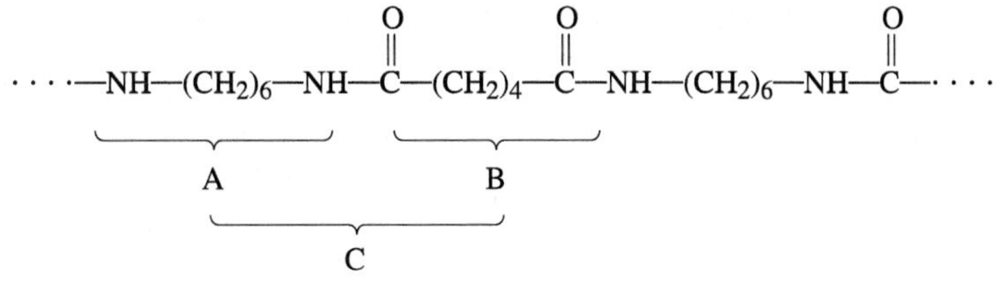

여기에서 고분자의 축합중합반응에 조금이라도 경험이 있는 사람은 아미드 그룹인 -NH-C(O)-의 중앙을 분절함으로써 이와 같은 고분자가 얻어지는 과정을 추적할 수 있을 것이다. 그러나 여기에서 주의해야 할 사항은 반복단위와 단량체에서 나온 단위체와는 차이가 난다는 점이다. 여기에서는 폴리아미드류 고분자의 대표적인 예가 될 수 있는 나일론 6,6의 구조를 나타내고 있는데 단량체 헥사메틸렌디아민(hexamethylene diamine)으로부터 단위체 A가 나오고, 단량체 아디프산으로부터 단위체 B가 나왔음을 알 수 있다. 여기에서 엄밀한 의미로 반복단위란 단위체 A와 단위체 B가 합쳐져 형성되는 탄소원자 12개와 질소원자 한 개가 합쳐져 13개의 분자쇄 골격원자로 협성된 구조 C라고 볼 수 있다. 즉, 단량체 헥사메틸렌디아민과 아디프산이 축합되어 한 개의 반복단위를 형성하고 있다. 그리하여 폴리스티렌과 같이 단량체 하나가 약간 변형되어 일정한 반복단위를 구성할 수도 있고, 경우에 따라서는 단량체 둘 이상이 모여 일정한 반복단위를 구성할 수도 있으며, 어떤 경우에는 반복단위 및 이를 구성하는 단량체를 찾아내는 것이 매우 힘들 때도 있다.

이제 이러한 고분자의 골격을 이루는 반복단위를 어떻게 형성하느냐 하는 것이 본 장의 주된 내용이 될 것인즉, 그러한 고분자를 형성시키는 여러 가지 방법이 있는데 이를 우리는 고분자 중합법이라고 한다.

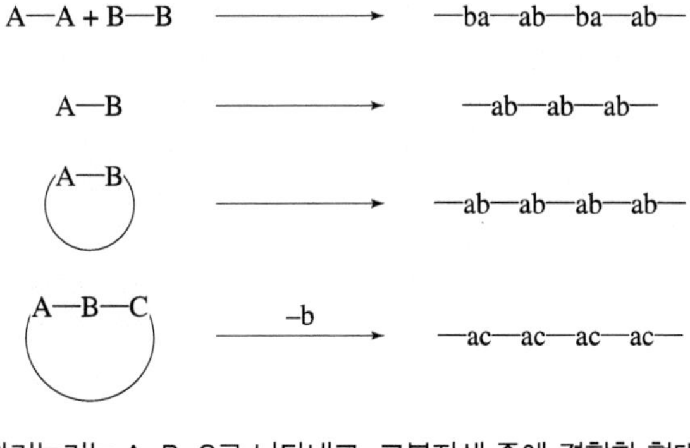

그림 9-2 • 단량체의 중합기능기는 A, B, C로 나타내고, 고분자쇄 중에 결합한 형태는 ab, ac 등으로 나타난 모양. 고분자 공업에 있어서 가장 중요한 비닐그룹도 기능기 A, B가 이중결합에 함유되어 있는 것으로 분류될 수 있을 것이다.

그러면 이러한 고분자 중합법에는 주로 어떠한 방법들이 있는지 알아보기로 한다. 고분자 합성법을 구체적으로 알아보기 전에 먼저 이에 대한 일반적인 원리를 알아보기로 하자.

저분자 화합물로부터 우리가 고분자 화합물을 합성하기 위해서는 그 출발물질인 단량체가 고분자로 될 수 있는 일정한 기능기를 가지고 있어야 한다. 우리가 흔히 볼 수 있는 중합기능기를 알기 쉽게 그림으로 나타내면 다음 그림 9-2와 같다. 여기에서 대문자 A, B는 중합기능기를 나타내고 이들이 변형되어 고분자쇄 속에 들어간 형태를 소문자 a, b로 각각 나타내었다.

우리는 여기에서 본 장의 도입부에 나온 손을 가진 사람을 다시 생각해 보기로 하자. 분자의 세계에서는 손을 셋 이상 가진 화합물이 매우 많은 종류 존재하며 단지 하나의 손, 즉 기능기를 가진 화합물들은 더욱 많다. 오히려 중합이 가능한 효율적인 손을 둘 가진 화합물은 극히 제한되어 있다는 사실을 명심해야 한다. 이것은 곧 중합이 가능한 기능기를 둘 가진 화합물, 즉 단량체의 종류는 오히려 굉장히 제한되어 있다는 말이 된다. 이제 여기에서 우리는 중합기능기를 둘 가진 화합물은 긴 선상의 고분자 화합물을 형성할 수 있고 중합기능기를 셋 이상 가진 화합물은 여기에서 분지점이 되어 그물 모양의 화합물을 형성할 수 있다는 것을 알 수 있을 것이다. 이러한 셋 이상의 기능기는 뒤에서 자주 다루게 되지만, 그물 구조의 고분자를 형성시킬 목적으로 의도적으로 첨가되는 경우 가교제(crosslinking agent)라고 한다.

또 다른 경우로 단지 하나의 기능기만 가진 화합물이 중합시 첨가되면 어떠한 일이 일어나겠는가?

중합반응에서 성장을 하고 있는 고분자가 이러한 화합물을 만나게 되면, 위의 그림 9-3에서 보듯이 고분자의 성장은 멈추게 되어 분자량은 더 이상 증가하지 않게 된다. 이와 같은 화합물이 목적을 가지고 사용될 때 정지제(terminator)가 될 수도 있고, 경우에 따라서는 분자량의 조절제가 될 수도 있다. 실제로 우리가 고분자를 합성할 때는 중합기능기의 몰비를 계산하여야 하며, 이를 위하여 사용하는 단량체의 순도를 정확히 측정하여 분자량을 높이거나 혹은 분자량을 조정하는 기술로 이용되고 있다.

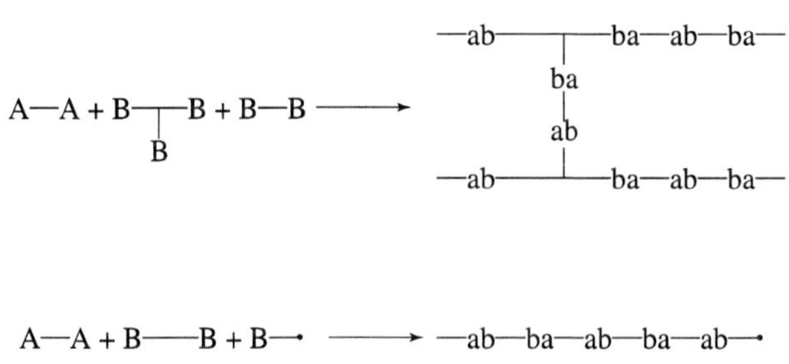

그림 9-3 ◦ 고분자 형성 과정에서 3기능기 화합물과 1기능기 화합물이 첨가되면 가교 반응 및 정지 반응이 일어난다.

그런데, 중합기능기를 고려할 때 우리가 꼭 알아야 할 매우 중요한 사실이 있는데 그것은 고분자 공업의 측면에서 가장 중요한 중합기능기인 비닐 그룹이다. 비닐 그룹을 함유한 대표적인 단량체로 스티렌이 있는데 이는 다음과 같은 중합반응에 의하여 폴리스티렌이란 고분자 화합물을 형성하게 된다.

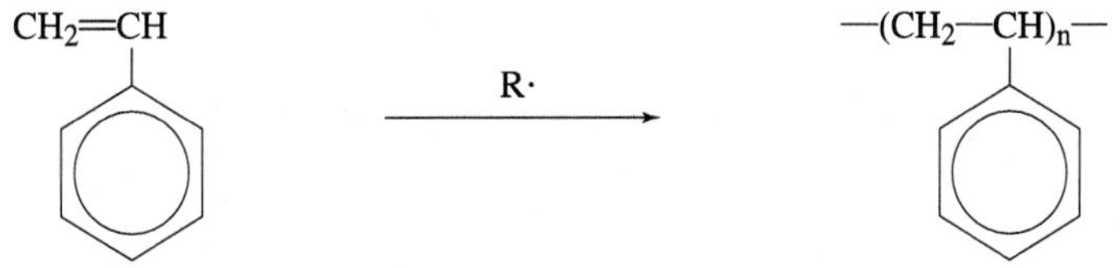

여기서 특이한 사실은 우리가 고분자쇄의 반복단위를 얻기 위하여 분절을 할 때 많은 경우, 탄소 원자 이외의 헤테로 화합물이 포함된 부근을 분절하게 되지만 이와 같은 경우는 고분자쇄의 주골격을 이루고 있는 원자들이 모두 탄소임을 주의할 필요가 있다. 이는 나중에 일반 유기화합물을 합성할 때 탄소-탄소 결합을 형성하는 유기반응들이 매우 중요한 역할을 한다는 사실과 비교할 필요가 있으나, 여기에서는 본 교재의 핵심에서 벗어난 내용이고 한편으로는 고학년의 교과과정에서 상기할 필요가 있을 것 같아서 다음의 한 예만 나타내기로 한다. 한번 다음 식과 같은 유기합성의 탄소-탄소 결합을 형성하는 수많은 반응들이 어떠한 의미가 있는지를 연구해 보기를 바란다.

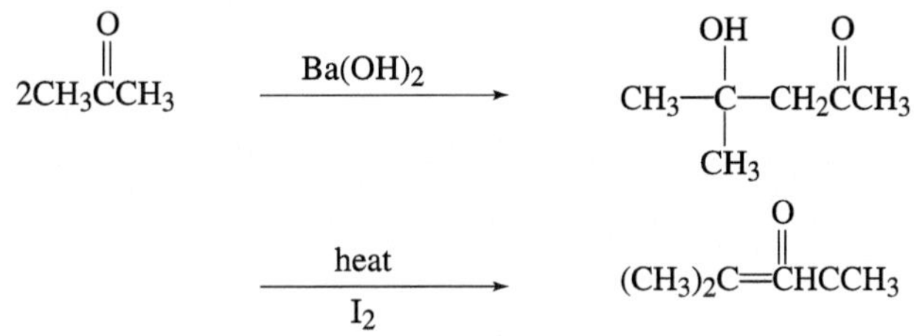

고분자 재료에 있어서 주쇄가 탄소-탄소 결합만으로 이루어진 화합물들은 생산량으로 본다면 고분자 화합물의 생산량 중 대부분을 차지하고 있으며 폴리에틸렌, 폴리프로필렌, 폴리스티렌, 폴리염화비닐과 같은 4대 범용수지가 모두 탄소-탄소만의 주쇄로 이루어져 있다. 이외에도 아크릴 수지, 폴리비닐초산, 폴리아크릴로니트릴 등도 탄소-탄소 주쇄로 이루어지며 이들은 모두 중합기능기로서 비닐 그룹을 함유한 단량체에 의하여 합성되어 지는 공통점이 있다. 그리하여 비닐 그룹이 지닌 화학반응성이나 중합반응에 있어서 개시반응 성장 메카니즘, 종결반응 등을 심도 있게 이해하는 것이 필요하며 이는 고분자를 전공자로서 또 고분자 합성과정을 이해할 수 있는 가장 중요한 요소임을 명심해야 한다.

표 9-1 ◦ 중합기능기의 종류 및 분류

기능기 A	기능기 B	중합반응형식	비고
$CH_2=CHX$		연쇄중합	X=H, Halogen $-C(=O)-OR$, $-OC(=O)CH_3$ CN, $-CH=CH_2$
$-CO_2H$	$-NH_2$	축합중합	polyamide
($-CO_2R$)	$-OH$	축합중합	polyester
$-NCO$	$-NH_2$	부가중합	polyurea
$-OH$		부가중합	polyurethane
$-OH$	$-X$	축합중합	polyether
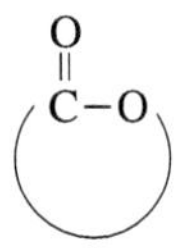		개환중합	polylactone
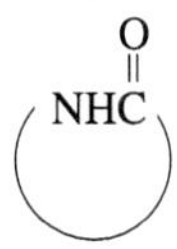		개환중합	polylactam
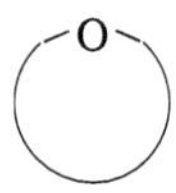		개환중합	polyether

우리는 지금 중합이 가능한 중요한 중합기능기들을 다루고 있다. 이러한 중합기능기들은 수많은 종류가 있으나 기본적으로 알아두어야 할 필요가 있는 것들만 모아서 표 9-1에 분류해 놓았다. 이 표에서는 그 중합의 원리가 차이가 나는 것들은 표 중에 점선으로 구분을 해 놓았다.

9.2 고분자 합성법의 분류

지금까지 우리는 고분자를 형성하는 단량체내의 중합기능기를 살펴보았다. 이러한 중합기능기를 이용하여 고분자를 형성하는 반응들을 분류하면, 그 분류기준이 무엇인가에 따라 몇 개의 그룹으로 나눌 수 있다.

그런데 가장 기본적인 분류방법으로 연쇄중합(chain polymerization)과 단계중합(stepwise polymerization)으로 분류할 수가 있다. 그런데 이러한 기본적인 분류는 고분자가 성장하여 형성되는 반응기구에 의한 분류인데, 경우에 따라서는 연쇄중합의 고분자 형성 반응 중에서 개시 및 성장속도의 차이에 따라 축차중합을 따로 분류하는 경우도 있다. 축차중합의 대표적인 경우로 음이온 리빙중합이 있는데, 이에 대한 자세한 사항들은 뒤에서 다루기로 하고, 이들이 연쇄중합의 대표적인 예가 되는 라디칼 연쇄중합과 어떻게 차이가 나는지 잘 구분할 수 있어야 한다. 서론에서 우리는 고분자의 형성반응의 중합기능기를 사람의 손으로 비교하여 설명하였다. 연쇄중합, 단계중합, 축차중합을 운동장에서 놀고 있는 수천 명의 어린이들을 비유로 예를 들어 설명할 수 있을 것 같다. 이들이 서로 손을 잡아 긴 열을 형성하는 방법을 생각해 보라. 단계중합이란 먼저 어린이 한 명, 한 명이 서로 손을 잡아 두 명으로 구성된 열을 만들고 이들 두 명으로 된 열끼리 다시 손을 잡아 네 명으로 구성된 열을 만들거나 한 명과 손을 잡아 세 명으로 구성된 열을 만들 수 있을 것이다. 어린이 각자가 두 개의 손을 가졌다고 생각해 보라. 우리는 손을 잡는 과정을 중합반응으로 볼 수 있으며, 그 정도를 중합율(degree of polymerization)로 볼 수 있을 것이다. 어린이들의 손들 중에서 반, 즉 50% 정도가 서로 손을 잡은 상태라면 확률적으로 우리는 운동장의 어린이들 중에서 두 사람씩 손을 맞잡은 경우가 가장 많을 것이며, 그 외에도 세 사람이 손을 잡은 경우나 네 사람이 손을 잡은 경우도 있을 수 있으며, 아직까지 손을 잡지 않고 혼자 있는 경우도 있을 수 있을 것이다. 이와 같은 형태로 단량체들이 연결되어 긴 분자쇄의 중합체를 형성하는 중합형태를 단계중합이라고 한다.

이제 연쇄중합의 형태를 같은 비유로 설명해 보도록 하자. 우리는 운동장의 어린이들이 손을 잡는데 있어서 담임선생님이 있어야만 손을 잡는 것이 가능한 경우로 비유할 수 있을 것이다. 연쇄중합은 교무실의 담임선생님들이 불규칙한 시간 간격을 두고 교무실로부터 나오는 경우로 비교될 수 있다. 이때 담임선생님은 뒤에 배우게 될 개시제로서의 역할을 한다. 담임선생님이 나온 것을 안 어린이들은 첫 번째 어린이가 담임선생님의 손을 잡고, 그 다음 어린이가 첫 번째 어린이의 손을 잡고, 다시 세 번째 어린이는 두 번째 어린이의 손을 잡으면서 긴 열이 형성되는 반응으로 볼 수 있다. 이제 단계중합의 경우와 같이 반응이 50% 진행되었다고 생각해 보라. 우리는 이 경우의 상태를 50%의 어린이는 이미 담임선생님의 수에 해당하는 긴 열에 속해 있으며, 나머지 반은 아직 혼자의 상태로 서있는 경우로 비교할 수 있다.

또 다른 중합법의 하나로 연쇄중합의 특수한 형태인 축차중합의 경우를 보자. 이번에는 교무실에서 한꺼번에 모든 담임선생님들이 운동장으로 나오면서 어린이들이 손을 잡기 시작한다고 생각하자. 이 경우는 50%의 반응이 진행된다면 50%의 어린이는 열 속에 들어 있고, 나머지 50%의 어린이는 혼자인 경우로 연쇄중합의 경우와 같다. 그러나 이번에는 아직도 열의 길이가 계속 늘어나고 있으며 더군다나 거의 같은 시점에서 열의 성장이 시작되었기 때문에 모든 열의 길이는 확률 상으로 거의 같다고 볼 수 있다. 실제 중합반응에서 연쇄중합과 축차중합의 중요한 차이로 담임선생의 등장으로 비유된 개시반응이 축차중합에서는 열의 늘어남 즉 고분자의 성장반응에 비하여 매우 빠르다. 이에 비하여 연쇄중합은 개시반응이 느린 편이며 개시반응의 활성화 에너지(activation energy)가 커서 개시반응이 반응초기부터 반응말기까지 지속적으로 계속되는 경우도 있다. 이러한 것에 대한 자세한 사항들은 후에 기술되는 여러 가지 사항들을 참조하면서 그 의미를 음미하기 바란다.

그림 9-4은 중요한 세 가지 중합반응에 있어서 중합반응율에 대하여 형성되는 고분자의 분자량을 그림으로 나타내었다.

고분자를 형성하는 중합반응은 거의 모든 경우의 반응이 그 형성되는 모양에 따라 분류한다면 이러한 세 가지 경우, 즉 단계중합, 연쇄중합, 축차중합 중 하나에 속한다고 볼 수가 있다. 그러나 교재에 따라서 축차중합을 별도로 분리하지 않고 생각하는 경우가 많으므로 주의하여야 한다. 더군다나 교재에 따라서는 중합방법의 명명 자체가 본 교재와 다른 경우도 많으므로 본 교재에 사용된 용어들은 저자의 생각에 가장 합리적이다라고 생각되어 사용하고 있는 것뿐이므로 이것들이 절대적으로 옳다는 경직된 생각은 하지 않길 바란다.

기본적으로는 위의 세 가지 중 하나에 속하나 그 고분자를 형성하는 반응의 모양이나 종류, 메카니즘의 특수성에 따라 부가중합(addition polymerization), 환화중합(cyclopolymerization), 개환중합(ring opening polymerization), 탈리중합(elimination polymerization), 중부가중합(polyaddition polymerization), 중축합중합(polycondensation polymerization) 등으로 분류될 수 있다.

이러한 고분자의 형성반응이 고분자를 형성할 수 있는 활성화 에너지를 어디에서 얻느냐에 따라서 분류할 수도 있는데, 이때 활성화 에너지원으로 열, 빛, 방사선, 초음파, 플라즈마 등 많은 것들이 쓰일 수 있는데, 그에 따라 열중합, 광중합, 방사선중합 등으로 명명할 수 있다.

또 다른 분류법으로 중합 반응액의 상태에 따라 괴상중합(bulk polymerization), 현탁중합

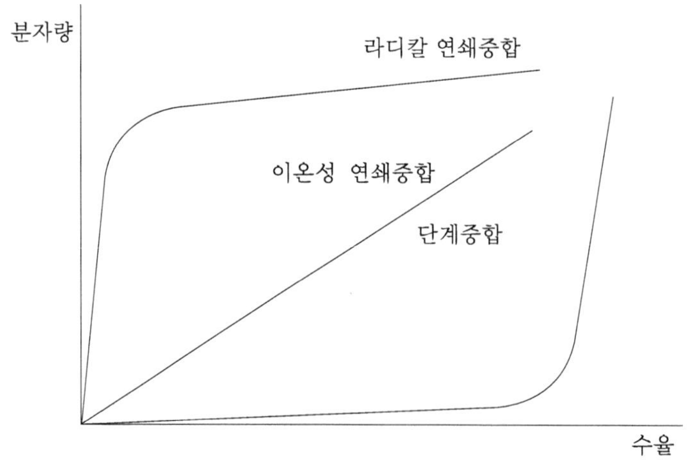

그림 9-4 ◦ 세 가지 중요한 중합과정에 따른 수율과 얻어진 고분자의 분자량과의 관계.

(suspension polymerization), 유화중합(emulsion polymerization), 용액중합(solution polymerization) 등으로 분류되기도 하는데, 괴상중합이란 고분자를 합성할 때 어떠한 매질도 없이 단지 단량체와 미량의 필요한 개시제나 첨가제만으로 중합을 진행하는 경우로 그 이름이 뜻하는 바와 같으며, 나머지의 경우도 중합반응액의 상태가 현탁, 유화, 용액 상태인 것을 생각하면 쉽게 이해가 갈 것이다. 이외에도 같은 원리에 의하여 슬러리 중합(slurry polymerization)이나 가스상태 중합(gas phase polymerization), 유동상 중합(fluidized bed polymerization) 등의 용어들이 쓰이고 있다.

연쇄중합이나 축차중합의 경우는 고분자쇄 성장말단의 이온상태, 이는 곧 개시제로부터 발생한 중합활성종의 모양이 되는데 이에 따라 라디칼 중합, 음이온 중합, 양이온 중합, 배위중합(coordination polymerization) 등으로 분류할 수도 있다.

이외에도 중합방법을 기술하는 많은 용어들이 있을 수 있으나 여기에서는 이 정도로 마무리하고, 지금까지의 내용을 다시 한번 정리하면 표 9-2와 같다.

표 9-2 • 여러 가지 기준에 따른 중합반응의 분류

기준	분류 예
고분자 형성과정	연쇄중합, 단계중합, (축차중합)
성장 말단의 모양	라디칼, 음이온, 양이온, 배위
중합기능기의 반응모양	부가중합, 축합중합, 환화중합, 개환중합 탈리중합, 중부가중합
중합반응계의 상태	괴상중합, 현탁중합, 유화중합, 용액중합 가스상중합, 슬러리중합, 유동상중합
중합 에너지원	열중합, 광중합, 플라즈마중합 초음파중합, 이온빔중합, 방사선중합

연 습 문 제

1. 고분자의 중합반응의 진행과 더불어 일어나는 물리적 및 화학적인 변화를 생각하고 토론해 보시오.

2. 유기화합물의 합성에 있어서 탄소-탄소 결합을 형성시키는 것이 어려운 이유를 논하라.

3. 다음 고분자의 반복단위 및 단량체를 구하라.
   1) PVC　　2) 나일론 6,6　　3) 나일론 6
   4) 폴리에스터(PET)

4. 비닐그룹의 수소원자 대신에 가능한 여러 가지 원자나 화학그룹들의 예들을 제시하라.

5. 괴상중합은 단량체를 고분자로 전환하는 가장 간단한 기술이다. 그러나 대부분의 비닐 단량체나 올레핀 단량체의 경우 중합반응중에 발생하는 높은 중합열의 분산이 중합기술에 있어서 중요한 문제점으로 대두된다. 중합 열을 분산시킬 수 있는 여러 가지 방법들을 기술하라.

6. 용액중합에 있어서 용매로의 연쇄이동 반응 외에 점도와 중합된 고분자의 정제가 종종 문제점으로 나타난다. 이들 문제를 개선할 수 있는 방법들을 논하라.

7. 메타크릴산 메틸(MMA, methyl methacrylate)을 물 속에서 중합하는 것은 전형적인 침전중합의 예로 볼 수 있다. 이들의 장단점을 토의하라.

8. 고분자량의 초산비닐 고분자(poly(vinyl acetate))는 기상중합법 (gas-phase polymerization)에 의하여 얻을 수 있다. 왜 이 중합법이 고분자량의 고분자를 얻는데 유용한 기술인지 설명하라.

10장 단계중합

10.1 축합중합

10.1.1 서론

축합중합(condensation polymerization)은 저분자의 유기반응에서 축합반응 (condensation reaction)을 이용한 고분자의 형성반응이다. 유기화학에서 다음과 같은 흔한 아미드 형성반응을 기억할 것이다.

이 반응에서 카르복실산과 아민과의 축합반응에 의하여 아미드 그룹이 형성되고 물이 부산물로 생성된다. 이러한 축합반응(condensation reaction)을 중합(polymerization)의 형태로 이용하는 반응이 축합중합이다. 그러므로 고분자가 형성되기 위하여 저분자 물질인 단량체는 적어도 둘 이상의 중합기능기를 가져야 함을 알 수 있을 것이고, 이러한 축합반응은 단계중합의 가장 대표적인 경우이며, 축합과 함께 형성되어 나오는 저분자 부산물도 경우에 따라서는 염화수소, 알코올, 암모니아 등이 될 수가 있다.

표 10-1에는 공업적으로 사용되는 중요한 축합중합의 중합기능기들을 나타내고 있다. 우리가 넓은 의미로 폴리아미드나 폴리에스터라고 칭할 때 이는 축합중합이나 경우에 따라서는 다른 중합법에 의하여 형성된 고분자쇄중의 아미드 그룹인 -NHCO-나 에스터 그룹인 -COO-에 의하여 명명되었음을 짐작할 수 있을 것이다.

표 10-1 ◦ 축합중합에 이용되는 그룹들

기능기 A	기능기 B	형성되는 고분자	이름
$-C(=O)-OH$	$-NH_2$	$-C(=O)-NH-$	polyamide
$-C(=O)-OR$	$-NH_2$	$-C(=O)-NH-$	polyamide
$-C(=O)-OH$	$-OH$	$-C(=O)-O-$	polyester
$-OH$	$-X$	$-O-$	polyether
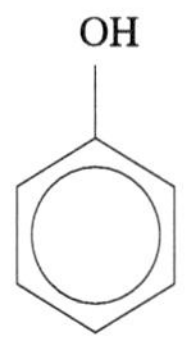	HCHO	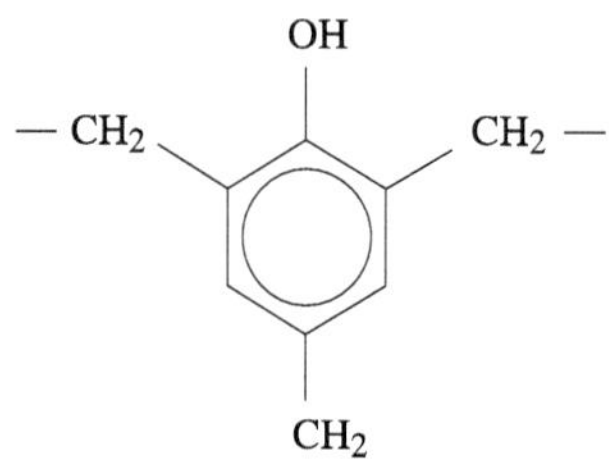	phenol resin

이제 위의 아미드형성 축합반응을 폴리아미드의 경우로 확장해 보자.

$$H_2N-(CH_2)_x-NH_2 \quad + \quad HO_2C-(CH_2)_y-CO_2H$$

$$\longrightarrow \quad \left(NH-(CH_2)_x-NH\overset{O}{\overset{\|}{C}}-(CH_2)_y-\overset{O}{\overset{\|}{C}} \right)_n$$

여기에서 카르복실 그룹은 친전자체(electrophile)이고, 아민 그룹은 친핵체(nucleophile)인 일반적인 유기반응과 같은 원칙을 적용할 수 있다. 그리하여 이 반응은 평형반응이며, 부산물로 생성되는 물을 제거해야만 반응이 오른쪽으로 진행되어 높은 분자량의 고분자를 얻을 수 있다. 그런데 여러 가지 중합기능기 중에서도 친전자성 그룹으로 카르보닐(carbonyl) 그룹은 매우 중요하다. 공업적으로 중요한 축합중합형 고분자는 그것이 범용고분자이든 특수한 용도의 엔지니어링 플라스틱이든 거의 대부분 친전자체 단량체는 그 화학구조에 카르보닐 그룹을 함유하고 있음을 앞으로 알게 될 것이다.

또 하나 중요한 사항으로 이러한 축합중합에서는 많은 경우 단량체들에 있어서 고리화

(cyclization) 반응이 경쟁적으로 일어난다는 사실이다. 특히 단량체의 구조가 다섯 고리, 여섯 고리, 일곱 고리의 구조를 형성하기 쉬운 구조일 때는 이러한 반응이 더욱 더 잘 일어난다.

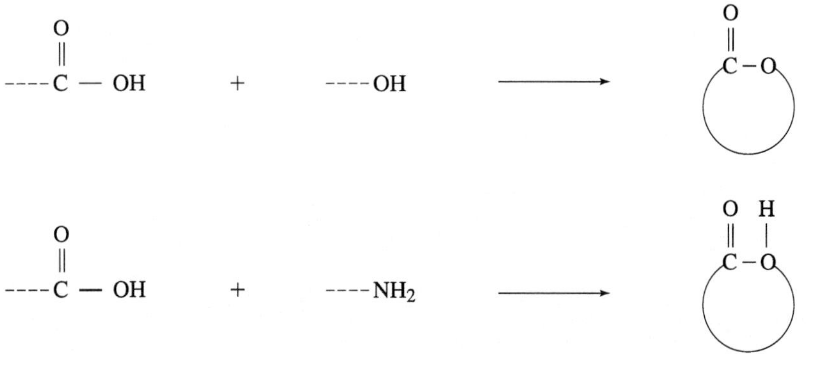

이와 같은 고리화된 에스터나 아미드 화합물은 락톤(lactone), 락탐(lactam)으로 각각 관용적으로 쓰이고 있는데, 이러한 화합물은 나중에 배우게 될 개환중합의 단량체로 중요한 역할을 하게 된다.

10.1.2 축합중합의 동력학

축합중합은 지금까지 기술한 바와 같이 반응이 평형반응이고 가역적이므로 고분자를 형성하면서 생성되는 부산물인 저분자 화합물을 제거하면서 반응을 진행시킬 필요가 있다. 그런데, 이러한 축합중합의 동력학을 기술하는데 있어서 저분자의 반응과 비교하여 고려해야만 할 중요한 사실로 단량체에서 이량체, 삼량체, 그리고 올리고머로 분자량이 증가하면서 중합기능기의 반응성이 초기의 단량체의 반응성과 같은 상태로 남아 있느냐 하는 문제이다. 이는 우리가 반응속도를 기술하는데 있어서 반응속도는 반응속도상수와 반응물 농도의 지수함수로 항상 표시될 수 있으며, 반응물의 농도는 엄밀한 의미로 반응기의 농도라고 할 수 있기 때문이다. 저분자의 반응과는 달리 고분자의 형성 반응은 반응물의 상태가 계속해서 변하기 때문에 이 변화에 따라 중합기능기의 반응성이 계속 변한다면 반응속도를 동력학적으로 기술하는 것이 매우 어렵기 때문이다.

그러나 다행스럽게도 고분자의 성장과 함께 고분자쇄의 길이가 증가하더라도 말단그룹의 반응성은 항상 일정하게 유지되는 것이 실험적으로 확인이 되었으며 이를 정성적으로 설명하고 있다. 이 법칙을 등반응성의 법칙(law of equal reactivity)이라고 하는데 고분자의 동력학을 기술하는 데 있어서 출발이 되는 매우 중요한 개념이다.

축합중합의 동력학 기술에 있어서 많은 경우 대표적인 예로 등장하는 다음과 같은 폴리에스터의 축합중합을 보기로 하자.

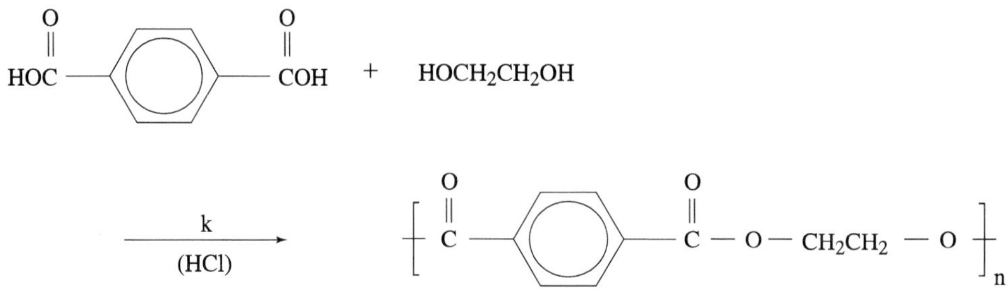

카르복실산과 수산기의 반응에 의한 에스테르의 형성반응은 강산이나 루이스 산이 촉매로 사용되는데 촉매를 사용하지 않을 때는 카르복실산 자신이 촉매의 역할을 한다. 그리하여 중합 반응의 속도는 카르복실 그룹이나 수산기의 감소속도로 나타낼 수 있는데, 이들 중합기능기의 농도를 c로 나타내면 다음과 같이 표현될 수 있다.

$$-d[CO_2H]/dt = k[CO_2H]^2[OH] \tag{1}$$

$$-dc/dt = kc^3 \tag{2}$$

위의 식 (2)를 적분하면

$$2kt = 1/c^2 + 상수 \tag{3}$$

여기서 농도 c를 단위체적당 반응에 관여하는 기능기의 농도로 나타내기로 하고, 그 초기농도를 c_0로 두면 반응도 p를 다음과 같이 나타낼 수 있다.

$$p = \frac{c_0 - c}{c_0} \tag{4}$$

식 (4)를 식 (3)에 대입하여 정리하면 다음과 같은 시간에 따른 중합반응의 진행정도가 얻어질 수 있다.

$$2c_0kt = 1/(1-p)^2 + 상수 \tag{5}$$

이제 평형반응인 축합중합에 있어서 분자량을 높이기 위한 여러 가지 방법들을 모색해 보기로 하자. 중합 반응계 중에 초기에 N_0개의 단량체가 있었다고 가정을 하자. 그런데 여기에서 단량체의 개수로 하지 않고 단량체에 있는 기능기의 개수를 매개로 하여도 결과는 같게된다. 반응율 p가 되었을 때 분자수가 N으로 감소하면 수평균 중합도 P_n은 식 (6)으로 나타낸다.

$$P_n = N_0/N = C_0/C = 1/(1-p) \tag{6}$$

반응율 p와 수평균중합도 P_n과의 관계를 그림과 표로 나타내면, 표 8-4와 그림 8-5과 같다.

여기에서 우리는 축합중합의 중요한 하나의 특징을 관찰할 수 있는데, 그것은 고분자로서의 특징을 나타낼 수 있는 분자량이 되기 위해서는 거의 100%에 가까운 반응율을 이루어야만 한다는 사실이다. 지금 단량체의 분자량이 200 g/mol이라고 가정한다면 반응율 95%에서 우리는 기껏해야 수평균 분자량 4,000 g/mol의 고분자가 얻어지며 99%의 반응율에서도 20,000 g/mol의 고분자 화합물이 얻어지는 것을 이론적으로 계산해 낼 수 있다.

표 10-4 • 반응도와 수평균중합도의 관계

반응율(%)	0	50	80	90	95	99	99.9
수평균중합도 (Pn)	1	2	5	10	20	100	1000

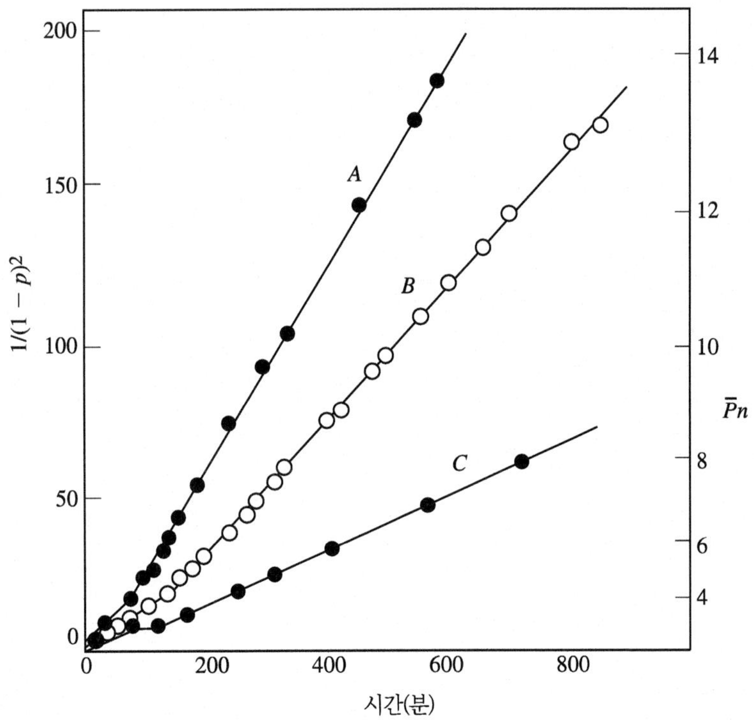

그림 10-5 • 폴리에스터의 가열 축합중합에 있어서 식 6의 성립과 시간에 따른 중합도의 변화 관계.
A : 디에틸렌글리콜-아디프산 (202 ℃)
B : 디에틸렌글리콜-아디프산 (166 ℃)
C : 디에틸렌글리콜-카프론산 (166 ℃)
(단 A는 시간의 값을 2배로 하였음)

축합중합은 평형반응이며 가역반응이므로 중합반응식을 가능하면 오른쪽으로 진행시키기 위해서는 생성되는 물이나 알코올, 염화수소 등을 제거해 가면서 반응을 진행시켜야 한다. 이를 평형상수 K를 도입하여 보다 명확하게 분석해 보기로 하자. 앞에 나온 폴리에스터의 축합중합에서 반응율 p에서는 p 몰의 에스터 그룹이 생성되고 미반응 상태로 남아있는 카르복실 그룹이나 히드록실 그룹의 몰수는 (1-p)가 될 것이다. 그리고 에스터 그룹의 형성으로 생성되는 물의 몰수도 p몰이 되나 이는 생성되는 물의 총량이고, 반응기내에 있는 물의 양은 제거정도에 따라 달라지므로 이를 우리는 w라 두고 평형상수 K를 다음과 같이 표현할 수 있을 것이다.

$$K = \frac{p\omega}{(1-p)^2} \tag{7}$$

식 (7)을 p에 대하여 풀면 식 (8)과 같이 된다.

$$p = \frac{1 + 2\beta \pm \sqrt{1+4\beta}}{2\beta} \tag{8}$$

여기서 β=K/ω이다. p는 항상 1보다 적은 값이므로 식 (8)에서 양의 해는 무의미하여 식 (9)와 같이 된다.

$$p = \frac{1 + 2\beta - \sqrt{1+4\beta}}{2\beta} \tag{9}$$

여기에 식 (6)을 식 (9)에 대입하여 수평균중합도를 구하면, 식 (10)이 된다.

$$P_n = \frac{2\beta}{\sqrt{1+4\beta} - 1} \tag{10}$$

β는 일반적으로 1보다 아주 큰 값이므로 식 (10)은 식 (11)과 같이 간소화 될 수 있다.

$$P_n \simeq \sqrt{\beta} = \sqrt{K/\omega} \tag{11}$$

최종적으로 나온 식 (11)로부터 우리는 축합중합에서 고분자량의 중합물을 얻기 위해서는 평형상수 K를 아주 크게 하거나 생성되는 부산물인 물을 철저하게 제거해 주어야 한다는 것을 알 수 있다. 이러한 원리는 위에서 예를 든 폴리에스터뿐만 아니라 거의 모든 종류의 축합중합형 고분자에 적용될 수 있다. 평형상수 K는 단량체의 종류에 따라 다르나 같은 단량체에서는 반응온도에 의존하는 상수이므로 우리는 축합중합반응을 진행시키기 위하여 가장 쉬운 방법으로 생성 부산물인 물을 철저히 제거해야 한다는 것을 알 수 있다.

그런데, 지금까지의 설명은 어디까지나 단량체의 중합반응기인 카르복실산 그룹과 히드록실 그룹의 당량비가 1:1의 관계에 있을 경우이다. 그러나 이와 같이 정확히 중합반응기의 당량비가

1:1이 되는 것은 매우 힘들며 당량비의 벗어남이 분자량에 큰 영향을 미친다. 이러한 사실을 식으로 표현해 보기로 하자.

이제 중합기능기 A와 B를 가진 초기의 분자수를 각각 N_A와 N_B로 하고 N_A보다 N_B가 과잉으로 존재한다고 가정을 한다. 이제 N_A와 N_B의 비, 즉 $N_A/ N_B = r$ 이라 두면 초기의 분자수는 식 (12)와 같이 정리된다.

$$\frac{(N_A + N_B)}{2} = \frac{N_A(1 + 1/r)}{2} \tag{12}$$

여기서 반응율 p를 도입하여 A 기능기 및 B 기능기를 가진 분자는 각각 N_Ap 만큼 반응을 하였다고 할 수 있으므로, 미반응의 기능기의 분자수는 식 (13)과 같이 된다.

$$N_A(1-p) + (N_B - N_A p) = N_A[2(1-p)+(1-r)/r] \tag{13}$$

이때 미반응 상태로 남아 있는 기능기의 총수는 반응계에 존재하는 고분자 분자수의 두 배이므로, 우리는 수평균중합도를 앞에서 다룬 식 (6)으로부터 식 (12)와 식 (13)을 결합하여 식 (14)와 같이 표현할 수 있다.

$$\begin{aligned} P_n &= \frac{N_A(1+1/r)/2}{N_A[2(1-p) + (1-r)/r]/2} \\ &= \frac{1 + r}{2r(1-p) + (1-r)} \end{aligned} \tag{14}$$

따라서 중합반응이 완결된 상태에서 반응율 p는 1이 되므로 이론적으로 얻을 수 있는 수평균중합도는 다음 식 (15)와 같이 나타낼 수 있다.

$$P_n = \frac{1 + r}{1 - r} \tag{15}$$

이 식 (15)로부터 우리는 축합중합에서 중합기능기의 정확한 당량비의 조절이 매우 중요함을 알 수 있다. 위의 식으로부터 우리는 한 중합기능기의 과잉이 1 %만 된다고 하여도 이론적으로 얻을 수 있는 최대의 수평균중합도는 200 정도임을 알 수 있다. 이는 한 단량체의 분자량을 100 g/mol로 가정 한다면, 얻을 수 있는 최대한의 수평균 분자량은 20,000 g/mol 정도임을 나타내는 것이며, 실제로는 이보다 더 낮은 고분자를 축합중합할 가능성이 매우 크다. 이와 같은 1% 정도의 과잉은 소규모 반응에서는 단량체의 순도나 실험적 오차에서도 얼마든지 일어날 수 있는 사실이므로 주의하여야 한다. 그러므로 고분자량의 축합중합체를 얻기 위해서는 당량비를 정확히 조절할 필요가 있다.

10.1.3 축합중합에 의한 고분자의 합성

축합중합에서는 다른 중합과 비교하여 중요한 차이점으로 저분자량의 부산물이 발생하고 이를 제거해야 된다는 것과, 서로 다른 종류의 단량체를 사용하여 축합반응을 진행해야 하는 경우는 중합기능기의 당량비를 정확히 조절해야 한다는 특징이 있음을 우리는 알게 되었다. 그리하여 중합방법으로 가장 많이 채택되는 것으로는 가열에 의한 괴상중합의 방법이나 계면중합의 방법이 있다. 이는 용액중합, 유화중합, 현탁중합 등의 방법이 특수한 시스템을 제외하고는 용매나 분산제로 사용되는 물 또는 용매 때문에 감압에 의한 부산물의 제거가 어렵다는 점도 있고, 또한 대부분의 축합중합이 가역적인 평형반응이라는 관점에서도 다량의 분산제인 물 혹은 용매의 존재는 중합반응을 위해서 바람직하지 않기 때문이다.

계면중합을 채택하는 경우는 수용액상과 유기상에 녹는 두 종류의 단량체가 계면에서 만나 중합체를 형성하는 경우의 반응으로 축합중합에서는 특히 산염화물 단량체를 유기상에 녹인 방법이 특히 많이 사용된다. 산염화물 단량체는 카르보닐그룹을 함유한 축합중합형 단량체 중에서도 특히 반응성이 높아 계면축합중합의 단량체로 많이 사용되며, 또 이 경우는 축합반응에 의하여 생성된 염화수소를 수용액상에서 아민 화합물과의 염으로 포착하는 방법이 가장 널리 사용되고 있다.

$$H_2N - (CH_2)_6 - NH_2 \quad + \quad Cl\overset{O}{\overset{\|}{C}} - (CH_2)_{10} - \overset{O}{\overset{\|}{C}}Cl$$

$$\xrightarrow[-HCl]{\text{pyridine}} \quad \left[NH - (CH_2)_6 - NH\overset{O}{\overset{\|}{C}} - (CH_2)_{10} - \overset{O}{\overset{\|}{C}} \right]_n$$

이제 축합중합에 의하여 형성되는 대표적이 고분자인 나일론 6,6과 폴리에스터의 경우를 예로 보기로 한다. 공업적인 생산에 있어서는 당량비를 정확하게 1:1로 조정하는 것이 그렇게 간단하지가 않다. 나일론 6,6의 경우는 당량비의 조정을 위하여 나일론 염을 만드는 방법을 사용한다. 헥사메틸렌디아민과 아디프산은 이들 두 단량체를 녹일 수 있는 메탄올 속에서 다음과 같은 구조의 나일론 염으로 침전을 형성한다.

$$\overset{\oplus}{H_3N} - (CH_2)_6 - \overset{\oplus}{NH_3}\overset{\ominus}{O}\overset{O}{\overset{\|}{C}} - (CH_2)_4 - \overset{\ominus}{CO_2}$$

이렇게 형성된 염은 당량비가 1:1의 상태일 수밖에 없으며, 축합반응은 이 염을 200℃ 이상의 온도와 감압하에서 물이 제거되면서 진행된다.

폴리에스터의 경우는 초기에 과량의 에틸렌글리콜을 테레프탈산(TPA, terephthalic acid)이나 디메틸테레프탈레이트(DMT, dimethyl terephthalate)와 반응시켜 디에틸렌글리콜테레프탈레이트를 형성시키고, 이어서 촉매와 감압하에서 에스테르 교환반응에 의하여 에틸렌글리콜을 제거하면서 중합체로 전환한다.

그러나 주의할 점은 여기에 나타난 중합법이 유일한 방법이라는 경직된 생각은 버려야 한다. 본 교재에서는 어디까지나 공업적으로 사용되는 대표적인 방법을 소개할 뿐이다. 실제의 생산방법은 제조업체에 따라서 조금씩 다르며 사용하는 촉매나 세부적인 공정들은 매우 다를 수도 있다는 것을 알아야 한다.

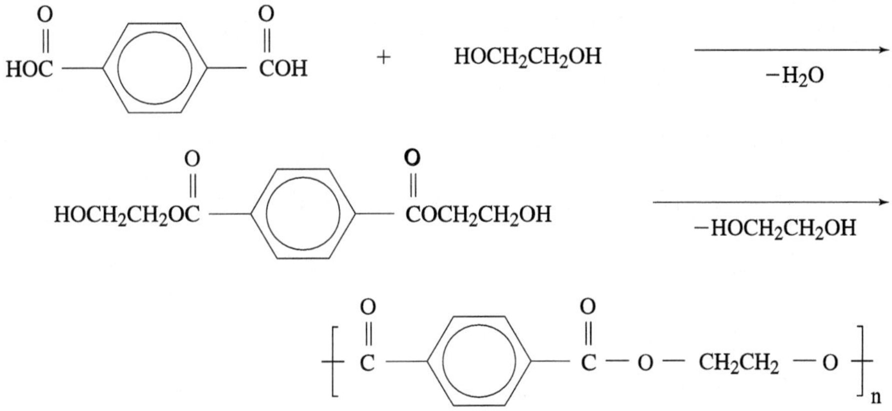

10.2 중부가반응

여기에서 중부가반응이란 축합중합과 마찬가지로 단계적인 중합반응의 형태이면서도 중합 후 제거해야 할 어떠한 부산물도 형성되지 않는 종류의 중합반응을 의미한다. 그러나 광의의 부가중합(addition polymerization)은 이 장에서 논하고자 하는 중부가반응은 물론 뒤에서 다룰 비닐계 단량체의 연쇄중합까지도 포함하므로 분류에 있어서 주의를 하여야 한다.

중부가반응에 의하여 형성되는 고분자의 대표적인 경우는 폴리우레탄이 있으며, 이와 원리가 아주 비슷한 우레아 수지나 멜라민 수지도 모두 중부가반응에 의하여 형성되는 고분자들로 볼 수 있다. 이들 고분자들은 모두 친전자체로서의 반응성이 뛰어난 이소시아네이트(isocyanate) 그룹의 반응성을 이용한 중합체들이다. 이소시아네이트 그룹과 반응하는 대표적인 그룹으로는 히드록실그룹과 아민 그룹이 있다.

$$R-\overset{\delta-}{N}=\overset{\delta+}{C}=O \quad + \quad \overset{\delta+}{H}-O-\overset{\delta-}{R'} \longrightarrow R-\overset{H}{\overset{|}{N}}-\overset{O}{\overset{\|}{C}}-O-R'$$

$$R-N=C=O \quad + \quad H_2O \longrightarrow \left[\ R-NH-CO_2H\ \right]$$

$$\longrightarrow R-NH_2 \quad + \quad CO_2$$

다음과 같은 이소시아네이트 그룹과 히드록실 그룹과의 반응에 의하여 형성되는 폴리우레탄을 보기로 하자. 폴리우레탄의 주 골격은 이소시아네이트 그룹과 히드록실 그룹과의 반응이지만 여기에 소량의 물을 가하면, 위의 반응에서와 같이 이산화탄소가 발생하고 이소시아네이트 그룹에서 변화된 아민그룹은 다음과 같이 우레아결합을 형성하게 된다.

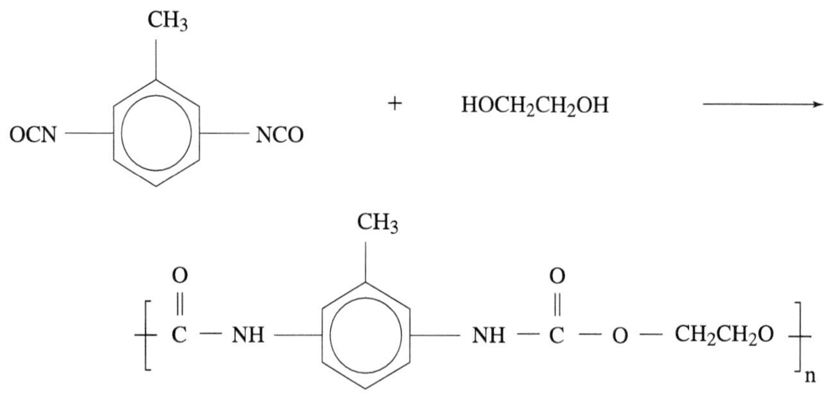

$$OCN(CH_2)_6CO \quad + \quad H_2N(CH_2)_6NH_2 \longrightarrow$$

$$\left[\ \overset{O}{\overset{\|}{C}}-NH(CH_2)_6NH\overset{O}{\overset{\|}{C}}NH(CH_2)_6NH\ \right]_n$$

이와 같은 원리로 중합된 고분자 제품들로 우리가 스폰지라고 부르기도 하는 폴리우레탄 폼의 제품들을 예로 들 수 있다. 이들 우레탄 폼에 사용되는 수산기를 가진 중요한 고분자 형태의 단량체로 에틸렌옥시드, 프로필렌옥시드, 테트라히드로퓨란 등으로부터 합성된 폴리에테르 고분자가 있다. 이들은 분자량 2000에서 3000정도의 것으로 양쪽 말단이 수산기를 가지고 있어 단량체로 이용될 수 있다. 이런 종류의 단량체를 HO-P-OH로 간략히 표시를 하고 폴리우레탄 폼의 형성과정을 나타내면 다음과 같다.

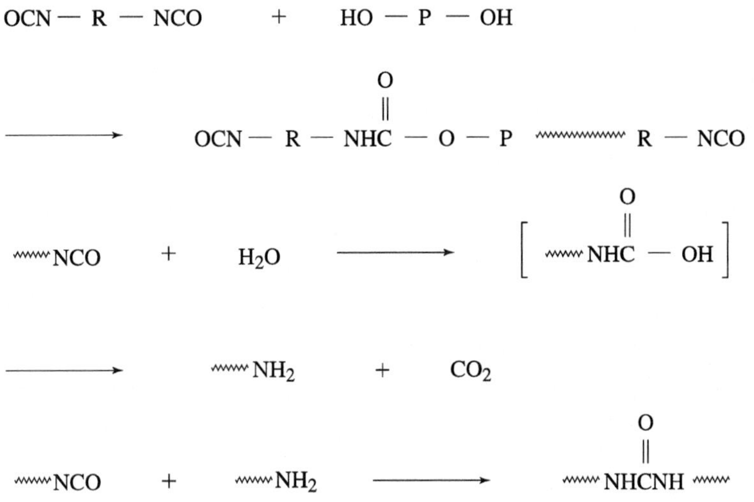

이소시아네이트 그룹과 유사한 형태로 중부가중합에 의하여 중합체를 형성하는 고분자의 다른 형태로 에폭시 수지가 있다. 에폭시 수지의 대표적인 경화반응의 예가 될 수 있는 다음과 같은 반응을 보자.

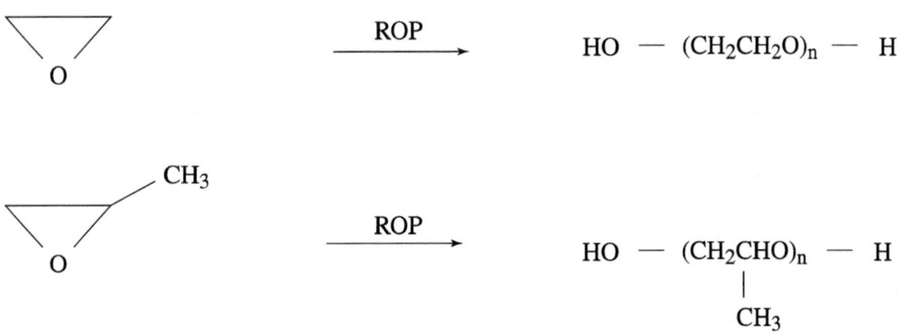

그러나 여기에서 산소를 포함한 세 고리 화합물인 에폭시 그룹(국제순수응용화학연합에서는 이를 옥시란(oxirane)으로 칭할 것을 권장함)은 친전자체로서 개환을 동반한 부가반응의 모양을 하고 있다. 나아가 반응 후에 생성된 고분자 결합의 질소원자나 산소원자의 비공유 전자쌍들은 다시 다른 에폭시 그룹과 반응하여 가교형의 열경화성 수지가 됨을 주의하여야 한다. 그리하여 우리가 에폭시 수지라고 얘기할 때는 산소를 함유한 세 고리 화합물이 촉매에 의하여 개환 연쇄중합의 형태로 경화되는 것도 포함함을 알아야 한다. 그러나 같은 에폭시 그룹의 개환 연쇄중합에 의한 고분자라도 다음과 같은 고분자는 에폭시 수지로 분류되지 않는다. 이는 화학적으로는 개환 연쇄중합형 에폭시 수지와 같으나 단량체나 형성된 고분자의 성질이 일반적인 에폭시 수지와는 완전히 다른 형태이기 때문이다.

연 습 문 제

1. 다음 반응들에 있어서 중합기능기들은 무엇인가? 그리고 이들의 반응에 의하여 어떠한 형태의 고분자가 형성되는가?

1) $HOCH_2CH_2OH$ + $HO_2CCH_2CO_2H$ →

2) $H_2N(CH_2)_6NH_2$ + $HO_2C(CH_2)_4CO_2H$ →

2. 축합중합에 있어서 고분자의 분자량을 높이기 위해서는 어떠한 방법들이 사용될 수 있겠는가?

3. 다음 고분자 화합물의 구조를 중합반응에 의하여 변화된 부분을 중심으로 그려라.

1) 폴리아미드
2) 폴리우레탄
3) 폴리카보네이트
4) 폴리에스터

4. 나일론 6,6은 계면중합에 의하여 실험실에서 쉽게 중합할 수 있다. 나일론 6,6의 중합을 단량체와 중합방법들을 고안하여 발표하라.

5. 카보닐 그룹을 함유한 단량체들의 예를 들고 이들을 반응성의 순서대로 나열하라.

11장 연쇄중합

11.1 라디칼 연쇄중합

우리가 고분자의 중합법을 크게 두 종류로 분류한다면 지금까지의 단계중합과 연쇄중합으로 나눌 수 있는데, 연쇄중합 중에서도 고분자공업의 측면에서 가장 중요한 중합법이 라디칼 연쇄중합이라고 볼 수 있다.

라디칼(radical)이란 쌍을 이루고 있지 않는 부대전자를 한 개 이상 가지고 있는 원자나 분자를 말한다. 트리메틸메탄 즉, 이소부탄에서 탄소와 수소의 공유결합이 어느 쪽으로도 이온화되지 않고 분해되어 생성된 그림 11-1과 같은 구조의 화합물을 보자.

공유결합한 수소가 분해되어 떨어진 위와 같은 구조는 분해전의 sp^3 구조에서 sp^2 구조로 바뀌었으며 탄소의 p-궤도에 부대전자 한 개가 있음을 알 수 있다. 이러한 라디칼 화합물들은 특수한 구조의 몇몇 화합물을 제외하고는 매우 불안정하여 분리해 낼 수 없으며, 단지 중간체의 상태로 존재하게 된다. 성장중에 있는 라디칼 연쇄중합형 비닐중합체들의 성장말단은 모두 위와 같은 구조의 라디칼 형태이다. 그러나 라디칼을 함유한 원자는 탄소이외의 다른 원자도 될 수 있으며, 특히 산소에 편재해 있는 라디칼은 고분자 화학에서 중요한 의미를 지니고 있다. 라디칼이 불안정하다는 말은 곧, 라디칼의 반응성이 매우 높다는 말과 동일한 말이다. 그러나 다행스럽게도 라디칼은 물과의 반응성이 거의 없어 뒤에서 다룰 유화중합이나 현탁중합이 가능해 공업적인 고분자의 생산에 매우 중요한 몫을 차지하고 있다. 이는 뒤에서 다룰 이온성 연쇄중합과 비교하여 커다란 장점으로 비닐 단량체들을 공업적으로 중합할 때도 이온 연쇄중합이 거의 쓰이지 않는다는 사실과 같은 말이 된다.

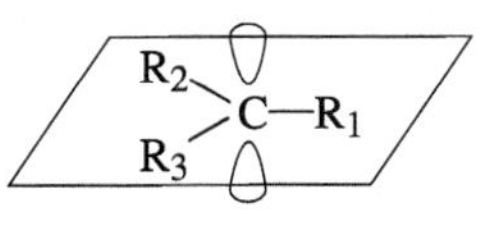

그림 11-1 • 삼치환성 탄소 라디칼 (R1R2R3C•)의 구조.

연쇄중합은 어떤 외부의 에너지에 의하여 생성된 라디칼에 의하여 단량체가 연쇄적으로 라디칼과 반응함으로써 고분자를 형성하는 반응이다. 이와 같이 외부의 에너지에 의하여 라디칼을 형성할 수 있는 화합물을 라디칼 개시제(initiator)라고 한다. 라디칼을 형성하는 화합물로는 한 성분의 화합물로만 개시제의 역할을 하는 경우와 두 성분 이상의 화합물이 결합하여 라디칼을 형성하는 경우로 대별할 수 있으며, 후자의 경우에는 거의 대부분 화합물들 간의 산화/환원 반응에 의하여 라디칼을 발생시킨다.

먼저 고분자 공업에서 가장 널리 사용되는 라디칼 개시제에는 크게 나누어 아조 화합물, 과산화 화합물, 유기금속 화합물로 나눌 수 있다. 그러나 거의 모든 유기화합물은 순수한 상태에서 외부의 열에너지에 의하여 라디칼을 함유한 종들로 화학결합이 끊어진다고 볼 수 있으며, 중요한 것은 고분자 중합의 개시제로 쓰일 수 있을 만큼 비교적 저온에서 라디칼을 생성할 수 있는가 하는 것이다. 그러나 너무 저온에서 분해되는 화합물들은 보관, 취급, 운송 등이 어려워 적당하지 않다.

표 11-1에서는 대표적으로 사용되는 라디칼 개시제의 성질들이 나타나 있다. 여기에서 우리는 중합계를 설계하는데 있어서 어느 정도의 온도에서 몇 시간에 걸쳐서 중합을 진행할 것인가에 따라 선택되는 개시제가 달라져야 한다는 것을 알 수 있다. 그러면 다음과 같은 아조화합물이나 과산화물의 라디칼 생성과정을 보라.

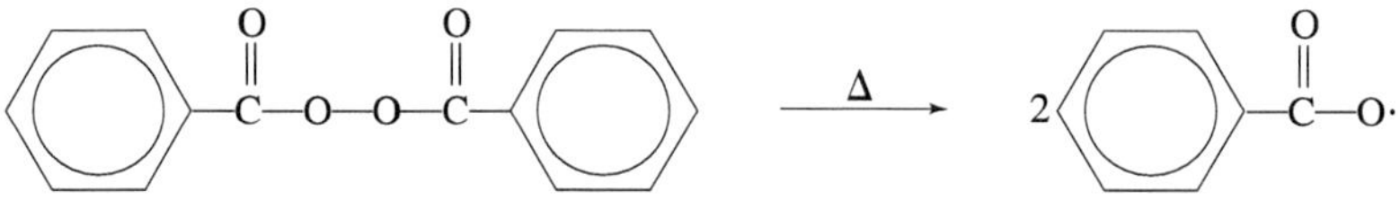

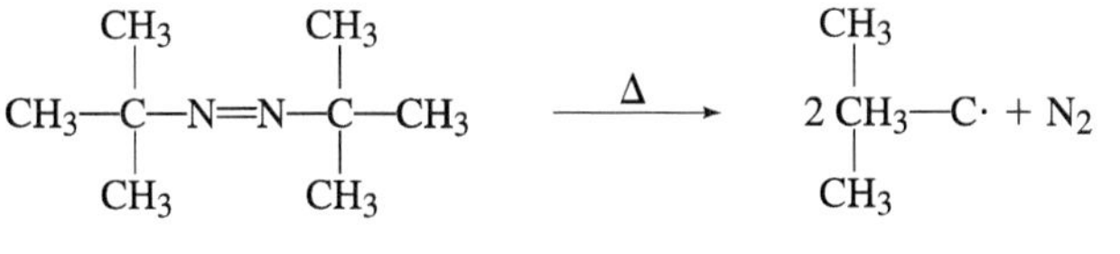

또 다른 하나의 개시제로는 산화성 물질과 환원성 물질이 짝을 이루어 개시제를 형성하는 것이 있다. 산화성 물질로 사용되는 거의 대부분의 물질은 과산화 화합물인데 위에서와 같이 열분해에 의하여 라디칼을 형성하는 반응은 환원성 물질의 도움으로 훨씬 낮은 활성화 에너지로 분해하여 라디칼을 형성하게 된다.

일반적으로 많이 사용되는 수용성 레독스 산화제로는 과황산염, 과산화수소, 알킬과산화수소(ROOH) 등이며, 이와 짝을 이루는 환원제는 $NaHSO_3$나 Fe^{2+}염 등이 대표적으로 쓰인다. 이와 비교하여 비수계레독스 산화제로는 앞의 표 11-1에 나온 여러 종류의 과산화물과 이와 짝을

표 11-1 • 대표적인 과산화물 라디칼 개시제

	과 화 합 물	사용온도(℃)	70℃에서의 반감기(시간)
과산화수소	H—O—O—H	30 ~ 80℃	
과황산칼륨	$KO-S(=O)_2-O-O-S(=O)_2-OK$	30 ~ 80℃	수용액, pH≥4에서 10.5
과산화디벤조일	$C_6H_5-C(=O)-O-O-C(=O)-C_6H_5$	40 ~ 100℃	벤젠에서 10.3
과산화디라우로일	$H(CH_2)_{11}-CO-O-O-CO-(CH_2)_1$	50 ~ 110℃	벤젠에서 3.2
수소과산화큐멘	$C_6H_5-C(CH_3)_2-O-OH$	50 ~ 120℃	벤젠에서 66×10^3
과산화디-t-부틸	$CH_3-C(CH_3)_2-O-O-C(CH_3)_2-CH_3$	80 ~ 150℃	$\sim2\times10^4$

이루는 환원제로는 나프텐산염, 메르캅탄(mercaptan), $Al(C_2H_5)_3$, $Zn(C_2H_5)_2$와 같은 유기금속 화합물이 자주 사용된다. 다음에는 이들 중 대표적인 예들을 나타내고 있다. 식에 나타난 산화제 및 환원제를 구분하고 어떻게 라디칼이 생성되는지를 잘 관찰하기 바란다.

$$H_2O_2 + Fe^{2+} \longrightarrow HO\cdot + OH^- + Fe^{3+}$$

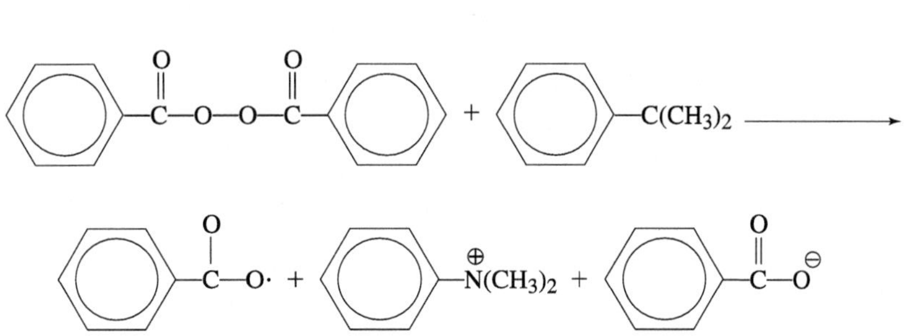

$$RX + M \rightleftharpoons \left[R{:}\,XM \xrightarrow{\text{charge transfer}} R\cdot\overset{\ominus}{X}{:}\overset{\oplus}{M}\right]$$

$$RX + M \longrightarrow R\cdot + \overset{\oplus}{M}\overset{\ominus}{X}$$

11.2 라디칼 연쇄중합의 메카니즘

라디칼 연쇄중합에서 특히 중요한 형태의 단량체는 다음과 같은 비닐그룹을 함유한 형태의 단량체로 고분자공업의 측면에서도 가장 중요한 몫을 차지하고 있는 단량체이다.

$$CH_2{=}\underset{\displaystyle X}{\underset{|}{C}}{-}R$$

이와 같이 일반적인 식으로 표시된 비닐 단량체들이 어떠한 연쇄 중합법에 의하여 중합체로 전환하는 것이 가능한가를 표 11-2에 나타내었다.

이 표에서 나타난 대부분의 비닐계 단량체는 라디칼 중합법에 의하여 중합이 가능함을 알 수 있다. 또한 이온 중합법에 비하여 라디칼 중합법은 대량 생산의 공업적 중합법에 적당한 방법이기 때문에 표에 나타난 배위결합 촉매에 의한 중합법과 함께 공업적인 측면에서 매우 중요하다고 할 수 있다.

표 11-2 ◦ 비닐 단량체의 중합성

Monomers	Polymerization Mechanism			
	radical	anionic	cationic	metal-complex
Ethylene	◎		○	◎
Propylene			○	◎
Butadiene	◎	○		◎
Isoprene	○	○		◎
Styrene	◎	○	○	○
Vinylchloride	◎			○
Vinylidenechloride	◎			
Tetrafluoroethylene	◎			
Vinyl Ethers			◎	○
Vinyl Carbonates	◎			○
Vinylpyrrolidone	◎		○	
Vinyl Esters	◎			
Acrylic Acid Esters	◎			
Methacrylic Acid Esters	◎	○		○
Acrylonitrile	◎	○		

◎ : 공업적인 생산에 사용되는 중합법을 나타냄.

이제 개시제에 의하여 라디칼이 생성되고 이들이 첫 번째 단량체와 결합하고 이어서 연쇄적으로 단량체들이 결합하여 고분자쇄로 성장하며 이들이 소멸되거나 전이되는 과정을 살펴보기로 하자. 다음 식에서는 이들을 종합적으로 관찰 할 수 있도록 도시하였다.

개시반응(initiation)

$$I \xrightarrow{k_d} 2R\cdot \tag{1}$$

$$R\cdot + M \xrightarrow{k_i} M\cdot \tag{2}$$

성장반응(propagation)

$$M\cdot + M \xrightarrow{k_p} M{-}M\cdot \tag{3}$$

정지반응(termination)

$$2M\cdot \xrightarrow{k_{td}} 2P \tag{4}$$

$$2M\cdot \xrightarrow{k_{te}} 2P \tag{5}$$

연쇄이동반응(chain transfer)

$$M\cdot + A \xrightarrow{k_{tr}} P + A\cdot \tag{6}$$

$$A\cdot + M \xrightarrow{k_i^1} M\cdot \tag{7}$$

여기에서 식 (1)은 개시제 분해반응을 나타내며, 이로 인하여 생성된 라디칼에 첫 번째 단량체가 결합하여 성장라디칼이 생성되는 과정인 식 (2)를 합쳐서 개시반응으로 분류하였다. 성장라디칼이란 성장하고 있는 고분자쇄의 말단에 있는 라디칼을 말하며 반응성은 축합중합의 경우와 마찬가지로 고분자쇄의 길이와 관계없이 일정한 등반응성의 원리가 적용된다. 즉 M_i의 반응성은 i에 관계없이 일정하다. 이렇게 성장을 하는 고분자 말단은 식 (4), 식 (5)와 같이 정지반응이 일어나거나 식 (6), 식 (7)과 같이 연쇄이동반응에 의하여 성장을 멈추게 된다. 두 반응의 차이는 전자의 경우는 활성말단의 소멸이지만 후자의 경우는 활성말단의 이동으로 볼 수 있다. 정지반응은 이분자반응(bimolecular reaction)으로 식 (4)의 불균화에 의한 정지(disproportionation)와 식 (5)와 같이 재결합에 의한 정지(recombination)로 나눌 수 있으며, 어느 반응이 우세하게 일어나는지는 사용하는 단량체의 종류, 즉 성장하는 고분자 말단의 종류에 따라서 달라진다.

이러한 과정을 개시제로는 벤조일퍼옥시드(benzoyl peroxide), 단량체로는 염화비닐(vinyl chloride) 단량체를 보기로 채택하여 설명하면 다음과 같다. 여기에서 식 (13)에서 식 (14)까지는 연쇄 이동반응을 나타내고 있는데, 연쇄 이동반응은 단량체, 용매, 개시제, 고분자 등 다양하게 일어나며, 여기에서는 이러한 연쇄 이동에 의하여 라디칼 활성종이 고분자 성장말단에서 다른 위치로 이동하는 과정을 볼 수 있다.

개시반응

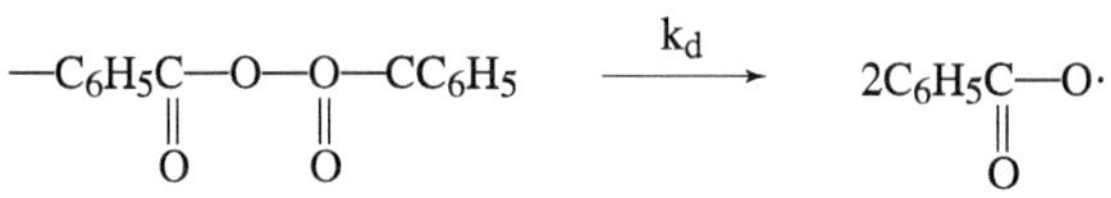
(8)

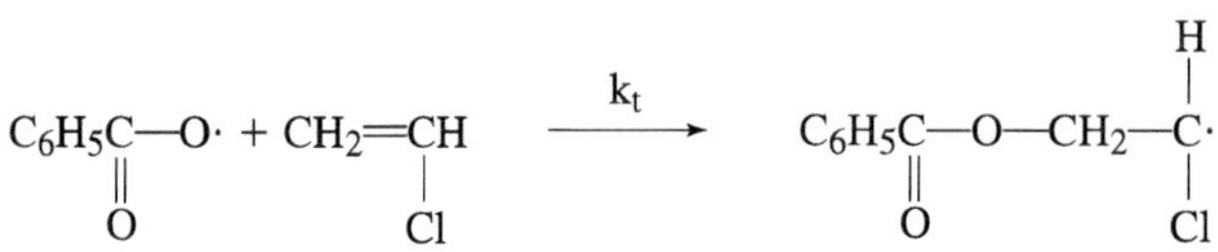
(9)

성장반응

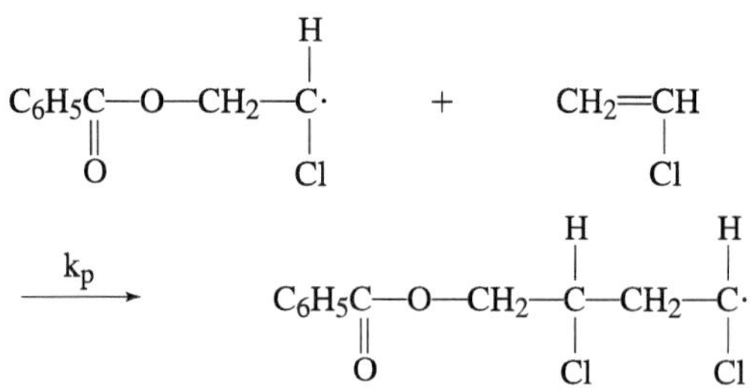

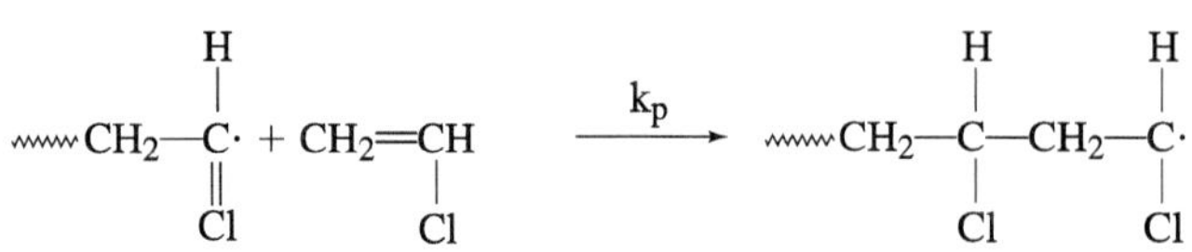
(10)

정지반응

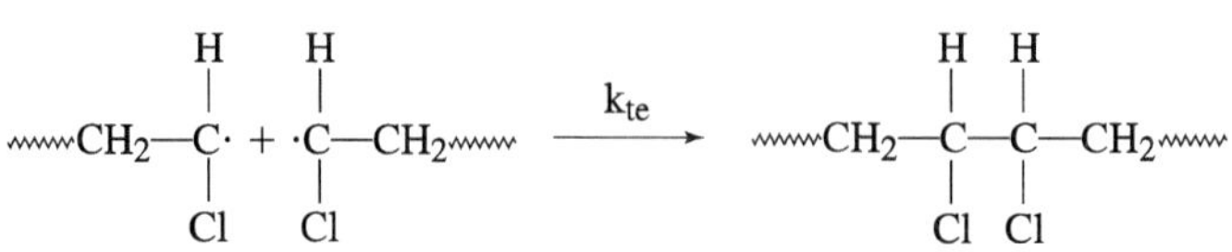
(11)

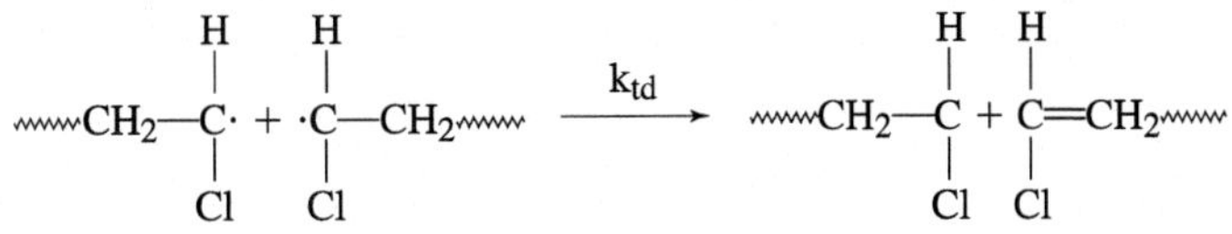

(12)

연쇄이동반응

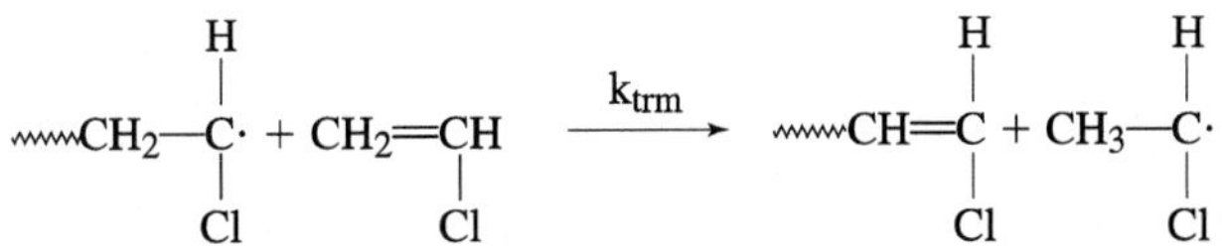

(13)

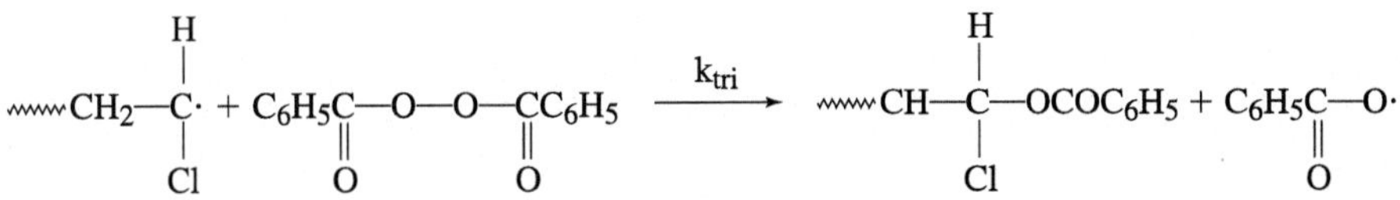

(14)

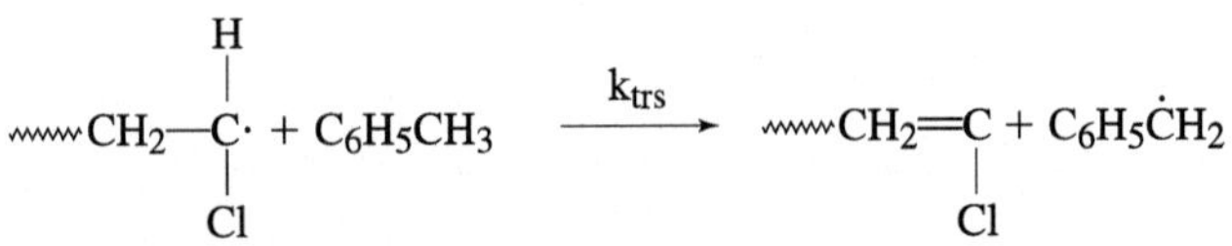

(15)

이제 이들을 이용한 연쇄중합 속도식을 유도해 보기로 한다. 그런데 유도과정을 간소화하기 위하여 합리적인 몇 가지 가정을 설정하면

1) 성장반응의 속도상수 k_p는 성장하고 있는 고분자쇄의 크기에 관계없이 일정하다.
2) 연쇄이동이 일어나도 중합속도는 떨어지지 않는다.
3) 단량체는 고분자의 성장반응에만 소비된다.

이러한 가정 하에서 중합속도는 곧 단량체의 소비속도로 나타낼 수 있으며, 이를 R_p로 표시하여 나타내면 다음과 같다.

$$R_p = -\frac{d[M]}{dt} = k_p[M\cdot][M] \tag{16}$$

여기에서 불안정하며 분리가 어려워 측정이 어려운 성장라디칼의 농도 [M·]를 다른 것에 의하여 표현하기 위하여 우리는 정상상태(steady state)의 가정을 도입할 수 있다. 정상상태에서는 개시제의 분해로 생성되는 라디칼의 생성속도는 라디칼의 정지반응에 의한 소멸 속도와 같다. 이를 식으로 나타내면,

$$2k_d f[I] = k_t[M\cdot]^2 \tag{17}$$

식 (17)과 같이 된다. 여기에서 f는 개시제의 분해로 인해 생긴 라디칼 중에서 실제 개시반응에 참여하는 효율을 나타내는 인자이며, 앞의 화학식에서 나타났듯이 정지속도상수 k_t는 재결합반응과 불균화 반응의 합으로 볼 수 있어 $k_t = k_{tr} + k_{td}$로 표시될 수 있다. 그리하여 식 (17)에서 활성라디칼의 농도항 [M·]을 제거하여 다시 중합속도를 정리하면 잘 알려진 다음 식이 얻어진다.

$$[M\cdot] = \left(\frac{2k_d f}{k_t}\right)^{1/2}[I]^{1/2} \tag{18}$$

$$R_p = \left(\frac{2k_d f}{k_t}\right)^{1/2} k_p [I]^{1/2}[M] \tag{19}$$

이 식에서 우리는 라디칼 연쇄중합에서 중합속도는 개시제의 0.5승에 비례하고, 단량체의 농도에 비례함을 알 수 있다. 이는 우리가 이차원 좌표에서 가로축을 개시제 농도의 평방근이나 단량체 농도로 설정하고 세로축을 중합속도로 설정한 경우 라디칼 연쇄중합에서 얻어지는 실험값을 연결하면 y = ax + b 와 같은 직선이 된다는 것을 의미한다. 여기에서 중합속도에 미치는 개시제 농도의 차수가 0.5인 것은 성장라디칼의 정지반응이 이분자 반응으로 일어남에 연유한 것이며 이온 연쇄중합과의 차이점으로 라디칼 연쇄반응의 증거로 이용될 수 있는 것이다.

이제 중합속도가 구해지면 우리는 형성되는 고분자의 분자량을 이를 이용하여 표시할 수도 있다. 수평균중합도란 소비되는 단량체의 총분자수를 형성된 고분자의 총수로 나눈 값이 되므로 이를 앞에서 나타난 연쇄이동반응까지도 포함하여 표시하면 다음과 같다.

표 11-3 ● 라디칼 연쇄 중합반응의 반응 상수나 변수들의 일반적인 범위

변 수	단 위	일반적인 값의 범위	메타크릴아마이드 광중합반응
R_i	moles/liter-sec	10^{-8}-10^{-10}	8.75×10^{-9}
k_d	sec^{-1}	10^{-4}-10^{-6}	-
[I]	moles/liter	10^{-2}-10^{-4}	3.97×10^{-2}
$[M\cdot]_s$	moles/liter	10^{-7}-10^{-9}	2.30×10^{-8}
$(R_p)_s$	moles/liter-sec	10^{-4}-10^{-6}	3.65×10^{-6}
[M]	moles/liter	10-10^{-1}	0.20
k_p	moles/liter-sec	10^{2}-10^{4}	7.96×10^{2}
R_t	moles/liter-sec	10^{-8}-10^{-10}	8.73×10^{-9}
k_t	moles/liter-sec	10^{6}-10^{8}	8.25×10^{6}
τ_s	sec	10^{-1}-10	2.62
k_p/k_t	none	10^{-4}-10^{-6}	9.64×10^{-5}
$k_p/k_t^{1/2}$	$(moles/liter\text{-}sec)^{1/2}$	1-10^{-2}	2.77×10^{-1}

$$P = \frac{\text{단위시간에 소실되는 단량체의 분자수}}{\text{단위시간에 생성되는 고분자의 분자수}} \tag{20}$$

$$= \frac{k_p[M][M\cdot]}{k_{trm}[M\cdot][M] + k_{tri}[M\cdot][I] + k_t[M\cdot]^2} \tag{21}$$

식을 간단하게 하기 위하여 수평균중합도의 역수를 취하면서 성장라디칼의 농도항을 제거하면 보다 정리된 식을 얻을 수 있다.

$$\frac{1}{P_n} = \frac{k_{trm}}{k_p} + \frac{k_{tri}[I]}{k_p[M]} + \frac{k_t R_p}{k_p^2[M]^2} \tag{22}$$

$$= C_m + C_i\frac{[I]}{[M]} + \frac{k_t R_p}{k_p^2[M]^2} \tag{23}$$

이 식의 의미는 성장중인 고분자쇄의 라디칼 말단이 다른 곳 즉, 단량체, 용매, 개시제, 고분자 등으로 활성을 가진 상태로 이동될 수 있으며 고분자로의 이동은 가교화나 가지화의 반응으로 나타나고, 그 이외의 경우에는 형성되는 고분자의 분자량이 감소하는 결과를 나타내게 된다.

이와 같이 중합속도를 나타내는 여러 가지 속도상수들은 실험적으로 광조사의 단락에 의한 중합반응의 조절이나 회전섹터법(rotating sector)에 의하여 측정이 가능하다. 그러나 이에 대한 구체적인 방법의 제시는 전문 서적을 참고하길 바란다.

연 습 문 제

1. 축합중합과 라디칼 연쇄중합의 여러 특징들을 비교하여 표로 만들어 보라.

2. 짝짓지 않은 전자(unpaired electron)를 함유한 유기화합물을 자유라디칼이라고 한다. 이들은 매우 불안정하여 수명이 짧고 반응성이 높아 네 종류의 기본적인 반응이 일어난다. 이에 대하여 조사하고 기술하라.

3. Trommsdorff 효과란 무엇인가? 그리고 이것의 원인은 무엇이며 어떠한 방법으로 이것을 방지할 수 있겠는가?

4. 비닐초산의 라디칼 연쇄중합에 있어서 중합속도는 소량의 스티렌 단량체가 함께 존재한다면 급격히 감소한다. 그 이유를 설명하라.

5. 연쇄이동 및 연쇄이동 상수를 정의하고 이들이 실제적으로 어떻게 이용될 수 있는지 설명하라.

6. 1 몰의 스티렌 단량체와 1.0×10^{-4} 몰의 AIBN 개시제를 1 리터의 벤젠에 녹여 중합을 시작하였다. 만약에 개시제로 발생한 모든 자유라디칼 R•이 고분자쇄의 성장을 야기한다면 얻어진 고분자의 분자량은 어떻게 되겠는가?

1) 모든 고분자의 성장이 동시에 시작되고 종결반응은 불균일화에 의해서만 일어나며 모든 고분자쇄의 길이가 같은 경우.

2) 1)과 같으나 종결반응이 커플링에 의하여 일어나는 경우.

3) 1)과 같으나 6.0×10^{-4} 몰의 메르캅탄(mercaptan)이 첨가되고, 또 이들이 모두 연쇄이동제로 작용을 하는 경우.

12장 이온성 연쇄중합

12.1 이온성 연쇄중합의 특징

이온성 연쇄중합에는 양이온 연쇄중합과 음이온 연쇄중합의 두 종류가 있다. 이는 성장하는 고분자의 말단 활성기가 양이온인가 아니면, 음이온인가의 차이에 의한 것으로 비닐그룹을 함유한 단량체의 중합 뿐만 아니라 헤테로 원자를 함유한 중합기능기를 가진 단량체와 많은 고리화합물의 중합반응에 이용될 수 있는 중합법이다. 이는 라디칼 연쇄중합이 주로 비닐그룹을 함유한 단량체에만 응용될 수 있는 것과 비교한다면 큰 차이가 있는 것으로 고분자 공업의 입장에서 본다면, 그 생산량에 있어서는 이온성 연쇄중합법을 사용한 경우는 라디칼 연쇄중합법과 비교하면 훨씬 적다고 볼 수 있으나 탄소-탄소 골격 외의 탄소-산소, 탄소-질소 등의 여러 가지 다양한 화학구조의 고분자 화합물을 합성할 수 있는 중합법이라 할 수 있다. 더군다나 성장말단의 성질에서 본다면 다음 장에서 다루게 될 배위화합물을 촉매로 한 연쇄중합도 엄밀한 의미에서는 음이온성 중합의 특징을 지니고 있으므로 그 중요성은 더욱 증대된다. 이온성 성장말단은 탄소, 질소, 산소의 양이온, 음이온이 될 수도 있지만 비닐그룹을 함유한 단량체의 경우는 탄소 양이온, 탄소 음이온이 되어 이들을 카르보늄(carbonium, 혹은 카르보카티온(carbocation))과 카르바니온(carbanion)이라 부른다.

연쇄중합의 고분자 성장말단의 구조에서 본 라디칼, 이온성 즉 양이온, 음이온 연쇄중합은 그들의 구조가 근본 원인인 몇 가지 차이점을 보인다.

첫째, 라디칼 연쇄중합에 있어서는 성장하는 고분자쇄 말단 라디칼의 반응성이 주위의 물리적 및 화학적 환경에 비교적 적게 영향을 받는다. 이와 비교하여 양이온 및 음이온 성장말단은 다음과 같이 극성화 된 구조이며 성장 말단의 주위에 대이온(counterion)이 존재하게 되며 이들의 해리된 모양은 용매의 유전상수(dielectric constant)에 따라 달라지게 된다.

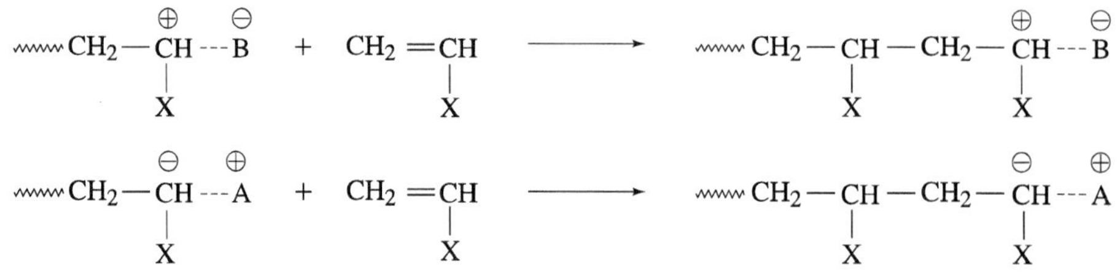

그리하여 라디칼 연쇄중합의 개시제는 보통 중합반응을 개시하는 역할을 할뿐이며, 단량체의 중합성이나 입체구조는 주로 단량체 치환기의 종류에 지배를 받게 되는데 이는 성장말단의 주위에 접근하는 다음 단량체의 입체구조를 제어할 어떤 대이온이나 화합물이 존재하지 않기 때문이다. 그러나 이온중합에 있어서의 중합성은 단량체의 치환기뿐만 아니라 위의 식에서 볼 수 있듯이 중합촉매의 종류에 의하여 결정되는 대이온의 구조에 의해서도 결정되며 또 성장말단과 대이온의 상호작용은 용매의 유전상수에 따라 달라지게 된다. 일반적으로 용매의 유전상수가 증가할수록 성장말단과 대이온의 자유이온으로서의 성질이 증가하여 중합속도가 증가하는 반면 단량체의 첨가방식을 제어하는 것은 어렵게 된다. 이러한 원리는 이온성 연쇄중합은 뒤에서 다루게 될 배위화합물 촉매에 의한 중합반응에서 나타나는 단량체의 삽입(insertion)에 의한 중합반응의 진행과 많이 닮아 있다. 그러나 이온성 중합에 있어서 구조의 제어를 위하여 유전상수가 낮은 용매를 선택적으로 사용할 수는 없는데, 이는 일반적으로 이온성 중합의 개시제들이 유전상수가 낮은 용매에는 잘 녹지 않는 성질이 있으며, 더군다나 생성된 고분자의 용해성이나 회합성과도 관계가 있어 모든 것을 만족시킬 수 있는 용매의 선택이 간단하지 않다.

둘째, 라디칼 연쇄중합에 있어서는 개시반응이 중합의 전기간을 통하여 일어나는데, 이는 개시제의 분해에 의한 라디칼의 생성이 중합의 전기간을 통해서 일어나기 때문이다. 이와 비교하여 이온성 중합반응에 있어서는 개시반응은 중합의 초기에 급속하게 일어나 중합촉매가 모두 소실되며 그 뒤에는 모두 고분자 성장의 단계에 있다고 볼 수 있다. 이는 이온성 중합개시제의 개시반응 활성화 에너지가 매우 적기 때문이며 그 결과로 매우 저온에서도 중합이 진행되는 특성을 나타낸다. 실제로 많은 이온성 중합이 -70℃ 내외의 여러 종류의 드라이아이스 욕조에서도 잘 진행된다. 이는 라디칼 중합의 개시반응을 위하여 보통 60℃ 이상 가열해야 하는 것과 비교하면 그 차이를 잘 알 수 있을 것이다.

셋째, 이온성 연쇄중합의 정지반응은 성장말단이 전하를 띠고 있기 때문에 라디칼 연쇄중합의 정지반응처럼 이분자 정지반응을 할 수 없으므로 일분자 정지반응을 한다. 따라서 대부분 중합속도는 촉매농도의 1차 이상에 비례하며, 성장하는 양이온 혹은 음이온 말단그룹과 반응하기 쉬워 물, 산성물질, 염기성물질이 존재할 때 중합은 진행되지 않는다. 이는 라디칼 연쇄중합의 성장말단이 산소나, 안정한 라디칼, 라디칼 금지제 등이 존재하면 성장반응이 진행되지 않는 것과 비교할 수 있을 것이다.

12.2 음이온 연쇄중합

중합성 기능기로서 비닐 그룹이 전자를 끌어당기는 알킬카르복시, 니트로, 비닐기와 같은 치환기를 지니고 있으면 음이온 개시제에 의하여 중합이 진행될 수 있다. 성장 중에 있는 음이온 연쇄중합의 말단을 다시 한 번 보기로 하자.

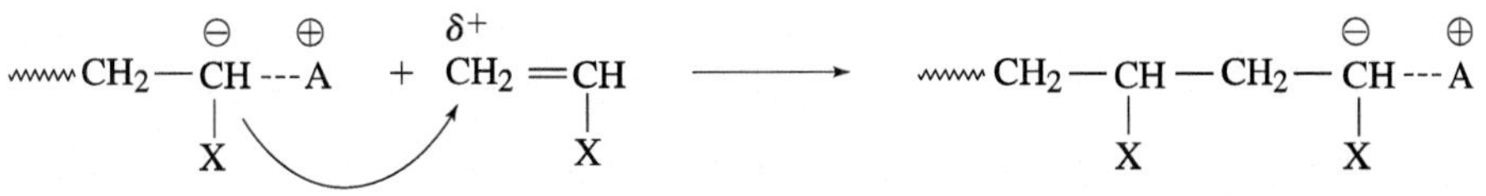

여기서 성장말단의 원자가 탄소인 경우, 그 음이온을 우리는 카르바니온이라 창한다. 그런데 우리는 유기화학에서 카르바니온의 안정성은 제1차 〉 제2차 〉 제3차의 순서인 것을 기억할 것이다. 따라서 개시제에 의하여 발생한 염기성의 음이온은 비닐 단량체의 양이온으로 분극화된 δ+측의 탄소원자를 공격하여 첫 번째 단량체와 결합하며 카르바니온을 형성하게 된다. 그렇다면 우리는 비닐 단량체의 중합개시를 행할 수 있는 개시제들은 충분히 친핵성이 있는 염기성의 음이온을 발생하는 화학종이 되어야 하며, 또한 성장말단의 카르바니온의 염기성보다 더 강한 염기성의 개시제가 적당하다는 것을 미루어 짐작할 것이다. 왜냐하면 고분자 중합반응도 화학반응의 일종이며, 모든 화학반응은 보다 안정된 화합물이 형성되는 쪽으로 진행하려고 한다는 사실 때문이다. 또한 음이온 연쇄중합에 있어서는 개시반응의 활성화 에너지가 매우 낮기 때문에 이러한 경향은 더욱 더 뚜렷하다고 볼 수 있다. 다음 표 12-1에는 음이온 중합으로 쉽게 고분자가 형성되는 여러 중요한 단량체와 자주 사용되는 음이온 연쇄중합의 개시제들이 나타나 있다. 우리는 여기에서 비닐 그룹의 치환기가 강하게 전자를 끌어당기는 그룹일수록 비교적 약한 염기성의 개시제에 의하여 중합이 진행될 수 있음을 알 수 있을 것이다.

한 예로 우리가 쉽게 볼 수 있는 순간접착제들은 액상의 시아노아크릴산 알킬의 단량체들이 밀봉되어 판매되고 있는 것들이 많다. 이들은 위의 표에서 물과 같은 매우 약한 염기성의 개시제에 의하여 중합이 진행되는 것을 알 수 있으며, 순간접착제는 공기중의 수분을 매개로 중합되어 고분자가 형성되며 접착력을 나타내게 되는 것을 알 수 있을 것이다.

표 12-1 ◦ 음이온 연쇄중합으로 중합 가능한 단량체 및 개시제의 반응성

촉 매			단량체	단량체 중의 치환기의 σ치
SrR_2, CaR_2, K, KR, Na, NaR, Li, LiR	a → A, B, C, D	A	α-메틸스티렌	-0.161
			부타디엔	-
			스티렌	0.009
methyne, RMgX	b → B, C, D	B	메타크릴산메틸	0.352
			메틸비닐케톤	0.516
			아크릴산에틸	0.522
ROK, RONa, ROLi, strong alkali	c → C, D	C	아크릴로니트릴	0.618
pyridine, NR_3, weak alkali, ROP, H_2O	d → D	D	니트로에틸렌	0.778
			멜틸렌말록산에틸	1.044
			α-시아노아크릴산에틸	1.150
			α-시아노소르빈산에틸	1.150
			비닐리덴디니트릴	1.256

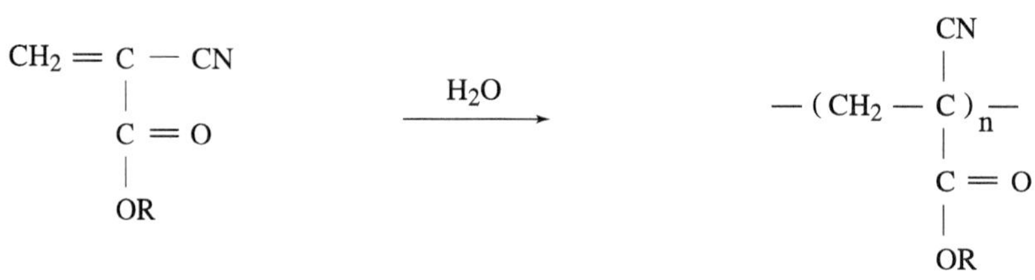

또 성장하는 고분자 말단의 카르바니온은 외부에서 불순물이 주입되지 않는 한 중합반응이 종결되지 않는 경향이 있다. 이러한 성질을 이용하여 여러분들은 고학년에서 고분자의 정밀한 구조 제어나 정확한 구조의 블록 공중합체 합성 등에서 볼 수 있는데 여기에서 사용되는 방법이 음이온 중합법이다. 이러한 것들은 성장하는 카르바니온 말단 그룹의 성장반응이 잘 종결되지 않는 성질을 이용하는 것들이 많기 때문이다. 이러한 성질은 성장반응의 종결을 위해서 음이온 연쇄중합에 있어서는 음이온과 음이온의 결합이 어렵기 때문에 수소음이온 (hydride ion, H^-)의 탈착에 의하여 성장반응이 종결되는데 수소 음이온의 탈착은 탄소-수소 화학결합에 있어서 매우 힘들기 때문이다. 그 반면에 카르바니온은 양성자(proton, H^+)를 제공하는 산성이 있는 용매나 첨가제들, 물, 알코올 등과 아주 쉽게 반응하여 성장반응이 종결되므로, 중합의 용매로

는 보통 탄화수소 화합물이나 테트라하이드로퓨란(tetrahydrofuran, THF), 디메틸포름아미드(dimethylformamide, DMF)와 같은 비양성자성 극성용매를 많이 사용한다. 이는 극성용매들이 많은 경우 양성자를 제공하는 성질을 갖고 있어 사용할 수 없으며, 비극성의 탄화수소 화합물로는 사용하는 경우는 개시제를 녹이는 것이 용이하지 않을 뿐만 아니라, 한편으로는 성장하는 고분자말단의 이온들이 화합하는 성질이 있어 중합반응이 방해받기 때문이다.

음이온 연쇄중합의 메카니즘은 라디칼의 연쇄중합과 유사하게 기술할 수 있다. 다음에는 임의의 치환체를 X로 한 단량체의 음이온 연쇄중합의 대표적인 메카니즘이 나타나 있다.

개시반응

성장반응

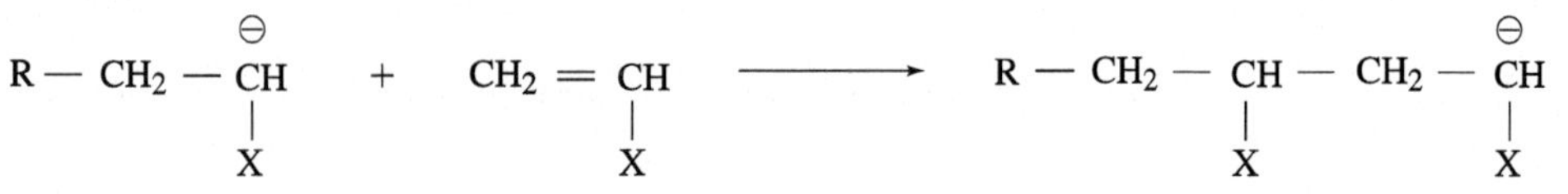

정지반응

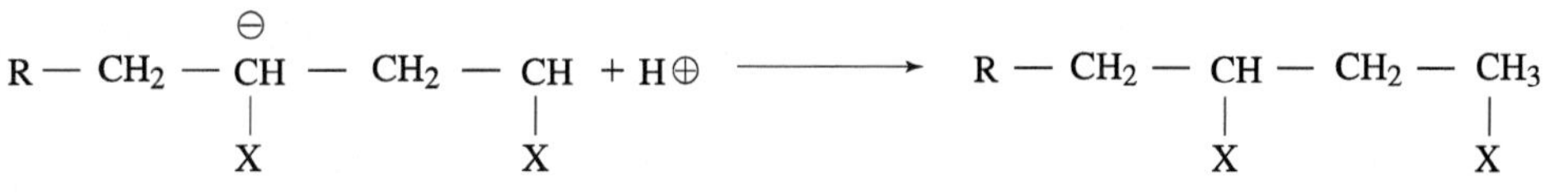

연쇄이동반응

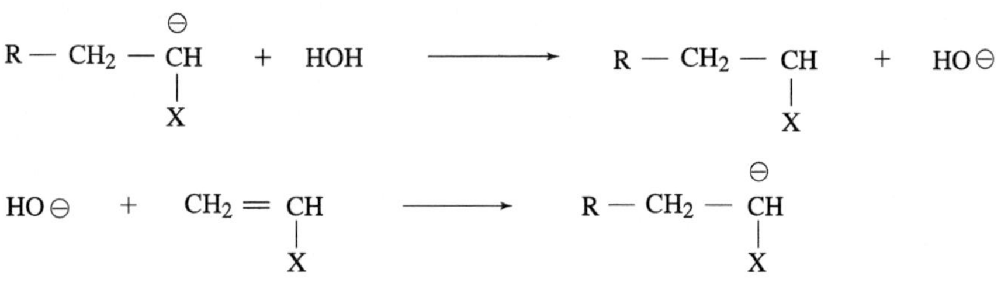

와 같은 메카니즘으로 진행되는 중합속도는 다음과 같다.

$$-\frac{d[M]}{dt} = k_p[M^{(-)}][M] \tag{1}$$

앞에서 기술하였듯이 라디칼 중합과는 달리 중합 활성을 가진 개시제가 반응 초기에 동시에

표 12-2 • 음이온중합에 있어서의 성장속도 상수의 예

단량체	$[M^{(-)}]\times10^3$	$[M]\times10^3$	k_p(mol/1, sec)
α-메틸스티렌	-	-	2.5
p-메톡시스티렌	3	16	52
p-t-부틸스티렌	2.8	4.1	220
p-메틸스티렌	3	22	210
스티렌	3	3.4	950
1-비닐나프탈렌	2.1	2.6	850
2-비닐피리딘	1.7	1.6	7300
4-비닐피리딘	3	3	3500

(용매는 테트라하이드로퓨란 (THF)를 사용하였으며 상대이온은 Na+임)

형성되며, 특히 비닐 그룹의 리빙 음이온 중합에서는 이들의 농도가 곧 개시제의 농도와 같게 되어 우리는 성장하는 말단 그룹의 농도$[M^{(-)}]$를 구할 수 있으며, 실험을 통하여 측정되는 전체 반응 속도 (-d[M]/dt)에 의하여 성장속도상수 k_p를 구할 수 있다.

그런데 성장속도 상수는 라디칼 연쇄중합과는 달리 성장 음이온 말단의 미세환경에 큰 영향을 받으므로 측정된 값은 단지 겉보기 반응속도일 뿐이며, 실제는 다음과 같은 다른 종류의 성장반응의 합으로 볼 수 있다.

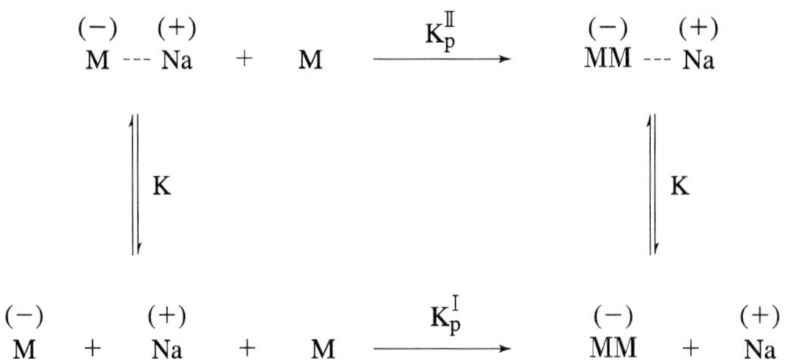

여기에서 나타난 이온쌍과 자유이온의 비는 용매의 선택에 의하여 지배되며 평형상수 K에 의하여 정량화 할 수 있다. 일반적으로 자유이온의 형성에 의한 성장속도 상수 k_p'는 k_p"보다 훨씬 크다.

앞의 이온성 연쇄중합의 일반적인 성질에서 언급되었듯이 중합계의 유전율이 증가하면 중합속도도 증가하게 되는데, 이는 평형상수 증가에 의한 자유이온의 증가가 주요한 원인이다. 다음 표에는 스티렌의 음이온 연쇄중합에서 얻어진 테트라하이드로퓨란 중에서의 성장속도 상수가 나타나 있다. 실제로 측정된 평형상수 K는 1.5×10^{-7} mol/ℓ이므로 개시제의 농도를 10^{-3}

표 12-3 • 스티렌의 음이온 연쇄중합에 있어서 상대이온에 대한 이온쌍 성장 및 자유이온 성장 속도상수의 비교.

대이온	테트라히드로퓨란 중		디옥산 중에서의 kp"
	K(상대치)	kp'	
Li	455	200	0.9
Na	180	135	3.9
K	90	120	19.8
Cs	1	114	24.5

㏖/ℓ로 본다면 자유이온의 농도는 10^{-5} ㏖/ℓ로 매우 낮다. 그러나 성장속도 상수는 자유이온에 의한 경우가 이온쌍에 의한 경우보다 400배나 크기 때문에 소비된 단량체의 80%는 자유이온형의 말단에서 부가된 것으로 볼 수 있다.

성장 중에 있는 고분자쇄의 말단 카르바니온은 보다 안정된 음이온으로 전환되면, 이는 단량체에 친핵성 공격을 할 수 없으므로 성장이 멈출 수 있다. 음이온 중합을 위하여 특수한 형의 개시제를 사용해야만 하는 메타크릴산 알킬 단량체의 대표 격인 메틸 메타크릴레이트(methyl methacrylate, MMA)의 음이온 전환과정을 예로 보기로 하자.

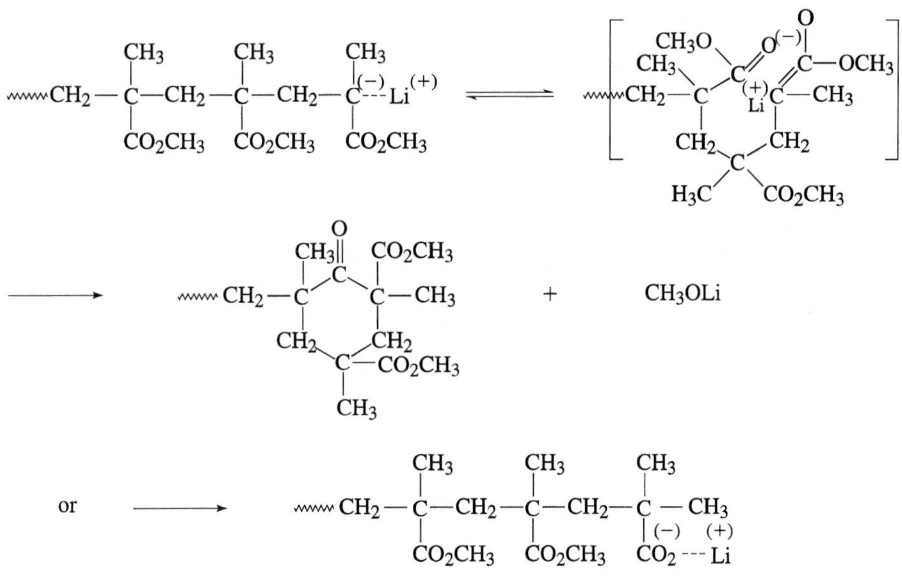

이와 같이 보다 안정한 음이온을 형성하여 음이온 자체는 사라지지 않으나 고분자쇄의 성장 반응은 멈추게 되므로 겉보기로는 정지반응으로 볼 수 있다. 또 이와 같이 보다 안정한 음이온을 형성하여 성장이 멈추는 경우 외에도 물이나 산, 알코올과 같이 양성자를 제공하는 물질과

반응하여 성장이 멈추는데 이러한 것들은 음이온 연쇄중합의 반응을 종결시키기 위하여 사용되기도 한다.

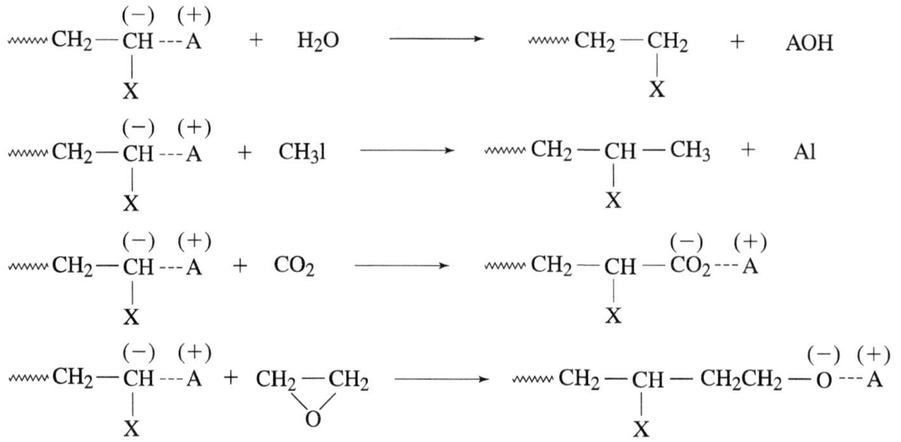

이러한 종결반응이 거의 일어나지 않기 때문에 외부에서 중합금지제가 투입되지 않는 한 음이온 중합활성이 계속 유지되어 다시 새로운 단량체가 투입되면, 다시 중합이 시작되는 시스템을 리빙중합(living polymerization)이라고 하는데, 블록공중합체의 합성기술로 특히 중요하며 이경우의 평균중합도는 단량체의 농도를 개시제의 농도로 나눈 것으로 간단히 표현될 수 있다.

$$P = \frac{\text{단량체 몰수}}{\text{개시제 몰수}} \tag{2}$$

또 리빙중합법에 의하여 중합된 고분자들은 분자량의 분포가 매우 작아 다분산성(polydispersity)이 1에 가까운 중합체들이 얻어지기 때문에 분자량 표준물질의 제조기술에 이용되기도 한다.

그러나 앞의 리빙중합에 있어서의 평균중합도는 다음과 같이 잘 알려진 나프탈렌/나트륨 음이온 개시제를 사용하는 경우에는 단량체의 농도를 개시제의 농도로 나눈 값에 다시 두 배를 해야 한다. 이는 다음과 같이 나프탈렌에서 단량체로의 전자이동에 의하여 단량체 라디칼 음이온이 형성되고, 이어 라디칼과 라디칼의 결합에 의하여 고분자쇄의 양쪽말단으로 성장이 일어나는 이음이온(dianion)이 형성되기 때문이다.

$$P = 2\cdot\frac{\text{단량체 몰수}}{\text{개시제 몰수}} \tag{3}$$

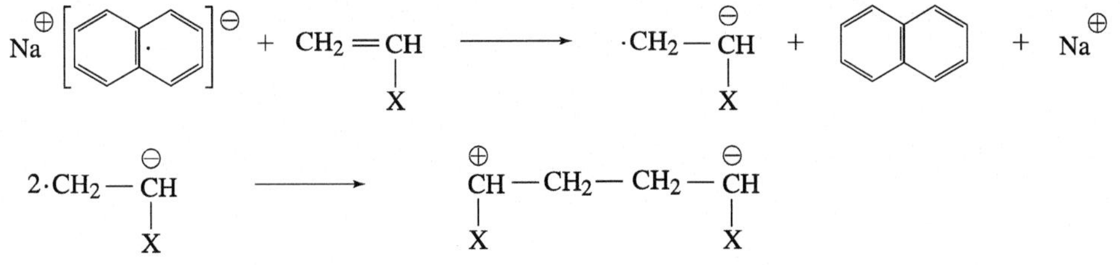

위의 나프탈렌/나트륨 개시제는 실험실에서 음이온 중합을 확인하는 방법으로 많이 사용되며, 단량체 및 용매의 순도 높은 정제를 위하여 고진공의 진공라인을 사용하는 것이 편리하고 특히, 음이온 중합의 동력학적인 연구를 위해서는 물이나 산과 같은 중합금지제를 완전히 제거하기 위하여 진공라인속에 나트륨 거울(sodium mirror)을 사용하는 경우도 있다. 이를 이용한 전형적인 중합에서 단량체는 스티렌, 용매는 테트라히드로퓨란이 사용되는데 개시제인 나프탈렌 음이온은 녹색을 띠고, 단량체가 첨가되어 성장중인 폴리스티렌 음이온은 진한 붉은 색을 띠고, 금지제인 물이나 메탄올이 첨가되면 무색투명한 상태로 바뀌게 된다. 이러한 변화들은 육안으로 잘 관찰할 수 있어서 음이온 연쇄중합을 경험할 수 있는 좋은 방법이기는 하지만 단량체 및 용매의 주의 깊은 정제가 필요한 어려운 실험이기도 하다. 이는 중합금지제 외의 물과 같은 불순물이 존재하더라도 중합이 잘 진행되는 라디칼 연쇄중합과의 중요한 차이이기도 하다.

끝으로 나프탈렌/나트륨 개시제를 사용한 ABA형 트리블록 공중합체의 예를 보기로 한다. 위에서 나타났듯이 나트륨과 나프탈렌에 의하여 형성된 라디칼 음이온은 스티렌 단량체의 첨가에 의하여 라디칼과 라디칼은 결합이 일어나 분자쇄의 양쪽 끝이 카바니온의 상태이므로 특이하게 고분자쇄의 양쪽 끝이 성장을 할 수 있는 상태가 된다. 그리하여 먼저 스티렌이나 다른 단량체를 첨가하여 ABA형 트리블록 공중합체의 B블록이 형성되고, 이는 아직 활성이 있는 상태이므로, 두 번째 단량체 A를 첨가함으로써 우리는 ABA형 트리블록 공중합체를 얻을 수 있다. 음이온 연쇄중합이 잘 일어나는 비닐계 단량체를 선택하여 스스로 고분자쇄의 설계를 해 보면 좋을 것이다.

12.3 양이온 연쇄중합

양이온 연쇄중합은 고분자 성장말단 및 대이온의 전하가 반대인 점을 제외하고는 음이온 연쇄중합의 경우와 비슷하다. 양이온 연쇄중합에 사용되는 개시제는 크게 나누어 양성자산(protonic acid) 개시제와 루이스산(Lewis acid) 개시제로 나눌 수 있다. 루이스산 개시제는 고립전자쌍을 받을 수 있는 화합물로 조촉매와 반응하여 양성자를 발생하거나 중합개시력이 있는 양이온을 발생시킨다. 다음 표 12-4에는 자주 사용되는 양이온 중합개시제들이 나타나 있다.

표 12-4 ● 양이온 연쇄중합에 사용되는 중요한 개시제들의 분류

그룹 A	양성자산	H^{+} A^{-}
그룹 B	직접첨가형	
	B-1	$(C_2H_5)_3O^{+}A^{-}$
	B-2	$R\text{-}C{\equiv}O^{+}A^{-}$
	B-3	$ROSO_2CF_3$, $ROSO_2F$, $ROSO_2Cl$, $((CF_3SO_2)_2O$, $(FSO_2)_2O$, $(ClSO_2)_2O)$
	B-4	$(C_6H_5)_2C^{+}HA^{-}$
그룹 C	수소음이온 전이에	의한 개시제
	C-1	$(C_6H_5)_3C^{+}A^{-}$
	C-2	$(C_6H_5N_2)^{+}A^{-}$
그룹 D	그 외	
	D-1	프리델-크라프트형
	D-2	유기금속형
	D-3	전자 전달형

양성자산 개시제의 예로는 황산을, 루이스산 개시제로는 트리플루오로보론과 조촉매인 물을 사용한 경우의 양이온 연쇄중합 개시반응을 보기로 하자.

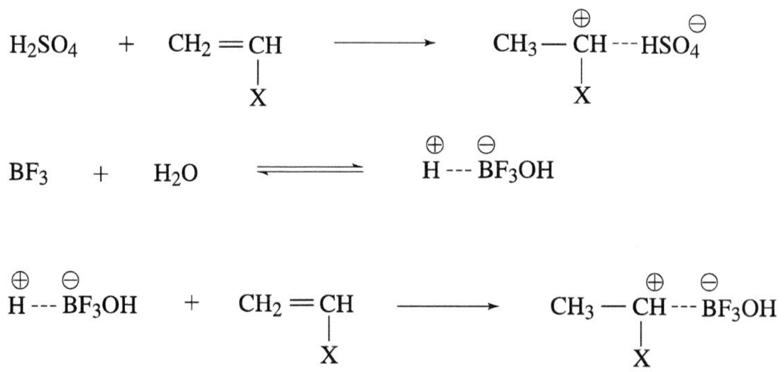

그리고, 양이온 연쇄중합에 사용되는 비닐 단량체들은 치환기가 비닐그룹에 전자를 제공하는 것일수록 유리하다. 이는 위의 화학식에서 성장말단이 양이온으로 분극화된 단량체의 안정성이 증가하기 때문이다. 또 우리가 유기화학에서 공부하였듯이 카르보늄 이온의 안정성은 1차 〈 2차 〈 3차의 순으로 증가하기 때문에 이소부틸렌과 같이 비닐그룹에 알킬그룹의 치환이 많이 될수록 양이온 연쇄중합이 잘 일어나는 특징이 있다.

양이온 연쇄중합의 성장반응은 음이온 연쇄중합과는 달리 여러 가지 부반응이 잘 일어나는 특성이 있으며 성장속도 상수도 상대적으로 적은 특성이 있다. 부반응이 잘 일어나는 것은 성장말단의 양이온이 양성자를 탈착하므로서 종결되거나 혹은 연쇄이동이 일어나는 것과 같이 이외의 부산물도 양성자의 탈착에 의하여 생성되기 때문이다. 다음에 나타난 정지반응이나 연쇄이동반응 또는 성장을 종결하는 여러 가지 부반응의 예를 보기로 하자.

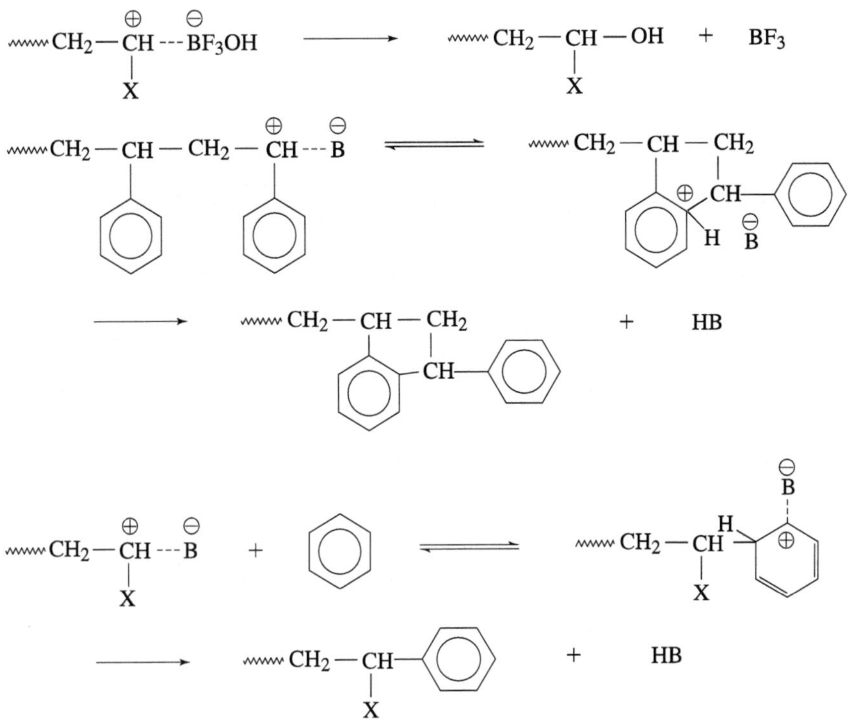

이와 같이 양성자의 탈착에 의한 여러 가지 부반응 때문에 양이온 연쇄중합을 리빙중합법으로 사용하는 경우는 거의 없으며, 보다 구체적인 예는 후술하기로 하고 양이온 연쇄중합 중에서 개환중합과 관계된 것은 별도의 장에서 다루기로 한다.

그런데, 우리가 음이온이나 양이온 연쇄중합의 중합속도를 다룸에 있어서 중합계의 중합속도는 단순히 성장속도 상수 k_p만을 비교해서 추정하지 말아야 한다. 같은 용액중합의 경우라 할지라도 단량체의 농도가 거의 비슷하다면, 성장속도 상수 외에 개시제의 농도가 항상 어떤 차수로 관여하게 되는데 여기에서의 개시제의 농도는 활성상태에 있는 개시제의 농도로 볼 수 있으므로 라디칼 중합과 비교하여 양이온 연쇄중합에 있어서는 활성상태의 개시제의 농도는 초기의 개시제 농도와 거의 같으나, 라디칼 연쇄중합에 있어서는 반응의 전 과정을 통해서 라디칼의 생성과 소멸이 계속되므로, 실제 활성상태에 있는 라디칼의 농도는 초기 개시제의 농도보다 훨씬 낮다. 그리하여 라디칼 연쇄중합의 성장속도 상수가 양이온 연쇄중합의 성장속도 상수보다 훨씬 크다고 할지라도 실제 중합속도는 양이온 연쇄중합이 라디칼 연쇄중합보다 큰 경우가 많다.

연 습 문 제

1. 음이온 연쇄중합에 사용되는 전형적인 단량체 및 개시제의 예를 들어보라. 그리고 이들 개시제에 의한 개시반응 및 성장반응의 메카니즘을 기술하라.

2. 음이온 연쇄중합에 있어서 용매의 전기적 성질이 라디칼 연쇄중합의 경우보다 매우 큰 영향을 미친다. 그 이유를 기술하라.

3. 부틸리튬을 개시제로 하여 스티렌을 중합하는 경우 각 개시제 분자는 하나의 고분자쇄 형성반응을 시작시킬 수 있는 것으로 가정한다.

1) 개시반응이 동시에 일어나고 종결반응이나 연쇄이동 반응이 전혀 일어나지 않는다고 가정한다. 0.15 moles/liter의 스티렌 농도에서 10^{-4} moles/liter의 개시제로 중합을 하는 경우 고분자의 분자량은 얼마인가?

2) 이 경우 M_w/M_n의 값은 얼마인가?

4. 양이온 연쇄중합에 사용되는 촉매들의 예를 들어 보라. 그리고 촉매와 같이 사용되는 공촉매(co-catalyst)가 왜 중요한지 설명하라. 그리고 어떠한 용매들이 이들 촉매를 이용한 중합에서 이용될 수 있겠는가?

5. 3-methyl-1-butene의 양이온 연쇄중합에 있어서 형성된 고분자는 핵자기공명 스펙트럼에서 단지 두 종류의 단일피크(singlet)를 나타내었다. 양이온 중합의 메카니즘으로 그 이유를 설명하라.

13장 배위화합물을 촉매로 한 연쇄중합

13.1 배위화합물 촉매

배위화합물을 촉매로 한 연쇄중합은 성장말단의 성질로 본다면 음이온 연쇄중합의 경우와 유사하다. 이들 화합물이 고분자 공업에서 차지하는 중합촉매로서의 가치는 매우 크며 개시제와 단량체간에 배위결합을 경유하여 단량체가 성장중인 고분자쇄와 촉매와의 사이로 삽입되어 중합이 진행되므로 배위중합(coordination polymerization)이라고 하기도 한다. 또 단량체가 촉매와 성장 고분자쇄 사이로 삽입되어 진행되는 중합반응을 교재에 따라서는 중삽입(polyinsertion) 반응이라고 하기도 하는데, 앞장에서 다룬 이온성 연쇄중합의 경우 이러한 중삽입 메카니즘에 의해 고분자가 형성되는 경우가 많으며 이장에서 다루게 될 배위화합물 촉매들은 중삽입에 의해 중합체를 형성할 수 있는 가장 대표적인 중합촉매들이다.

이러한 배위화합물에 의한 고분자의 중합은 1953년 지글러(Ziegler)가 사염화티탄과 트리에틸알루미늄을 사용하여 상온, 상압하에서 에틸렌의 중합하는 방법을 발견하면서 개발되기 시작하였으며, 지금은 유사한 원리에 의하여 중합촉매로서의 역할을 할 수 있는 수많은 종류의 화합물들이 알려져 있다. 이러한 촉매를 사용하여 중합되는 폴리에틸렌을 보통 저압법 폴리에틸렌이라고 하는데, 이에 대립되는 고압법 폴리에틸렌은 고압, 고온에서 과산화물 개시제에 의한 라디칼 연쇄중합법에 의하여 제조된다. 라디칼 연쇄중합에서는 앞에서 보았듯이 고분자로 연쇄이동이 일어나 가지가 많은 형의 고분자가 형성되는 것과 비교하여 중삽입 메카니즘에 의한 저압법 폴리에틸렌은 가지화가 거의 일어나지 않아 결정성이 크고, 비중 및 융점이 높은 폴리에틸렌이 얻어지게 되므로 우리는 이를 고밀도 폴리에틸렌(HDPE, high density polyethylene)이라는 말로 더 널리 사용한다.

한편으로 Natta는 삼염화티탄과 트리에틸알루미늄을 사용하여 결정성과 융점이 높은 폴리프로필렌을 합성하게 되었다. 이때까지만 하여도 고분자량의 폴리프로필렌을 라디칼중합이나 양이온중합에 의하여 얻는 것이 어려운 것으로 알려져 왔으며 더욱 중요한 사실은 Natta에 의하여 얻어진 폴리프로필렌은 이소택틱 구조의 입체규칙성을 가지고 있다는 것이며 공업적 가치가 큰 높은 융점의 중합체가 얻어진다는 것이다. 이들은 계속된 연구에 의하여 α-올레핀 계통의 많은 단량체가 입체 규칙성의 고분자를 이와 같은 방법에 의하여 형성한다는 것을 알게 되었으며, 오늘날 고분자 공업에 있어서 고분자 총생산 량의 50%에 달하는 폴리에틸렌과 폴리프로필렌의 공업화에 밑거름이 되었다. 그리하여 이와 같은 종류의 촉매를 지글러-나타 촉매라고 하며 두 사람은 이에 대한 공로로 1964년 노벨 화학상을 수상하게 되었다.

지글러-나타 촉매류는 일반적으로 I, II, III족 금속의 유기금속화합물과 IV족에서 VII족 금속 염의 조합으로 이루어진다. 이들을 사용한 중합에서 단량체의 삽입에 의하여 형성되는 고분자의 성장말단은 음이온성을 띠고 있어 배위음이온 촉매라고 하기도 한다. 많이 사용되는 지글러-나타 촉매의 조합들이 표 13-1에 나타나 있다.

지글러-나타 촉매와 같은 부류의 중합촉매들이 어떻게 고분자의 입체규칙성을 제어하며 어떠한 메카니즘으로 중합이 진행되는지는 아직까지도 완전하게 밝혀진 것은 아니다. 그러나 현대 분석기기들의 발달로 많은 것이 밝혀져 있는데 촉매와 조촉매의 조합에 의하여 활성상태와 비활성 상태가 존재하는 것으로 알려져 있다.

표 13-1 ◦ 여러 가지 촉매 류에서의 폴리프로필렌의 입체규칙성

촉매	입체규칙성(%)
R_3Al + $TiCl_4$	35.2
R_3Al + α-$TiCl_3$	84.7
R_3Al + β-$TiCl_3$	45
R_3Al + $TiCl_4$ + NaF	97
R_3Al + $TiCl_4$ + compounds of P, As, or Sb	98
R_3Al + $TiCl_3$ + amine	81
R_3Al + $Ti(O\text{-}iso\text{-}Bu)_4$	20
R_3Al + $V(acac)_3$	0
R_3Al + $Ti(C_2H_5)Cl_2$	70~90
R_3Al + $Ti(C_2H_5)_2Cl_2$	85
R_2AlX + $TiCl_3$	90~99
$RAlX_2$ + γ-$TiCl_3$ + amine	〉99
$RAlX_2$ + $TiCl_3$ + HPT	97
RNa + $TiCl_3$	90
RNa + $TiCl_4$	90
RLi + $TiCl_4$	90
R_2Zn + $TiCl_3$	65
R_2Zn + $TiCl_3$ + amine	93

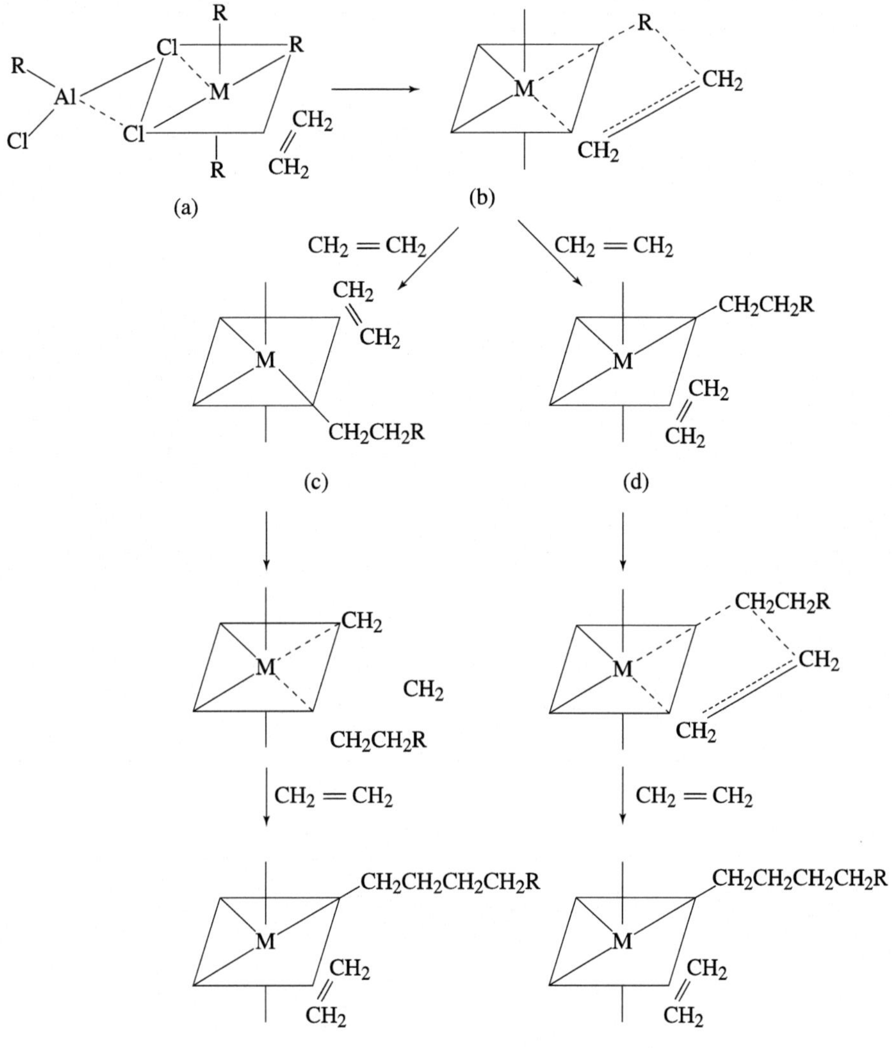
R
Al
Cl
Cl
Cl
M
CH2
CH2
(a)
(b)
(c)
(d)
CH2 = CH2
CH2CH2R
CH2CH2CH2CH2R

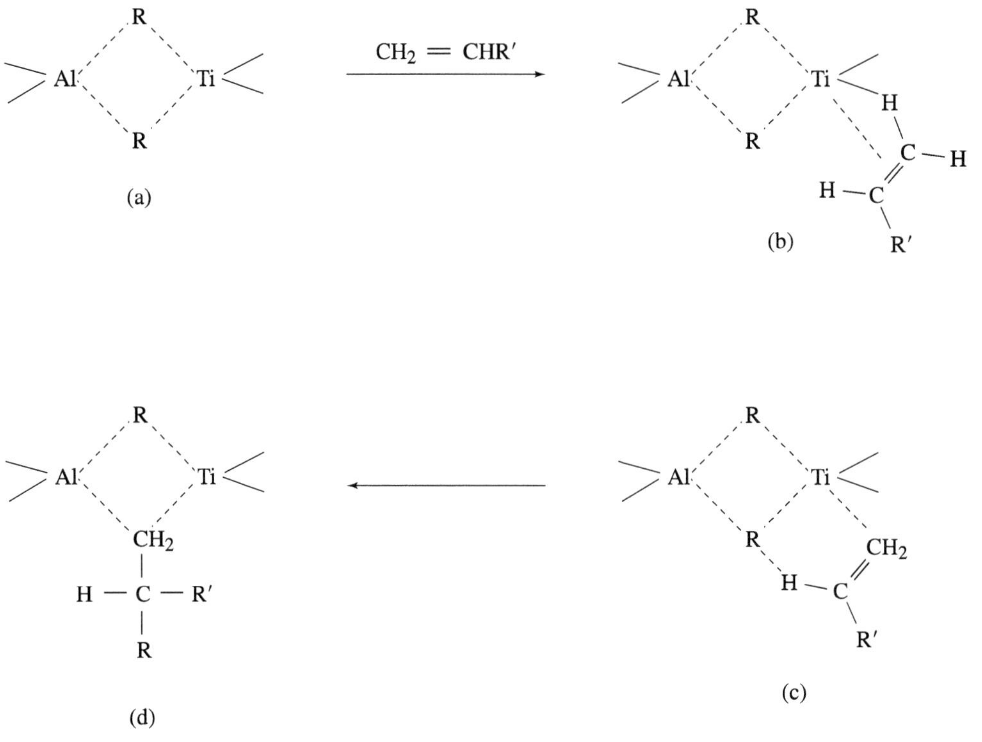

CH2 = CHR′
(a)
(b)
(c)
(d)

연 습 문 제

1. 불포화 단량체들의 입체규칙성 고분자를 합성하는 촉매계를 지글러-나타는 처음으로 사용하였다. 중요한 지글러-나타 촉매의 예를 들어 보라. 그리고 이러한 촉매계는 어떠한 종류의 단량체의 중합에 유용하게 사용되는지를 설명하라.

2. 부타디엔의 중합을 행하는 경우 여러 구조의 고분자를 합성하는 것이 가능하다. 다음과 같은 구조의 고분자를 합성하기 위하여 어떠한 촉매 및 중합계가 사용될 수 있는지를 기술하라.

1) 1,4-시스
2) 1,4-트란스
3) 1,2-부가형 중합체
4) 1,4 및 1,2 부가형이 혼합된 중합체

3. 다음 용어를 설명하고 이들 구조를 가진 고분자의 예를 들라.

1) 이소택틱 (isotactic)
2) 신디오택틱 (syndiotactic)
3) 아택틱 (atactic)

4. 배위중합에 사용되는 촉매들은 단량체와 배위화합물이나 착체를 쉽게 형성하는데, 이를 촉매 및 단량체의 분자궤도함수(molecular orbital)의 관점에서 토의하라.

14장 개환에 의한 연쇄중합

14.1 고리화합물의 안정성 및 중합성

고리화합물은 지금까지 살펴본 연쇄중합의 음이온, 양이온 또 경우에 따라서는 라디칼 개시제에 의하여서도 고리를 구성하는 화학결합이 열리면서 선상의 고분자를 형성하게 된다. 그들의 메카니즘은 고리모양의 단량체의 개환에 의하여 중합된다는 점을 제외하고는 지금까지 다루어 온 연쇄중합의 경우와 별 차이가 없다.

음이온 개시제는 단량체의 친전자성 원자를 공격하여 중합반응이 연쇄적으로 진행되며, 양이온 개시제는 그 반대로 단량체의 친핵성 원자의 공격을 받아 중합반응이 연쇄적으로 진행된다. 그런데 고리화합물의 개환중합의 중합반응성을 논함에 있어서 고리변형(ring strain)이 중요한 인자가 된다. 우리는 sp^3 혼성궤도함수 탄소원자의 치환체들이 109.5°의 각도를 이룰 때 결합변형이 없는 상태인 것을 기억할 것이다. 시클로헥산에 있어서는 의자형 구조의 상태가 고리변형이 거의 없는 상태이어서 당연히 중합이 일어나지 않지만 고리구조에서 사슬구조로 중합체를 형성한다고 하더라도 자유에너지의 감소가 거의 일어나지 않는다. 좀 더 구체적으로 살펴보기 위하여 개환중합을 열역학적으로 다룬다면 다음과 같은 식으로 나타난다.

$$\triangle G = \triangle H - T\triangle S \qquad (1)$$

이 식에서 중합으로 인한 엔트로피의 변화는 특수한 경우를 제외하고 일반 고분자의 중합과 마찬가지로 병진 엔트로피(translational entropy)의 상실로 음의 값을 가지며 고리변형이 큰 삼고리 화합물이나 사고리 화합물에 있어서는 엔탈피의 변화가 결정적인 역할을 하게 된다.

그림 14-1에는 시클로 알칸 화합물의 고리 크기에 대한 개환 자유에너지 변화가 나타나 있다.

개환중합에 따른 자유에너지의 변화는 고리변형 뿐만 아니라 치환체의 종류, 형성되는 고분자의 입체 이성질체, 공명효과 등의 여러 가지 인자가 영향을 미치나 여기서는 고리 변형에 관해서만 서술하였다. 그런데 무엇보다도 중요한 것은 고리구조 화합물의 중합반응에 대한 반응성이다.

개환중합은 대개 음이온 연쇄중합이나 양이온 연쇄중합의 형태로 진행되므로, 이는 곧 이온성 개시제와 단량체의 반응성이나 성장말단과 단량체의 반응성으로 특정 지울 수 있다.

현재 공업화되어 응용되고 있는 중요한 개환중합형 단량체들의 중합기능기들이 표 14-1에 나타나 있다.

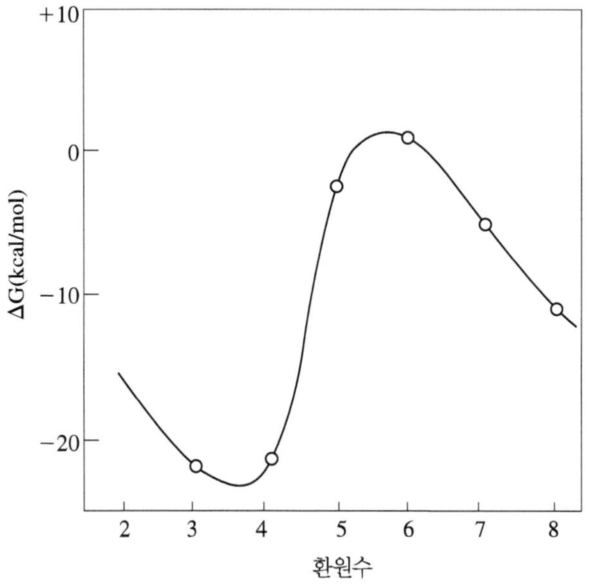

그림 14-1 ◦ 시클로알칸 화합물의 탄소수 변화에 대한 개환중합의 깁스 자유에너지 변화.

표 14-1 ◦ 환상화합물의 개환중합성

환상화합물	헤테로결합	개환중합을 일으키는 환의 원자수	생성고분자
락톤	-OCO-	4, 6, 7, 8	폴리에스테르
락탐	-NHCO-	4, 5, 7, 8	폴리아미드
환상에테르	-O-	3, 4, 5	폴리에테르
환상슬피드	-S-	3, 4	폴리슬피드
환상아민	-NH-	3	폴리이민
트리옥산	$-CH_2O-$	6	폴리메틸렌옥시드
환상실록산	$-Si(CH_3)_2O-$	6, 8	폴리실록산
환상알켄	-R-CH=CH-	5	폴리알켄닐리덴
포스파젠	$-P(Cl)_2=N-$	6	폴리포스파젠

14.2 고리에테르 화합물의 개환중합

고리 에테르 화합물의 고리 변형은 삼고리 화합물에서 팔고리 화합물까지 다음과 같이 나타난다(kJ/mole).

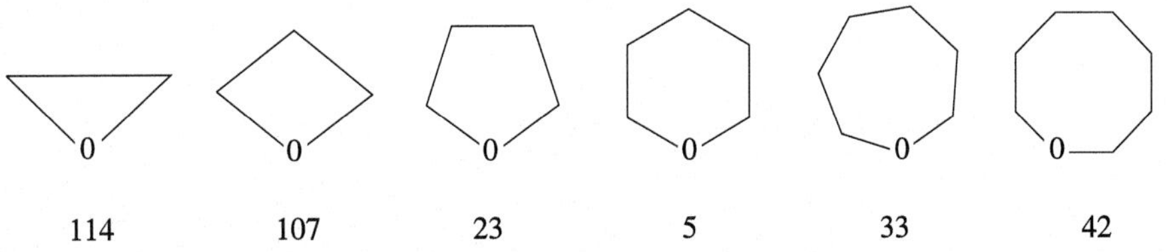

이와 같은 고리 에테르 화합물 및 치환기가 바뀐 여러 화합물 중에서 특히 공업적으로 중요한 것은 삼고리 화합물인 에틸렌옥시드(ethylene oxide), 프로필렌옥시드(propylene oxide)이며 다섯 고리 화합물인 테트라히드로퓨란이다.

고리 에테르 화합물의 개환중합은 양이온 연쇄중합에 의한 개환중합법이 가장 많이 사용된다. 그러나 에틸렌옥시드나 프로필렌옥시드와 같이 고리 변형이 큰 경우는 양이온 및 음이온 개시제 모두에 개환중합반응이 잘 일어난다.

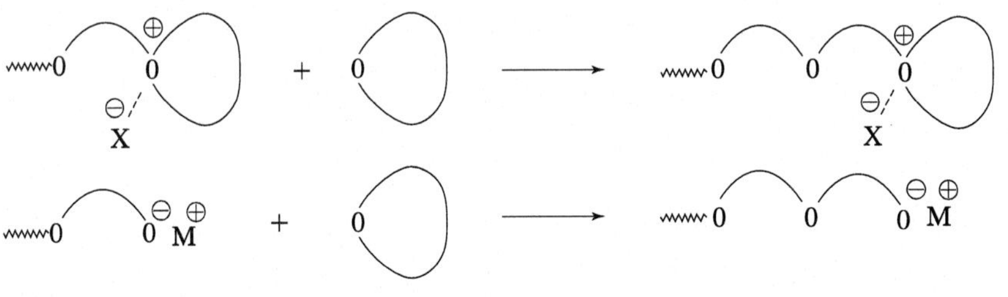

위의 반응에서 양이온 연쇄중합의 경우는 고리 삼차 옥소늄(cyclic tertiary oxonium) 이온을 경유해 성장반응이 진행되는 것을 잘 관찰해 주기 바란다.

프로필렌옥시드도 음이온 중합법에 의하여 폴리프로필렌글리콜 고분자를 얻을 수 있는데, 광학 활성이 있는 메틸그룹의 치환 위치 때문에 미세 구조에 있어서는 여러 종류의 고분자 화합물이 얻어질 수 있다.

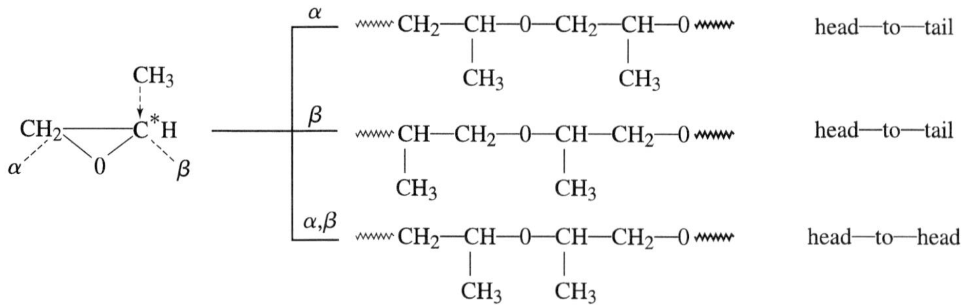

또 트리옥산도 양이온 중합법에 의하여 포름알데히드가 중합된 형태와 동일한 고분자를 얻을 수 있다.

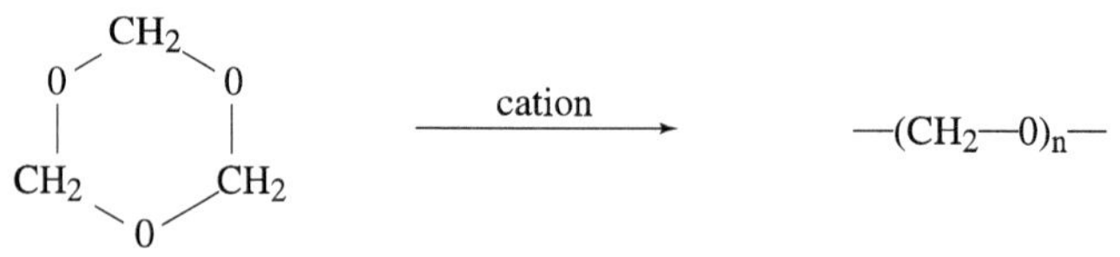

이러한 고리에테르 구조의 단량체인 에틸렌옥시드나 프로필렌옥시드로부터 얻어진 고분자들은 고분자쇄의 유동성이 크고 유리 전이점이 낮으며 또 양쪽 말단이 수산기인 저분자량의 물질로 얻을 수 있다. 이렇게 얻어진 저분자량의 화합물은 양쪽 말단의 수산기가 폴리우레탄 단량체인 이소시아네이트나 폴리에스터의 단량체인 카르복실산과 쉽게 반응할 수 있다. 이러한 반응성을 이용하여 연질의 폴리우레탄 폼이나 탄성이 뛰어난 섬유제품용 고분자 재료를 합성하는데 쓰인다. 열가소성 탄성체(thermoplastic elastomer)라 불리는 사출성형용 고무제품들도 이러한 고리 에테르화합물의 개환 중합체가 전구물질로 사용된 경우가 많다.

14.3 락탐의 개환중합

공업화된 락탐 화합물로 나일론 6의 개환중합을 대표적으로 들 수 있다. 이때의 단량체는 ϵ-카프로락탐으로 공업적으로는 물을 촉매로 하여 260℃ 근방까지 가열하여 중합되며, 중합 메카니즘은 축합중합의 그것과 같다.

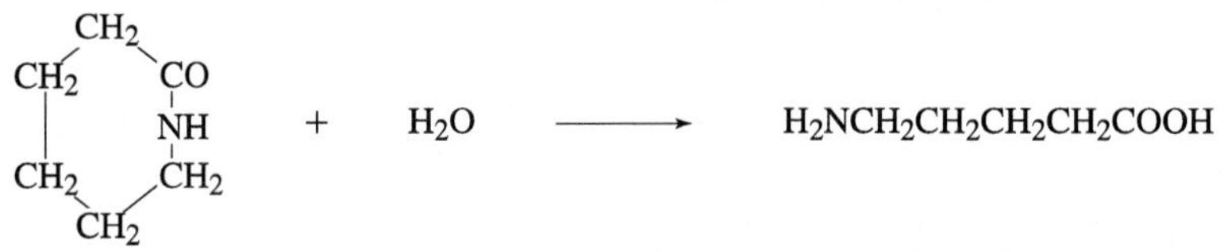

$$2H_2N—(CH_2)—COOH \longrightarrow H_2N—(CH_2)_5—CONH—(CH_2)_5—COOH + H_2O$$

그러나 양이온성 촉매나 금속, 음이온성 촉매에 의하여서도 중합이 진행되는데, 이때는 활성화된 단량체를 경유하여 연쇄중합형으로 진행되며, 그 메카니즘이 독특하고 중합 케카니즘을 이해하는데 중요하므로 기억해 두길 바란다. 양이온성 중합에서는 양성자의 전이에 의한 카보니움을 함유한 활성화된 단량체가 생성되고 이어서 여기에 단량체 질소원자의 고립전자쌍이 친핵성 공격을 하여 고분자가 성장해 간다.

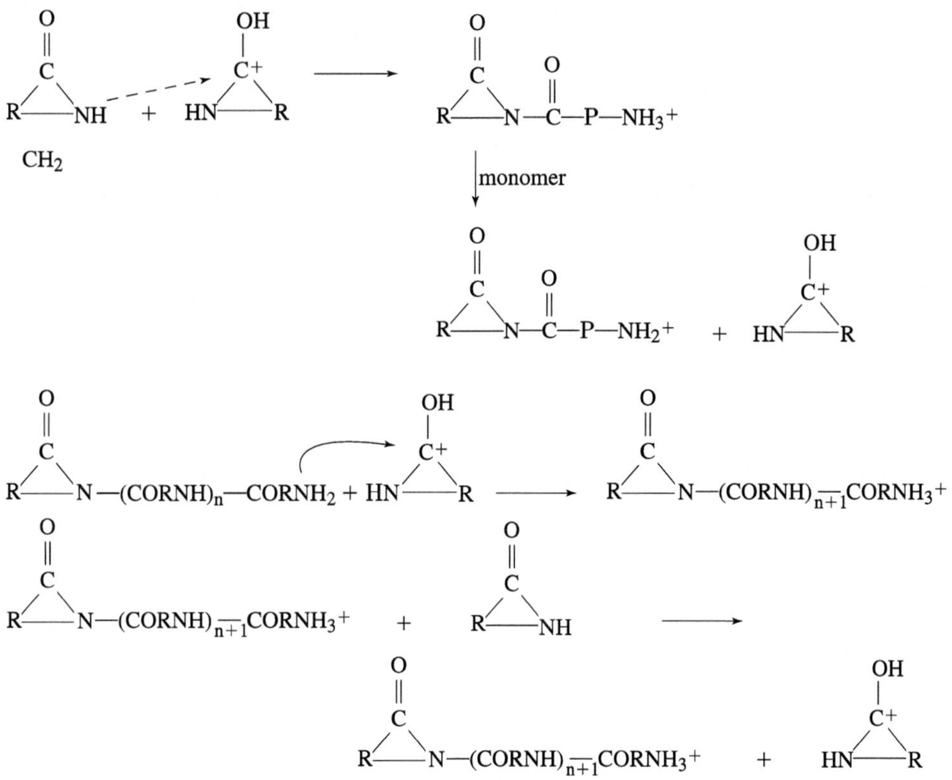

이와 비교하여 알칼리 금속이나 음이온성 개시제에 의해서는 수소의 탈착에 의하여 활성화된 단량체가 단량체에 친핵성 공격을 하여 개시반응이 일어나고, 이어서 단량체에서 고분자쇄로 수소의 이동으로 다시 활성화된 단량체가 재생되며 이것이 고분자쇄 성장말단의 N-아실락탐을 친핵성 공격하여 계속적으로 고분자가 성장하는데, 이는 락탐의 아실화에 의하여 전자의 결핍

현상이 증가하여 고분자의 새로운 성장점이 되기 때문이다.

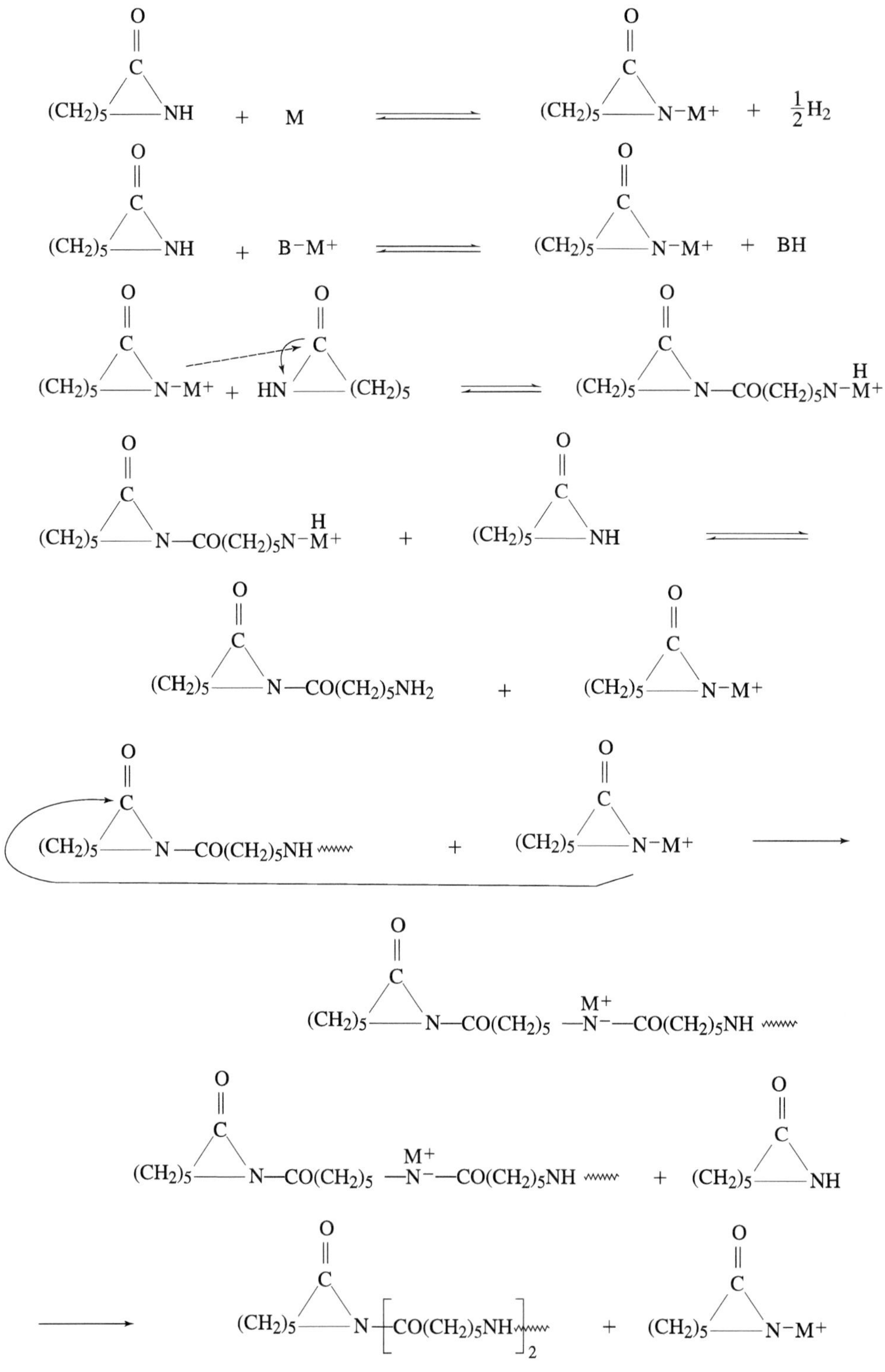

이러한 기술은 소량의 개시제만으로 중합속도가 매우 빠르게 진행되기 때문에 반응사출성형(reaction injection molding)에 공업적으로 이용된다.

또 락탐화합물은 아니나 개환과 함께 탈이산화탄소 반응이 수반되어 결국은 폴리아미드형의 고분자를 형성하는 것으로 다음 식에 나타난 NCA(N-carboxy-α-amino acid anhydride)의 개환중합이 있다.

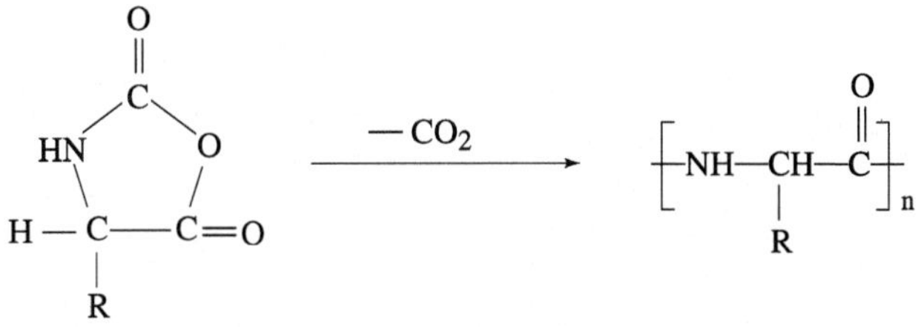

이렇게 얻어진 고분자의 구조적인 골격은 단백질의 구조와 동일하다. 그리하여 고분자량의 아미노산 단일중합체를 합성하는데 있어서는 이 방법이 가장 많이 이용되고 있다.

14.4 락톤의 개환중합

락톤이란 에스터 그룹을 함유한 고리화합물을 말한다. 이들은 음이온 개시제 및 양이온 개시제에 의하여 중합이 일어날 수 있는데, 메카니즘이 간단해 잘 알려진 음이온 중합은 다음과 같은 과정으로 일어난다.

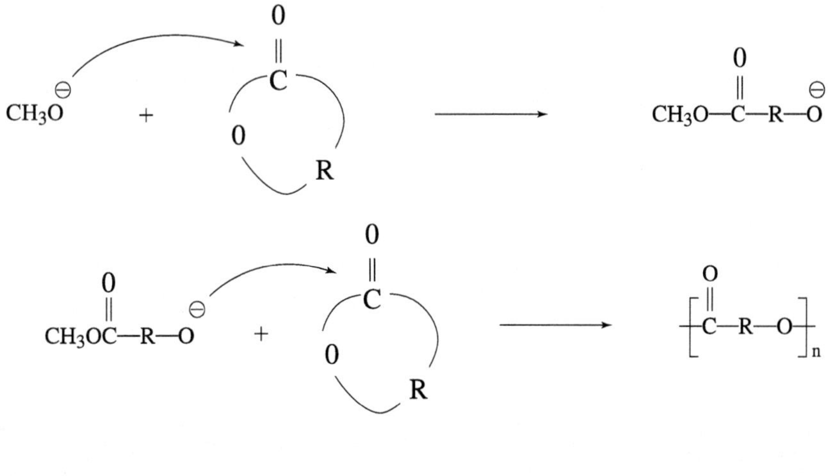

이들 중에서 공업적으로 유용한 것은 여섯고리 이량체의 구조를 한 화합물의 개환중합에

의하여 얻어지는 폴리글리콜리드(polyglycolide)와 폴리락티드(polylactide)가 있다.

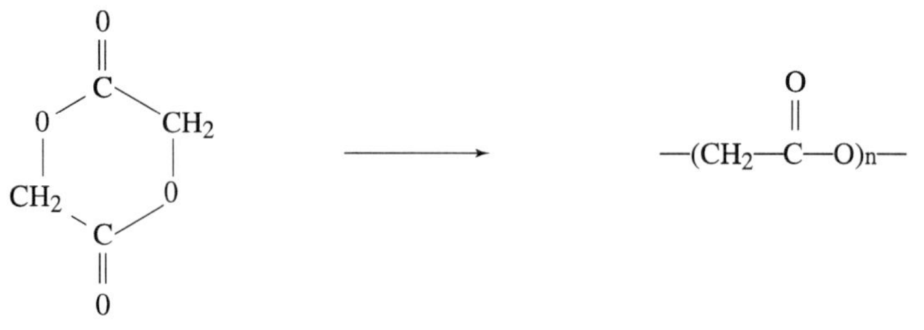

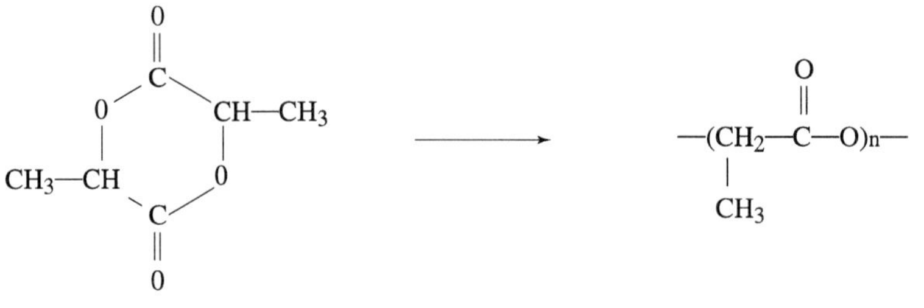

14.5 그 외의 개환중합에 의하여 형성되는 고분자

우리가 잘 알고 있는 실리콘수지의 대표적인 형태는 폴리디메틸실록산(poly(dimethyl-siloxane)) 고분자를 말하는데, 이를 합성하는 한가지 방법으로 삼량체 및 사량체의 형태인 헥사메틸트리실록산 및 옥타메틸테트라실록산을 음이온 개환중합 하여 얻는 방법이 있다.

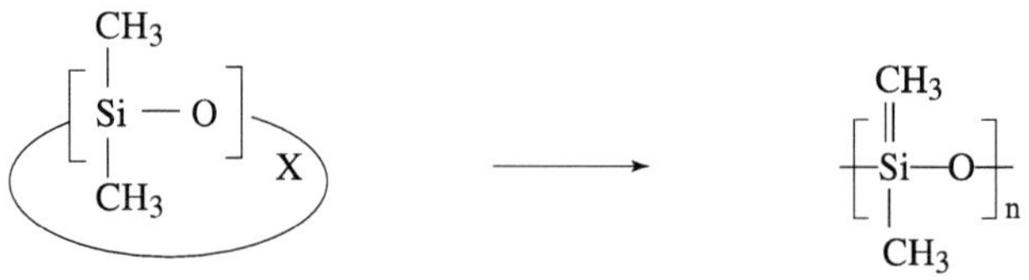

X=3,4

이들의 중합에 있어서의 특징은 단량체의 고리 변형이 거의 없어 앞의 열역학식 (식 (1))에서 중합반응 엔털피가 영에 가깝고 중합 엔트로피는 오히려 조금 증가하는 특징이 있다. 이는 고분자쇄의 유동성이 매우 뛰어나 분절들의 병진엔트로피가 거의 감소하지 않는 것과 관계가 있다. 실리콘 수지는 이러한 개환중합 외에도 디클로로실란 단량체의 가수분해 및 축합 반응을 통해서도 합성된다.

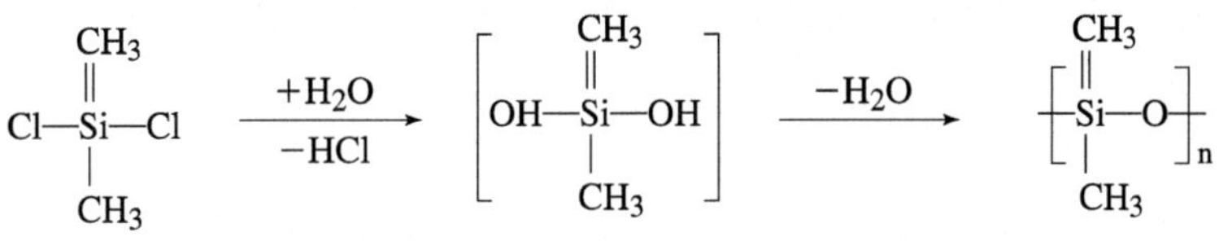

실리콘수지는 플라스틱, 고무, 오일, 윤활제, 이형제 등으로 광범위하게 사용되는 중요한 무기고분자 화합물이다.

또 다른 형태의 개환중합에 의한 무기고분자로는 비교적 최근에 개발된 폴리포스파젠이 있다.

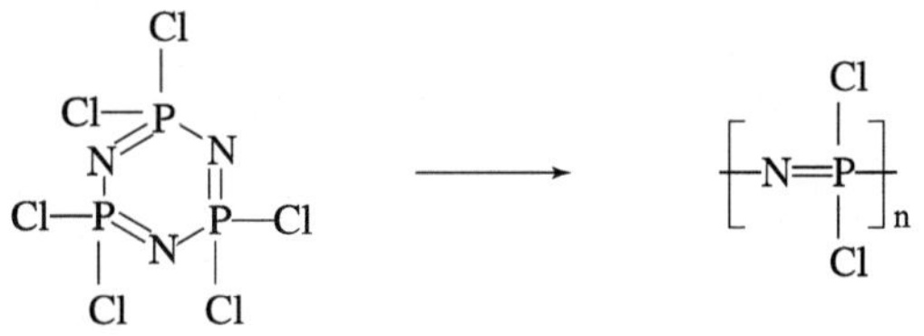

그리고 역시 근래에 공업화가 이루어진 독특한 형태의 개환중합에 의한 고분자로는 고리알켄화합물의 개환중합이다. 이들은 몰리브덴이나 텅스텐의 할로겐화합물과 유기금속화합물의 조촉매가 조합하여 이루어지는 중합법으로서 개환을 하는 활성점이 탄소-탄소 이중결합이라는 특성이 있으며, 특히 시클로펜텐(cyclopentene)의 개환중합은 다른 방법으로는 얻기 힘든 구조의 고무 중합체가 얻어지며 현재 공업화된 공정이다.

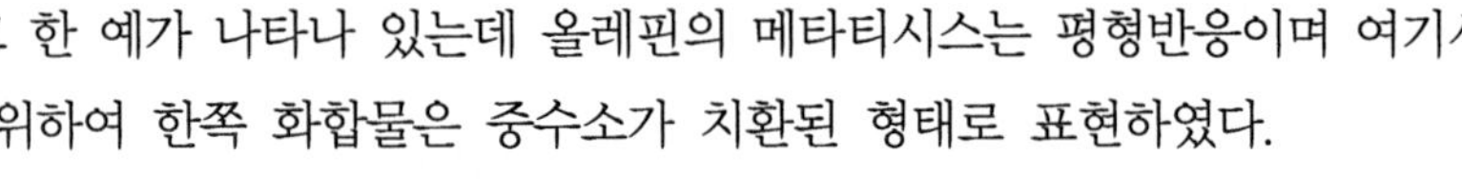

이러한 중합법을 메타티시스 중합법(metathesis polymerization)이라고도 하는데, 이는 이들 중합법이 석유화학공업의 올레핀의 개질에 사용되는 메타시시스 촉매를 사용하기 때문이다. 다음에는 그 한 예가 나타나 있는데 올레핀의 메타티시스는 평형반응이며 여기서는 구분을 쉽게 하기 위하여 한쪽 화합물은 중수소가 치환된 형태로 표현하였다.

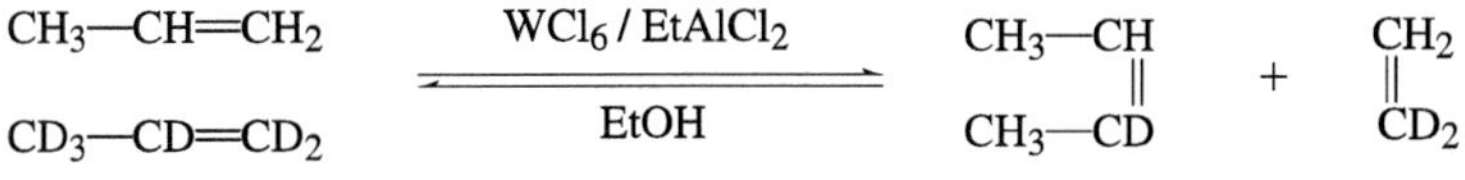

연 습 문 제

1. 다음 고리 화합물들의 개환중합에 의하여 형성되는 고분자의 구조를 설명하라.

1) 락톤 (lactone)
2) 락탐 (lactam)
3) 테트라하이드로퓨란 (tetrahydrofuran)
4) N-carboxy-α-amino acid anhydride

2. 이산화탄소가 발생하는 중합의 예를 제시하라.

3. 천연 화합물로 얻어질 수 있는 glycolic acid 및 lactic acid의 구조를 그리고, 이들의 이량화(dimerization)에 의하여 형성되는 고리화합물의 구조를 표시하라. 또 이들의 개환중합에 의하여 형성되는 고분자의 구조를 나타내보라.

4. 카프로락탐을 단량체로 사용하여 얻을 수 있는 중합체의 형성 메카니즘을 개시제를 달리하여 설명하라.

5. 아미노산 단일 중합체를 합성하는 방법들을 설명하고 이들을 중합할 때 나타날 수 있는 문제점들을 설명하라.

15장 공중합

15.1 축합중합의 공중합

축합중합에 있어서 공중합은 중합체를 형성하는 단량체의 중합기능기가 같으면 공중합체를 얻는 것이 가능하다. 간단한 예로 탄성섬유의 재료로 사용되는 다음과 같은 공중합반응을 보기로 하자.

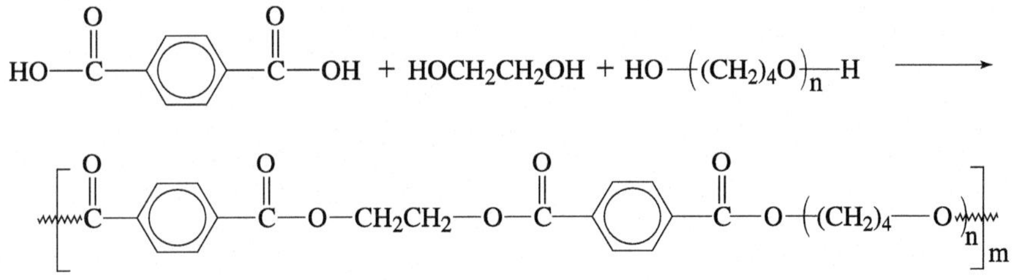

위의 반응식에서 고분자의 에스테르 그룹을 형성하는 카르복실산과 수산기의 반응이 기본 반응 그룹이며, 테레프탈산의 카르복실과 반응하는 수산기를 가진 단량체로 에틸렌글리콜과 폴리테트라메틸렌글리콜(PTMG)이 사용되었음을 알 수 있다. PTMG는 그 자체가 고분자의 형태로 중합된 것이면서도 여기에서는 에틸렌글리콜과 함께 공단량체(comonomer)로 사용되고 있다. 물론 여기서 고분자량의 공중합체를 얻기 위해서는 카르복실기와 수산기의 전체 당량비가 1:1로 되어야 한다.

이러한 공중합법은 중합기능기를 하나만 가진 화합물을 첨가하여 선형고분자의 분자량을 조정하거나 중합기능기가 셋 이상 되는 화합물을 공중합시킴으로써 망상구조 (3차원구조)의 고분자 물질을 합성하는 기술로 이용되기도 한다. 위의 식에서 PTMG 대신에 에탄올이나 글리세린과 같은 화합물을 공단량체로 사용한다고 생각을 해보라.

$$CH_3CH_2-OH \qquad CH_2(OH)-CH(OH)-CH_2(OH)$$

여기에서 에탄올과 반응한 고분자의 말단은 성장을 멈추게 되고 글리세린과 반응한 고분자의 말단은 하나의 분지점(branching point)으로 작용하게 된다. 그리하여 이러한 분지가 많이 일어나면 전체적으로는 분자량이 무한대로 커지게 되며 중합계는 겔화가 일어나게 된다.

공중합체는 단일 중합체만으로는 사용자가 필요로 하는 물리적 성질을 충족시킬 수 없을 때 이를 해결하기 위해서 자주 사용되는 기술이다. 공중합체를 합성함에 있어서 쉬운 방법은 앞에서 말한 같은 중합기능기를 가진 단량체들을 같이 중합하는 방법이 있다. 예를 들면 폴리에틸렌 테레프탈레이트와 폴리부틸렌 테레프탈레이트의 단일 중합체는 전자의 경우 기계적인 물성이 좋은 반면에 가공조건이 까다로운 단점이 있지만, 후자의 경우는 전자에 비해 기계적 물성이 다소 떨어지나 가공성은 양호한 장점이 있다. 그리하여 이들 단량체를 혼합하여 중합하면 중간정도의 기계적인 물성과 가공성을 얻을 수 있을 것이라는 것을 누구나 예상할 수 있다.

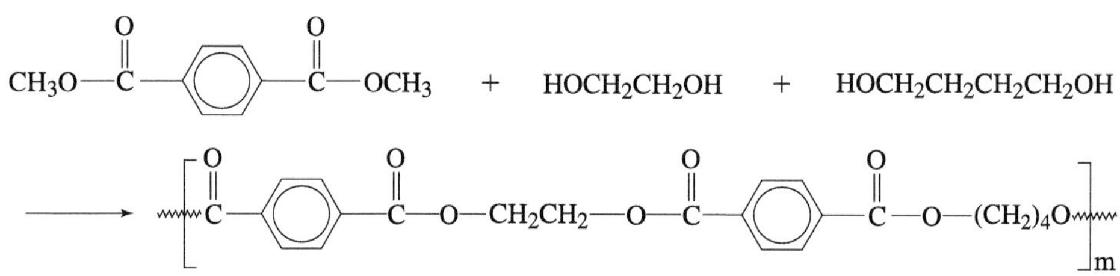

축합중합에 있어서 이와 같은 단량체의 혼합에 의한 공중합체의 합성 외에 블록공중합체나 그라프트 공중합체가 있다. 이들의 중합은 양쪽 말단에 축합중합이 가능한 기능기를 가진 전구체 고분자를 먼저 합성하고 이들 간에 이차중합을 이용하여 중합할 수가 있다. 앞의 축합중합에서 서술하였듯이 공업적으로 중요한 중합기능기들은 열 개 내외로 압축될 수 있는데, 전구체를 합성하고 나서 양쪽 말단이 이러한 중합기능기가 저절로 형성되는 경우도 있고, 추가로 반응을 통하여 필요한 중합기능기로 전환해야 할 경우도 있다. 이와 같이 양쪽 말단이 기능화된 전구체 고분자를 텔레킬릭 고분자(telechelic polymer)라고도 한다. 다음의 폴리에스터와 폴리아미드의 블록공중합체를 합성하는 방법을 설계해 보라. 여기에 나타난 방법 외에도 여러 가지 방법이 있을 수 있다.

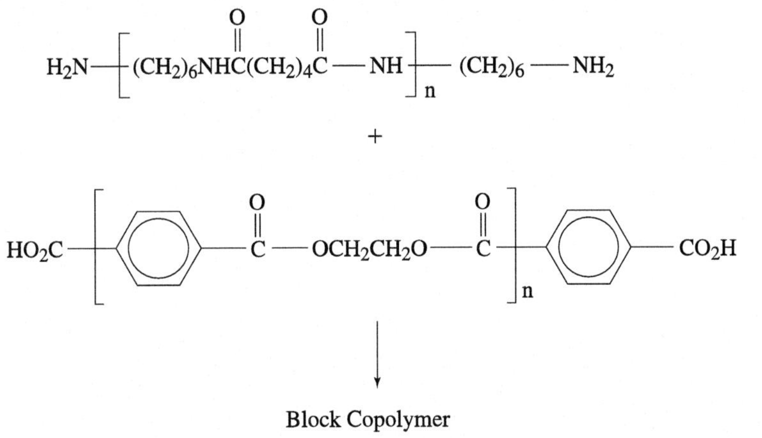

여기에서는 올리고아미드의 말단이 아미노 그룹이 되도록 디아민 단량체를 약간 과량 투입하였고 올리고에스테르의 경우는 테레프탈산을 과량 투입하였다.

이제 그라프트 공중합체의 합성 예를 보기로 하자. 합성된 다음과 같은 구조의 올리고머는 폴리아미드의 골격에 폴리에테르가 그라프트된 형태의 고분자를 합성하는데 이용될 수 있을 것이다.

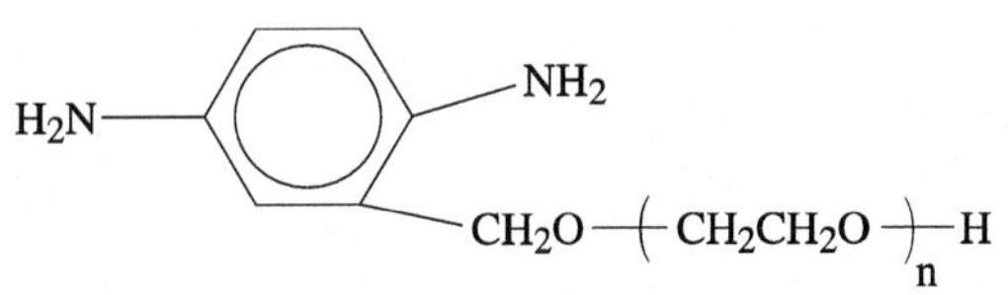

이와 같이 분자량이 큰 고분자 화합물이 단량체로 이용될 수 있을 때 이를 마크로머(macromer)라고 부르기도 한다. 이것은 한 예에 불과하며 이외에도 합성한 고분자에 직접 그라프트 중합하는 방법, 고분자와 고분자의 반응에 의하여 그라프트 공중합체를 합성하는 방법 등의 수많은 합성법이 알려져 있다.

15.2 연쇄중합에 의한 공중합체의 합성

연쇄중합에 의한 공중합은 라디칼, 음이온, 양이온 연쇄중합으로 지금까지 기술한 세 가지 방법들에 의하여 가능한데, 먼저 중합시에 공중합시킬 단량체들을 혼합하여 투입함으로써 이루어지는 공중합을 살펴보기로 하자. 세 가지 연쇄중합법 중에서 라디칼 연쇄중합은 그 메카니즘 및 기구들이 비교적 일찍 확립되었는데 간단한 경우로 단량체 M1과 M2가 개시제와 함께 반응기로 투입되어 공중합이 되면 그 성장과정은 다음과 같은 네 종류로 나눌 수 있다.

$$M_1\cdot \quad + \quad M_1 \xrightarrow{k_{11}} M_1\cdot \qquad k_{11}[M_1\cdot][M_1]$$

$$M_1\cdot \quad + \quad M_2 \xrightarrow{k_{12}} M_2\cdot \qquad k_{12}[M_1\cdot][M_2]$$

$$M_2\cdot \quad + \quad M_1 \xrightarrow{k_{21}} M_1\cdot \qquad k_{21}[M_2\cdot][M_1]$$

$$M_2\cdot \quad + \quad M_2 \xrightarrow{k_{22}} M_2\cdot \qquad k_{22}[M_2\cdot][M_2]$$

여기에서 단량체 M_1과 M_2가 소비되는 속도는 다음 식 (1)과 식 (2)로 나타낼 수 있다.

$$-d[M_1]/dt = k_{11}[M_1\cdot][M_1] + k_{21}[M_2\cdot][M_1] \tag{1}$$

$$-d[M_2]/dt = k_{12}[M_1\cdot][M_2] + k_{22}[M_2\cdot][M_2] \tag{2}$$

식 (1)을 식 (2)로 나누면 다음 식 (3)이 얻어진다.

$$\frac{d[M_1]}{d[M_2]} = \frac{k_{11}[M_1\cdot][M_1] + k_{21}[M_2\cdot][M_1]}{k_{12}[M_1\cdot][M_2] + k_{22}[M_2\cdot][M_2]} \tag{3}$$

여기서 단량체 $d[M_1]/d[M_2]$는 생성되는 공중합체 중의 단량체 M_1과 M_2의 생성비이며 $[M_1]$과 $[M_2]$는 단량체의 초기농도이다. 그런데 여기에서는 단량체의 초기농도를 넣었으므로 위의 식은 어디까지나 초기에 형성되는 공중합체의 비율을 나타낸다. 중합이 진행됨에 따라 단량체의 농도 비가 계속 변화하므로 이에 따라서 그 시점에 형성되는 공중합체의 조성도 계속 변하게 된다. 위 식에서 성장말단 라디칼의 농도 $M_1\cdot$와 $M_2\cdot$는 단일중합체의 경우와 같이 정상상태를 가정하여 제거할 수 있다.

$$k_{12}[M_1\cdot][M_2] = k_{21}[M_2\cdot][M_1] \tag{4}$$

식 (3)에 식 (4)를 대입하여 실험적으로 측정이 가능한 것들만으로 정리하면 다음과 같은 잘 알려진 공중합 조성식이 얻어진다.

$$\frac{d[M_1]}{d[M_2]} = \frac{[M_1]}{[M_2]}\left(\frac{r_1[M_1] + [M_2]}{[M_1] + r_2[M_2]}\right) \tag{5}$$

$$단, \ r_1 = k_{11}/k_{12}, \ r_2 = k_{22}/k_{21}$$

이 식에 나타난 r_1 및 r_2를 M_1과 M_2의 단량체 반응성비(monomer reactivity ratio)라고 하는데, 공중합체에 있어서 단량체가 공중합 되는 거동을 파악할 수 있는 중요한 인자이며, 고분자 핸드북에는 여러 가지 단량체의 조합에 의한 반응성비가 상세하게 나타나 있다.

r_1 및 r_2 의 몇 가지 변화에 대한 공중합체의 조성곡선을 그래프로 나타내면 그림 13-1과 같이 나타낼 수 있다.

여기에서 r_1 및 r_2의 곱인 r_1r_2가 특히 r_1 및 r_2와 함께 공중합의 거동을 파악하는 중요한 판단 인자가 되는데 그림 13-1과 함께 이를 생각해 보기로 하자.

먼저 $r_1r_2=1$이고, 또 $r_1=r_2=1$인 경우는 $k_{11}=k_{12}$이고, 또 $k_{22}=k_{21}$이 되므로 같은 단량체가 성장말단에 첨가되어 성장할 확률과 다른 단량체가 첨가되어 성장할 확률이 같아지게 된다. 그리하여 그림 15-1의 a와 같이 단량체의 초기농도비는 항상 공중합체의 조성비가 되며 단량체의 농도비도 변하지 않게 된다. 이와 같은 경우를 이상공중합(ideal copolymerization)이라고 한다. 그러나 $r_1r_2=1$ 이라고 할지라도 r_1 및 r_2가 1이 되지 않아, 한쪽이 크고 한쪽이 작은 경우는 그림 15-1에서 g와 f같이 한쪽으로만 치우친 곡선이 얻어진다. 위쪽으로 치우친 곡선 f의 경우가 $k_{11} > k_{12}$이고, 아래쪽으로 처진 곡선 g의 경우가 $k_{11} < k_{12}$이다. 이때에는 어느 경우이든 교호공중합성(alternating copolymerization)이 적은 공중합체가 형성된다.

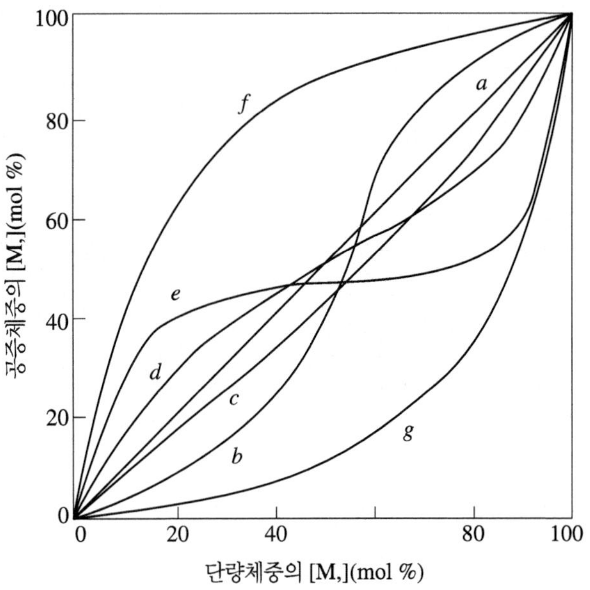

그림 15-1 • 단량체의 초농도와 공중합체의 조성곡선

만약에 $r_1r_2=0$인 경우에는 $k_{11}=0$이고, 또 $k_{22}=0$인 경우와 어느 한쪽만 0인 두 경우가 가능한데, 전자의 경우는 곡선 e와 같이 넓은 농도비에 걸쳐서 교호공중합체가 얻어진다. 그러나 후자의

경우는 적어도 어느 한쪽의 단량체가 연속적으로 중합되지 않는다는 것을 의미한다. 이와 비교하여 $r_1r_2 > 1$인 경우에는 다른 종류의 단량체 보다는 같은 단량체가 우선적으로 중합되어 각각의 단일중합체가 독립적으로 형성되는 경우로 공중합이 어려운 단량체의 조합이 된다.

그런데, 여기에서는 편의상 $r_1r_2 > 1$, $r_1r_2=0$ 등으로 나누었지만 실제로는 반응성비의 곱이 아주 크거나 0에 가까운 아주 작은 경우로 생각하는 것이 좋다. 대부분의 공중합에 있어서 r_1r_2는 0에서 1 사이의 범위에 있으며 0에 가까울수록 교호공중합성이 큰 공중합체가 얻어진다. 다음 표 15-1에는 공업적으로 중요한 단량체들의 공중합에 있어서 단량체의 반응비와 그의 곱이 나타나 있다.

그런데 이러한 공중합식에 나타난 반응비들은 어디까지나 결과론적인 사항들이고, 우리는 도대체 이러한 반응비는 단량체의 어떠한 성질에 의하여 어떻게 영향을 받는가 하는 문제에 부딪치게 된다. 이러한 의문점을 처음으로 체계적으로 설명하기 위하여 나타난 것이 1947년 Alfrey와 Price에 의한 Q-e 이론이다.

이들은 라디칼 연쇄중합에 있어서 성장속도 상수는 비닐단량체의 입체효과가 무시된다면 공명효과와 극성효과의 결합으로 설명하려고 하였다. 이제 성장말단 라디칼의 공명안정화를 P로 나타내고 단량체의 공명안정화를 Q로 나타내며, 이들의 극성효과를 e로 나타내어 구분을 위해 아랫첨자를 더한 후 앞에서 나타난 네 종류의 성장속도 상수들을 표시하면 다음 식들과 같이 나타난다.

표 15-1 • 라디칼 연쇄중합의 반응비

단량체 (M_2)	r_1	r_2	r_1r_2
	단량체 (M_1) = 스티렌		
무수말레인산	0.04+0.01	0	0
메타크릴산메틸	0.52+0.026	0.46+0.026	0.24
아크릴산메틸	0.75+0.07	0.18+0.02	0.14
부타디엔	0.78+1.01	1.3+0.03	1.08
염화비닐리덴	1.85+0.05	0.085+0.01	0.16
염화비닐	17+3	0.02	(0.34)
초산비닐	55+10	0.01+0.01	(0.05)
	단량체 (M_1) = 메타크릴산메틸		
부타디엔	0.25+0.03	0.75+0.05	0.19
아크릴로니트릴	1.35+0.1	0.18+0.1	0.24
염화비닐리덴	2.53+0.1	0.24+0.03	0.61
무수말레인산	6.7+0.2	0.02	0.13
초산비닐	20+3	0.015+0.015	(0.30)

$$k_{11} = P_1Q_1\exp[-e_1e_1] \tag{6}$$

$$k_{12} = P_1Q_2\exp[-e_1e_2] \tag{7}$$

$$k_{21} = P_2Q_1\exp[-e_2e_1] \tag{8}$$

$$k_{22} = P_2Q_2\exp[-e_2e_2] \tag{9}$$

이들 식들을 이용하여 반응비 r_1과 r_2는 다음과 같이 된다.

$$r_1 = \frac{k_{11}}{k_{12}} = \frac{Q_1}{Q_2}\exp[-e_1(e_1 - e_2)] \tag{10}$$

$$r_2 = \frac{k_{22}}{k_{21}} = \frac{Q_2}{Q_1}\exp[-e_2(e_2 - e_1)] \tag{11}$$

따라서 반응비 r_1r_2는 다음과 같이 간단히 표시될 수 있다.

$$r_1r_2 = \exp[-(e_1 - e_2)^2] \tag{12}$$

그리하여 단량체의 극성의 차이가 크면 클수록 r_1r_2 값은 0에 가까워지며 교호 공중합성이 증대한다는 것을 알 수 있다. 다음 표 15-3과 그림 15-2에는 이들의 값들이 나타나 있는데 이들에 대한 물리화학적인 의미를 자세히 살펴볼 필요가 있다.

표 15-3에 나타난 Q 및 e의 값은 스티렌 단량체의 경우 각각 1.0 및 -0.8로 두었을 때의 상대적인 값들이다. Q의 값들은 크게 나누어 0.2이상의 값을 가진 부류와 그 이하의 값을 가진 부류로 나눌 수 있는데, 0.2이상의 값을 가진 경우의 단량체를 공역단량체(conjugative monomer)라고 하고 그 이하의 값을 가진 단량체를 비공역단량체(non-conjugative monomer)라고 편의상 분류할 수 있다. 이러한 단량체를 치환기로 나타내면 표 15-2와 같다.

표 15-2 • 단량체의 분류

공역 단량체	비공역 단량체
-CR=CR'R"	-CRR'R"
-CR=O	-Cl
-C≡N	-Br
-NRR'	-F
-SR	-OCOR
	-OR

* R,R',R"는 수소, 알킬, 할로겐 등

표 15-3 • 비닐 단량체의 Q, e 값

단량체	Q	e	단량체	Q	e
이소부틸비닐에테르	0.023	-1.77	에틸렌	0.015	-0.20
메틸비닐술피드	0.32	-1.45	염화비닐	0.044	0.20
N-비닐카바졸	0.41	-1.40	염화비닐리덴	0.22	0.36
N-메틸스티렌	0.98	-1.27	메타크릴산메틸	0.74	0.40
이소프렌	3.33	-1.22	아크릴산메틸	0.42	0.60
부타디엔	2.39	-1.05	부틸비닐케톤	0.69	0.63
이소부텐	0.033	-0.96	아크릴로니트릴	0.60	1.20
스티렌	1.0	-0.8	아크릴아미드	1.18	1.30
프로필렌	0.002	-0.78	무수말레인산	0.23	2.25
초산비닐	0.026	-0.22	비닐리덴디니트릴	20.13	2.58

이제 이들 단량체들의 라디칼에 대한 반응성을 보기로 하자. 이들에 대한 정량적인 비교를 위하여 표 15-3을 참고하기 바란다.

표 15-3에서 Q값이 큰 공역단량체들은 메틸라디칼과의 반응성이 큰 것을 알 수 있다. 즉, 공역단량체들은 라디칼에 대해서 비공역 단량체보다도 훨씬 큰 반응성을 나타내는데, 이는 단량체들의 폴리초산비닐 성장말단 라디칼과의 반응성에서도 뚜렷이 나타나고 있다. 이와 비교하여 공역단량체가 첨가되어 형성된 성장말단과 공역단량체의 반응성은 그렇게 차이를 보이지 않는다. 이는 성장말단의 라디칼들도 공명효과에 의하여 안정화됨을 나타낸다. 이들을 종합하면 단량체의 반응성은 공명안정화에 의하여 증가하나 라디칼의 반응성은 공명안정화에 의하여 떨어진다는 것을 나타내는 것으로 표 15-4에서 각종 단량체들과 폴리스티렌 라디칼과의 반응성에서 그 차이를 잘 알 수 있다. 공중합 거동을 설명하기 위한 이러한 Q, e값들은 단일 중합체의 성장속도 상수의 크기를 설명하는데 사용될 수 있는데, 예로서 다음 표의 스티렌과 초산비닐의 값들을 비교 해보자. 단량체의 반응성에서는 스티렌보다 낮은 초산비닐이 성장반응 속도상수에 있어서는 오히려 큰 값을 나타낸다. 이는 중합반응속도를 결정하는 것은 단량체의 반응성보다는 오히려 성장말단 라디칼의 반응성이 큰 역할을 하고 있음을 암시하고 있다.

어쨌든 그림 15-2의 Q-e 도에서 가로축은 단량체의 중합에 대한 반응성을 나타내지만 중합속도와 비례관계에 있지는 않으며, 오히려 단일중합체에 있어서는 그 반대에 가깝다는 것을 주의하기 바란다. 그러나 전체적으로는 중합속도를 주로 결정하는 것은 Q값의 차이인 것은 사실이다. 그런데 Q값이 거의 차이가 나지 않는 경우에는 e값이 중합반응속도에 영향을 줄 수도 있다. 그러나 e값의 보다 중요한 의미는 그 값의 차이가 클수록 즉, 그림 15-2의 세로축에서 서로 멀리 떨어져 있을수록 교호공중합성이 커진다는 것이다. 우리가 공업적으로 SMA라고 줄여서 얘기하는 스티렌과 무수말레인산과의 공중합체의 교호중합성을 성장라디칼과 단량체

표 15-4 • 단량체의 Q, e 값과 반응의 속도상수

단량체	Q	e	CH_3·의 반응성 k_2'/k_1' (65℃)	C_6H_5COO·의 반응성 k_2/k_1 (60℃)	폴리초산비닐 라디칼과의반응속도상수(60℃)	폴리스티릴라디칼과의 반응속도 상수(60℃)	k_p[a]
공역단량체							
이소프렌	3.313	-1.22	2090	-	-	405	50
스티렌	1.0	-0.8	820	2.5	200000	176	176
메타크릴산메틸	0.74	0.4	1420	0.32	200000	340	734
아크릴로니트릴	0.60	1.2	1540	0.10	30000	435	1960
아크릴산메틸	0.42	0.6	-	-	20000	230	2090
비공역단량체							
초산비닐	0.026	-0.22	37	1.0	3700	3.3	3700
염화비닐	0.044	0.20	-	-	6800	10	12900
에틸렌	0.015	-0.20	34	-	-	-	(470)[b]

a. 단독성장의 속도상수임.
b. 에틸렌의 라디칼 중합의 조건은 다른 단량체와 다르므로 직접비교에 사용할 수 없슴.

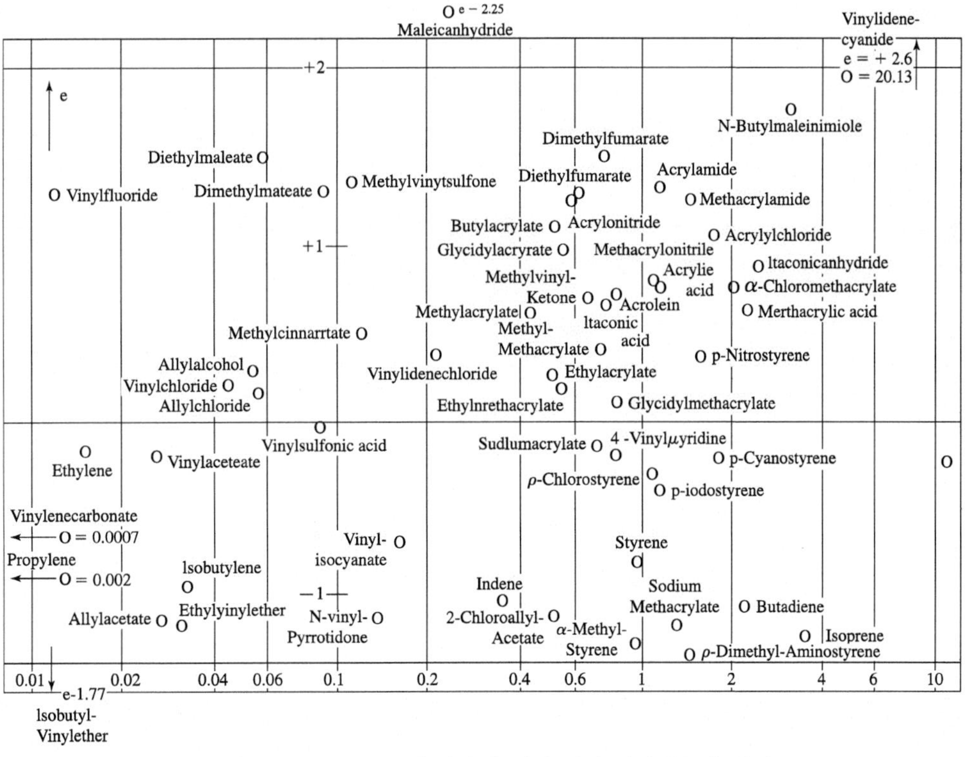

그림 15-2 • Q-e 도에 나타난 여러 가지 단량체들의 위치

의 분극성을 관찰하면서 그 이유를 파악해 보라.

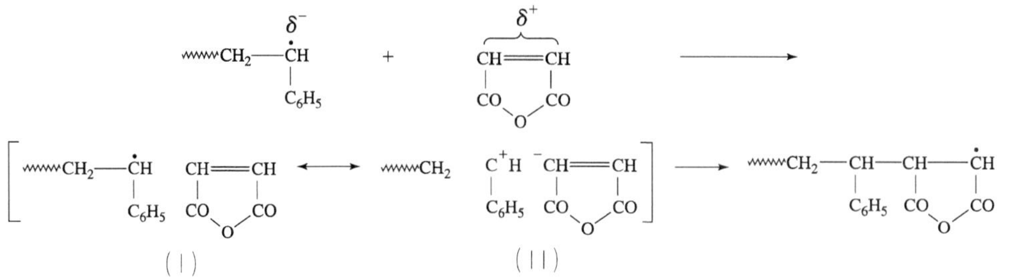

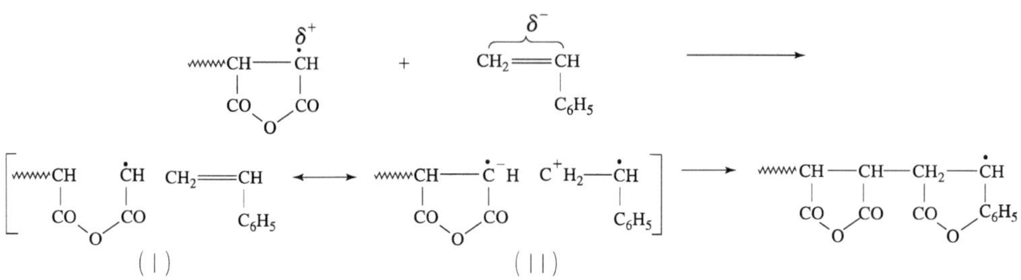

15.3 이온성 연쇄중합에 의한 공중합체 합성

이온성 중합에 의한 비닐 단량체의 공중합도 식 (5)의 공중합식이 그대로 적용될 수 있으며, 단량체들의 조합에 의한 반응비 r_1과 r_2도 마찬가지로 정의 될 수 있다. 그러나 이온성 공중합은 많은 경우 리빙중합에 의한 블록공중합체의 합성에 이용되며 음이온 공중합은 특히 블록공중합체 합성의 표준으로까지 응용되고 있는데, 이 경우는 라디칼 중합처럼 단량체 혼합물의 중합보다는 단량체를 순차적으로 투입하여 원하는 형태의 블록공중합체를 얻는 기술로 많이 이용된다.

장말단의 음이온 및 양이온에 대한 음이온성 및 양이온성 단량체의 중합성은 치환기들이 중합기능기 쪽으로 전자를 끌어당기는가 미는가에 의하여 결정되는데, 이러한 경향은 유기화학에서 잘 알려진 하메트(Hammet)측에 따라 도시하면 음이온 공중합과 양이온 공중합이 서로 반대의 경향을 나타내는 것을 알 수 있다.

또 이온성 공중합에 있어서 r_1r_2의 값은 라디칼 중합과는 달리 1보다 큰 경우가 많으므로 교호중합성이 라디칼중합에 비하여 적음을 알 수 있으며 반응비도 중합계의 환경에 의하여 많이 달라진다.

끝으로 개환중합에 의한 이온성 연쇄중합의 경우는 공중합 기술이 잘 응용되지 않는데, 이는 개환중합에 의한 단량체들의 중합메카니즘이 단량체마다 조금씩 달라 지금까지 기술한 것처럼

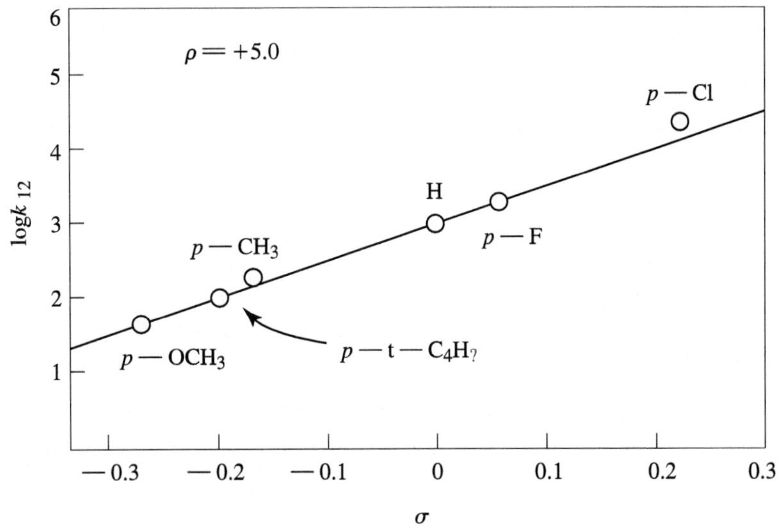

그림 15-3 • 폴리스티릴 음이온 성장말단에 대한 핵치환된 스티렌 단량체들의 반응성을 하멧트 σ와의 관계로 나타냄.

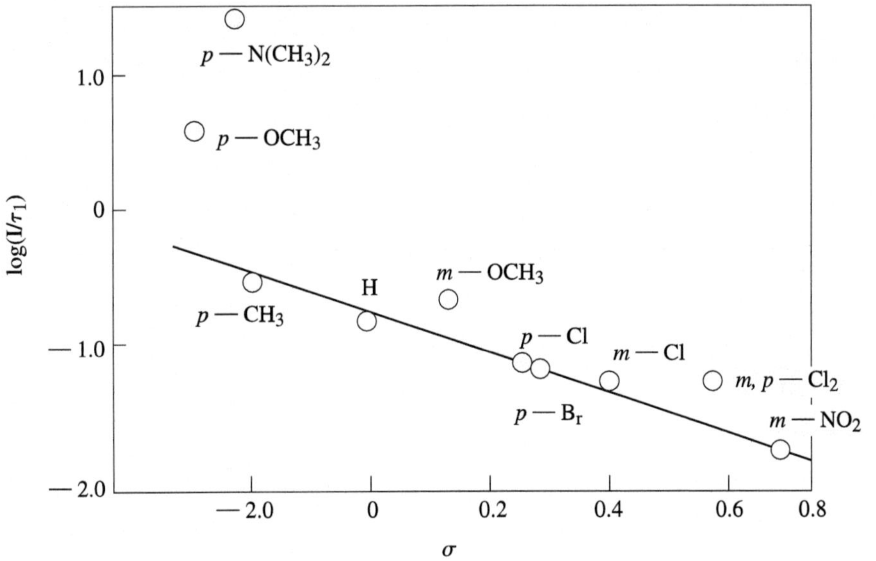

그림 15-4 • 폴리-α-메틸스티릴 양이온 성장말단에 대한 핵치환 스티렌 단량체의 반응성을 하멧트 σ와의 관계로 나타냄.

똑같은 메카니즘으로 일어나는 비닐단량체의 경우를 적용할 수도 없고, 또 실제로 개환중합으로 공중합이 일어나는 단량체의 조합도 잘 알려져 있지 않을 만큼 드물다.

연 습 문 제

1. 공중합식을 유도하고 이 식을 유도하는데 설정된 가정들을 설명하라.

2. 공중합에 있어서 반응비 r_1, r_2를 정의하라. 또 교호성이 매우 높은 고분자를 얻기 위해서는 어떠한 r_1, r_2의 값을 가져야 하는가? 그리고 이러한 공중합체를 형성하는 대표적인 예를 하나 제시하라.

3. 이미 얻어진 폴리스티렌 고분자에 라디칼 중합법을 이용하여 그라프트 공중합체를 합성하는 여러 가지 방법들을 재안해 보라.

4. 리빙중합법을 사용하여 폴리스티렌을 하나의 블록으로 하는 여러 종류의 블록 공중합체를 합성하려고 한다. 어떠한 화합물로 폴리스티렌의 리빙중합체를 종결하여야 하며 이때 얻어지는 말단의 중합기능기들은 무엇인가?

5. Q-e도를 보고 이상적인 공중합체에 가까운 공중합체를 형성하는 단량체들의 짝들을 구하고 그 이유를 설명할 수 있는 데이터들을 표로 작성하라.

16장 천연고분자

16.1 서론

천연고분자는 동물 및 식물에 존재하며 셀룰로오스, 전분, 글리코겐, 단백질, 핵산, 리그닌 등의 생체를 구성하는 고분자를 말하는데, 이 외에도 미생물의 세포벽을 구성하는 N-acetylglucosamine 등과 같은 공중합체나 여러 종류의 다당전해질 천연고무 등이 있으며 넓은 의미에서는 지질(lipid)까지도 포함될 수 있다. 또 광물질의 구성성분인 실리케이트(silicate)나 흑연 등도 넓은 의미에서는 고분자의 형태를 하고 있는 천연물이다. 특히 삼대 천연고분자라고 하면 우리는 셀룰로오스, 단백질, 핵산을 말하며 이들은 생물체의 생명성을 유지하는데 없어서는 안될 중요한 역할들을 하고 있다.

미생물로부터 고등동물에 이르기까지 생체는 하나의 열역학적인 계를 이루고 있다. 이 계는 폐쇄계는 아니지만 완전한 개방계도 역시 아니다. 이는 생체를 출입하는 물질들이 완전히 자유롭게 출입하는 것이 아니며, 여러 가지 생체의 생명으로서의 기능에 의하여 제어되고 조절되기 때문이며 이러한 관점에서 본다면 생체는 반개방계라고 볼 수 있다. 이러한 반개방계로서 생체를 보는 경우 생체계의 엔트로피가 비생물과는 달리 증가하지 않는 중요한 차이가 있다. 이는 생체가 생명을 보존하는데, 필수적인 요소이며 이러한 반개방계를 제어하는 중요한 기능들을 생체고분자들이 수행하고 있다. 생체고분자의 복잡하고 특이성(specificity)이 뛰어난 제어 기능은 생체고분자가 고분자의 형태로 존재하기 때문에 가능한 것이며, 저분자 물질만으로는 확산이나 약한 분자간의 인력 때문에 오차 없는 완전한 제어기능을 발휘한다는 것이 매우 어렵다. 또 생체가 가지는 기계적인 강도나 유연성도 고분자 혹은 고분자의 복합재료화에 의하여 발생하며 생체 내에서의 끊임없는 고분자의 합성에 의하여 성장하고 재생되는 생체의 기능이 유지되고 있다.

16.2 단백질

단백질은 약 20여개의 아미노산들이 핵산이 가지고 있는 유전정보대로 펩티드 결합에 의하여 고분자의 형태로 전환된 물질이다. 펩티드 결합은 공업적인 관점에서 본다면 아미노 그룹과 카르복실 그룹간의 축합에 의하여 형성된 아미드 결합의 형태를 하고 있으며 펩티드 결합으로 구성된 단백질의 일반적인 구조는 다음과 같다.

표 16-1 ◦ 단백질을 구성하는 단량체로서 아미노산의 종류와 구조.

	R	Mol. wt.	Abbreviation	
			Three-letter	Single-letter
Glycine	—H	75.07	Gly	G
Alanine	$—CH_3$	89.20	Ala	A
*Valine	$—CHCH(_3)_2$	117.15	Va	V
*Leucine	$—CH_2CH(CH_3)_2$	131.18	Leu	L
*lsoleucine	$—CH(CH_3)CH_2CH_3$	131.18	lle	I
Serine	$—CH_2OH$	105.09	Ser	S
*Threonine	$—CH(CH_3)OH$	110.12	Thr	T
Cysteine	$—CH_2SH$	121.16	Cys	C
Cystine	$—CH_2SSCH_2CH(\overset{\oplus}{N}H_3)COO^{\ominus}$	240.30	Cys Cys	
*Methionine	$—CH_2CH_2SCH_3$	149.21	Met	M
Proline	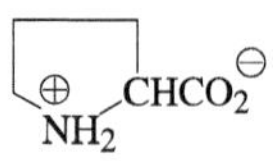	115.13	Pro	P
Aspartic acid	$—CH_2CHO_2H$	133.11	Asp } Asx	D } B
Asparagine	$—CH_2CONH_2$	132.12	Ash	N
Glutamic acid	$—CH_2CH_2CO_2H$	147.13	Glu } Glx	E } Z
Glutamine	$—CH_2CH_2CONH_2$	146.15	Gln	A
*Phenylalanine	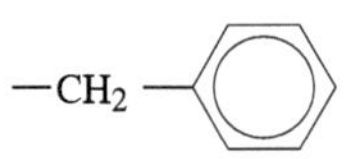	165.19	Phe	F
Tyrosine	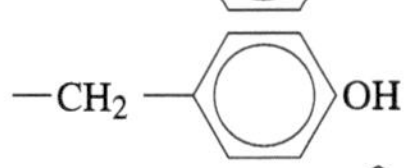	181.19	Tyr	Y
*Tryptophan	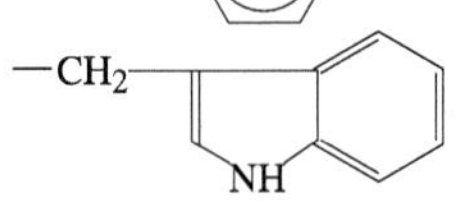	204.23	Trp	W
Arginine	$—CH_2CH_2CH_2NHC(=NH)NH_2$	174.20	Arg	R
*Histidine	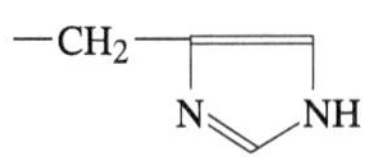	155.16	His	H
*Lysine	$—CH_2CH_2CH_2CH_2NH_2$	146.19	Lys	K

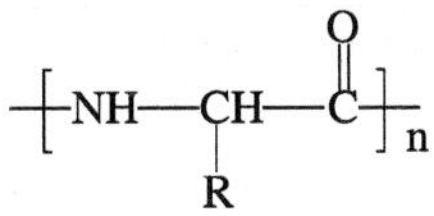

표 16-1에는 단백질을 구성하는 20개의 아미노산과 그들의 구조 및 물성들이 나타나 있다. 이제 이러한 아미노산은 어떠한 과정으로 단백질을 형성하는지 보기로 하자. 단백질의 1차 구조는 이러한 아미노산이 어떠한 순서로 연결되어 있는가를 나타내는 것이다. 그리하여 단백질은 20여 개의 아미노산이 공중합된 형태로 볼 수 있는데, 공업적인 고분자처럼 단량체에 해당하는 아미노산이 무작위로 결합한 고분자는 아니다. 아미노산의 연결 순서는 유전정보를 함유한 핵산의 염기 순서에 의하여 정확하게 제어되는데 그 과정을 개략적으로 나타내면 그림 16-1과 같다.

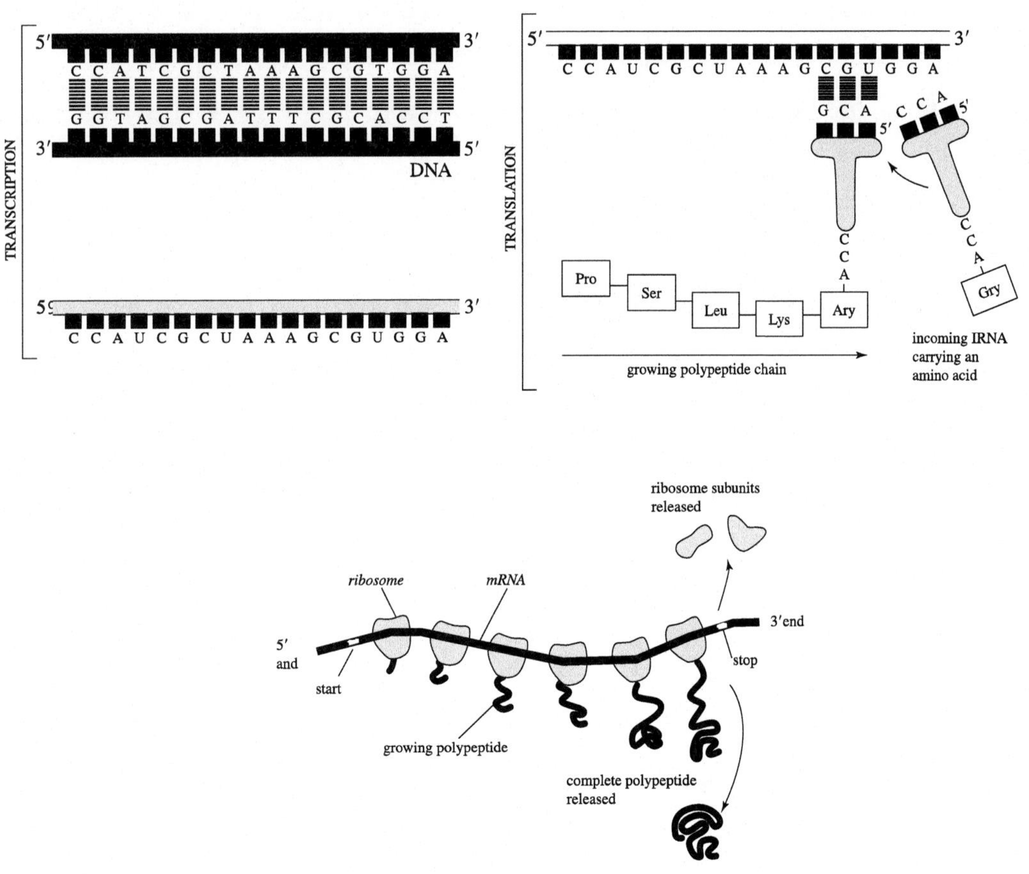

그림 16-1 • 핵산에 저장된 유전정보에 의하여 단백질들이 합성 되는 과정을 나타내는 간소화된 흐름도.

핵산의 염기는 세 개씩 짝을 이루어 하나의 아미노산을 지정하게 되는데 이에 대한 자세한 사항은 본 개론서의 범위 밖이므로 여기에서는 생략한다. 세 개의 염기의 조합에 의하여 지정된 아미노산에 대한 정보는 전령 RNA(messenger RNA)로 전사(translation)되고 전령 RNA에 전사된 정보는 다시 전달 RNA(transfer RNA)가 전사하여 해당하는 아미노산을 함유하고 리보좀(ribosome) 속에서 성장하는 단백질의 카르복실 말단에 아미노산 결합을 형성하게 한다. 물론 이러한 과정에서 전사 및 반응 과정을 매개하고 조절하는 여러 가지 효소들이 관여하며 합성에 필요한 에너지들은 ATP (adenosine triphosphate)와 같은 에너지 함유 물질로부터 제공받게 된다. 결국은 거의 모든 유전정보는 실제로 이를 함유한 핵산의 전사에 의하여 합성된 단백질들에 의하여 발현된다고 하여도 과언이 아니다.

이렇게 합성된 단백질들은 단백질 고분자의 주쇄 및 측쇄에 의하여 나타나는 공유결합, 이온결합, 수소결합, 소수성 인력(hydrophobic interaction) 등에 의하여 α-나선(α-helix), β-병풍(β-sheet) 등의 단백질 2차 구조와 이들이 모여 형성되는 3차 구조, 3차 구조의 조합에 의한 4차 구조에 의하여 복잡하고 특이성이 뛰어난 생체내의 역할을 담당하게 된다.

단백질들이 생체내에서 행하는 중요한 기능들과 예들을 나열하면 다음과 같다.

1) 구조단백질

α-케라틴 : 피부, 손발톱, 깃털

글리코단백질 (glycoprotein) : 세포의 외피

피브로인 : 누에고치의 실크 성분

콜라겐 : 섬유질의 연결조직

2) 저장단백질

오발부민 : 계란의 흰자질

카제인 : 우유의 단백질

3) 효소

약 2000종 이상의 효소가 알려져 있으며 생체 반응의 촉매

4)전달 단백질

헤모글로빈 : 혈액 속의 산소 운반

미오글로빈 : 근육세포의 산소 운반

5) 보호단백질 : 항체, 항원

6) 독소 : 뱀의 독소

7) 호르몬 : 인슐린, 성장호르몬

8) 수축 단백질 : 근육의 미오신, 악틴

이와 같은 여러 가지 형태의 단백질 중 인류에 의하여 오래전부터 고분자 천연재료의 형태로 이용되어 온 것으로는 양모와 견을 들수 있다. 양모는 α-나선의 함량이 높고 단백질의 가교역할을 하는 디설피드(disulfide) 결합이 다량 존재하여 섬유로서의 기계적인 강도를 나타낼 수 있도록 되어 있다. 한편, 견은 누에고치에서의 상태는 피브로인(fibroin)과 세리신(sericin)으로 되어 있으나 가공공정으로 피브로인 성분만 취하게 되며 섬유형성에 적당하도록 아미노산의 측쇄가 작거나 수소결합이 용이하도록 글리신, 알라닌, 세린의 함량이 높은 특징을 나타낸다.

16.3 다당류

다당류란 단당류인 오탄당이나 육탄당들이 높은 분자량의 형태로 결합된 천연물을 말하며 합성은 태양에너지를 이용한 식물의 광합성에서부터 출발하게 된다. 식물의 광합성은 이산화탄소와 물을 원료로 광량자의 흡수와 복잡한 전자전달 단계를 거쳐 보다 저장에너지가 높은 상태의 화합물인 탄수화물을 형성하는 과정이다. 이렇게 형성된 탄수화물을 저장한 식물은 지구상 생물체들의 먹이사슬에 있어서 중요한 에너지원으로 작용하게 된다.

$$6CO_2 + 6H_2O \longrightarrow -(CH_2O)_6- + 6O_2$$

생체에 존재하는 탄수화물은 단량체에 해당하는 단위 탄수화물의 수에 따라 단당(monosaccharide), 이당(disaccharide), 올리고당(oligosaccharide), 다당(polysaccharide) 등으로 나눌 수 있고, 단위 탄수화물의 탄소원자 수에 의하여 오탄당(pentose), 육탄당(hexose) 등으로, 또 카르보닐 그룹이 알데히드인가 케톤인가에 따라 알도오스(aldose), 케토오스(ketose) 등으로 나눌 수 있다. 이러한 것에 대한 보다 많은 내용은 본 개론의 범위를 넘어서는 것으로 생각하며 다음에는 대표적인 단당류인 글루코오스와 리보오스의 구조를 나타내었다.

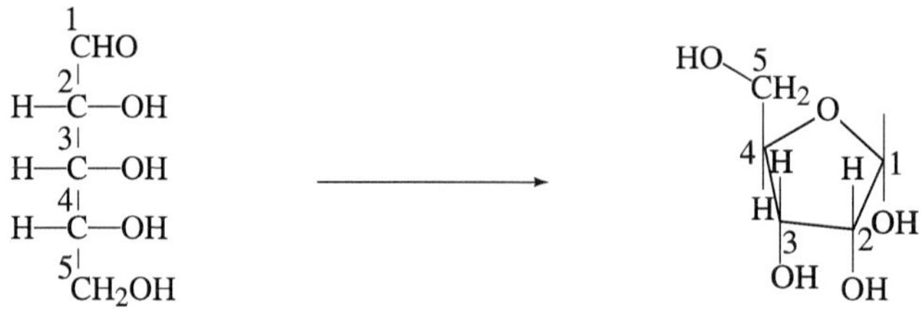

D–ribose

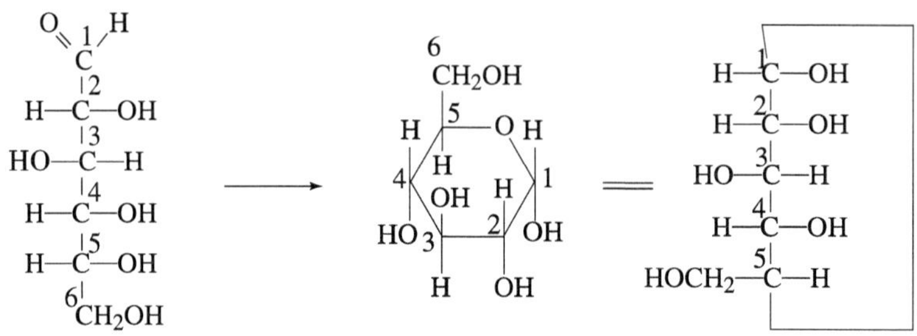

D–glucose

이러한 단당류들은 열린분자쇄(open chain) 구조보다는 고리구조로 생체내에서 존재하며, 이들이 축합되어 연결된 형태가 곧 다당류이다.

대표적인 다당류에는 셀룰로오스가 있다. 셀룰로오스는 지구상에 존재하는 유기물 중에서 가장 많이 존재하는 화합물로서 건조된 목재의 약 50% 정도가 셀룰로오스라고 본다면 큰 잘못이 없다. 그런데 셀룰로오스와 같은 다당류들의 화학구조를 이해하는데 있어서 앞의 고리구조 첫 번째 탄소의 치환기의 위치가 중요하다. 첫 번째 탄소의 수산기가 아래로 향한 이성질체를 α-형이라고 하고 위로 향한 이성질체를 β-형이라고 하며, 이들 둘은 서로 아노머(anomer)의 관계에 있다고 한다. 셀룰로오스는 4번 위치의 수산기와 β-형의 수산기가 서로 축합되어 선형으로 연결된 고분자의 형태를 하고 있다.

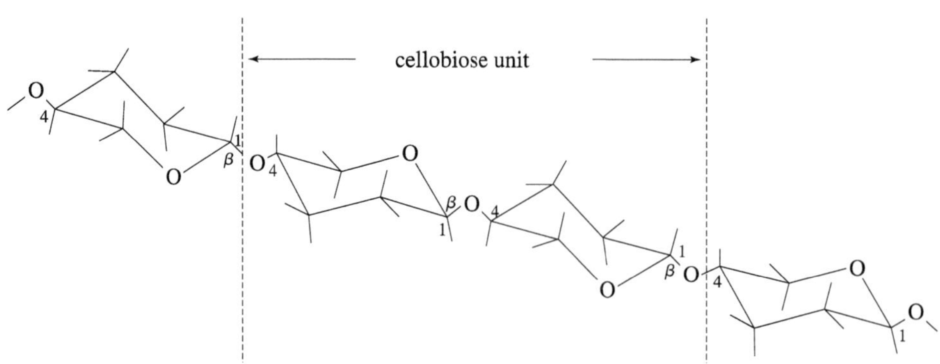

이와 비교하여 녹말은 4번 위치의 수산기와 α-형의 수산기가 서로 축합되어 결합된 형태를 하고 있으며 선형 고분자인 아밀로오스(amylose)와 분지가 있는 아밀로펙틴(amylopectin)으로 나눌 수 있다.

이들 다당류들이 생체 속에서 형성되는 과정은 매우 복잡하며 관련 서적에 나타나 있는 녹색식물에서 셀룰로오스가 형성되는 과정을 참조하기 바란다.

셀룰로오스는 목재로부터 정제과정을 거쳐 종이의 원료가 된다. 셀룰로오스의 함량이 높은 천연재료로는 면(94%), 모시(73%), 아마(75%) 등이 있으며 인류의 문명과 함께 오래전부터 의복이나 밧줄 등의 원료로 사용되어 오던 물질이다.

셀룰로오스 자체로는 용해성과 용융가공성이 거의 없기 때문에 화학반응을 통하여 이를 개선하여 이용되기도 한다. 우리가 보통 인조견이라 불리는 비스코오스 레이온은 셀룰로오스를 가성소다와 이황화탄소의 용액으로 만든후 방사과정에 의하여 섬유의 형태로 변환하여 이용하는 기술이다.

화학적인 구조가 변형되어 이용되는 것의 대표적인 것으로는 셀룰로오스 아세테이트와 질산 셀룰로스가 있는데, 이들은 필름, 플라스틱, 도장재료 등으로 광범위하게 사용되고 있다.

$$\left[C_6H_7O_2(OH)_3\right]_n \longrightarrow \left[C_6H_7O_2(O_2CCH_3)_3\right]_n$$

$$\left[C_6H_7O_2(OH)_3\right]_n \xrightarrow[H_2O]{HNO_3/H_2SO_4} \left[C_6H_7O_2(ONO_2)_3\right]_n$$

16.4 핵산

핵산은 생물에 있어서 유전정보를 가지고 있는 물질로 잘 알려진 바와 같이 당(sugar), 염기(base), 인산(phosphoric acid)의 세가지 성분으로 되어 있다. 당은 앞에서 보았듯이 오탄당인 리보오스가 구성 화합물이며 DNA의 경우 2번 탄소의 수산기가 수소로 치환된 디옥시리보오스가 구성화합물이다.

염기의 경우는 다음과 같이 피리미딘(pyrimidine) 단위와 퓨린(purine) 단위로 나눌 수 있는데, 피리미딘 단위의 염기로는 시토신(cytosine)과 티민(thymine) (RNA에서는 우라실(uracil))이 있고 퓨린 단위의 염기로는 아데닌(adenine)과 구아닌(guanine)이 있다.

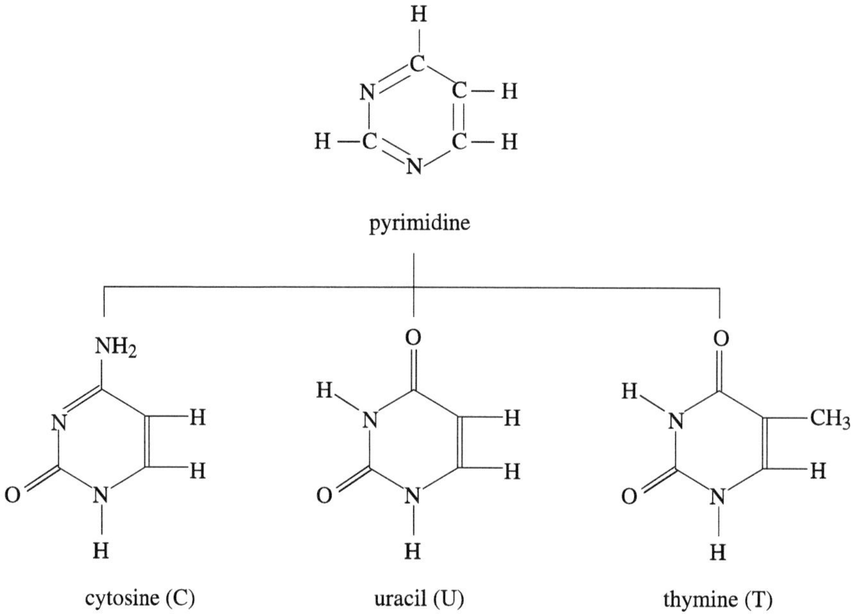

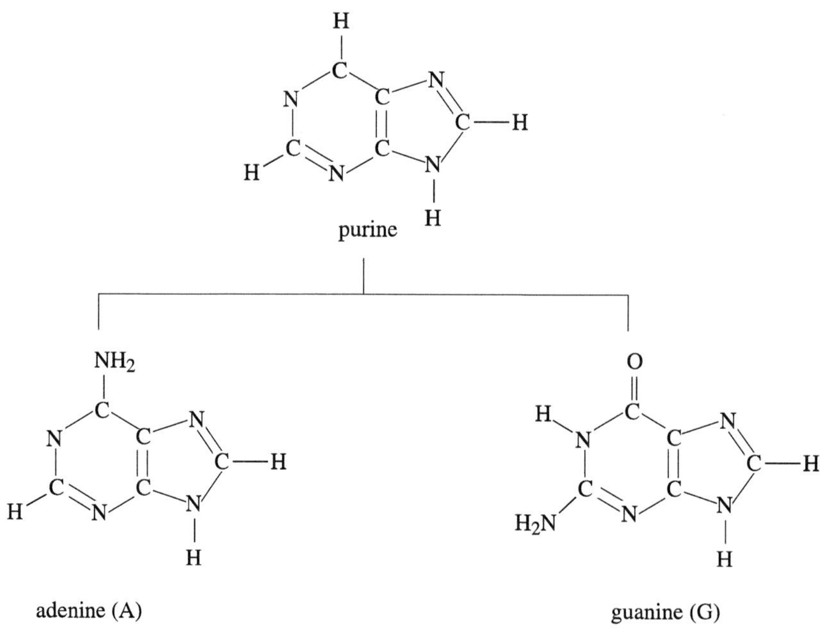

이러한 염기는 피리미딘의 경우 1번 위치의 수소가 퓨린의 경우 9번 위치의 수소가 당의 1번 위치 수산기와 축합된 형태를 하고 있으며, 또 당의 3번 및 5번 위치의 수산기는 인산 에스테르 결합으로 인산과 연결되어 고분자의 형태를 취하게 된다. 다음 그림에는 간략하게 나타난 핵산의 결합모양이 나타나 있다.

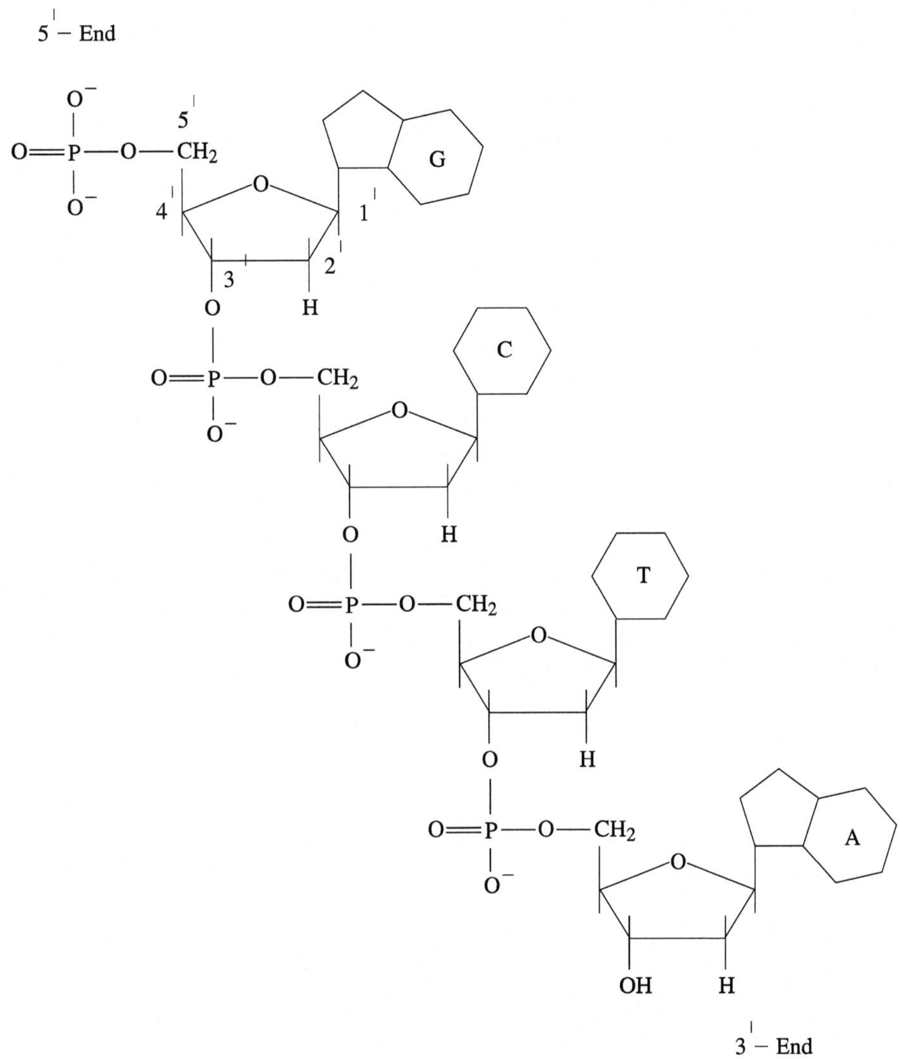

이러한 핵산 화합물이 어떻게 유전정보를 저장하고 전달하는지에 대한 이해는 1950년대에 핵산의 이중나선(double helix) 구조를 밝혀낸 Watson과 Crick의 업적으로 그 신비한 과정들이 서서히 밝혀지기 시작하였다. 핵산은 피리미딘계 염기와 퓨린계 염기가 짝을 이루어 강한 수소 결합을 형성함으로서 이중나선의 구조를 취하게 되며 이들 이중나선의 복제 및 전사과정을 통해서 생물의 성질들이 다음 세대에 전달되고 단백질의 합성을 통해서는 생물체의 생명유지 및 성장에 필요한 성질들이 발현되게 된다.

16.5 그 외의 천연고분자

지금까지 서술해 온 3대 천연고분자 외에도 수많은 종류의 천연고분자 들이 있다. 키틴은 새우, 게 등의 갑각류의 껍질을 구성하고 있는 천연고분자로 셀룰로오스의 구조가 변형된 형태이며 요즘은 의약, 위생재료, 식품공업 등에 이용되는 천연 고분자이다.

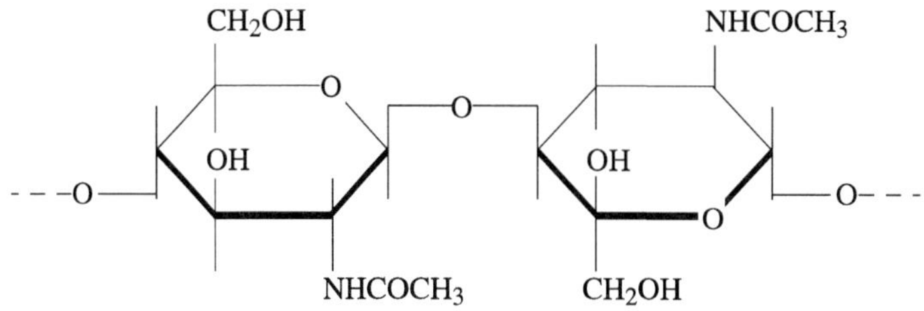

리그닌은 목재에서 셀룰로오스 다음으로 많은 고분자 성분인데 페닐그룹을 포함하여 탄소수 9개의 단위체가 복잡하게 삼차원 구조로 결합된 형태이며 그 구조는 매우 다양하여 아직까지 완전히 밝혀져 있지 않다.

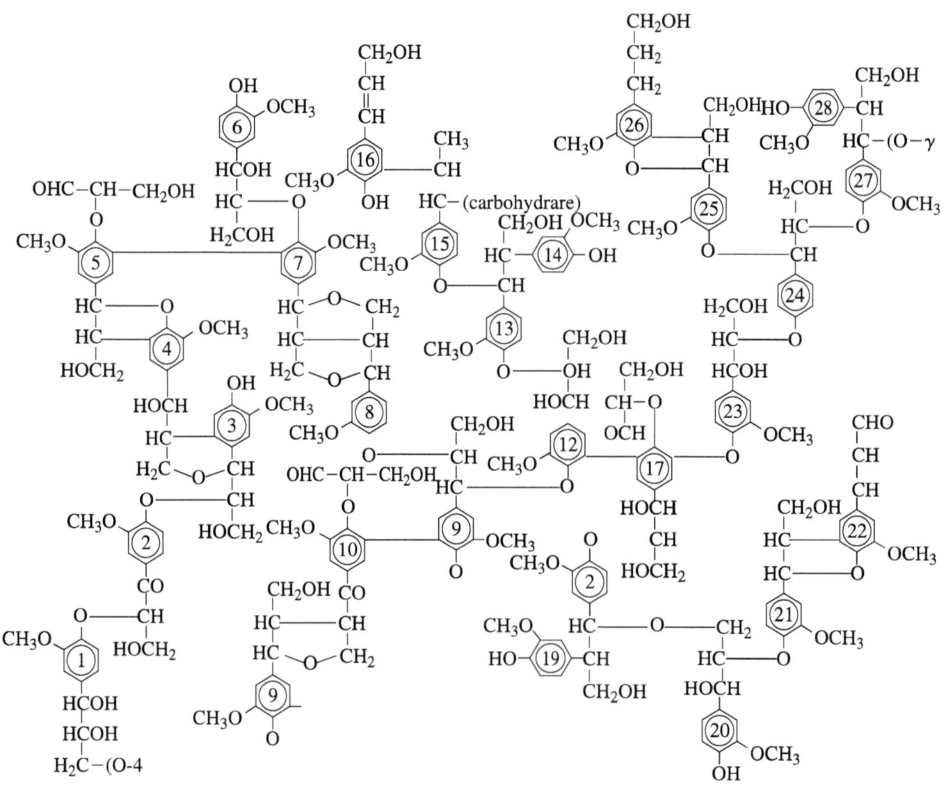

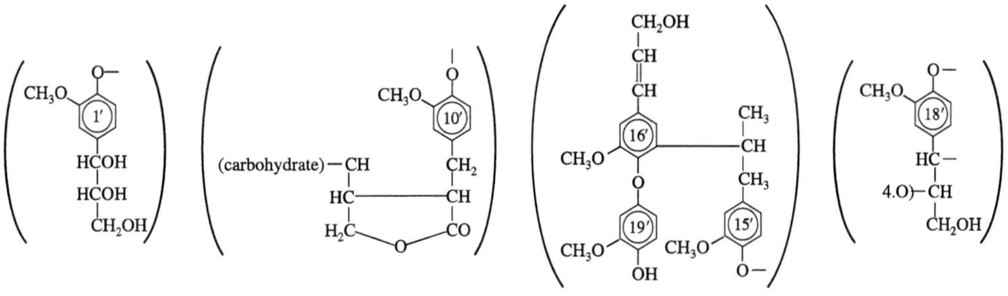

그림 16-2 ∘ 리그닌의 대표적인 화학구조

또 다른 예로 요즈음 미생물의 배양에 의하여 공업화된 천연고분자로 PHB 혹은 P(3HB)(poly(3-hydroxybutyrate))로 줄여서 얘기되고 있는 지방족 폴리에스터 화합물이 있다. 이는 다음과 같은 일반적인 구조로 나타낼 수 있는 고분자 화합물의 일종으로 "alcaligenes eutropus"와 같은 박테리아의 배양을 통해서 얻을 수 있으며, 배양액의 조정이나 배양조건, 균류의 변화 등에 의하여 여러 형태의 단일중합체 혹은 공중합체를 얻을 수 있다.

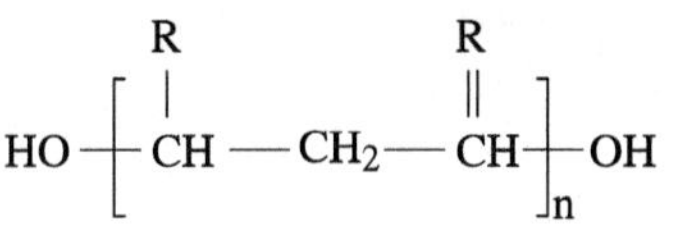

$R = CH_3$

또 다른 형태의 천연고분자로 중요한 것으로는 천연고무를 들 수 있다. 이들은 말레이 반도를 중심으로 "*hevea brasiliensis*"라는 남미에서 영국을 통해서 이식된 고무나무에서 라텍스의 형태로 얻어지며, 이들의 가공을 통하여 여러 형태의 고무제품이 제조되고 있다. 물론 2차 세계대전을 전후해서 합성고무가 등장하여 고무제품의 재료로서의 다양성이 훨씬 더 증대하였지만 천연고무는 아직까지도 고무제품 원료의 중요한 몫을 담당하고 있다.

이들은 초산을 출발물질로 메발로닉산(mevalonic acid)을 경유하여 이소펜틸 파이로인산(isopentyl pyrophosphate)의 탈인산 축합과정을 통해서 고무나무에서 합성되는 것으로 알려져 있다. 이러한 순수한 탄소-탄소 결합만의 천연고분자 화합물이 식물체에서 합성된다는 것은 매우 놀라운 일이며, 생명체들의 다양성에 감탄을 금할 수가 없다.

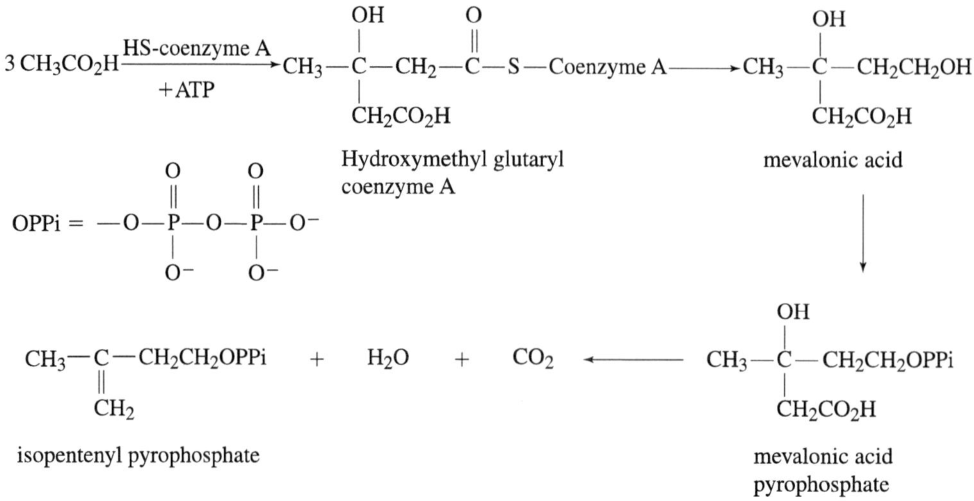
Hydroxymethyl glutaryl coenzyme A
mevalonic acid
isopentenyl pyrophosphate
mevalonic acid pyrophosphate

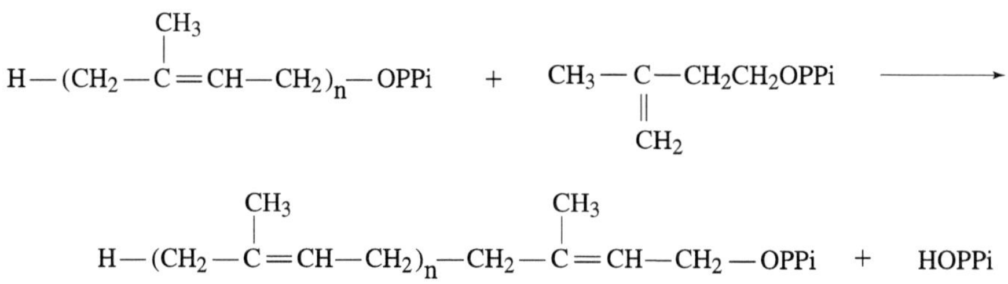

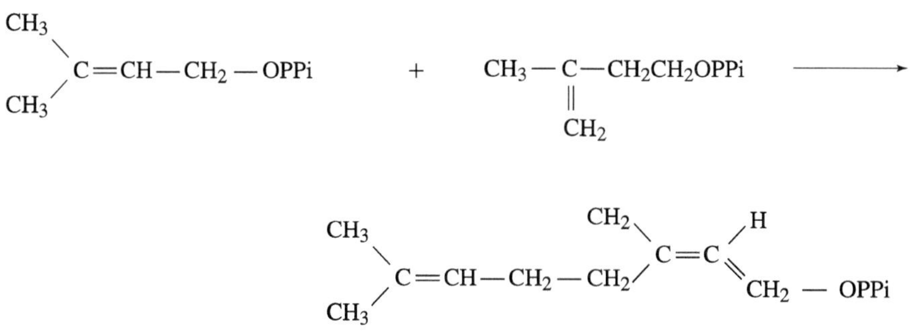

연 습 문 제

1. 단백질, 다당류, 핵산 천연고분자에 있어서 반복단위의 화학구조를 간단 하게 나타내라.

2. 핵산을 형성하는 염기의 종류는 네 개이다. 염기 3개가 모여 이룰 수 있는 조합 및 순열의 수는 얼마인가. 그리고 이들이 단백질의 생합성에 있어서 가지는 의미는 무엇인가?

3. 천연고무와 같은 구조의 고분자를 합성하려면 어떠한 구조의 단량체를 어떻게 중합하여야 하겠는가? 또 이들을 공업적으로 합성한다면 천연고무의 구조와 비교하여 어떠한 합성의 어려움이 나타나겠는가?

4. 천연고분자의 생합성에 사용되는 필요한 에너지는 어디에서 나오는가? 이들을 공업적인 합성법과 비교한다면 어떠한 차이가 있는가?

5. 목재의 열분해나 가수분해를 통해서 얻을 수 있는 유용한 화합물에는 어떠한 것들이 있겠는가?

6. 핵산의 이중나선 구조에 대한 자료들을 구하고, 이들이 유전학에 있어서 가지는 의미를 토론하라.

04

고분자공학개론

Polymer science and technology

[고분자 가공]

17장 고분자 가공

18장 고분자 공업과 산업

19장 기능성 고분자 및 고분자 전망

17장 고분자 가공

17.1 서론

고분자 재료는 인류에게 이용 가능한 화학적, 물리적, 전기적 특성을 복합적으로 지니고 있으므로 용도가 매우 폭넓은 물질이며, 고온에서 화학적으로 경화되기 전의 열경화성 고분자 또는 열가소성 고분자는 변형이 가능하므로 "plastic"의 여러 다양한 형태의 최종 제품을 만들 수 있다. 어떤 것은 기하학적으로 대단히 복잡한 형태를 갖는다.

이 때 사용된 공정은 기술적으로 비교적 단순하며 신속하게 이루어진다. 고분자와 플라스틱의 이러한 유용성과 현대 생활에 이용되는 효과는 플라스틱의 특유의 특성에 적절하게 형태를 제작하는 기술의 발전과 시장성 및 융통성에 기인하여 실용화된다.

고분자 가공은 "고분자 재료나 시스템의 유용성을 증대시키기 위해 수행되는 공정에 관련된 기계적 특수성"으로 정의된다.

간단히 말하면 고분자 가공은 고분자 원료 물질을 최종 제품으로 전환시킨다. 이번 장에서는 오늘날 수행되는 주된 가공 방법을 간단히 조사하고 그것을 분석하는데 필요한 이론을 간단히 소개한다.

17.1.1 역사적 고찰

오늘날 사용되는 고분자 가공 장치와 공정은 고무 공업에서 시작되어 플라스틱 공업에서도 발전의 계기가 되었다. Hancock, Goodyear, Hyatt, Du Cros의 저술에서 고무와 플라스틱의 초기 발전상을 볼 수 있다.

다방면의 역사적 재검토는 문헌에 있고 탄성체 가공의 역사적 발전은 White에 의해 최근의 보고가 있다. 여기서 고분자 가공 장치의 발전상을 살펴보기로 하자.

최초의 문서화된 예는 톱니 모양의 로터(rotor)로 구성된 "masticator"이다. 이는 안쪽에 톱니 모양의 원통형 구멍의 "pickle"이라 불리는 감아올리는 기계로 바뀌었다.

첫 번째 램 압출기는 1845년 헨리 Bewley와 리차드 브루만에 의해 영국에서 발전하였다. 이는 전선 피복에 사용되었다. 1851년 도버와 칼레이스가 놓은 첫 번째 해저 전선도 이와 같은 압출기를 사용해 제조되었다.

P.x Gummiwerke는 1873년 압출기 스크루의 설계도를 정리하였고, 미국에서는 윌리엄 키엘과 존 프라이어가 1876년에 그와 같은 기계 장치의 개발을 주장하면서 현재의 압출기로 발전되었다.

사출 성형 공정은 비슷한 시기에 J.C.smith와 J.A. locke에 의해 발전되었다. 그는 1870년 "압력하에서 주형의 제조"를 위한 기계를 발명하였다. 금속 다이 주형공업에 사용하는 형태를 발전시켜 플런저 사출 성형기의 기초를 만들었다. 2년 후 고분자 분야에서 위슬리 하얏트는 고분자의 피스톤으로 운전되는 사출 성형기로 특허를 얻었다. 긴 세월 동안 왕복 플런저 사출 성형기는 많은 발전을 이루었고 가장 중요한 점은 torpedo의 적용이었다.

고무로 혼합하는데 많은 미세한 카본 블랙 입자와 유독한 유기적 가속기가 필요하고 이 때문에 Hancock에 의해 유용화 된 피클 타입의 외부 혼합기의 발전이 이뤄졌다. 그 중에서도 특히 Frenley H. Banbury는 1916년에 "Banbury"혼합기를 발전시켰고 이는 광범위하게 사용되고 있다. 그밖에 톱니바퀴로 맞물린 한 쌍의(twin) 스크루 압출기와 연속적 mixers등 다양한 고분자 가공 기계가 발전되었다.

이것은 제 2차 세계대전 후에 고분자와 플라스틱 공업의 비약적 발전의 초기에 고분자 가공의 발전에 가장 중요한 계기가 되었다. 그 이후 많은 향상과 눈부신 발전을 거듭하여 오늘날의 다양한 첨단의 고분자 가공 장치의 개발이 가능하게 되었다.

17.2 일반적인 가공공정

17.2.1 압출 성형

"압출"이라는 말은 라틴어의 'ex'와 'trudere'라는 뜻에서 유래되었는데, 각각 "밖으로"와 "밀어 넣기"를 말한다. 이 단어는 압출 과정을 문자적으로 묘사한다. 압출 공정에서는 고분자를 용융 및 이송시킨 후 금속 다이에 밀어 넣고 통과시켜 고분자를 용융물의 원하는 형태를 연속적으로 만들어준다.

그림 17-1 ◦ 압출공정으로 제작된 다이 형상 제품의 시편들.

한 방향으로 무한히 긴 고분자 제품은 압출 공정으로 제조된다. 전선, 통신 케이블, 로프, 튜브, 파이프, 다양한 형태(profile)의 구조물 및 필라멘트, 필름, 쉬트 (그림 17-1) 등 여러 종류의 제품을 제조한다.; 고차원의 기술로 그물이나 주름잡힌 튜브도 연속적으로 압출될 수 있다. 예외는 있지만 모든 고분자는 압출될 수 있을 뿐만 아니라, 대부분 고분자들이 반응기에서부터 최종 제품이 완성되는 동안 한번이 아니라 몇 번씩 스크류 압출기를 통과하여 생산된다.

압출 가공 시 사용되는 압출기는 펌프, 열교환기, 혼합기의 복합적인 기능을 가지고 용융 이송과 압축의 기능을 갖는다. 또한 휘발성 물질을 제거하는 등의 부수적인 기능을 가진 압출기도 있다. 압출 성형은 주로 필름, 파이프, 배관, 호스 등을 만드는데 사용되나, 고분자 블렌드, 화합물 제조 등의 혼합 공정에도 널리 사용된다. 또한 사출 성형이나 중공 성형의 중간 공정에 사용되기도 한다.

압출 공정의 핵심은 가열된 배럴 안에서 스크류 회전을 통해(그림 17-2) 고분자의 용융과 이송 및 혼합이 이루어지는 것이다.

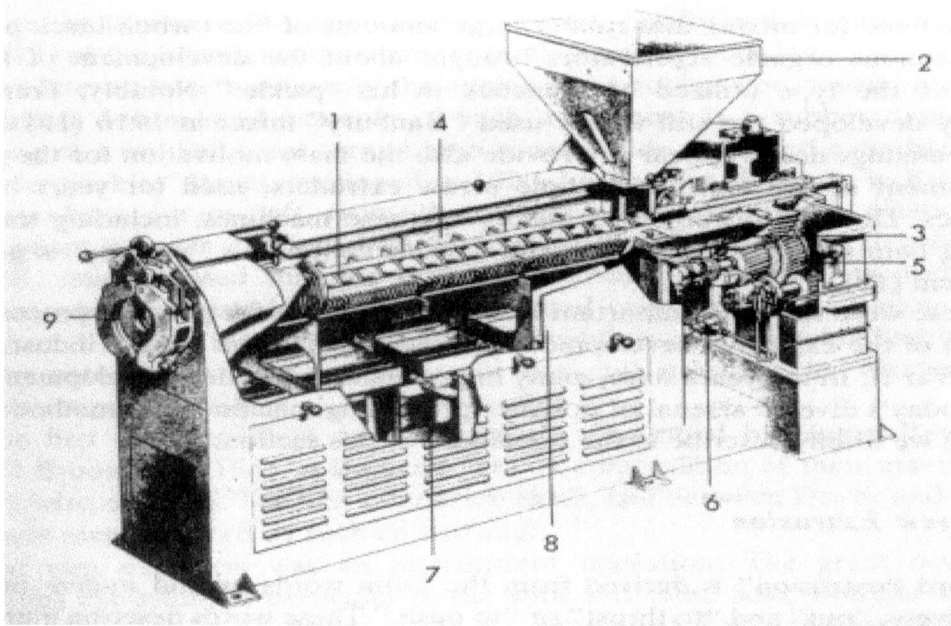

그림 17-2 단축 압출성형기의 단면도. 1,screw; 2, hopper;3, feed section; 4, barrel heaters; 5, gear box; 6, lubrication system; 7, air blowers to control barrel heating and cooling temperatures; 8, double walled hood for balanced air flow; 9, die clamp assembly

17.2.1.1 압출기의 개론

압출기는 크게 수지 투입부(hopper), 원통부(barrel), 압출부(die)의 세 부분으로 이루어져 있다. 수지 투입장치(hopper)에서는 일정한 속도로 개개의 입자로 된 고체(펠렛, 파우더, 칩 등)를 중력에 의해 주입시켜 주고 원통 장치는 나사(screw)의 작용으로 주입된 수지를 가소화, 용융시켜 이송(pumping)하며 압출 다이는 수지가 일정한 형태로 압출되게 한다. 원통부는 다시 나사의 위치에 따라 공급부, 압축부, 계량부로 나뉘는데 공급부는 호퍼로부터 수지를 받아 열을 가하여 다이쪽으로 이동시키고 압축부는 펠렛이나 파우더의 재료들을 가압하여 조밀하게 만들고 가열하여 녹이며, 용융된 플라스틱을 연속적으로 이송(pumping)이 되도록 한다. 외부의 가열이 고분자 내부의 마찰에 의해 상당한 열이 발생한다. 계량부는 최종제품에 일정한 치수를 부여하는데 필요한 균일한 유동 속도를 가지게 하고 마지막에 압출기 선단에 부착된 다이에서 고분자 용융물이 연속적으로 밀려나오도록 충분한 압력을 준다.(그림 17-2)

주된 설계 변수는 스크류 직경과 길이이며, 직경에 대한 길이의 비율을 L/D로 표현하며 나사선의 각은 17.6°가 보통 사용된다.

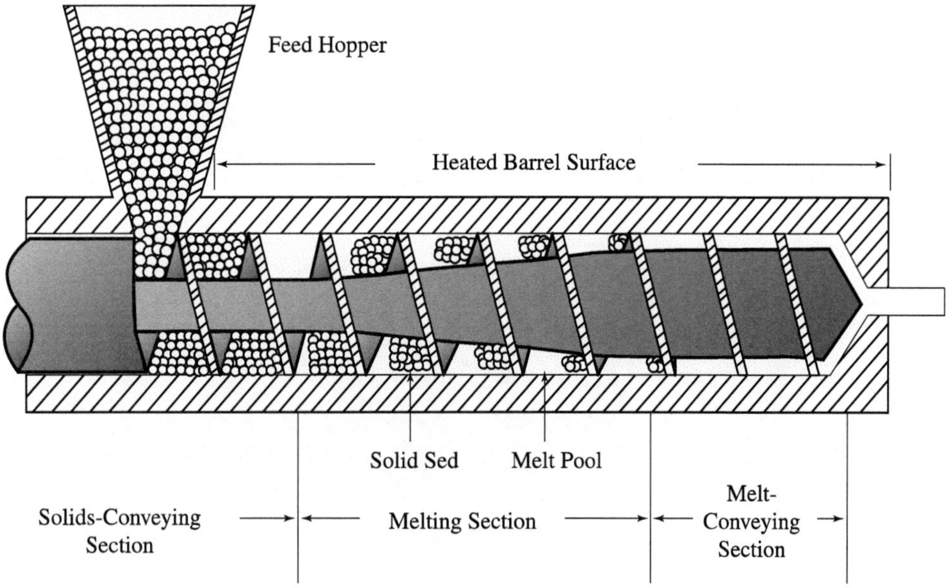

그림 17-3 • 단축 압출성형기의 모식도

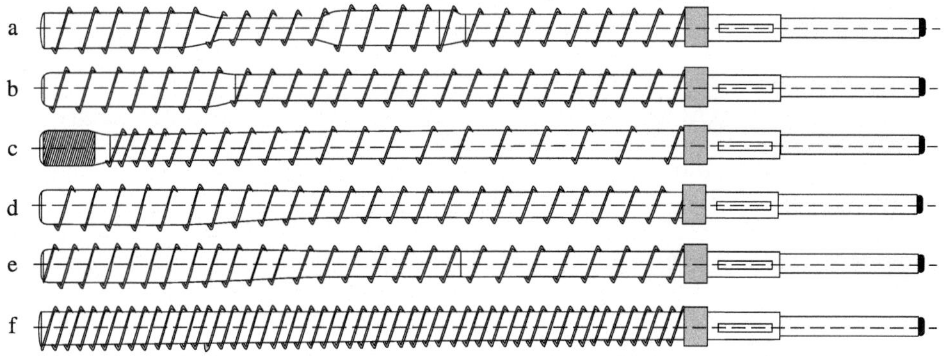

그림 17-4 • 여섯 종류의 스크류 디자인

다양한 스크류 설계는 그림 17-4에 묘사되었다. 스크류 설계는 압출 공정의 성공을 결정하는데 가장 중요한 요소이므로 여기에 많은 주의를 기울여야 한다. 전형적인 플라스틱 압출기의 L/D는 24:1로 이는 점진적으로 짧은(8-10 L/D) 고무 압출기까지 다양하다. 특히 특별한 목적의 압출기는 L/D비율이 36-40에 달한다. 그림 17-5는 전형적 압출기를 보여준다.

그림 17-5 ◦ A Davis Standard, Thermatic III single screw extruder의 외관

일축압출기와 같은 기능을 하는 한 쌍 또는 다중 스크류 압출기가 있다. 특히 사방이 톱니바퀴와 같은 형태로 맞물린 한 쌍의 스크류 압출기는 이축스크류 압출기로 가장 널리 사용되는 기종이다. 예를 들어 PVC파우더, regrind scrap, 다른 투입이 어려운 재료는 싱글 스크류 압출기보다 이축스크류 압출기를 이용한 방법이 더 많이 사용된다. 이러한 이유는 압출기 종류에 따라 펌핑, 용융, 혼합 메카니즘에는 현저한 차이가 있기 때문이다. 전형적인 한 쌍의 스크류 압출기는 그림 17-6에 제시하였다.

압출 공정의 최종 산물은 제품에 형태를 짓는 다이와 제품의 최종 크기와 표면품질을 유지하는 "sizing"용구, 냉각 시스템, 절단 방법에 의해 결정된다.

압출기 후공정(downstream)은 각각이 공정과 제품에 따라 독특한 기술이 요구된다.

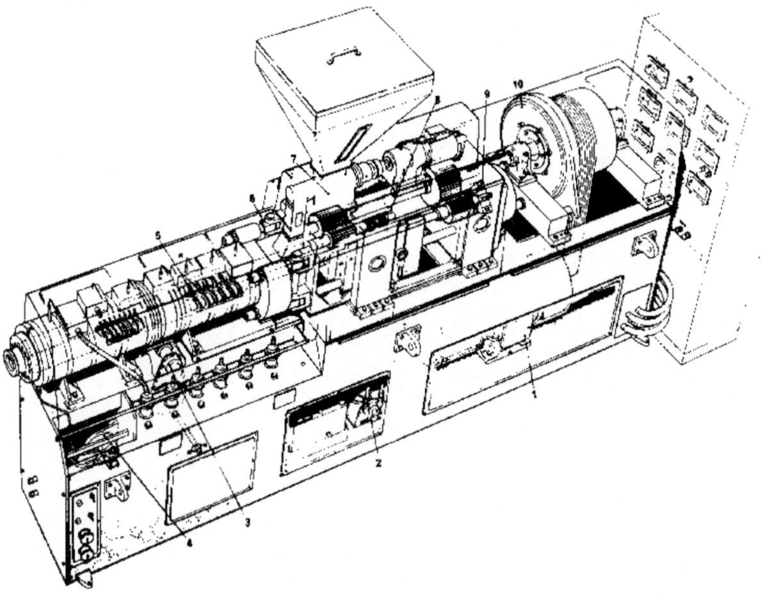

그림 17-6 ◦ GKN Windsor TS.250 twin screw extruder의 모식도와 각 부분의 명칭 : 1, main motor; 2, oil circulation pump; 3, manually operated with-drawal mechanism for trolley mounted barrel; 4, independent oil cooling for front barrel zone; 5, twin screws with interchangeable section; 6, quick release barrel clamp; 7, controlled material feed; 8, multiple element screw thrust bearing; 9, large diameter standard screw thrust bearing; 10, epo-cyclic primary gearbox.

17.2.1.2 전선 및 케이블 제조방법

전선 코팅과 케이블 외피작업은 압출작업의 첫 번째 적용이었으며, 대표적인 전선 코팅의 도식적인 모습이 그림 17-7에 나타내었다. 고분자가 도선을 따라 D에서 코팅되고, E에서 냉각

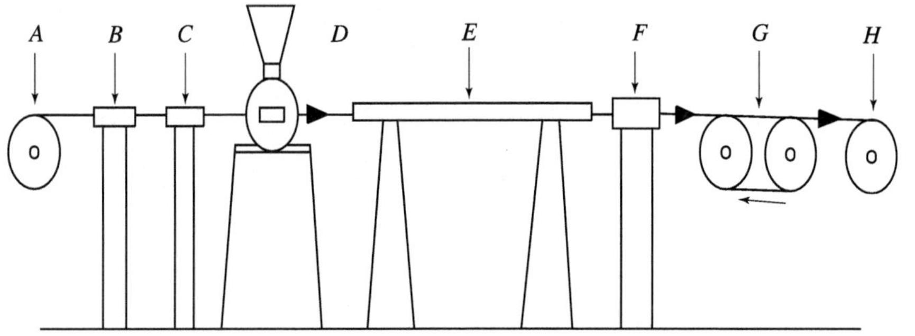

그림 17-7 ◦ 전선 코팅작업 모식도 : A, unwind of wire (payoff); B, straightener; C, preheater; D, extruder; E, water trough; F, tester; G, capstan(puller); H, windup of coated wire.

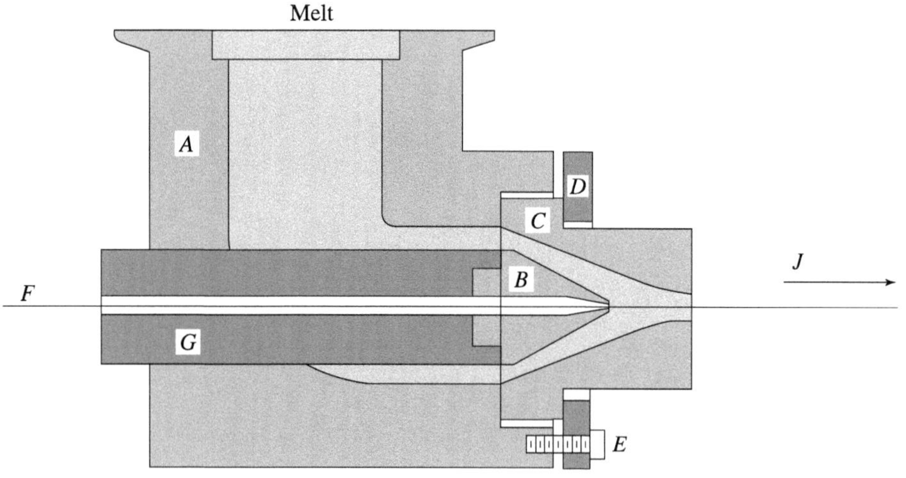

그림 17-8 ◦ "cross-head" 전선 코팅 다이의 단면 모식도 : A, die body, cross-head; B, guider tip; C, die; D, die retaining ring; E, die retaining bolt; F, wire; G, core tube.

되며 전기 절연성을 준다.

금속 전선은 strightener(B)와 preheater(C)를 통해 payoff에서 cross-head 다이로 들어간다. F(그림 17-8)피복된 전선은 다이를 빠져나가 냉각수를 통해 들어온다.

그것은 전기 시험 장치(절연량을 위한)를 통하고 나서 capstan(끄는 도구)을 통해 감아올리는 기계로 간다. 전선피복줄의 속도는 고분자와 전선게이지(계기)에 의존하지만, LDPE나 PVC의 일차 절연에서는 라인 속도가 1000-1500 m/min이 일반적이다. 케이블 외피는 위와 원리는 비슷하지만 훨씬 낮은 속도에서 작동된다.

17.2.1.3 필름 블로우 성형

고분자 필름의 상당수가 필름 블로우 성형 공정으로 제조된다. 그 예로 농업용 필름이나 흔히 보이는 비닐백 등 다양하게 사용된다. 필름은 얇은 벽으로 둘러싸인 튜브에 상향 또는 하향의 수직 방향으로 압출된다. 필름은 그림 17-9에서처럼 다이를 지나 공기링에 의해 냉각된다. 다이 안쪽의 공기관을 통해 공기는 튜브 안으로 필름을 부풀리고 안쪽에 갇혀있는데 이는 라인의 위쪽 끝에서 쌍으로 된 링이 튜브 출구를 막기 때문이다. Haul-off속도와 연관된 blow-up 비율은 이 공정에 의해 필름의 두께를 결정하고 필름의 일축 또는 이축 배향의 정도를 결정한다. 그러므로 blow-up비율(즉 버블 반경/다이 반경)은 매우 중요하다. 일반적으로 blow-up비율은 1.5-4정도의 범위이고 가로 방향에서의 배향을 결정한다. Haul-up속도는 기계 방향의 배율을 결정한다. 일반적으로 다이에서의 수지가 통과하는 두께는 약 0.05 cm 이고 필름 두께는 0.0005-0.025 cm(5-250 ㎛) 범위이다. 다이 반경은 10 cm이하에서 120 cm이다.

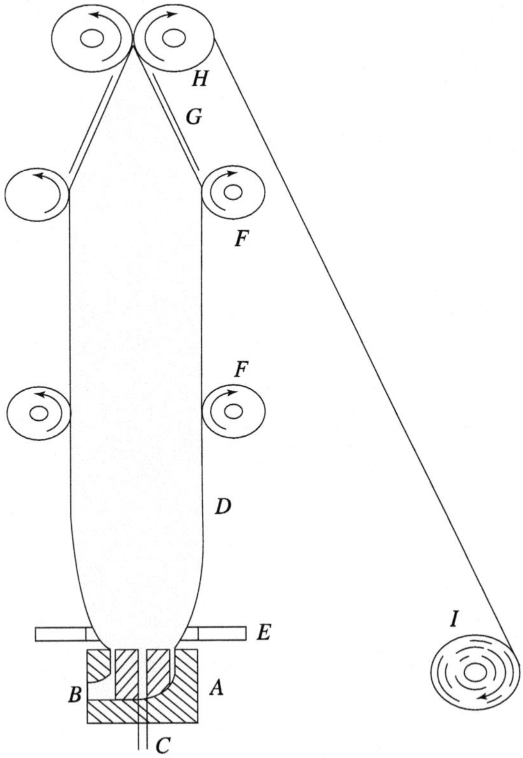

그림 17-9 • 필름 블로우 성형의 모식도 : A, blown film die; B, die inlet; C, air hole and valve; D, plastic tube(bubble); E, air ring for cooling; F, guide rolls; G, collapsing frame; H, pull rolls; I, windup roll.

피드백게이지에 의해 계속적으로 두께를 감지하고 그것을 당기는 속도를 다양화함으로써 두께를 정밀하게 조절할 수 있다.

17.2.1.4 Roll-Casting 방법

필름은 또한 "롤-주형"에 의해 제조될 수 있다. 용융물은 얇은 금속판 안으로 압출되고 곧바로 냉각되고, 잘 닦여지고, 회전하는 롤 안으로 들어간다.(그림 17-10)

이런 종류의 필름은 '냉각-롤'필름 주조, 평판 필름으로 불린다. 제품은 광택 있고 일반적으로 높은 광학 성질을 갖지만 대개 블로우 필름보다 비싸다. 더 두꺼운 시트도 비슷한 방법으로 생산된다. 용융물은 일반적으로 coat hanger타입의 다이(그림 17-10의 B부분 T형 다이)를 거쳐 평면 시트로 압출되는데 이평면 시트는 세 개의 대단히 광택 나는 크롬으로 코팅된 냉각 롤 속으로 간다. 각 롤의 온도는 순환유에 의해 개별적으로 제어되고 일정하며, 제어할 수 있는 속도로 운전된다. 라인 속도는 얇은 시트에 대해서는 20 m/min이고 두꺼운 시트에 대해서는

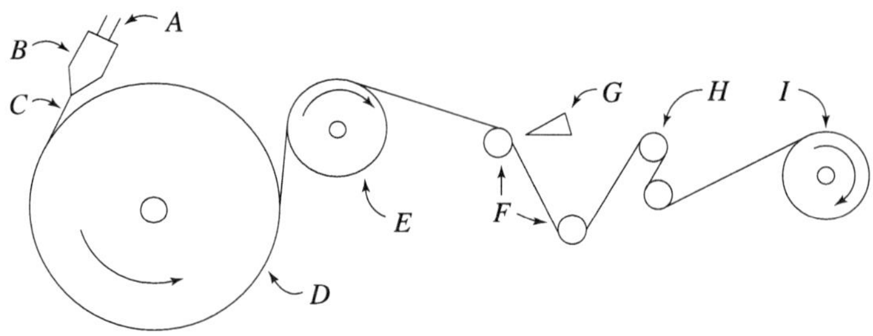

그림 17-10 ◦ 압출 roll-cast 필름 제조 공정 모식도 : A, die inlet; B, cast film die; C, air gap with molten web; D, casting roll; E, stripping roll; F, idler roll; G, edge trim slitter; H, pull rolls; I, windup roll

2 m/min정도로 낮다. 첫 번째 쌍으로 된 롤 사이의 갭은 다소 다이의 틈새(opening)보다 일반적으로 약 10%작다.

17.2.1.5 파이프, 튜브, 프로파일 압출 공정

파이프, 튜브, 프로파일 압출은 실제적으로 중요한 다른 형태의 압출 조작이다. 파이프와 튜브는 크기로 대별된다. 튜브는 반경이 1.25 cm(0.5 in)이하이고 이 보다 큰 것은 파이프이다. 독특한 프로파일을 가진 제품을 위한 다이 설계는 단순하지 않고, 대부분의 실험 관찰에 의해 결정된다. 파이프 또는 튜브의 크기를 일정하게 생산하는데 가장 널리 사용되는 기술은 진공 캘리브레이터이다. 압출기에서 나온 고분자 용융물을 튜브형태로 유지시키고 확대하며 냉각수를 담고 있는 진공 탱크 안으로 들어간다. 튜브 안의 대기압은 탱크에 잠기는 튜브가 끌리는 일련의 정립판(sizing plate)에 따라 고체화되는데 이때 튜브는 압력차를 견디기에 충분히 강하게 되야 한다. 튜브와 파이프는 정립(크기대로 배열된)탱크 다음에 일련의 판들이 있는 "캐터필러"에 의해서 끌린다. 프로파일의 정밀한 제작은 더 어려운데 이는 냉각되는 동안 비틀리고 구부러지는 경향 때문이다. 냉각되고 위치들을 조절할 수 있는 금속 'fingers'는 움직이는 부드러운 프로파일의 속도를 일정하게 유지시키는데 사용된다. 공기 분출구(air jet)는 냉각에 사용되고 때때로 가열하는데도 사용된다. 가끔 프로파일은 냉각 정립기(chilled sizing unit)를 통해 흐르는데 여기서 프로파일은 구멍 난 벽을 이용한 진공에 의해 정립벽에 밀착되어 냉각되고 "캐터필더"에 의해 끌리면서 제작된다. 예로써 PS, Polyolefin, PVC, ABS로 만들어진 프로파일은 목재 대체품, 절연판, 전선 보호용 장식재 등을 만드는데 사용된다.

17.2.1.6 다층 필름 압출 공정

하나 이상의 압출기를 사용하고 정확한 다이 설계를 함으로써, 다중 성분의 층으로 이루어진

제품을 같은 크기로 압출할 수 있다. 특별한 용도(특히 음식 포장과 같은)를 위한 다중층의 필름은 매우 일반적이다. 시트뿐만 아니라 두 개의 성분의 섬유도 특별한 성질을 부여함으로써 같은 크기로 압출된다.

17.2.1.7 열가소성 발포 공정

열가소성폼은 고분자에 발포제를 첨가해 생산된다. 발포제에는 펠렛에 피복을 입히거나 펠렛과 섞은 화학적 발포제와 고분자 용융체에 주입된 액상 발포제가 있다. 압출시 고압은 기계 내에서 폼(foam) 생성되는 것을 저해한다. 그러나 용융체가 다이를 빠져나가면 즉시 폼(foam)을 형성하는 공정은 시작된다. 확장된 폼 은 고분자에 부분적으로 배향을 주는 효과가 있다.

고분자와 최종제품의 밀도와 발포제에 의존하여 공정은 세로로 일렬이 된 하나나 두 개의 싱글 스크류 압출기나 트윈 압출기를 사용한다.

나중에 포장 제품(Ps,Polyolefin)으로 열 성형되는 시트 등의 제품으로 일회용 식기로 사용된다.

17.2.1.8 라미네이팅 압출 공정

라미네이팅(laminating)압출 공정은 여러 기판이나 단섬유 압출(방사)의 피복을 압출하는 것이다. PE로 양쪽 면이 피복된 우유 마분지, 한쪽면을 PE로 피복된 일회용 커피컵 또는 크라프트지 등은 좋은 예이다. 피복은 물을 차단하고 또한 단열이 효과가 있다.

17.2.2 칼렌더링

칼렌더링은 회전롤(실린더)(21,22,24,25,28)사이의 용융 고분자를 압출하여 필름이나 시트를 제조하는 공정이다. 앞에서 논의된 바와 같이 가장 오래된 가공 방법 중의 하나이다. 칼렌더는 보통 4개의 롤로 이루어지는데, 이들은 다른 방법으로 배열되고 현재 가장 보편적으로 사용되는 형태는 역 L자 모양이다. (그림 17-11의 1번 참조)

고분자는 첫 번째 두 개의 롤 사이에 들어가 그 아래에서 시트로써 나오고 남아있는 롤 사이를 통과한다. 처음의 것은 들어가는 속도를 조절하고 두 번째와 세 번째는 최종 제품의 두께를 결정한다. 하나의 롤에서 다른 롤로의 이동은 롤 사이의 온도, 속력, 그리고 표면 마감 차이의 조합에 의해 조절된다. 시트는 회전이 빠른 "strip"롤에 의해 마지막 롤에서 떼어내어진다.

이것은 또한 시트를 늘려 배향을 주는 데도 사용될 수 있다. 어떤 표면 마감을 공급하는 양각으로 새겨진 롤 쌍(embosser pair)이 따라오기도 한다. 결과적으로 시트는 냉각과 고체화를 위해 일련의 냉각롤을 지나간다. 이 공정은 감는 공정으로 종결된다.

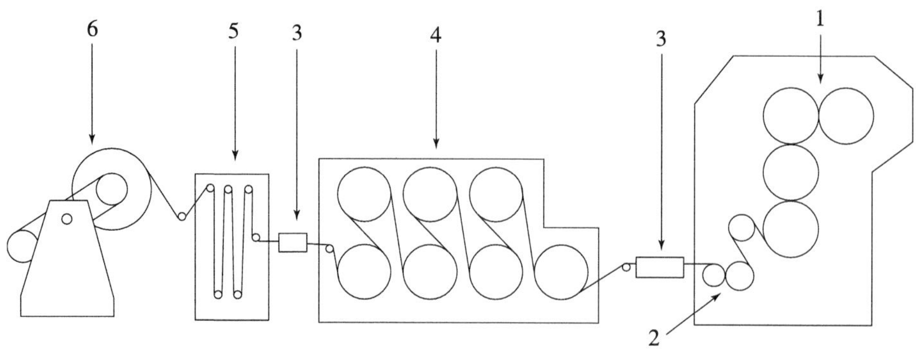

그림 17-11 플라스틱 시트 생산을 위한 역"L"형의 칼렌더 장치의 모식도; 1,calender plant for the production of plastics sheeting : 1, calender; 2, embossing calender; 3, thickness gauges; 4, water cooled cooling train; 5, windup accumulator; 6, windup station.

첫 번째 롤 쌍에 들어가는 것은 대개 용융물이다. 예비 단계는 Banbury타입 혼합기와 녹인 고분자 혼합물을 "시트"에 roll-mill한 것으로 칼렌더에 들어가기 전의 공정이다.

롤에 과량으로 들어오거나 부족한 것은 칼렌더 nip에 들어간다. 칼렌더 공정에서 고체오염물질은 공정 불량을 심각히 유발하므로 Roll mill과 칼렌더 사이에서 금속 감지기나 압출기는 고체 오염물질을 걸러내는 역할을 한다. 대신에 미리 걸러내어 혼합한 것은 직접적으로 칼렌더에 들어가도 무방하다. 다른 대체품으로 심플 스프레더 다이를 장착한 압출기를 사용하여 용융시키고 투입하기 용이한 형태로 만들어 직접 칼렌더에 들어가는 방법도 있다.

그림 17-12 A32×96 in. four roll inverted "L" calender의 외관.

카렌더의 뛰어난 특징은 높은 생산속도이다. 싱글 라인을 통과하는 속도는 4000 kg/hr에 달한다. 그림 17-12는 32 in 대형 칼렌더를 보여준다. PP, PS, PE재질의 시트는 대체적으로 압출에 의해 만들어졌으나 PVC(플라스틱화된 것이나 단단한 고무나 필름, 시트 등 모든 종류)는 분해가 덜 일어나는 칼렌더링으로 만들어진다. 이 기술은 마루판 구조의 제품을 만드는는데 널리 이용된다.

17.2.3 사출성형

17.2.3.1 일반적인 사출 성형

사출 성형은 플라스틱 산업에서 중요한 가공법 중의 하나로 고분자를 고속으로 주입하여 금형에 주입하여 동일한 제품을 생산하기 위한 성형법이다. 이것은 고대금속주물공정에서 사용된 주형틀에서 발전된 것이다. 과거에는 한 번 성형하는데 28 g의 고분자가 필요한 소품에 이 방법이 이용되었지만 현재에는 수 kg에 달하는 텔레비전이나 냉장고 등의 가전제품이나

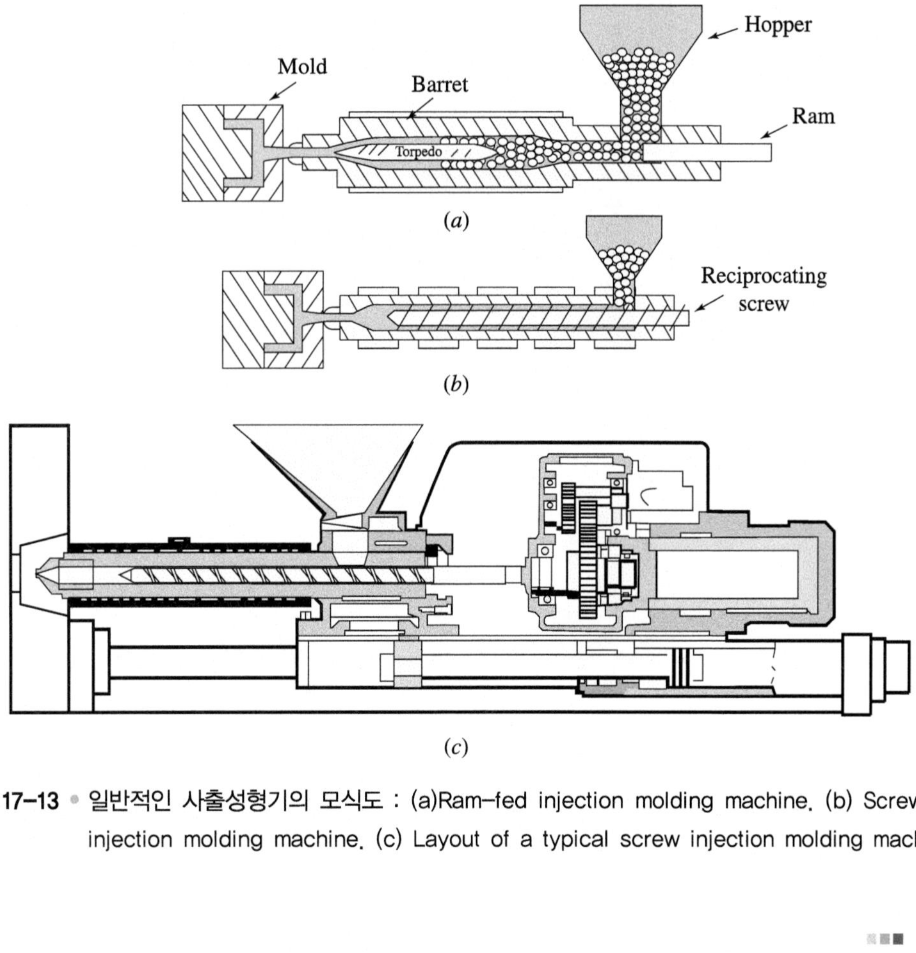

그림 17-13 • 일반적인 사출성형기의 모식도 : (a)Ram-fed injection molding machine. (b) Screw-fed injection molding machine. (c) Layout of a typical screw injection molding machine.

자동차 내장재나 범퍼류의 대형 제품에도 사용된다. 주로 대부분의 열가소성재료들은 사출성형법으로 성형된다. 또한 사출성형온도는 압축 성형 시 온도보다 높아져서 대부분 재료의 경우 250℃ 이상이 된다. 또한 섬유 보강된 고분자 및 엔지니어링 플라스틱뿐만 아니라 열경화성 수지도 적용 가능한 성형방법이다.(그림 17-13)

기본적으로 사출기는 사출부와 형체부(clamp unit)로 이루어져 있는데, 사출부는 플라스틱을 용융, 가소화시켜 노즐과 러너(runner)를 통해 틀에 주입시키며 플런저형과 주행 스크류형으로 대별된다.

플런저형(그림 17-13-(a))에서는 유로에 어뢰 모양의 확대형 지형물(torpedo)을 설치하여 재료가 가열판과 지형물 사이에서 얇은 환상(annular)막을 형성하고 이를 통과시킴으로써 열전도를 극대화시켜 고분자가 충분히 용융, 가소화되고, 일정한 온도가 되도록 하는 역할을 한다. 형체부는 금형을 포함하는 부위이며, 자동적으로 금형을 열고 닫고 최종 제품을 빼낸다.

사출성형 시 플런저에 주게 되는 압력은 10,000~30,000 psi 정도로 고압으로 충전되고 금형 내부로 수지의 유입이 매우 빠르므로 비교적 정밀도가 우수하고, 완성품이 나오는 시간이 10~30초 정도로 짧아 생산성이 좋다.

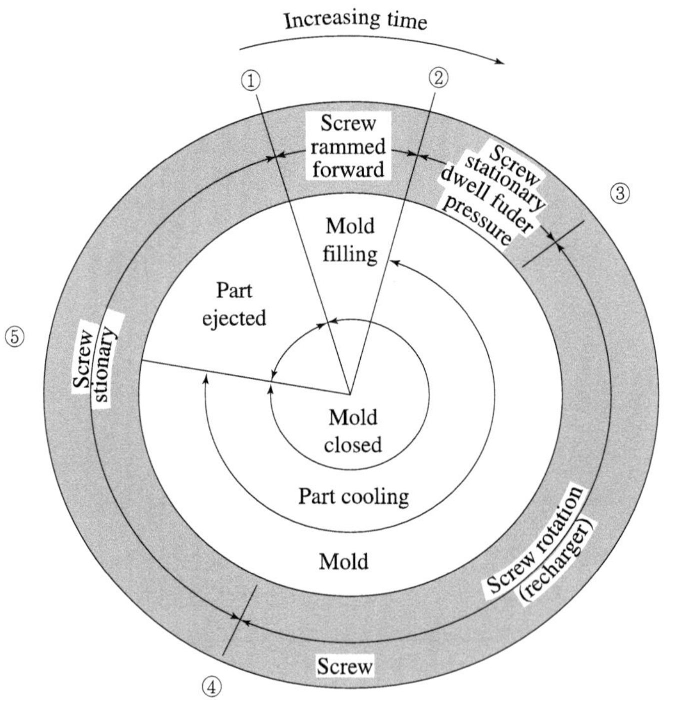

그림 17-14 • 사출 공정 사이클

이보다 발전된 주행 스크류형(그림 17-13-(b))에서는 그림 17-14에서 사출공정 사이클을 나타내었고 ③번부터 시작하면 고분자가 용융되는 과정 중에 출구가 밸브로 잠겨져 있음을 뜻하며, 스크류 앞부분에 축적되는 용융체의 압력(head pressure)으로 스크류는 점차 후진한다. 사출하기 위한 충분한 수지 용융체가 생기고 스크류가 예정된 위치에 도달하면 밸브가 열리고, 스크류의 회전이 중지되며 유압이 작용해 스크류는 피스톤과 같이 되어 용융된 수지를 노즐로 사출한다. 금형을 용융된 수지로 채우고 밸브가 스크류 방향으로 수지가 다시 흘러 들어오는 것을 막는 동안 사출된 수지용융체는 냉각되고 고화된다. 게이트가 냉각된 후 스크류 회전이 다시 시작된다. 반면에 금형에서 냉각된 제품을 취한다. 주행스크류형은 사출부에 있는 주행스크류가 사출공정에서 왕복운동을 하는 것을 제외하고는 기본적으로 압출기와 동일하다.

또한 주행스크류식은 플런저형에 비해 구조는 복잡하지만 양질의 성형품을 얻을 수 있다. 그래서 오늘날에는 왕복 주행스크류식이 대부분의 사출기에 이용되고 품질의 고급화를 위해 자동화가 촉진되는 추세인데, 이는 열경화물, 보강제품용재료 및 경질 폴리 비닐 클로라이드 등의 사출성형을 포함한 플라스틱가공에 있어서 새로운 발전을 촉진하게 되었다.

사출 성형 조건은 다음과 같다.

① 사출 압력

사출 압력은 나사가 전진하여 용융된 수지가 노즐을 통해 사출될 때 수지에 가해지는 압력이다.

실제 사출을 운전하는데 있어서 필요한 압력은 용융 수지를 금형 안으로 사출하는 데 필요한 일차 사출압과 수지가 틀 안에서 충진이 끝난 후에도 계속해서 이어지는 이차 사출압(또는 보압)의 두 가지가 있다. 일반적으로 이차 사출압이 일차 사출압보다 낮다.

② 실린더 온도

실린더 온도는 수지가 투입구로 들어간 후 용융되어 금형에 도달하기까지 실린더에서 온도를 정해주어 작동하는데 대개의 경우 실린더의 온도가 높으면 수지의 점도가 떨어져 유동성이 좋아진다. 그러나 온도가 너무 높으면 열분해가 일어나기 쉬우므로 주의하고 보통 3—4개의 영역으로 나눠 가열한다.

③ 금형 온도

금형 온도는 성형 사이클에 관련이 큰 변수로서 성형 등의 품질에 영향을 많이 준다. 성형시 금형 온도가 낮으면 캐버티 내의 재료가 빨리 냉각되어 성형 사이클이 짧아지므로 생산성은 좋아지지만 수지의 유동성은 나빠져 웰드라인 등의 결함이 생기거나 치수 불량의 원인이 되기도 한다. 그러므로 금형 온도가 높아야 비교적 좋은 품질의 제품을 얻을 수 있다. 그러나 온도가 너무 높으면 싱크마크 등의 결함이 생긴다. 다음의 표 17-1은 몇 가지 열가소성 플라스틱의 사출 성형 조건을 나타내었다.

표 17-1 ◦ 열경화성 플라스틱의 사출 성형 조건

플라스틱 성형 조건	고밀도 폴리에틸렌	폴리프로필렌	폴리스티렌	ABS	PVC
실린더 온도 (℃)	210~280	200~270	180~240	200~230	165~180
금형 온도 (℃)	30~90	30~100	30~80	40~80	40~60
사출 압력 (kg/cm^2)	500~1500	400~1000	400~1300	400~1300	1000~1500

17.2.3.2 반응 사출 성형(Reaction Injection Molding: RIM)

반응 사출 성형(RIM)이란 고분자를 생성하는 중합공정과 이를 원하는 형태로 성형하는 가공 공정이 동시에 일어나는 사출성형을 말하는 것으로, 금형 내에 단량체나 prepolymer를 투입해 적당한 조건하에서 중합 또는 경화 반응을 일으켜 최종 성형 제품을 얻는 공정이다.

RIM은 그림 17-15에서 보다시피 두 종류 이상의 반응물이 계량 및 혼합되어 금형 내로 주입되면 적당한 온도에서 중합 또는 경화된다. 그런 후 어느 정도 딱딱해지면 미 반응물을 제거하기 위해 성형을 떼어내어 후경화(post-cure)를 시킨다. RIM은 금형 내에서 중합이 동반되므로 일반적인 열가소성(Thermoplastic Injection Molding: TIM)과는 크게 다르다.

한편 열경화성 수지의 사출 성형이나 캐스팅과 같은 반응 성형 공정에서도 중합이 동반되나 여기서는 반응을 활성화하기 위해 금형 표면을 통해 열전달을 하는 데 반해 RIM에서는 반응을

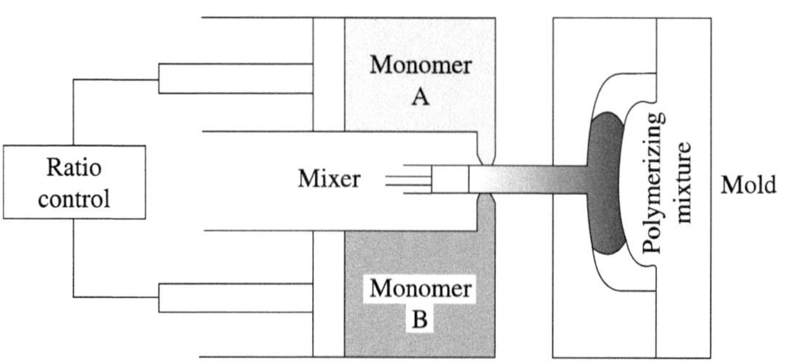

그림 17-15 ◦ 반응 사출 성형(RIM)의 모식도

활성화하기 위해 단량체와 금형 온도보다는 효율적인 혼합을 하기 위해 단량체간의 충돌 혼합(impingment mixing)을 사용한다.

RIM의 장점은 다음과 같다.

① 반응물로 저분자량의 혼합물이 금형 내로 주입되므로 낮은 압력으로 금형을 채울 수 있어 일반 사출로는 만들기 어려운 복잡한 모양의 제품이나 큰 성형물을 얻을 수 있다.
② 가해지는 압력과 온도가 낮으므로 에너지와 설비비용이 절감된다.

표 17-2에서 RIM과 TIM을 간단히 비교해 보았다.

표 17-2 • RIM과 열가소성 사출 성형의 비교

	RIM	열가소성 수지의 사출 성형
반응 온도	~60℃	200~300℃
금형 온도	~70℃	실온
사출압	〈14MPa	70~150MPa
형체력(clamping force)	0.03 kg/m^2	6~13kg/m^2
수지 점도	0.01~1 Pa·s	10^2~10^5Pa·s

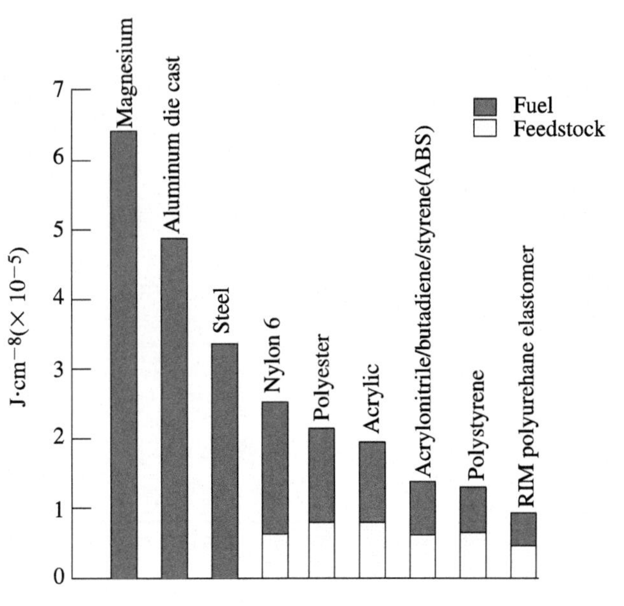

그림 17-16 • 여러 가지 물질의 가공에 소요되는 에너지

그림 17-16은 각 물질의 가공에 드는 에너지를 나타낸 것인데 RIM에 의한 polyurethane 탄성체를 만드는데 가장 적은 에너지가 소요되는 것을 알 수 있다.

이런 이점에 반해 RIM에 사용되는 재료를 선택하는 데는 많은 제약이 따른다.

① 원료가 단량체나 prepolymer로 반응성이 크므로 수송이나 보관이 힘들다.
② RIM의 원료로 사용되려면 반응 속도가 경제적인 성형 사이클에 맞도록 빠르고 반응 조건도 까다롭다.

RIM은 1960년대 자동차의 내, 외장재의 경량화를 위해 플라스틱 재료로 사용되기 시작해 현재는 전자 제품의 하우징(housing), 신발, 각종 생활 용품 등 다방면에 이용되고 있다.

17.2.3.3 Reinforced RIM (R-RIM)

R-RIM은 RIM물질의 체적 안정성과 기계적 강도를 향상시키기 위하여 보강재를 사용한 것이다. 주로 금속성 충전제, 단섬유, 플레이크(flake), 장섬유 등이 보강재로 쓰인다.

17.2.3.4 구조 사출성형 (structured foam injection molding)

구조적인 사출 성형은 중간의 발포 형태의 셀과 매끈한 고체 표면으로 구성된 제품을 생산하는데 이는 사출 성형에서 또 다른 분야로서 가공방법이다. 표면과 핵은 각기 다른 고분자를 사용할 수도 있다. 이때는 두 개의 사출기를 가진 기계는 한 용융체 다음에 다른 용융체를 쏘아야 하나하나의 사출 단위를 가진 기계는 같은 고분자를 사용한다. 후자의 경우에서 제품표면은 차가운 금형 벽 표면에 안정하여 신속하게 표면을 고체화함으로써 형성된다. 신속한 고체화는 표면에서 발포 형성을 막으며 매끈한 표면을 만든다.

17.2.3.5 가스사출성형(Gas assisted injection molding)

1) 서론

사출성형은 훌륭한 치수 정밀성을 가진 복잡한 플라스틱 부품의 대량생산에 매우 많이 사용되는 유용하고 다양한 방법 중하나이다. 열가소성 플라스틱과 열경화성 플라스틱 외에도, 이 공정은 고분자가 바인더로 작용하는 섬유, 세라믹, 분말로된 금속 같은 재료에 확장할 수 있다. 대략적으로 가공된 모든 플라스틱의 32%(무게비) 정도가 사출성형을 통하여 생산된다. 이는 플라스틱 산업의 상당량을 차지하는 것으로 가장 빨리 성장하는 산업의 하나이다.

역사적으로 사출성형에 대한 첫 번째 특허는 미국에서 1872년에 John Hyatt가 승인 받은 stuffing plunger 사출성형기에 대한 것이었다. plunger-type은 사용이 간편하기는 하나, 순수한 열전도만을 통해 가열되기 때문에 낮은 가열속도를 가져 그 사용이 제한 되어왔다. 사출성형에서 그 다음으로 중요한 발전은 1951년에 William H. Willert(US)가 사출성형기에 reciprocating-screw plasticizer를 개발한 것이다. 이 기술의 개발로 reciprocating-screw 사출성형기는 열가소성플라스틱 사출성형 가공의 생산력과 다양성에 혁명을 불러 일으켰다.

지난 20년간 통상의 사출성형 방법에 의해 생산하기 어려운 특별하게 고안된 형태의 부품을 생산하기 위해 수많은 방법들이 시도되었다. 그 한 예로 가스사출성형 가공법이 있다. 이는 cavity의 충진과 보압을 돕기 위해 고분자 용융체 안으로 압축된 가스를 사출하는 것으로 디자인과 플라스틱 부품 생산에 상당한 유연성을 제공한다. 또한 이 기술은 통상의 사출성형 가공법보다 더 적은 clamp 용량으로 더욱 향상된 표면 처리와 잔류응력을 갖는 얇은 부분과 두꺼운 부분의 조합을 균형 있게 설계하여 견고한 부품의 생산을 가능케 한다. 이는 또한 재료 절감, 무게 감소, 보다 높은 stiffness-to-weight 비, 조작과 가압 용량의 절감을 통한 경비절감을 가능하게 한다.

2) 개요

가스사출성형 공정은 전형적인 사출성형과 마찬가지로 고분자 용융체의 사출로 구성되어있고, 압축된 가스의 사출이 다음에 이루어진다. 대부분의 가스사출성형에서 가스는 노즐, 스프루, 런너를 경유하거나 또는 직접 cavity로 melt의 core에 사출되어진다. 압축가스는 최소 저항의 경로를 가지고 molded part의 가장 두꺼운 단면을 통하여 용융체 정면을 향하여 흐른다. "gas-pressure control" 공정에서 압축가스는 조절된 가스압 분포(constant, ramp or step)를 갖고 사출된다. 그리고 "gas-volume control" 공정에서 가스는 초기에 미리 조절된 부피와 압력에서 압축 실린더로 계량되어 주입된다. 그 다음 플런저의 이동에 의해 가스 부피가 감소된 것으로 유발된 압력 하에서 사출된다.

통상적인 사출성형기에 추가장치-gas source, 가스사출 조절장치(그림 17-17과 그림 17-18)를 붙이면 가스사출성형에 적합하게 개조할 수 있다. 그러나 가스사출성형은 가스 사출과 가스 침투를 보호하기 위한 가스 채널의 조절 기능 때문에 생산품과 공구 및 공정 디자인으로의 다른 접근이 요구된다. 압축가스는 유용성, 낮은 가격, 높은 가공온도에 고분자 용융체의 안정성 때문에 보통 질소를 사용한다. 이 방법은 모든 열가소성 플라스틱에 적용이 가능하다. 가스에 의한 압력의 효과적인 흐름으로 fiber가 첨가된 복합재료뿐만 아니라 흐르기 어려운 재료에도 예외적으로 잘 적용된다.

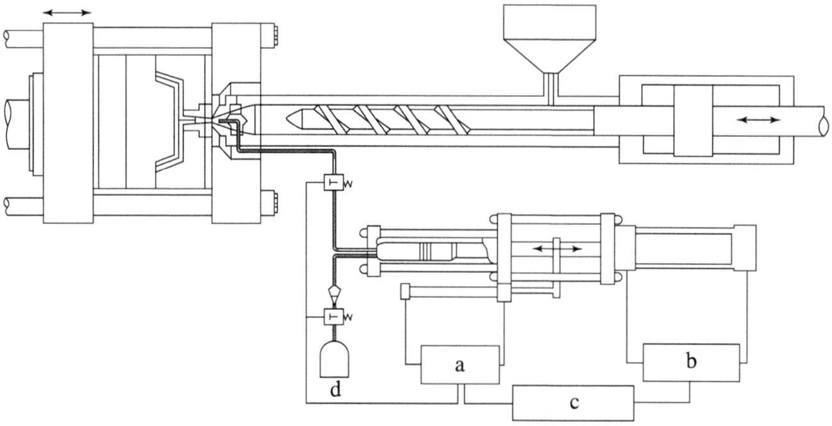

그림 17-17 Gas-compression cylinder와 accessory가 부착된 가스사출성형을 위한 전형적인 사출성형기. a : 전기 장치(electrical system), b : 유압 장치(hydraulic system), c : 조작 패널(control pannel), d :gas cylinder

가스사출성형은 가벼운 제품, sink mark가 없는 단단한 제품과 휨 현상이 적은 부품을 생산할 수 있다. 더욱이 얇거나 두꺼운 부분들이 있거나 가공하기 어려운 부분들도 가스사출 가공법을 사용하여 하나의 부품으로 디자인될 수 있다. 전형적인 응용은 다음 세 개의 범주(또는 그것들의 조합)로 나눌 수 있다.

- Hollow parts : 옷걸이, 손잡이, 의자 팔걸이, 샤워기, 수도꼭지 등
- Sheet-like structural parts : 위성 안테나, 옥외용 가구, 기계 housing, 자동차패널 등
- Complex parts : 텔레비전 커버, 컴퓨터 프린터 하우징 홈, 자동차부품 등

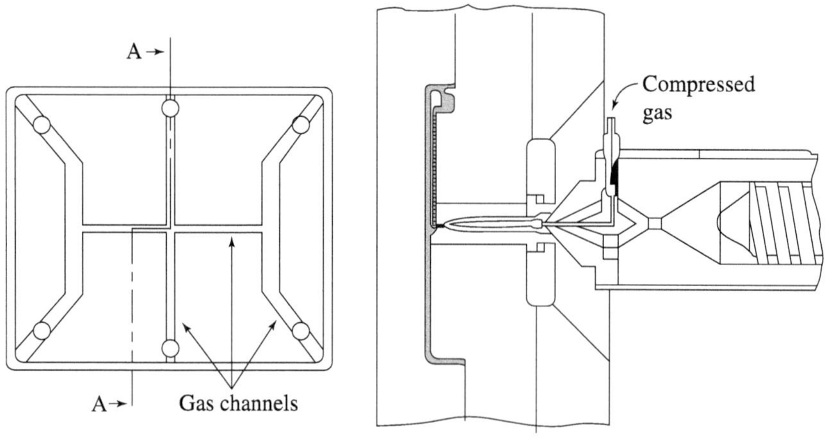

그림 17-18 노즐을 통한 가스 사출과 thick-sectioned 가스 채널의 조직을 갖는 금형의 rib에서 가스 분포

3) 공정 사이클

그림 17-19에 나타낸 것과 같이 공정 cycle은 포인트 1과 2사이의 수지 충진 단계이고 임의의 지연 시간이 이어진다. 후속공정인 포인트 3에서는 타이머에 의해 가스 사출이 진행된다. 때때로 가스 사출은 flow hesitation을 제거하기 위해 수지 사출이 완성되기 전에 연이어 주입된다. 그러나 이는 가스 입구가 고분자 입구와 다를 때에만 수행 가능하다. 반면에 고분자와 가스가 동일한 입구에서 동시에 사출될 때는 바람직하지 않고 고분자 표면이 주름진 상태의 두께를 얻을 수 있다. 가스 사출 시간은 가스압이 포인트 3과 5를 통해 가스 입구에서 부과 되는 동안 지속된다. 이는 gas-injection-filling과 post-filling 단계로 구성되어 있다. 가스 사출과 가스 사출 시간을 위한 타이머는 가스 침투 에 강하게 영향을 주는 두 개의 중요한 가공 공정변수이다. 통상의 사출성형에서와 같이 molded part 는 가스 사출의 끝에 금형의 내부가 충분히 냉각되도록 해야 한다. 포인트 5에서 가스압은 포인트 6에서의 금형 열림에 앞서 방출되어야 한다.

전 가스사출 시간이 전체 사이클에 중요한 부분을 가지기는 하지만 전체 cavity가 채워질 때 즉시 가스를 주입함으로 실제로 경과된 시간은 매우 짧지만 gas-injection-filling 단계는

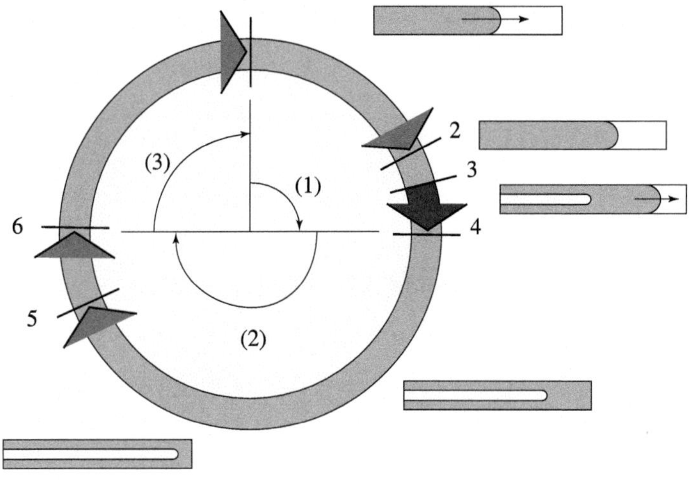

Process Cycle:

Stage (1)	Filling Stage	Stage (2)	Post-Filling Stage
1:	Cycle begins	4-5:	Gas pressure held
1-2:	Resin injiection	5:	Gas pressure released
2:	Resin injection	6:	Mold opens
2-3:	Delay time		
3:	Gas injection begins	Stage (3)	Mold Opening Stage
3-4:	Gas injection during filling		
4:	Cavity filling completed		

그림 17-19 • 전형적인 가스 사출성형 공정의 machine cycle.

molded part의 품질에 있어 매우 중요하다. 이는 이 단계에서 전형적으로 일어나는 air trapping, gas blow-through, short shot, 고르지 않은 가스 침투와 얇은 부분의 가스 침투와 같은 문제점들이 이 공정에 연계되어 있기 때문이다.

4) 가스 사출가공의 장점

가스사출성형은 디자인과 가공에 관련된 난제와 장점을 모두 가지므로 매우 복잡하게 얽혀 있다. 가장 두꺼운 부분에 기체를 고압 고속으로 주입하여 고분자 용융체의 정면을 향하여 가스가 흐를 때 일반적으로 가스는 최소의 저항을 갖는 경로를 갖는 것을 공학적인 설계에 적용하여야 한다. 주형(mold)에서 가스 침투를 용이하게 하기 위해 molded part는 전형적으로 main wall section보다 두꺼운 가스 채널의 조직을 갖는다. 이상적으로 가스는 가스 채널 부위에 침투하고, 수지를 밀어내어 (hollow out) hot core에서 고분자 용융체를 대체한다.

그림 17-20은 cavity 안에서 고분자 용융체와 가스가 어떻게 상호작용을 하는지에 대한 메카니즘을 도식적으로 나타내 주고 있다. 이는 통상적인 사출성형 공정에서 고분자양을 증가시키려면 주입된 고분자의 저항이 증가하므로 압력을 더 가하는 것이 요구된다. 그림 17-20(a)은 가스 사출을 하지 않는 mold cavity를 채우는 동안에 압력의 증가를 도식적으로 묘사하고 있다. gap-wise averaged melt velocity, $\bar{u}$가 압력구배 $\Delta p/\Delta L$과 flow conductance S(an index of melt fluidity)의 양에 비례한다는 사실을 주목해야 한다. 이는 다음 수식으로 연계되어 있다.

$$\bar{u} \propto \frac{\Delta p}{\Delta L} \times S \tag{1}$$

$\Delta p/\Delta L$ 은 단위 길이 당 압력 강하(그림. 4에서 압력과 flow length 곡선에서의 기울기)를 나타내고, S는 용융체 점도와 부품 형태의 함수이다. 특히 flow conductance(S)는 부품 두께가 증가하면 빠르게 증가한다. 그러나 역으로 용융 점도에 비례하고, 이것은 바꾸어 말하면 용융체의 온도, shear rate등에 의존하는 것이다. flow conductance가 변하지 않는다고 가정하면 고분자 용융체의 flow length가 증가할 때, 내부 압력은 만약 flow rate가 일정하게 유지된다면 압력구배를 유지하기 위해서 증가해야만 한다.

반면에 가스 사출성형에서 압력 요구는 통상적인 공정에서 수지 주입 단계에서만 동일하다. 가스가 cavity내로 도입될 때, 가스는 viscous polymer melt 대신 침투하고, 수지는 마지막 cavity의 말단을 채우게 된다. 가스가 본질적으로 무점성이기 때문에 막대한 압력강하 없이 고분자 표면을 밀어주어 가스압을 효과적으로 전달하는 모양을 그림 17-20(b)에 나타내었다. 그러므로 가스가 용융체의 전면으로 나갈 때, 고분자 용융체를 유지하기 위해 요구되는 압력은 같은 속도에서 가스의 움직임보다 더욱 빠르게 감소하고, effective flow length(or resistance)

또한 감소한다. 따라서 gas cavity를 채우기 위해 요구되는 가스 압력은 통상의 사출성형 공정을 위한 entrance melt pressure보다 낮아 질 수 있다. 같은 증거로 만일 일정한 가스 압이 공정을 통하여 유지되도록 조절하면, melt flow velocity에서 초기 감속이 있을 것이다. (전형적인 case는 가스압이 switch-over time에서 용융체의 압력보다 낮을 때 발생한다.) 그렇지만 가스가 melt front를 향해 움직일 때 melt flow velocity는 증가하기 시작하고, 결국 effective flow length가 감소하며 압력구배는 그림 17-20(b)에서 알 수 있듯이 증가한다. 또한 주목해야할 것으로는 결과 압력 분포가 가스 사출된 부품에서 더 일정하다는 것이고, post-filling 단계동안 냉각된 고분자보다 잔존응력이 감소된다는 것이다. 따라서 가스 사출된 부품은 생산을 위해 보다 낮은 가스압이 요구되고 휘는 경향도 감소한다.

그림 17-21은 들어오는 가스에 의한 cored out과 고분자 용융체에 의해 채워지는 가스 채널의 단면적을 보다 상세히 나타내 주고 있다. 고분자의 frozen thin layer는 차가운 금형 벽에 접하여 형성되기 시작한다는 것을 주목해 보자.

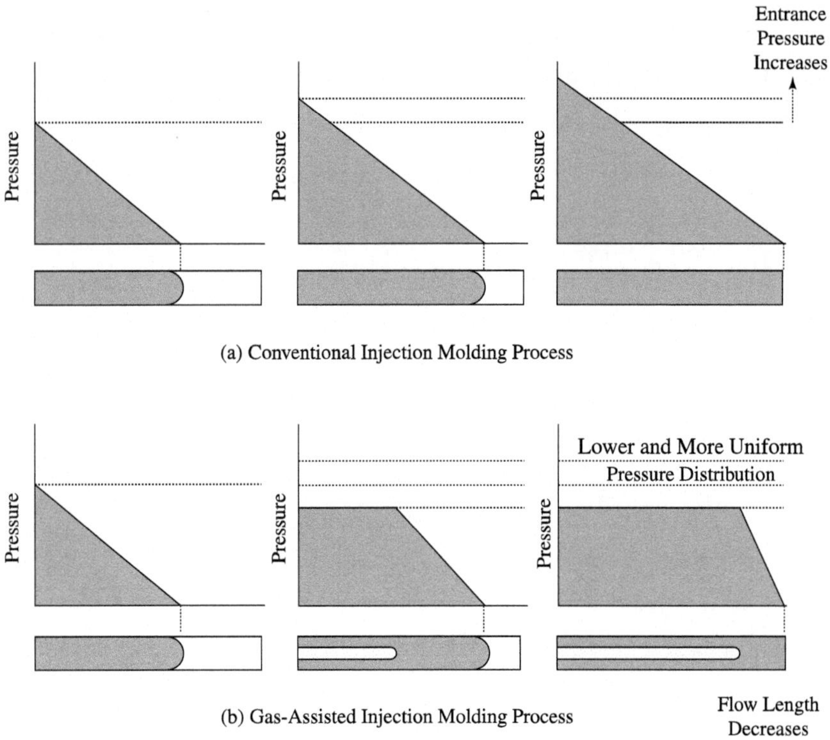

그림 17-20 • (a) 통상의 사출성형 공정의 압력분포 전개, (b) 가스사출성형의 압력 전개⇒ 가스사출성형의 경우가 압력이 더 낮고, 더 균일함에 주목할 것.

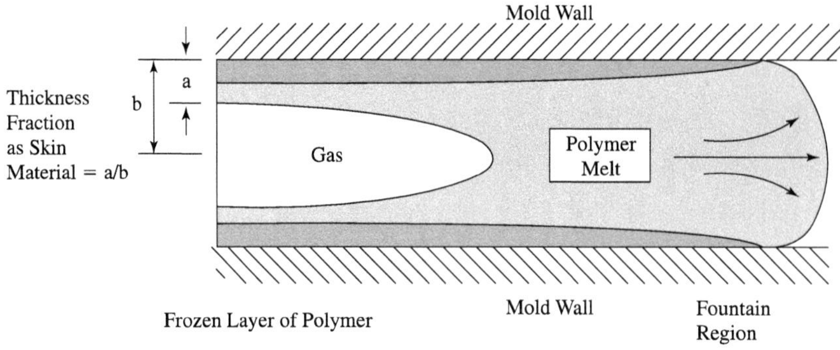

그림 17-21 ◦ 고분자 용융체과 가스의 filling을 가스 채널의 단면적으로 본 그림. skin material과 같은 두께 분율은 고분자 표면 두께와 half-gap thickness의 비로 정의되었다.

Filling 단계 동안에 frozen layer의 두께는 가스채널의 전형적인 크기와 비교하여 보면 일반적으로 작다. 반면에 hot core에서 고분자는 사출 온도와 근접한 온도에서 등온으로 남아 있다. Frozen layer와 가스 core는 중간 상태에 놓이게 되고, 고분자의 Vicouse layer는 용융된 상태로 남아 있다. 그러나 이는 점도와 속도에 커다란 변화를 나타낸다. Viscous layer 또는 Hydrodynamic layer라고 불리는 이 중간상태는 고분자 표면 두께와 가스 침투의 범위를 결정하는 데 매우 중요한 역할을 하는 것으로 잘 알려져 있다. 좀 더 명확하게 고분자가 금형 벽에 더 많이 침전될수록 더 적은 양의 고분자가 downstream쪽으로 가스에 의해 대체된다.

5) 최근 동향

가스 사출성형 공정은 플라스틱 부품의 제조와 디자인에 새로운 크기를 갖는 부품을 생산하는 것이 가능하게 하였다. 그러나 동시에 복잡한 two-phase-flow 공정에 더 많은 디자인 매개변수를 포함하여 생산품과 가공 디자인은 좀 더 어려워 졌다. 그 결과로서 많은 제조업자들은 의존할 만한 공학적 know-how와 경험의 부족으로 아직 본 공정을 사용할 준비가 되어있다고 생각하지 않는다. 전에 언급했듯이 생산품의 디자인, 도구 그리고 가공공정은 특별히 선택된 가스 사출성형 공정 또는 기계보다 중요한 역할을 한다. 가스사출성형과 같은 혁신적인 기술에서는 무엇보다도 CAE 기술이 유용하게 사용될 것으로 예상되는데 그 이유로 이 기술은 실제 실험을 거치지 않고서도 디자인과 공정에서 발생할 수 있는 문제점을 발견하고 이를 사전에 수정함으로써 시간과 경비를 절약할 수 있게 해준다는 장점을 가지고 있기 때문이다. 따라서 이에 대한 연구가 이루어져야 하며, 현장에서의 문제점을 실험실에서 해석할 수 있는 능력도 뒤따라야 하겠다.

17.2.4 중공 성형

중공 성형은 병과 같은 구멍 뚫린 용기를 제조하는데 매우 중요한 고분자 가공 방법이다. 이것은 유리 공업에서 사용하는 방법을 고분자 가공에 응용한 방법이다. 공정은 처음에 용해된 패리슨의 형성을 수반하는데(그림 17-17(a)), 그것은 원통 형태로서 보통 압출로 만들어진다. 패리슨은 좌우 두 개로 분할된 제품 형태의 금형 사이에 위치하며 좌우 금형이 붙으면 압축 공기를 넣어 풍선처럼 부푼다.

고분자는 차가운 금형과 접촉하면서 신속하게 고체화하고 병모양의 제품은 가공 기계로부터 송출된다. 그림 17-22는 그 공정을 도식적으로 나타내고 있다. 중공성형의 새로운 개발로서 PET병에 적용이 가능하며, 그 중에 대표적인 몇 가지만 소개한다. 압출 중공 성혈 공정에는 continuous와 intermittent의 두 종류가 있다. 보통 1 gal.보다 작은 부분에 적용되는 전자는 하나 이상의 다이를 통해 패리슨을 압출하면서 연속적으로 회전하는 스크류 압출기로 이루어져 있다.

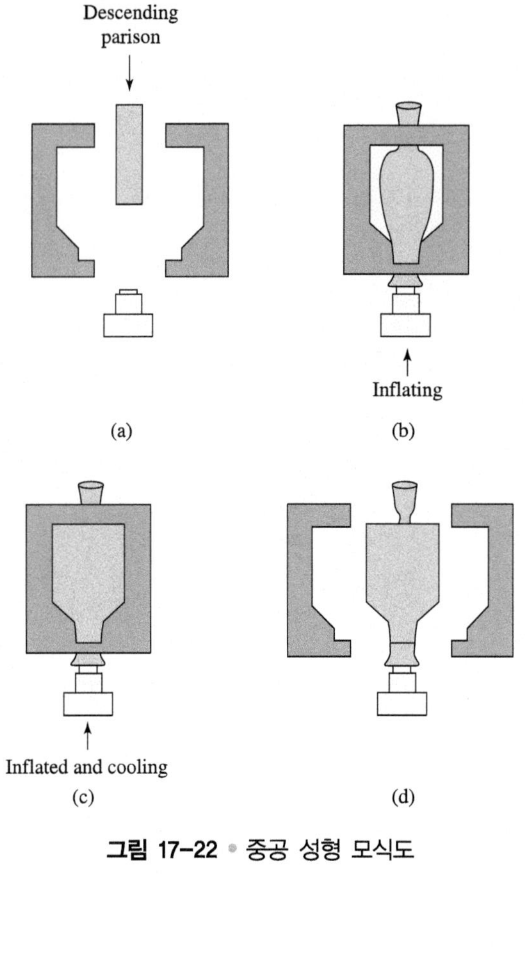

그림 17-22 ◦ 중공 성형 모식도

후자는 reciprocating screw, ram-accumulator, accumulator head의 세 가지 주요 부품으로 구성되며 주로 무거운 제품에 적용된다.

그림 17-23은 압출, reciprocating screw, ram-accumulator의 세 가지 중공 성형 기계를 설명해준다.

패리슨 생산 방법 중 intermittent방식이 성형의 유연성과 가공 조건의 제어 및 조절이 용이하여 중공성형의 핵심 기술개발에 더 적합하다. 기체가 주입되어 풍선처럼 부풀리는 블로잉 단계는 매우 빨라 '버블 현상'에 따른 두께 조절에는 거의 유연성이 없다. 그래서 패리슨 형성(압출시 다이스웰이 서로 다르게 발생하는)시 압출 속도를 조절함으로써 최대한 균일한 두께의 생산품이 제조되도록 패리슨의 두께를 사전에 제어하는 프로그램이 설정되어야 한다.

그림 17-24는 프로그램으로 제어된 두께의 패리슨으로 생산된 제품을 보여준다. 환상의 다이 간격(annular die gap)을 다양화함으로써 위와 같은 결과가 얻어질 수 있고 일정한 속도로 고분자를 압출할 수 있다. 패리슨 형성은 온도와 같은 우변학적인 성질에도 민감하다. 블로잉 공정은 매우 빠르지만, 냉각은 비교적 느리므로 블로잉 후에 액상이 이산화탄소를 주입하거나 촉촉한 공기를 고압에서 불어넣는 등 냉각 속도를 증가시키기 위한 다양한 수단이 고안되어왔다.

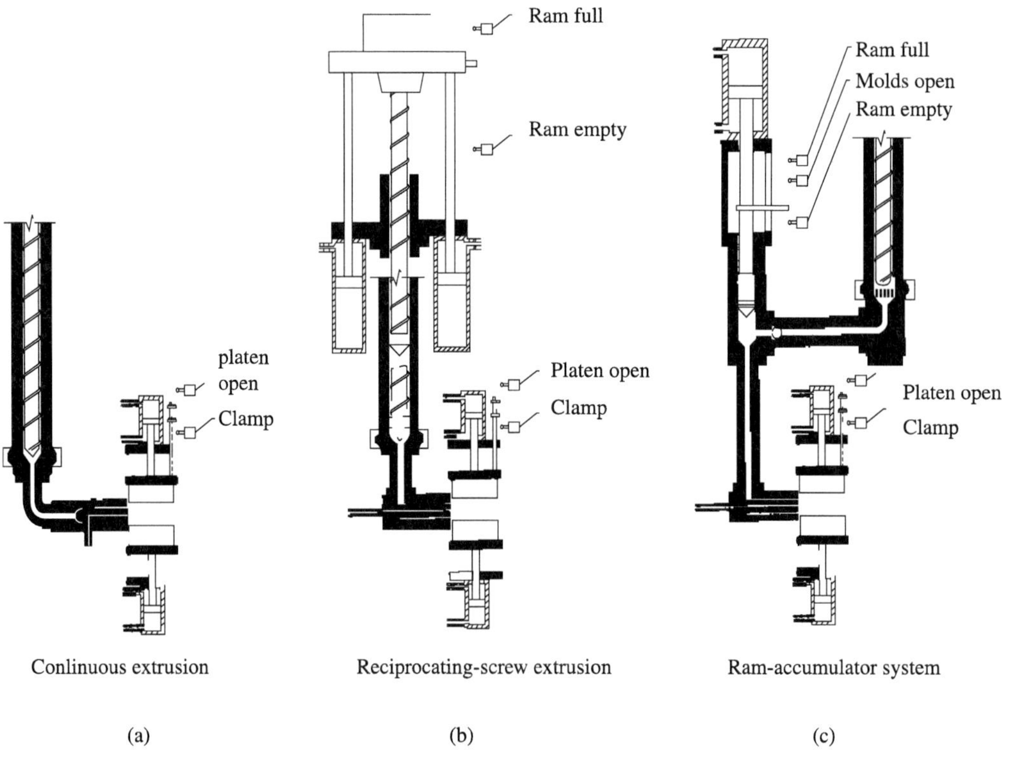

그림 17-23 ∘ 각각의 방법에 대한 모식도(a) continuous extrusion blow molding, (b) reciprocating screw blow molding, (c) ram-accumulator blow molding.

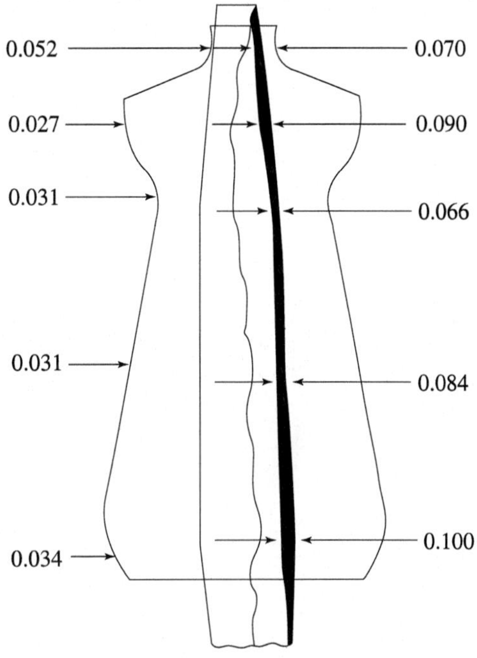

그림 17-24 • parison "programming"에 의한 다양한 parison 두께 변화의 예

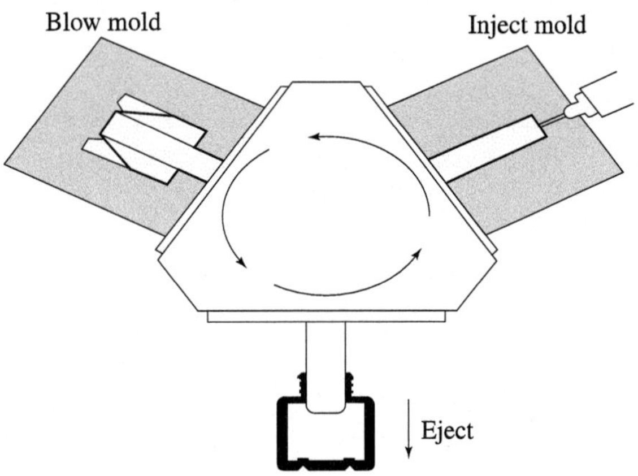

그림 17-25 • 세 개의 station을 가지고 있는 회전 공중 성형기. 세 번째 위치는 용기 또는 부풀지 않은 parison제거를 위해 접근하기 용이하다.

자유 낙하로 형성된 패리슨 형상은 축 늘어지거나 패리슨의 변형이 발생되므로 크기 및 고분자 종류 등에 제한이 있다. 이를 개선한 첨단 기술 중의 하나인 사출 중공 성형 공정에서는 패리슨을 금형에 고분자를 사출함으로써 형성시키므로 패리슨 두께를 자유롭게 조절한다.(그림 17-25)

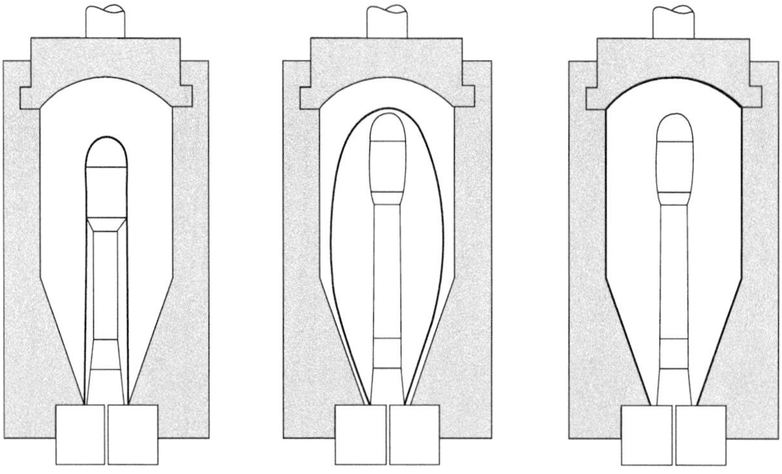

그림 17-26 VPM 공정으로 생산된 배향된 병 제품. preform은 닫혀지고 가열된 상태로 금형 안으로 옮겨진다. (a) The preform is in the mold. (b) The mandrel has moved up to bring the preform into contact with the top of the mold cavity, and the first part of the blowing has started. (c) The blowing is completed.

이미 완결된 용해된 가는 실을 가진 로드는 블로잉 지점으로 이동하는데 여기서 물체는 스크랩(작은 조각)에 따라 자유롭게 부푼다. 패리슨 두께 분포는 더 이상의 조작 없이 금형 캐버티에서 결정된다. 배향 면에서는 부분적으로 두 축 방향의 배향(biaxial orientation)을 도입함으로써 제품의 성질을 크게 개선한 공정은 스트레치 중공 공정이다.(그림 17-26 참조)

패리슨이나 예비 성형품은 배향을 주기 위해 그림 17-26(b)와 같이 중심의 철심이 기계적으로 뻗어 나오며 축 방향으로 늘어난다. 다음 단계는 접선 방향으로 배향을 주는 블로잉이 곧바로 뒤를 잇는다. 이 방법으로 광학 성질은 크게 개선되고, 기체 투과성은 감소하고 제품의 무게는 부분적으로 감소되는 장점이 있다. 고분자 용융물의 동일한 온도와 스트레칭 할 때의 온도 수준은 이 과정의 가장 중요한 임계 변수이다.

17.2.5 열 성형

평판의 고분자 시트나 필름으로부터 열을 가해 형상을 만드는 가공 방법으로 이의 다양성에 의해 여러 형태의 용기 형상, 특히 deep-drawn container형태가 성형되는 방법이며, 이는 열 성형으로 알려져 있다. 이 모든 공정에서 평판의 재료는 용융온도(T_m)이나 유리전이온도(T_g)위로 가열되고 부품 주변을 따라 고정시키는 클램프 틀에 놓인다. 가열시 시트는 지지되지 않기 때문에 열 성형에 사용되는 고분자는 열 변형이 전혀 없어야 하며 고분자는 심하게 축 늘어지면

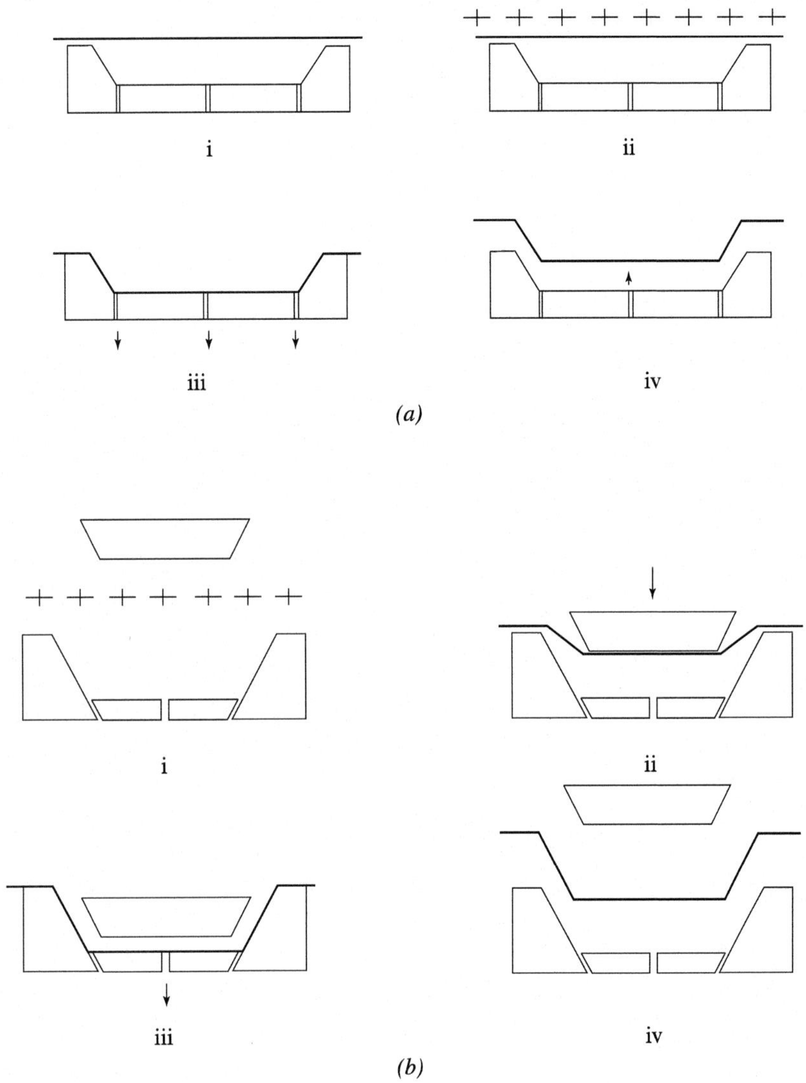

그림 17-27 • 두 가지 열 성형 공정 모식도 (a) Vacuum forming. (B) Plug- assist vacuum forming.

성형 공정에서 제약을 받을 우려가 있다.

열 성형 공정에서는 일반적으로 ABS와 HIPS가 사용된다. 이 경우 변형 가능한 시트나 필름은 다음과 같은 기계적 수단으로 금형의 모양을 갖는 제품을 제작하게 된다.

(a) 진공 : 이것은 금형의 구멍이나 채널을 통해 사용된다. - 진공 성형

(b) 5×10^4-2×10^6 N/m^2 범위에서 공기나 가스 압력 : 이것은 금형내로 시트를 끌어들이지는 않지만 억지로 밀어 넣는다. 평판의 재료에 강력한 힘이 작용하기 때문에 압력 성형은 무겁고 강하며 거친 고분자 시트에도 사용된다.

(c) 플런저에 의해 적용되는 힘은 금형의 "female"부분의 모양을 형성하는 데 사용된다. 이 세 번째 방법은 매치된 금형 성형(matched mold forming)으로 알려져있다. 이 방법은 T_m이나 T_g아래 온도에서 이 방법은 단조 또는 콜드 성형이 된다. 그 위에 계속된 공정으로 차가운 금형 벽에 열전도에 의해 냉각이 발생하게 한다. 이것은 1-2s의 사이클이 보편적인 얇은 필름("Blisters", 컵)성형에서는 문제가 없다. 때로는 0.25-1.25cm범위의 두꺼운 시트 성형에서도 적용되어 제어될 수 있는 가공 방법이다. 특히 낮은 결정화속도의 특성을 가진 다결정 고분자에서 적용될 수 있다. 시트 성형에서 형성 사이클은 비교적 길지만(가열과 냉각 단계 때문에), 큰 물체(반경이 4cm에 달하는)가 성형될 수 있는 장점이 있다. 그림 17-27은 진공과 매치드 금형 성형 공정의 타입을 도식적으로 보여준다.

열 성형 공정의 주된 장점은 성형 기계의 가격이 비교적 저렴하다는 것이다. 원형과 적은 부피 제품은 목재나 에폭시 금형을 가지고 만들 수 있고, 저압이 사용되고 높은 열 이동 속도가 요구되기 때문에 금형을 알루미늄으로 만들기도 한다. 콜드 성형 공정에는 단단한 강철 금형을 사용할 수도 있다. 또 다른 장점은 밀폐된 제품에도 적용될 수 있다는 것이다(중공 성형에서처럼).

열 성형의 최대 단점은 약간의 "undercuts"이 있는 단순한 형태에 한정된다는 것이다. 그렇지 않으면 비싼 캐비티가 사용되어야 하므로 경제적인 장점이 상실된다. 열 성형 조작은 일차적인 필름이나 시트의 압출 다음에 적용되는 제품의 형태를 결정짓는 단계이기 때문에 이차적 공정으로 언급된다. 일반적인 열 성형라인은 압출 공정이 있을 수도 있고 없을 수도 있다. 제품 부피가 높지 않으면 얇은 게이지 열 성형은 그 밖의 곳에서 제조된 필름 롤을 활용한다. 훨씬 다양한 방향으로 열 성형을 활용할 수 있는 참신한 공정은 Topformer(22)(또는 in-line preform forming)로 그림 17-28에 묘사되었다.

용융물은 압출기 스크류 장치에서 생성되고, 병렬 판 채널에 주입되고, 재료가 열 성형되도록 압축 성형되고, 열 성형 단위 내에 고착되어 앞에서 논의된 세 과정으로 생산된다. 이 공정에는 많은 장점이 있다. ① 예비 성형품은 어떤 형태를 가지므로 거의 재료의 낭비가 없다. ② 예비

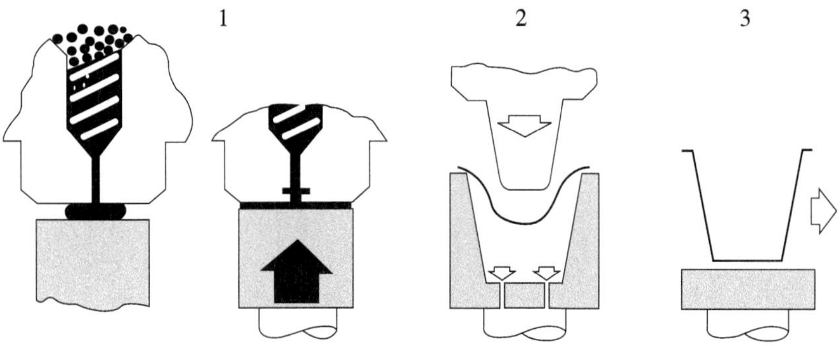

그림 17-28 ◦ Daniels Hamilton에 의해 도입된 Topforming

성형품의 두께 분포는 다양하다 ③ 중요한 것은 평판의 시트나 필름의 재료는 냉각되지 않고 가열된 상태에서 열 성형 금형에 들어가므로 에너지 효과가 매우 좋다는 것이다.

17.2.6 압축과 이송 성형

압축성형(compression molding)은 금형 캐버티의원하는 형상 안에 일정양의 고분자를 압력을 가하며 강제로 밀어 넣는 것으로 닫힌 금형 안에 고분자를 주사하는 사출공정과는 다르게 한 쪽의 금형에 반쪽의 다른 금형을 덮어서 성형하는 것이다.(그림 17-29참조)

유압에 의해 가해지는 압축과정은 금형에 채워진 고분자를 밀어내 캐버티를 압력하에 꽉 죄는 타입으로의 유변학적 타입으로 흐름과 기계적인 정밀도가 필수적인 접속의 기술이다. 이 공정의 원리에 있어서는 열가소성 고분자에도 사용이 가능하나 열경화성 수지에 폭넓게 이용된다. 열은 중합과 가교 결합의 화학적 공정을 유발하면서 고온의 금형벽에서 고분자로 전도되어 가해지는 압력과 더불어 고분자의 유동에 영향을 미친다. 원료 고분자는 먼저 펠렛화 시켜 투입하거나 스크류 압출기에 의해 먼저 가소화시켜 투입, 또는 파우더를 혼합하여 계량 후 투입시킬 수도 있다. 압축성형은 사출 성형에 비해 몇 가지 장점이 있다. 금형이 사출 성형보다 더욱 단순하고 충진제가 비교적 손상되지 않은 상태로 제품이 되며, 거의 재료의 낭비가 없는 점이다. 그러나 이 공정은 제조 시간(cycle time)이 느리고 성형 가능한 형상에 기하학적인 제한점이 있다.

이런 몇 가지 한계를 극복하기 위해 이송 성형(transfer molding)이 발달했다. 이 이송 성형은 압축성형과 사출 성형의 중간적 단계로 양쪽의 단점을 보완해준다. 투입방법은 분리된 'pot'에 일정한 모양의 고분자가 투입되고 가열되어 용융된다. 금형이 닫히면 이 용융된 고분자는 램에 의해 "pot"에서 런너를 통해 게이트를 지나 캐버티로 이동된다. 이때의 'pot' 내의 작업 조건이 매우 중요하며 이송 성형에서는 금형의 일부가 설계된다.

그림 17-30은 이송 공정을 나타낸다.

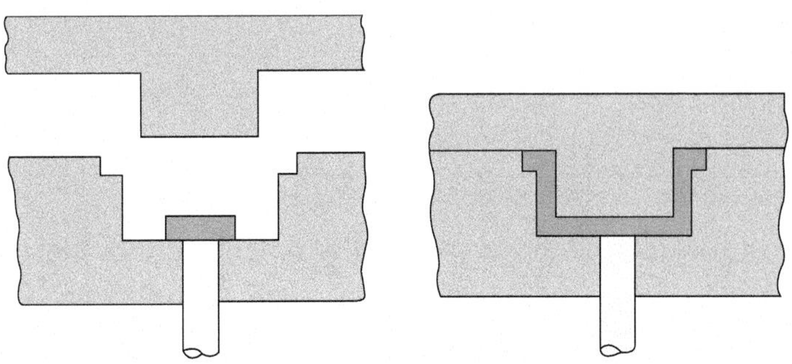

그림 17-29 • Schematic view of the compression molding operation.

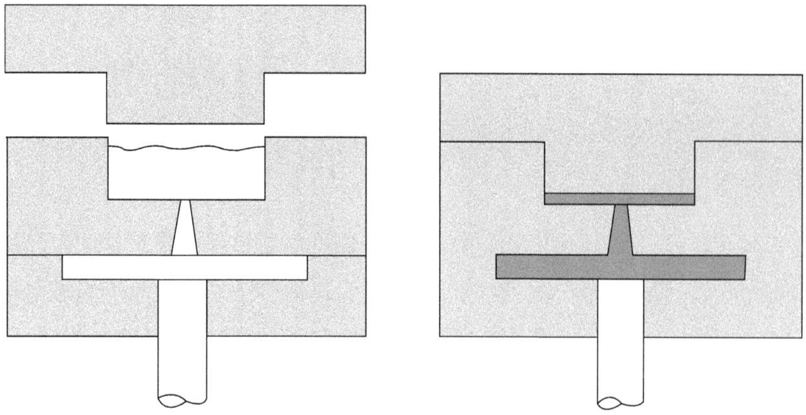

그림 17-30 ● 이송성형공정의 모식도

이송 성형 사이클은 압축성형보다 짧은데 이는 금형 온도가 더 높은 상태로 유지될 수 있기 때문이다. 'pot'에 투입되어 먼저 용융된 고분자는 더 빨리, 용이하게 금형내로 들어간다. 그러므로 더 대형화되고, 더 복잡해지며, 뒤틀림을 방지할 수 있는 금형 개발이 가능하다. 고압이 사용되는 사출성형보다, 유압 실린더를 고정판과 분리시킬 수 있고 저압이 사용되므로 매우 유용한 플런저 형태의 가공 장치이다. 현재 반도체 제조회사에서 IC 제조에 사용되는 첨단 장치이다.

17.2.7 주형, 슬러쉬 성형, Dip 주형, 파우더 코팅, 그리고 회전성형

높은 점성 유체는 금형 내에서 주조할 수 없고 고압에서 금형 내로 사출, 압축, 또는 이송되어야 한다. 그러나 가소제에 분산된 프리폴리머, 단량체, 고분자는 주조에 의해 가공된다. 이와 같은 것들은 낮은 점성 시스템이고, 주조 조작이 용이하다. 그러므로 폴리에스테르나 에폭시 수지는 화학적 가교 결합과 세팅이 일어나는 가열된 금형 내에서 자주 주조된다. 또한 스티렌과 아크릴릭 단량체 또는 고분자—단량체 용액도 주형에 의해 최종 제품으로 가공된다.

매우 가소화되고 유연한 PVC가공의 가장 보편적 방법은 'Plastisols'주형이다. 이것은 가소제에 분산된 PVC의 낮은 점성 시스템이다. 가열하면 PVC는 부풀어 고무 제품으로 굳어진다.

플라스티솔 주형의 중요한 변형은 슬러쉬 성형이다. 재료는 뜨거운 금형 내로 흘러 들어가 두꺼운 금형이 금형 내 벽에 형성되고 과잉량은 흘러나온다. 금형은 종종 균일한 피복을 견디기 위해 회전한다. 이 모양을 만드는 공정은 또한 금속 형성이나 세라믹 공업에 쓰인다. 이 공정을 역으로 하면, 뜨거운 금속 부분이 플라스티솔 내로 파고들어 고분자가 밑면 또는 고분자 파우더의 유체화 된 밑면에 힘을 주고 그것에 의해 피복된다. 파우더 코팅은 PVC, PE, PP, Polyesters,

그리고 acrylics 에 쓰인다. 파우더 코팅의 개선된 변형은 정전기 코팅과 분사이고 여기서 파우더 입자는 한 쪽 전기 charge를 받고 코팅된 입자는 반대 charge를 받는다. 결과는 균일한 코팅이고 더 균일한 공정이라는 것이다. 좋은 고분자 파우더는 슬러쉬 성형의 무수한 변형에서 금형 내에 피복될 수 있다. 구멍은 파우더로 채워질 수 있고 슬러쉬 성형처럼 과잉량은 흘러나온다. 파우더는 원심 주형을 가져오는 회전 금형안에 넣어질 수도 있고 가열된 오븐으로 이동되는 금형 내로 넣어질 수도 있다. 이 오븐에서 파우더의 균일한 분포를 이겨내면서 약 두 축으로 회전되어 균일한 코팅이 된다. 후자는 회전 성형이라 한다. 회전 성형은 저장 탱크 같은 매우 큰 항목에서 사용이 증대되고 있다. 다중 층의 '샌드위치' 구조의, 구조적 폼의, 그리고 비슷한 구조의 회전성형은 이 공정의 변통을 크게 확대해왔다.

17.3 고분자 가공시 사용되는 충진제, 가소제 및 기타 첨가제

대부분 플라스틱 종류는 그 자체만으로 사용되는 경우는 드물고 입자성이나 섬유성 고형물 또는 액상 첨가물을 혼용함으로서 매우 적절하고 유용한 제품으로 전환시킬 수 있다. 페놀수지나 아미노수지는 충진제로 거의 모든 나무분말, 순수한 단섬유성 셀룰로오즈, 분말상의 운모 등의 물질들을 배합한다. 즉 이들 충진제들은 치수안정성, 내충격성, 인장강도, 내압축강도, 내마모성, 열안정성 등을 크게 높인다. 예를 들면 폴리에스테르수지용 보강 충진제로 유리섬유를 사용한다. 특히 PVC는 가소제 없이는 가공하기 어려우며 범용수지에는 최대 중량비로 80% 이상의 매우 다량의 분말석영이나 점토와 같은 광물성 고형물을 섞는다. 이런 수지의 배합물은 입자간 접착제 역할을 하므로 최종 제품의 확장성은 좋지 않지만 내압축강도나 내마모성, 치수안정성 등은 우수하다. 충진제의 매우 유용한 효과의 예는 고무의 보강이다.

플라스틱에서 사용되는 주요 충진제는 입자성 물질과 섬유체 및 액상의 세 가지로 분류된다.

입자성 충진제 중에는 모래, 석영, 규조토 등을 포함한 규소제품이 있다. 규산염에는 점토, 운모, 활석 또는 몇 가지 합성 규산염류가 포함된다. 유리에는 입상, 플레크, 고형 또는 속빈 구슬 등이 있고 무기화합물에는 석영석, 알루미나, 마그네시아, 아연화, 황산바륨, 규소탄화물등이 있다. 마지막으로 금속 분말, 미분셀룰로오즈, 합성고분자 등이 있다.

섬유성 충진제는 cellulose와 같은 아주 오래된 것과 금속섬유류나 whickers와 같은 몇 가지 새로운 첨단제품 등이 있다. 즉 합성섬유류(예를 들면 알파셀룰로오즈, cellulose, 나일론, 폴리에스테르, 아크릴 ,폴리비닐알코올 등)와 건류재료로 만든 레이온과 같은 탄소섬유류가 있다. 또한 텅스텐 선상에다 BCl_3 -H_2혼합물에서 붕소를 침적시켜서 붕소 필라멘트를 만드는데 이 재료는 50 psi에 가까운 인장력을 나타낸다. 또한 알루미늄이나 베릴륨 산화물의 단결정 섬유와 비소산화물, 붕소산화물 등이 있다.

액상 충진제는 가소제, 가교제, 가공조제 등 다양하게 용도에 따라 적용되며 혼합공정도 고체 혼합공정과 차별성을 두어야 한다.

17.3.1 가소제 (Plasticizer)

가소제는 플라스틱 첨가해 유동성을 주어 가공성을 개선하기 위해 첨가한다. 이는 유리전이 온도를 실온이하로 떨어뜨려서 경질, 취약성, 유리성 고체성질로부터 연질, 가소성, 강인성재료의 성질로 개질한다. 예를 들어 폴리비닐염화물이나 비닐 염화물과 아세테이트와의 혼성 중합체의 가소화를 볼 수 있다. 물론 분자구조를 변화시켜서도 위와 같이 성질상의 변화를 가져올 수 있다.

■ 가소제가 갖추어야 할 조건

① 상용성 - 가소제는 고분자와 혼합되어야 한다. 즉 두 개의 성분의 분자간 활성이 비슷해야 한다. 그러므로 폴리에틸렌과 같은 비극성 고분자는 상용성이 없다는 것을 알 수 있다.

② 내구성 - 고분자 중의 가소제의 확산속도나 증기압이 낮아야 하고 이를 위해서는 고분자량의 가소제를 사용한다.

③ 수지에 첨가할 가소제의 양을 결정하는데 중요한 요소는 원하는 성질로 변화를 이룰 수 있는 가소제의 효율이다.

■ 일반적으로 사용되는 가소제의 유형

① 프탈레이트 에스테르류 : 사용되는 가소제의 반이상을 치지하는 가장 유용한 가소제이다. (대표적인 예로써 DOP를 들 수 있다.)

② 포스페트 에스테르류(주로 트리크레실포스페트) : 내연성이 좋다.

③ 에폭시류 : 불포화 직물성 기름이나 수지산 그리고 과산화수소를 반응시켜 가소제를 만든다.

④ 아디페트, 아질레트, 올레트, 세바게이트류 : 주로 저온하의 가소성을 개선하기 위해 비닐수지에 사용한다.

⑤ 지방산 에스테르류 : 천연 원료로 만들며 원가 절감을 위해 주로 분사제로 사용되는 2차 가소제이다.

⑥ 글리콜유도체 : 주로 윤활제, 이형제 또는 폴리비닐알코올용 가소제로 사용된다.

⑦ 슬폰 아미드류 : 셀룰로오즈 에스테르류, 아미노 수지, 페놀 수지, 아미드 및 단백질계 플라스틱류의 가소제로 이용된다.

⑧ 탄화수소류 및 탄화수소유도체 : 2차 가소제로 이용된다.

17.3.2 산화방지제 (Antioxidant)

고분자는 산소 또는 오존과 서서히 반응하는데 이를 방지하거나 금지하는 역할을 한다. 때로는 산화 방지제가 산화된 고분자와 결합해서 안정한 생성물을 형성하기도 한다. 일반적으로 산화방지제는 페놀류, 방향족아민류, 알데히드, 케톤, 티오화합물과 아민류와 아미노페놀류와의 축합생성물 등으로 분류된다.

17.3.3 착색제 (Colorant)

광범위한 유기 및 무기 물질들이 플라스틱의 착색제로 사용된다. 이 중 몇 가지는 분자적으로 분산되는데 즉, 이들 착색제는 분자 크기이고 플라스틱의 굴절률과 비슷해서 투명한 플라스틱에 배합하면 투명한 착색제품이 된다. 기타의 나머지 것들은 플라스틱을 불투명하게 만든다. 일반적으로 플라스틱용 착색제에는 그 종류가 많은데 그 중 이산화티타늄, 황산바륨, 프탈로시안블루와 그린, 군청, 크롬그린, 퀴나크리돈레드,마젠타, 몰리브데트오렌지, 카드뮴레드와 오렌지, 산화철, 크롬옐로우, 카본블랙, 금속은 효과를 내는 알마늄플레이크, 탄산아연 또는 진주색의 운모 등이 있다.

플라스틱의 착색 방법은 분말의 플라스틱에다 첨가하여 섞은 것을 가열된 로울러나 압출기내에서 배합하는 것이다. 기타 다른 방법으로는 중합 전에 착색제를 용해하거나 분산시키므로서 폴리메틸메타아크릴레이트를 착색 주형성형하는 것이다. 자외선 흡습제는 착색제는 아니지만 착색제와 같은 변형효과를 보인다.

17.3.4 연소방지제 (Flame retardant)

플라스틱에 연소방지성을 부여하는 가장 유용한 첨가제로는 삼산화안티몬이 있다. 효과적으로 연소를 방지하려면 유효염소를 발생하는 화합물과 같이 사용하고 널리 사용되는 연소방지제에는 옥시염소화 안티몬이 있고 이외에 안티몬유도체나 인산에스테르형 가소제가 특히 비닐수지의 가연성을 줄이는데 사용된다.

고분자재료의 가연성을 줄이는데 주된 요소들은 다음과 같다.

ⓐ 냉각에 의한 휘발성연료의 제법

ⓑ 탄화와 같은 방법으로 연소를 막아 열 전도력을 저하시켜 연료를 없앤다.

ⓒ 많은 양의 라디칼소멸제 같은 것들을 첨가해서 화기내에서 사슬 반응을 못하게 한다.

17.3.5 안정제 (Stabilizer)

산화방지제나 연소방지제 이외에 어떤 고분자는 안정제를 첨가하여 그 성질을 지속적으로 발휘 시킬 수 있는데 가장 널리 사용되는 것에는 비닐 수지가 있다. 안정제의 다른 용도로는 광화학적 변질을 방지하기 위한 것으로 예를 들어 폴리에틸렌에 카본블랙을 첨가하는 것이나 착색제 역할을 하는 염료와 플라스틱의 내광성을 개선하기 위한 것으로 하이드록시벤조페논과 같은 자외선 흡습제의 사용 등이다.

17.3.6 배합

고분자의 성질을 변화시키기 위해 첨가제를 선택하는 것과 가공에서 유용하게 사용할 수 있는 성능을 가진 균질의 혼합물이 되게 하려고 첨가제를 혼합하는 것 모두를 배합이라고 한다. 여기서는 후자를 택한다.

플라스틱 공업에서 전통적으로 사용되는 배합장치는 칼렌더의 기본원리와 외형 및 조작이 같은 원리이다. 온도나 회전속도를 적절히 택하고 조작자가 절단하지 않는 한 앞 로울러에 플라스틱이 부착된다.

로울러식 분쇄기는 스크류의 혼합부의 기능이 강조된 압출기인 혼합(배합)압출기에 의해 대치된다. 압출기를 배합에 이용하면 불균일이 감소하며 불활성기체의 제거에 진공이 적용될 수 있으며 연속적인 조작을 더욱 쉽게 할 수 있는 장점이 있다.

일반적으로 사용될 수 있는 기타 배합장치에는 혼련기, 수소기, 페들부혼합기등과 같은 기계 내의 혼합기가 있다.

17.4 고무 공업에 관련된 가공

섬유류와 마찬가지로 고무류는 그들 특유의 성상 때문에 기타 고분자 재료와는 분리되어 취급한다. 섬유류와는 달리 고무류는 잡아당기지 않았을 때는 무정형이고 그들의 유리전이온도 보다 높은 온도에서 탄성을 보인다. 이에 반해 플라스틱류는 결정성이고 즉 유리전이온도보다 낮은 온도에서 치수 안정성이 유지된다. 일반적으로 고무는 온도가 증가함에 따라 탄성이 증가하고 녹는점은 존재하지 않고 유리전이점은 상당히 낮은 값을 가진다. 고무는 탄성과 점성을 모두 가지고 있으며 분자론 적으로는 고체이지만 액체의 성질이 강한 물질이다. 그러므로 고무를 가공하기 위해서는 플라스틱과는 달리 여러 가지 공정을 거쳐야 한다.

17.4.1 합성 고무 역사

합성 고무를 합성하기 위한 첫 시도는 디엔류의 균질중합이었는데 특히 이소프렌이 천연고무의 모노머로 알려지면서 이소프렌에 집중되었다. 19세기말 이소프렌을 저장 중에 자연 중합시키거나 이소프렌에 염화수소산을 첨가해 처리함으로서 고무상제품이 얻어진다는 사실이 알려졌다. 이 재료들은 황과 같이 가황되고 그 결과 강성이 높아진다.

1900경에는 부타디엔이나 2,3-디메틸부타디엔과 같은 디엔류가 알칼리나 자유라디칼에 의해 자연 중합하여 고무상제품이 된다는 사실이 발견되었다.

일차대전 후에도 디엔류의 합성에 관한 연구가 계속되었고 특히 활용성이 두드러진 부타디엔에 대한 연구에 집중되었다. 그 당시에는 아세트알데히드를 원료로 알돌합성을 거쳐 부타디엔이 합성되었었다. 이시기에 개방제로 알칼리금속이 사용되기 시작했고 여기서 얻어진 제품을 부타디엔과 나트륨의 각각 첫 글자를 따서 부나고무(bunna rubbers)라고 명명했다.

17.4.2 배합 및 고무 생성

망상형 고무 고분자의 불포화 이중 결합에 가황제인 황을 작용하여 고분자 분자 사슬의 자유로운 운동을 강성의 가교결합으로 막는 것이 가황 공정이다.(vulcanization)

가황 공정은 1839년에 Goodyear가 발견하였으나 이에 관한 화학이 매우 복잡하여 일세기동안이나 잘 이해되지 않고 내려왔었다. 그러나 실용적인 역학적 성질을 갖지 못한 약한 열가소성 고체인 고무는 가황의 뛰어난 효과에 의해 탄성이 크게 증가하고 인장력은 300psi 에서 3000psi로 무려 10배나 강인한 고무로 변한다. 그러나 가황된 고무라 할지라도 많은 용제에 있어서 인장력, 강인성, 내인열성, 내마모성이 떨어진다. 그런데 가황전에 고무에 어떤 종류의 충진제를 첨가하면 다시 이들 성질이 보강된다. 고무용 충진제는 다음과 같이 두 가지로 구분된다.

① 비활성 충진제 (inert fillers)

가황 전의 고무혼합물의 조작을 쉽게 해주지만 그 물리적 성질에는 별로 영향을 주지 않는 충진제로 점토, 석회석, 황산바륨과 같은 것들이 있다.

② 보강제 (reinforcing fillers)

위에서 언급한 것과 같은 가황고무의 불충분한 성질을 개선하기 위한 것으로 카본블랙은 천연, 합성 고무에 뛰어난 충진보강제이다.

천연고무, SBR, 또는 기타 유화중합법으로 만든 합성고무의 경우에는 라텍스의 형태로 고분자를 우선 사용할 수 있다. 일반 배합 조작은 라텍스를 응고 건조시킨 다음 고무를 분쇄기나 가타 장치를 사용하여 수소결합하는 것이다. 그러나 일반적으로 SBR의 경우에는 라텍스의 응고전에 두 가지의 중요한 배합단계가 있다.

바로 Oil extending과 Master batching이 그것이다.

a. Oil extending

고분자량으로 중합된 SBR은 탄화수소기름을 사용하여 희석하여 늘린다. 이 때 사용된 탄화수소기름은 가소제와 연화제 역할을 하는데 배합에서 보통 필요로 하는 정도로 고무의 용융점도를 낮추어 준다. 여기서 기름은 응고 전에 유화상태로 라텍스에 첨가된다. 이 공정은 최종제품의 가격을 낮추기 위해 사용한다.

b. Master batching

고무와 카본블랙을 편리하게 혼합하는 방법은 고무라텍스와 카본블랙의 혼합물을 동시 침전하는 것이다. 두 개의 입자크기가 비슷하고 응고전의 단위 부피당 각각의 입자수가 거의 동수로 만들어졌을 때에만 이 공정에 의한 적절한 혼합이 가능하다. 라텍스의 master batching은 현재 고무공업에 있어서 하나의 정립된 기술이 되었다.

17.4.3 가황 공정

이 공정에 대하여는 위에서 설명하였고 천연 고무 뿐만 아니라 SBR, 부틸, 니트릴 고무 등과 같은 합성디엔계고무류에서도 성질 변화를 가져오는 가장 실용적인 방법이 되어왔다. 또한 가황 공정에 가열과 황이 반드시 필요한 것은 아니다. 다시 말해 황으로서 물성의 한계가 있는 제품이 있는데 이에 대하여는 수지 가황제나 퍼옥사이드가황제로 가교 결합시킨다. 예를 들어 염화황을 작용하면 가열하지 않고도 고무가 가황되는데 일반적인 유황 공정으로는 얻어지지 않는 특수한 성질이 얻어진다. 가교제로는 O, S, Se, Te 등이 있으나 O는 원자량이 작아 반응성이 너무 빨라 가교와 동시에 파괴되고 또한 Se와 Te는 원자량이 커서 반응이 느려 중간인 S가 주로 사용되어 가황 공정이라 불린다. 그러나 황만으로도 가열하여 가황이 진행되긴 하지만 공정이 매우 느리다. 그래서 여기에 촉진제인 소량의 무기 및 유기화합물을 첨가하여 반응속도를 빠르게 한다. 많은 촉진제들은 그들의 효과가 나타나기 전에 활성체 또는 증진제등의 기타화학제품의 존재가 필수적이다. 이들 활성제는 대개 산화아연과 같은 금속산화물이다. 이들 활성제는 수지산과의 반응으로 가황기 사이에 있는 고무상 금속비누의 존재 하에서 그 기능을 가장 잘 발휘한다. 결국 가황 공정에서는 황 이외에 유기촉진제와 금속산화물 그리고 비누를 배합한 것이 중요한 화학약품이라는 것이다.

천연고무의 황에 의한 가황제품은 다음과 같은 조성범위를 기본으로 한다.

(무게) 고무 : 100
촉진제 : 0.25~1.5
아연화 같은 활성제 : 1~100
비누(스테아르산 또는 라우르산 아연 등) :1~5
산화방지제 :0~1.5
황 : 0.25~1.5

기타 다른 성분이 첨가 안 되었을 때의 제품을 선고무가황물이라고 한다.

17.4.4 보강 (Reinforcement)

선고무가황물은 비교적 유연하고 가연성이 있으며 잘 늘어나므로 고무밴드나 관, 장갑 등의 제품에 가장 유용하다. 그러나 이에 충진제를 배합해서 인장력, 강인력, 내인열성, 내마모성과 같은 제품의 물리적 성질들이 보강되지 않았다면 현대공업에서 고무의 이용가치는 별로 없었을 것이다.

이와 같은 충진제를 보강충진제라 하고 벨트나 타이어트레드와 같은 제품들의 성질을 보강해서 사용수명을 연장시켜주므로 보강이라 한다.

■ **충진제의 종류**

천연고무의 중요한 역학적 성질 중에서 한, 두 가지를 보강해 주는 보강재는 몇 가지 안 되고 또한 어떤 것은 한 가지 또는 그 이상의 중요한 가황물의 성질을 약화시키는데 후자를 불활성충진제라고 한다. 충진제의 보강작용은 일반적으로 배합되는 고무의 종류나 충진제의 양 등에 따라 차이가 있다.

카본블랙은 유일하게 모든 고무에 사용할 수 있는 중요한 보강 충진제이고 이에 반해 살리카나 그 염류로 된 충진제는 실리콘 고무에만 사용할 수 있는 한계를 가진다.

(ㄱ) 충진제의 성상

충진제의 화학적 조성은 보강력에 중요한 원인이 된다. 예를 들어 카본블랙과 활석의 입자의 크기, 표면 상태, 기타의 성질이 서로 크게 다르더라도 카본블랙은 항상 활석보다 더욱 효과적인 보강재이다. 또한 동일한 화학 조성일 때는 입자의 크기나 표면 성능이 보강력에 중요한 변수요인이 된다.

(ㄴ) 고무의 성상

카본블랙은 현대에 천연고무, SBR, 니트릴고무, 폴리설파이드고무와 같은 주요한 고무 류의 내인열성이나 내마모성을 높혀주지만 네오프렌이나 부틸고무의 인장강도는 높여주지 못한다.

이러한 차이는 충진제의 두 가지 효과사이의 불일치에서 기인한다. 그러면 여기서 그 원인을 알아보자.

① 보강충진제는 비교적 약한 다수의 고정점을 가진 강조직을 도입해서 구조를 경화, 강화한다.
② 그런데 동시에 고온하에서 결정화하려는 고분자의 성질과 그 계내의 부피 때문에 방해가 된다. 강인성과 인장력은 결정화에 의해서 주로 보강되므로 충진제의 특수효과는 위의 두 가지 작용 중 어느 것이 주가 되느냐에 달려 있는 것이다.

㈂ 충진제량

보강충진제를 넣어주면 성질이 계속적으로 개선되어 결국 최고치에 도달하는데 이때가 최적 충진이 되는 것이다. 이때를 지나면 충진제를 추가할지라도 단순한 희석제 역할만 할 뿐 가황물의 성질은 저하된다.

17.4.5 카본블랙 (Carbon Black)

가장 중요한 고무형 보강충진제의 주성분은 각종 교질형의 탄소이고 카본블랙은 인장력, 내인열성, 마찰 저항등의 세 가지의 중요한 성질을 모두 보강해주는 값이 싼 유일한 재료이다. 주로 입자 크기, 표면상태, 응집도 등이 다른 각종 카본블랙이 사용된다. 이 입자의 크기가 작아짐에 따라 보강력은 증가한다.

카본블랙의 종류를 알아보면 다음과 같다.

① channel black : 천연가스의 공기주입을 제한하여 연소시킨 후 카본을 냉각한 철제구(channel)에 침강시켜서 만든다. 입자의 지름은 200～300Å 정도이다. 가공성에 따라 역가공성channel black 등으로 부른다.
② furnace black : 가스나 기름을 공기를 제한한 화로 안에서 연소시킨 다음 원심법이나 정전기침강법을 이용해 배출가스로부터 회수해서 만든다. 입자의 지름은 300~800Å정도이다. 가황물에 미치는 효과에 의해서 높은 내마모성, 높은 강성율, 반보강성 또는 전도성 furnace black 등으로 부른다.
③ 조입상 블랙 : thermal black, 아세틸렌 블랙, lamp black등은 보강충진제로 별로 사용되지 않는다.

17.5 섬유 공업

합성 섬유의 생산은 고분자기술 중 가장 크고 중요한 분야 중의 하나이다. 섬유류를 크게 구분하면 천연, 합성, 유기, 무기제품으로 나뉜다. 섬유의 분류 기준은 그 형태이다. 일반적으로 섬유는 그 길이가 지름의 최소 100배가되어야 한다. 인조 섬유는 지름에 대한 길이의 비율을 원하는 대로 만들 수 있다. 또한 천연 섬유 중에서 면, 모, 그리고 마는 길이가 지름의 1000~3000 배가된다. 나일론이나 셀룰로오즈아세테이트 같은 고분자는 섬유에서뿐만 아니라 플라스틱에서도 잘 이용된다.

직물재료로 사용하려면 그 합성고분자가 몇 가지 물리적 특성을 가지고 있어야 한다. 다림질을 할 수 있도록 고연화점을, 매우 넓은 온도범위에 걸쳐 적당한 인장력을, 방사를 위한 용해성과 융해성, 강성율, 강인성 또는 좋은 직물성질 등이 있어야 한다. X선 회절법으로 물리적 성질을 평가하고 고분자로부터 섬유를 제조하여 기계적 성질을 평가한다.

17.5.1 직물 및 직포의 성질

(가) 직물 용어의 정의

(ㄱ) **섬유형태** : 대부분의 인조 섬유는 길고 평행한 수십 내지 수 백개를 꼬아놓은 뭉치로 구성된 필라멘트 얀(filament yarn)과 극히 긴 연속필라멘트나 연속필라멘트를 비교적 짧은 크기로 절단하여 만든 스테이플(staple)로 얻어진다. 견을 제외한 천연섬유는 오직 스테이플형으로만 얻어진다.

(ㄴ) **데니아**(Denier) : 데니아는 가장 널리 사용되고 있는 섬유 크기의 척도로 섬유 9,000m의 g 당 무게로 정의된다. 그래서 섬유의 밀도와 그 단면적에 비례한다.

(ㄷ) **강도**(Tanacity) : 강도는 섬유의 저항력을 말하는 것으로 단위 수치값 당 힘으로 정의된다. 강도는 그 항장력과 섬유의 밀도의 극수가 된다. 같은 데니아와 파괴력을 가진 두 섬유는 같은 강도를 가지게 되는데 보통 데니아 당 g으로 표시된다. 만일 이 때 그들의 밀도가 같으면 같은 항장력을 가진다.

$$\text{항장력}(1b/in^2) = \text{강도 } (g/d) \times \text{ 밀도 } \times 12{,}791$$

(ㄹ) **권축** (Crimp) : 권축은 섬유의 곱슬곱슬한 정도를 말하며 쭉 편 섬유와 곱슬한 섬유의 길이의 차가 척도가 된다. 천연 섬유 중 어떤 섬유는 자연적으로 곱슬곱슬하다. 섬유를 적당히 열처리하거나 가열된 플루트상 로울러사이를 굴려서 섬유에 인공적으로 생성시킨다.

(나) 직물 섬유의 성질

(ㄱ) **전기적 성질** : 섬유는 전기적인 용도에는 보통 쓰이지 않는다. 유일한 전기적 성질은 전기 저항성인데 이것이 너무 높으면 정전기적 전하가 발생하여 직물이 불결하고 끈적거리며

붙고 세탁을 어렵게 하는 원인이 된다. 그러나 나일론, 폴리에스테르, 아크릴 등의 어떤 합성섬유는 전기저항성이 좋지 않다.

(ㄴ) **역학적 성질** : 응력이 부여된 직물섬유는 복잡한 점성과 탄성을 가지며 이러한 것의 공정에서는 많은 수의 비가역적인 공정이 생긴다. (그림 17-31)에서 나타낸 것처럼 몇 가지 전형적인 응력 변형은 세 가지로 분류된다.

① 비단과 같은 섬유의 곡선은 파괴점까지 일정한 고강성율을 나타낸다.

② 양모 같은 섬유는 거의 일정한 응력으로 오랫동안 신장하다가 일어나는 작은 변형에 의해 급격한 강성율의 하강을 보인다.

③ 나일론과 같은 합성섬유들은 중간적인 성질을 보인다. 결과적으로 초기 단계에 서는 가역적인 강성이 나타나는데 이는 파괴점에서 끝나고 그 다음 단계에서는 비가역적인 연신이 일어나서 가소성유동이 생긴다. 일반적으로 아세테이트 레이온 의 파괴강도는 1g/d이고 나일론이나 몇 가지 천연 섬유의 파괴강도는 5g/d나 그이상이다. 아세테이트보다 파괴강도가 작은 즉 약한 섬유는 직물로서실용성이 없고 나일론보다 파괴강도가 큰 섬유는 강한 성질로 특수용제에 이용된다.

(ㄷ) **수분율** : 폴리에스테르나 나일론, 아크릴 등의 합성섬유는 수분율이 천연섬유보다 굉장히 낮아서 소수성재료로 사용되는데 이들 재료들은 건조가 매우 빠르다.

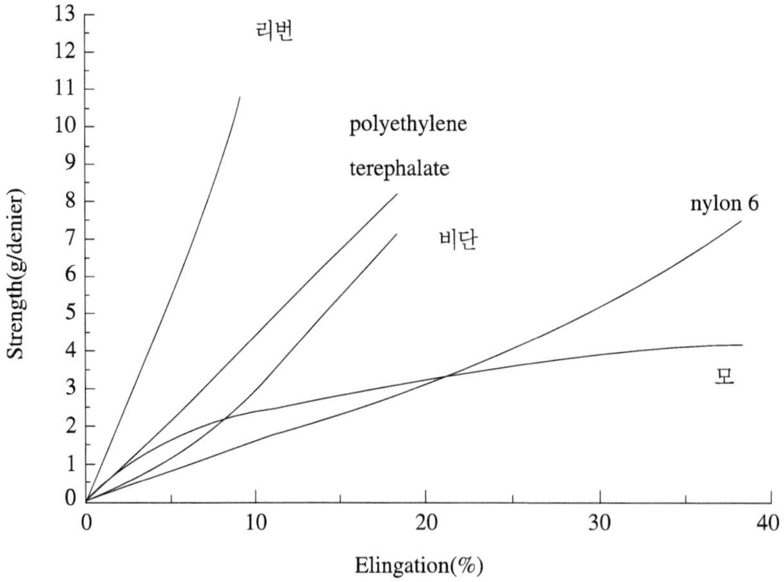

그림 17-31 ◦ 섬유의-응력 변형곡선

(ㄹ) **염색성** (Dyeability) : 소수성 섬유의 염색성은 일반적으로 복잡하다. 아크릴계 섬유는 특히 염색성이 좋지 않은데 혼성 중합으로 고분자의 구조를 변형시켜서 염색할 수 있는 재료로 사용한다. 나일론은 염색성이 중간 정도이고 셀룰로오즈계 섬유는 굉장히 좋다.

(ㅁ) **화학적 안정성** : 모든 직물섬유는 물, 드라이크리닝용 용제, 묽은 산과 알칼리, 표백제 등의 화학 약품에 알맞을 정도로 안정하다. 내후성의 관점에서 볼 때 아크릴은 매우 뛰어나고 견과 나일론은 가장 떨어진다.

(다) 직포 성질

(ㄱ) **미적 요인** : 미적 성질이 가장 뛰어난 섬유는 비단이고 그 다음으로는 아세테이트 섬유인데 이것은 역학적 성질보다도 광택, 핸드, 드레이프가 중요한 용제에서 비스코스레이온을 대신하고 있다. 스테이플 섬유 중에서는 폴리에스테르가 모에 가장 가깝고 ,쾌적하다.

(ㄴ) **쾌적성** (comfort) : 직물의 쾌적성은 굉장히 중요한 성질이면서도 별로 이해되지 않는 성질이다. 쾌적성을 좌우하는 인자는 직포의 구조, 열절연성, 불결하게 하는 성질 등이다.

(ㄷ) **방추성** (crease resistant) **및 주름유보성** (crease retention) : 이 두 가지 성질은 주름이 잘 잡히지 않는 직물이 주름을 가지고 있으려고 하는 경향을 나타낸 것이다. 보통 폴리에스테르나 아크릴과 같은 섬유는 열가소성으로 두 가지 성질 모두 우수하다. 착용 전의 주름잡이는 특히 높은 수율을 함유했을 때 중요하다. 셀룰로오즈계섬유는 자연상에서는 방추성이 별로 좋지 않은데 수지가공으로 이를 좋은 방추성으로 변화시킬 수 있다.

(ㄹ) **직물형태안정성** (Fabric stability) : 합성섬유는 치수안정성과 형태안정성이 매우 좋다. 모는 의복으로 만들었을 때는 형태를 잘 유지하는데 습식 공급처리시에는 펠트화하고 수축한다. 합성섬유 중 어떤 것은 살살 문지르면 직물표면에 조그만 결절이나 구가 생기는데 이를 pilling 현상이라고 하고 이는 표면의 섬유가 일어서면서 엉키기 때문에 생기는 것이다. 모와 같은 섬유에서는 구가 빨리 없어지므로 별로 상관없지만 폴리에스테르나 나일론과 같은 섬유는 구가 없어지지 않아 미관상 좋지 않다.

(ㅁ) **내마모성** (wear resistance) : 내마모성에 대하여는 실질적인 용제와 관계있는 마모성시험법은 없다. 단지 직물의 마모성을 정의하는데 둘 이상의 독립적인 변수가 적용할 뿐이다. 일반적으로 아세테이트 레이온이 가장 쉽게 마모되고 그 다음에는 비스코스, 면, 모 등이 마모되기 쉽다. 이에 반해 내마모성이 좋은 순서대로 열거하면 나일론, 아크릴, 폴리에스테르 섬유순으로 열거할 수 있다.

17.5.2 원면(원료 섬유)제조 공정

인조 섬유는 방사 방법에 따라서 다소 차이는 있지만 기본적으로는 공통된 단위 공정으로 이루어진다.

(가) **방사 원액 제조** : 천연이나 합성 고분자 물질을 용융하거나 용해시켜서 점성 유체(dope)를 만드는 공정으로 이때 점성 유체에는 기포나 불순물이 절대 없어야 한다.

(나) **방사** : 방사 원액을 스핀렛(spinnerette)을 통해 내보내는 공정이다.

(다) **고체화**(solidification) : 스핀렛(spinnerette)을 통해서 나온 방사 원액을 고체화하여 섬유 형태로 만드는 공정이다. 방사 방법에 따라서 고체화 반응 메카니즘이 다른데 용융 방사인 경우에는 급냉으로, 건식 방사인 경우에는 용제 증발로, 그리고 습식 방사인 경우에는 용제의 확산으로 방사 원액이 고체화된다.

(라) **연신**(drawing) : 겔(gel)이나 미연신사와 같은 고체화된 섬유를 유리 전이 온도 (T_g)근처에서 연신하는 공정으로 이 공정을 거쳐서 비로소 섬유는 배향, 고체화 되어 탄성과 점성을 갖게 된다.

이상의 단위 공정을 거쳐서 제조된 섬유를 원면 즉 실을 만드는 원료 섬유라 한다.

17.5.3 인조 섬유 제조 방법 (방사)

인조 섬유 제조 방법(방사)은 방사 원액(dope : 방사용 점성 유체)의 제조 방법에 따라 용액방사와 용융방사의 두 갈래로 나뉜다. 만약 적당한 조건하에서 고분자를 녹일 수 있을 때는 용액법보다는 용융법에 의한 섬유 생산이 바람직하다. 용액법은 용매를 증발시켜서 제거하느냐, 또는 방사용 용매하고는 혼화되지만 다른 액체를 사용하여 용매를 제거하느냐에 따라 방사 방식을 구분한다. 건식이 습식보다 더 많은 장점을 가진다.

방사된 고분자 용융체나 용액를 고체형섬유로 전환하는데는 17.5.2 (다)에서 말했듯이 사용된 방사법의 종류에 따라서 냉각, 용매 증발 또는 응고 등의 방법이 쓰인다. 미세한 필라멘트의 냉각은 매우 빠르므로 비교적 좁은 한도내에서 조정될 수 있다. 용매 증발에 있어서는 외부의 물질 전달과 내부의 열전달을 동시에 하게 되는데 속도조절단계는 항상 용매의 외부 확산이다. 응고에서는 응고제는 내부로 확산되고 응고 생성물은 외부로 확산되는 양방향 물질 전달이 일어난다. 이와 같은 사실로부터 그 단면을 통해서 균일한 성질의 용융방사 물질을 얻는 것은 쉽지만 용매 방사나 응고된 섬유를 얻는 것은 불가능하다.

17.5.3.1 용액 방사 (solution spinning)

이는 열로는 용융되지 않는 폴리비닐알코올, 폴리아크릴로니트릴, kevlar, 셀룰로오즈 등의 고분자를 저분자 용매에 녹여 섬유를 만드는 방법으로 용제가 강한 휘발성일 때는 건식 방사 방법을 사용하고 비휘발성이거나 열적으로 불안정한 경우에는 습식 방사 방법을 사용한다.

㈎ 건식 방사 (dry spinning)

건식 방사법은 그림 17-32에서처럼 고분자 용액중의 용매를 노즐을 통해 수직관으로 내보내 공기나 불활성기류중에 증발시켜 섬유를 만드는 것이다. 여기서 용매는 물론 휘발성이어야 한다. 공기 수증기나 불활성 가스를 필요에 따라 같은 방향이나 반대 방향으로 통과하게 한 온도조절용 재킷으로 둘러싸인 수직형통식 용기를 사용하여 방사한다.

건식 방사는 오랫동안 아세톤 용액에서 셀룰로오즈아세테이트를 얻는데 사용 되어왔고 현재는 폴리비닐클로라이드나 그 혼성중합체를 포함하는 비닐 섬유, 유기 용매를 사용한 고분자 용액으로부터 방사된 폴리아크릴로니트릴에 이용되고 있다. 건식 방사는 항상 고분자 용액제조

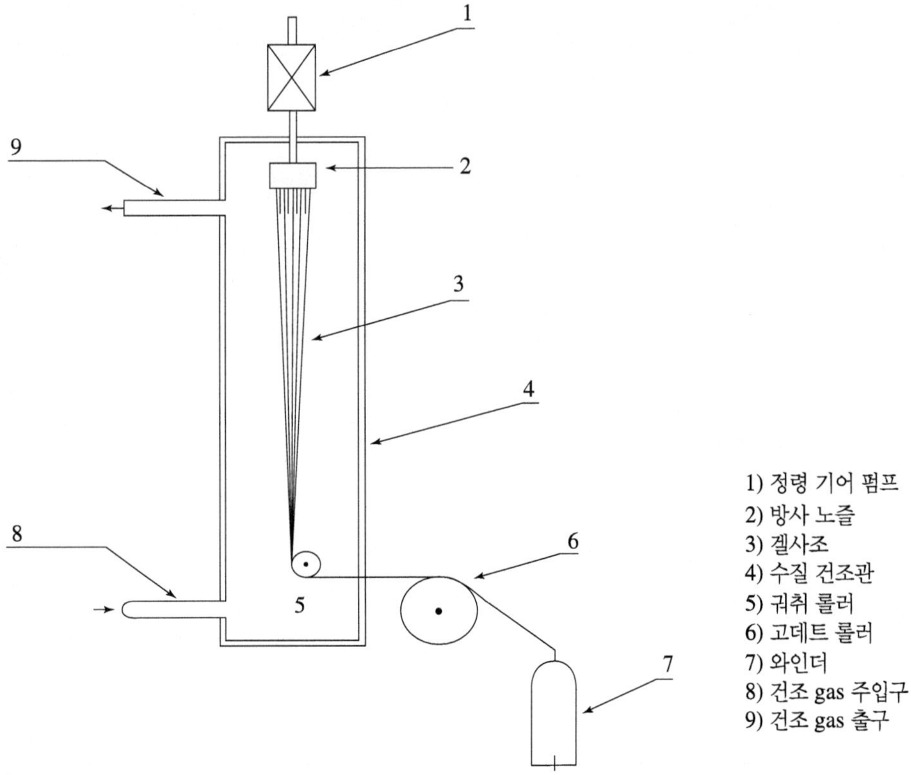

그림 17-32 • 건식방사 장치 개략도

에서 시작된다. 방사용 용매는 용해성, 비등점, 증발열, 안정성, 회수안정성 등을 고려하여 택한다. 결국 비점과 흡습성이 간편하지 않은 비극성 용매를 사용하는데 정전기가 발생하는 위험성을 갖는다. 또한 증발열이 큰 저 비점 용매를 사용하면 섬유표면상에 고분자를 응고시키는데 이는 용매가 증발할 때 섬유가 냉각되어서 수분이 응축되기 때문이다. 이것은 광택과 강도를 저하시킨다. 일반적으로 건식 방사법에서는 권취 속도가 10^2~10^3 m/min 전도로 용융 방사보다 조금 낮고, 방사 원액의 농도는 15~40 wt%이고 점도는 300~5000 poise 이다. 또한 수직 방사관 내에 주입되는 온도는 고분자나 용제의 종류에 따라 다르지만 보통 100~250℃ 정도이다.

㈏ 습식 방사

습식 방사법에서는 그림 17-33에서와 같이 점성의 고분자 용액을 노즐을 통해 비용매인 욕조에 방사하여 응고시켜 섬유를 형성하는 방법으로 섬유는 권취기를 통해 감긴다.

일반적으로 이 공정은 비스코스, 셀루로오즈, 염용액으로부터 폴리아크릴로니트릴 같은 합성 섬유를 방사하는데 이용된다.

습식 공정은 고분자 용액으로부터 대부분 응고 욕조로 용매를 옮기는데 이와 같은 이동에 있어서 용융 방사에서의 고화열이나 건조방사의 용매의 증발열과 같은 것이 발생하지 않는다.

용액의 점성도, 비용액의 성질과 온도가 섬유의 성질에 영향을 준다.

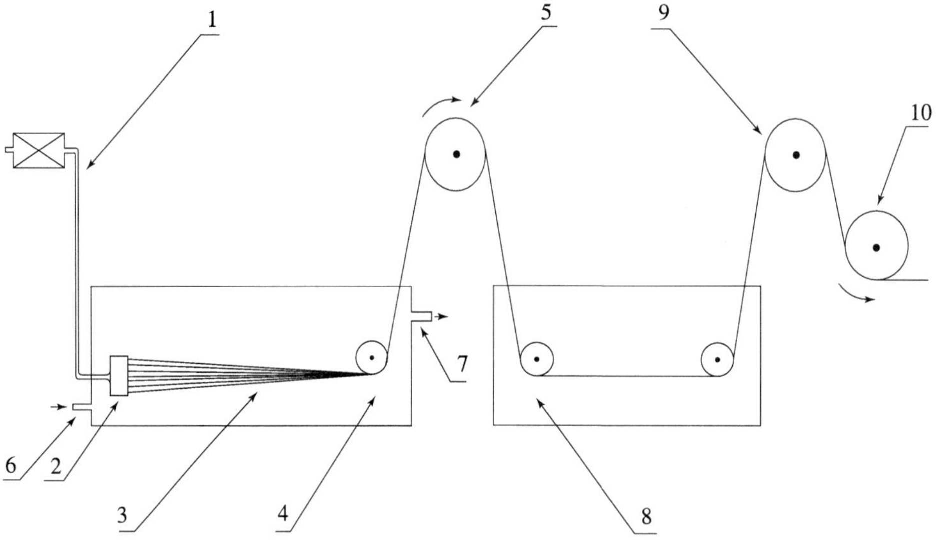

1) 정량 기어 점프 2) 방사 노즐 3) 겔 사조 4) 응고 요곶 5) 권취 롤러
6) 침전제 주입구 7) 침전제 줄구 8) 수세 욕조 9) 10) 권취 롤러

그림 17-33 ◦ 습식 방식 장치 개략도

다른 방법의 방사에서와 같이 필라멘트 주변의 표면장력이 굉장히 강해서 방적돌기에서 원형이이의 단면을 가진 필라멘트를 생성하는 것은 어렵다. 결국 표면 장력에 의해 필라멘트가 알맞은 형태로 절단되고 이 때문에 고분자의 점도가 작아지고 따라서 점도가 큰 끈끈한 용액일수록 방사하기가 쉽다. 즉 진한 농도의 고분자용액을 사용하는 것이 방사하는데 유리하다. 그러나 이것이 다시 고점도를 내게 하고 그 이상에서는 고분자를 거를 수도 압송하거나 사출할 수도 없게 한다. 그래서 고분자를 점도가 낮아지는 높은 온도에서 습식 방사한다. 온도가 상승하면 대개 결정화가 촉진되어 정밀하고 강한 섬유가 된다. 셀룰로오즈 섬유는 50℃에서, 아크릴로니트릴섬유는 160~185℃ 의 높은 온도에서 방사된다.

응고 중에는 확산, 침투, 염석과 같은 여러 가지 공정이 동시에 일어나 이들이 상호직용하여 고분자용액을 용매와 침전제를 동시에 함유한 gel상의 섬유 다발로 만든다. 일반적으로 응고단계는 급속적으로 일어나므로 섬유가 크게 인장 되지 않는데 gel상의 섬유다발로 되면서 나머지 용매가 없어져 기둥내 물질의 부피가 줄어든다. 이에 따라 주름이 잡히는데 한 예로 비스코스레이온과 같은 섬유에 특유의 주름잡힌 단면을 가지게 되는 것을 보게 된다.

다른 경우에 있어서는 응고가 상당히 느리며 필라멘트는 응고전보다 30배나 길이가 인장된다. 구리암모늄이 물에 의해 셀룰로오즈로 방사되는 것과 같은 것이 한 예가 된다.

응고에는 충분한 시간이 필요하고 일반적으로 확산에 따른 기타 처리나 응고욕조에 의한 점성의 견인 등에 의해 습식방사속도가 150~300 ft/min의 느린 속도로 제한된다.

습식 방사된 실은 보빈(bobbin)상이나 엉성한 덩어리로 집합된 다음 화학처리나 건조 등이 실시된다.

17.5.3.2 용융 방사 (melt spinning)

용융공정은 독특하게 간단하다. 용융된 고분자를 다수의 세공을 가진 방축돌기를 통해 일정한 속도로 밀어내면 고분자용액은 방축돌기면에서 공기 중으로 들어가면서 냉각되기 시작한다. 이 공정을 빨리 하기 위해 공기분사를 이용할 수 있다. 따라서 고분자 용액이 굳어 실이 되면 보통 2,500ft/min 으로 보빈에 감긴다. 그 다음에 견인공정으로 섬유에 일정한 방향을 준다.

방적돌기는 지름이 0.01 in 이하이고, 이두공으로 파인 50~60개의 구멍을 가진 강직판으로 두께가 약 0,2 in이고 지름이 2~3 in 이다.

섬유의 데니르는 구멍의 지름이 아니고 고분자가 방적돌기를 압송 통과하는 속도와 섬유가 감기는 속도에 의해 결정된다.

실험실적으로 가장 간단한 방법은 용융방사기부분에 유리봉을 넣어 긴 섬유를 끌어내는 것이고 파일롯 플랜트에서 사용하는 조금 복잡한 방법은 질소 가스나 유압으로 압력을 가하여 작은 구멍을 통해 용융물을 가압 압출하는 것이다. (그림 17-35)

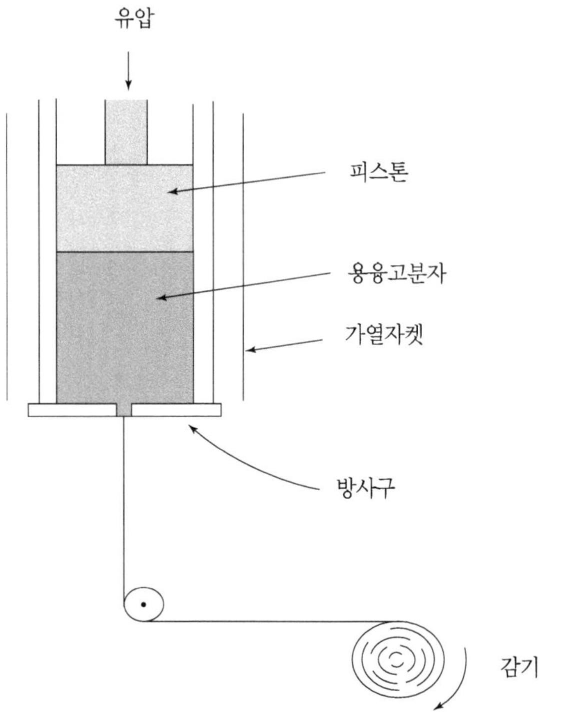

그림 17-35 ◦ 실험실 또는 파이롯트 플랜트식 섬유용융방사기

또한 대규모의 공업적인 방법은 고분자 펠렛이나 칩을 열선으로 용융시키고 기포를 제거하고 용융과정에서 질소분위기를 유지시킨다. 가압하에서 여과한 후 용융고분자를 방사구를 통해 방사하고 찬 공기를 들여보내 용융섬유를 고형화하여 로울러나 보빈에 감는다. (그림 17-36) 이러한 기술로 인조 섬유를 분당 수천 피트의 빠른 속도로 생산할 수 있다.

고분자는 전류나 가열증기로 가열되는 강직관 형태의 뜨거운 그리드(grid)에 접촉시켜 녹인다. 고분자 용융물을 수증기나 탄산가스 또는 질소가스와 같은 불활성가스로 에워싸서 산소의 작용으로부터 보호할 필요가 있다. 그리고 용융고분자의 점도가 낮으면 직접 일정한 속도의 측량펌프에 통과시키고 반면에 점성이 큰 용융물에서는 승압펌프를 사용한다. 기타 다른 용융법으로는 지체측량펌프역할을 할 수 있도록 압출기형나사를 사용하자는 등의 방법이 제안되어 왔다.

방축된 섬유는 완전히 일정한 방향으로 향해 있지는 않는다. 그러므로 용융되는 동안 방축돌기와 감기는 실 사이에는 여전히 인장이 진행되는 중이므로 섬유가 냉각이나 결정화하기 전에 분자 배열을 위해 이완하기에 충분한 시간이 있다. 따라서 최적의 물리적 성질을 나타내는데 필요한 결정의 배열이 되도록 별도의 견인공정이 필요하다.

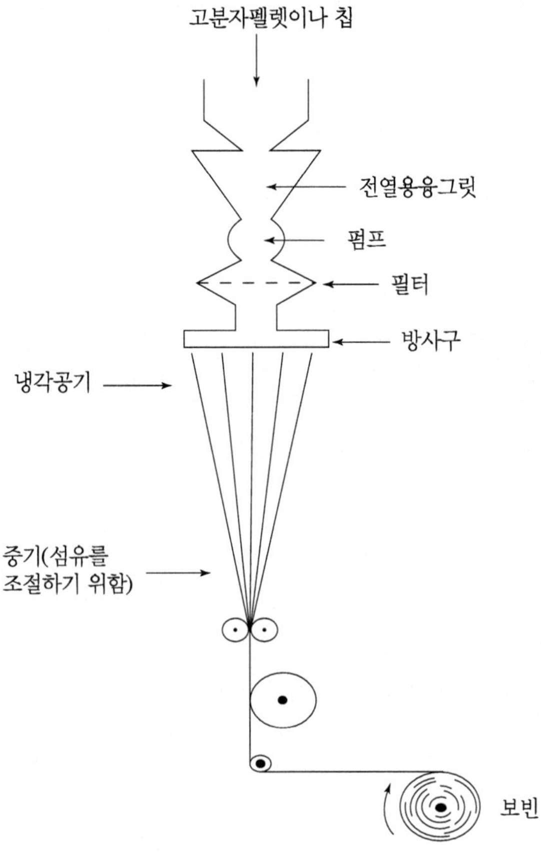

그림 17-36 • 산업적 용융방사기

용융 방사법의 장점은 방사 공정이 빠르고 섬유가 균일하며 원형의 단면을 갖는다는 것이다. 용융 방사공정으로 나일론 6, 66, 폴리에틸렌, 폴리우레탄 등의 합성섬유를 제조할 수 있고 방사 전에 녹여진 용융유리나 대리석을 사용하여 만든 유리섬유로는 필라멘트와 스테이플을 제조할 수 있다.

17.6 그 밖의 다른 공정

이미 언급된 근본적인 성형 및 가공 방법이외에도 중요한 여러 방법이 있다. 더욱이 근본적인 가공 방법은 특별한 수단으로 분류될 수 있다. 그러나 여기에서는 개괄적인 소개로 언급을 자제하겠다. 마지막으로 주된 공정에 따르는 혼합(compounding)과 마무리 조작은 고분자 가공 공정의 매우 중요한 성공에의 마지막 단계이다. 전자는 혼합기구에 널리 사용되고 이에 사용되는 첨가제는 추후에 간단히 소개하겠다. 마무리 작업은 기계적 조임 장치, 접착 공정(접착제, 전기적자기 등), 밀봉(가열, 유전체, 초음파), 용접(접촉, 가열 가스, 마찰, 방사 등), 염색, 표면처리, 페인트, 인쇄 등이다.

17.6.1 고분자 가공의 기본적 단계와 형태 만드는 공정의 분석

고분자 가공 분야는 압축, 사출 성형, 중공 성형, 칼렌더링, 혼합, 분산, 회전 성형 등의 널리 보급된 가공 방법에 대해 전통적으로 계속 분석해왔다. 화학 공학용어로 이러한 공정들은 고분자 가공의 "단위 조작"으로 불려왔다. 고분자 가공이 잘 정립되고 연구된 공학적 원리로 발전함에 따라 이 분야를 분석하는 분류 방법에서 심오한 교육적 연계를 가지기 때문이다. 분석은 다음의 목적을 가져야 한다.

1. 수행하는 공학적, 과학적 원리에 주의를 기울여라. 그것은 또한 개개의 요소를 모든 공정에 통합하는 기초이다.
2. 새롭게 개선된 설계를 하면서 창조적인 공학적 사고를 발전시킨다.
3. 새 정보의 빠르고 쉬운 이해를 촉진시키며 이 분야에 전반적 안목을 공급한다.

고분자 가공의 분석과 같은 첫 번째 단계는 목적을 명백히 정의하는 것이다. 이 경우에 목적은 의심할 여지없이 고분자 제품의 형태를 잡는 것이다.

형태 잡는 조작은 형태를 위해 고분자를 준비하고, 성질을 변형시키고 외견을 개선하기 위해 고분자에 조작을 하는 것을 계속하는 것이다. 그럼에도 불구하고, 고분자 가공의 본질은 형태 만드는 조작이다.

형태 잡는 방법의 선택은 제품의 기하학에 따르고, 때때로 액체 형태 잡는 방법이 가능할 때, 경제적인 고려에 의한다. 공업에서 실행된 여러 형태 잡는 방법을 다시 보면서, 다음 그룹으로 분류할 수 있다.

1. 칼렌더링과 코팅
2. 다이 성형
3. 금형 피복
4. 성형과 주형
5. 이차 형태 잡기

일차적인 형태 잡는 방법은 꾸준히 계속 이어오는 방법이다. 이것은 고무와 플라스틱공업에 거의 쓰이는 가장 오래된 방법 중 하나이다. 이것은 나이프나 롤 코팅 같은 다양한 계속된 코팅 조작뿐만 아니라 고전적 칼렌더링을 포함한다. 아마도 공업적으로 가장 중요한 형태 잡는 조작인 다이 성형은 다이를 통해 용융물을 가하는 모든 형태 만드는 조작을 포함한다. 이에는 섬유 방사, 필름, 시트 성형, 파이프, 프로필 성형, 전선과 케이블 코팅이 있다. 이들 또한 마지막 세 단계에 대조적으로 계속되는 공정이다. 금형 코팅이라는 용어는 dip코팅, 슬러쉬 성형, 파우더 코팅, 회전 성형 같은 방법을 포함한다. 이들 모두는 금형의 안이나 바깥 표면에 비교적 두꺼운 코딩을 형성한다. 다음은 성형과 주형인데, 열가소성 혹은 열경화성 고분자로 금형 속에서 "고체화로 경화 또는 고화"하기 위한 모든 방법을 말한다. 이에는 단량체나 저분자량 고분자의 보편적인 주형과 in-situ 중합뿐만 아니라 일반적인 사출 성형, 이송 성형, 압축 성형이 있다.

마지막으로 이차적 형태 만들기는 이름에 암시하듯이 이미 성형된 고분자의 형태를 잡는 것을 말한다. 이에는 열성형, 중공 성형, 콜드 성형이 속한다. 고분자 용융체의 복잡한 유변학적 성질은 형태 잡는 조작에서 우세한 역할을 한다. 용융물 유변학에 축적된 많은 지식을 형태를 성형하는 조작에 적용하는 것은 난해하고 아직도 시도되어야 하는 일이다.

형태 성형하는 조작이나 그것의 결과로 일어나는 단계 동안에 많은 structuring(예: 분자적 배향과 형태학적 변화)은 물리적, 기계적 특성을 변형하고 개선하기 위해 고분자의 물성에 부과된다. 이와 같은 shaping과 structuring사이의 긴밀한 연계는 큰 실제적인 중요성을 갖는다. 그것은 종종 성공적인 고분자 가공 공정의 열쇠이고 현재 고분자 기술자들에게 더 큰 관심을 끌고 있다.

고분자는 보통 특이한 형태로 프로세서에게 공급된다. 고분자의 형태를 잡는 것은 단지 일련의 예비 조작의 결과로 일어난다. 이런 조작의 본질은 형태, 크기, 복잡성, 가공 기계류의 단가를 많이 결정한다. 그러므로 이런 조작의 이해의 중요성은 강조해도 지나치지 않는다. 존재하는 모든 기계에서 한 개 이상의 조작이 필요하고, 우리는 그것을 고분자 가공의 "기본적 단계"라고 한다. 여기에는 다섯 가지 명백히 정의된 기본 단계가 있다.

1. 개개의 미립자로 된 고체 다루기
2. 용융하기
3. 가압하고 펌핑하기
4. 혼합하기
5. devolatilization 과 stripping

개개의 미립자로 된 고체 시스템에 의해 보여지는 유일한 특성을 고려하면서 기본적 단계로서의 개개의 미립자로 된 고체 다루기를 정의하는 것이 필요하다. 입자 포장, agglomeration, 호퍼에서의 스트레스 분포, 중력 흐름, 아칭, compaction, 기계적으로 유도된 흐름과 같은 문제는 가공 기계와 가공 공장의 정상적인 공학 설계를 견디기 위해 잘 이해되어야 한다. 고체를 다루는 것을 수반하는 조작의 결과로서, 고분자는 형태 잡는 것에 앞서 용융되고 열로 연화되어야 한다. 이것은 가장 느리므로 고분자 가공에서 속도 결정 단계이다.

특히 낮은 열전도도와 열적 감퇴와 같은 고분자의 열적, 물리적 특성 때문에 얻을 수 있는 속도에는 엄격한 제한이 따른다. 후자는 고분자가 드러낼 수 있는 온도와 시간에 다소 낮은 제한점을 갖는다. 어려움은 용융 고분자의 매우 높은 점성 때문에 더 생긴다. 이 모든 요소들은 가장 높은 가능한 용융 속도를 얻기 위한 최적의 기하학적 형태를 위해 필요하다.

용융 고분자를 가압하여 형태를 성형하게 된다. 예를 들어 다이를 통한 흐름이나 금형내 흐름에 "가압과 펌핑하기(pressurization and pumping)" 라고 불리는 이 기본적 단계는 고분자 용융체의 유변학적 성질이 특이하고 가공 기계의 물리적 설계에 영향을 준다. 가압과 용융은 동시에 발생될 수 있고, 공정들은 서로 상호 작용에 의해 진행된다. 더욱이 동시에 고분자 용융체는 혼합된다. 균일한 녹는점과 조성을 얻기 위해 용융물을 혼합하는 것, 성질을 개선하기 위한 고분자의 "개질과정", 비상용성 고분자의 분산과 agglomerates, 충진제의 분산을 수반하는 넓은 범위의 혼합 조작-이 모든 것은 "혼합"의 기본적 단계에 속한다.

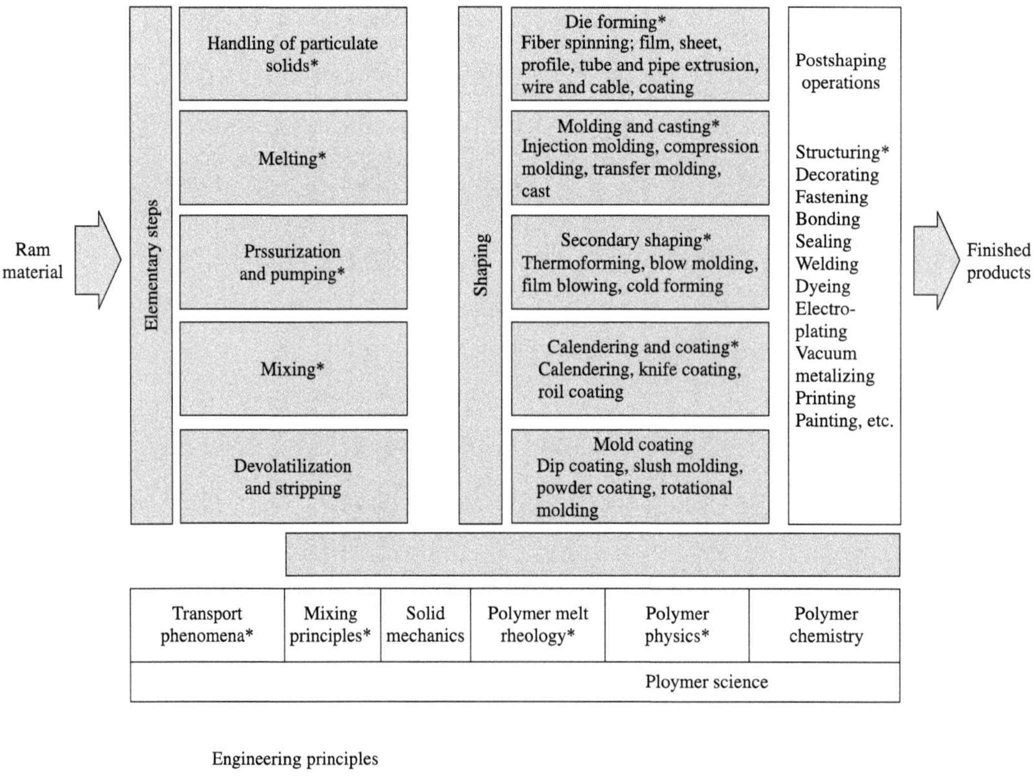

그림 17-37 • 요소별로 분류한 고분자 가공의 개념적 분류

각 기본단계에 수반되는 기본적인 물리적 원리와 메카니즘을 고려하는 기본 단계에 관한 가공의 이론적 분석은 현재 사용되는 가공 방법에 공학도로서의 통찰력을 갖는데 도움을 주고 수학적 공식에 이바지하게 하고 개선된 가공방법에 창조적인 공학적 사고를 하는데 도움을 준다. 그것은 어떤 제품이 "어떻게" 만들어지고 어떤 기계가 "어떻게" 작동하는지 뿐만 아니라 제품이 "왜" 어떤 방법으로 만들어지는지 "왜" 특별한 기계 형태는 사용하기에 "가장" 그리고 적당한지에 대한 해답도 준다. 성형하는 조작뿐만 아니라 기본적인 단계도 유체 역학, 열 이동, 고분자 용융 유변학, 고체 역학, 혼합이 일반 원리 등의 이동 현상의 근본에 기초한다.

이들은 고분자 가공을 질적으로 분석하는데 기초적 도구가 된다. 고분자 가공을 이해하기 위한 또 하나의 근본적인 것은 고분자 물리학과 화학이다.

위에서 쓴 것처럼 제품의 성질은 "structuring"에 의해 개선될 수 있다. 선천적인 고분자 성질에 의해 공급되는 설계에 더해지는 자유도를 충분히 활용하기 위해, 고분자 구조와 특성을 잘 이해하는 것이 필요하다. 그림 17-37은 고분자 가공 연구에 대해 제안된 분류를 도식적으로 집약한다.

원료물질은 기본적 단계를 통해 형태를 만들기 위해 준비된다. 기본적 단계는 shaping다음에 오거나 자발적으로 함께 작용된다.

이들 공정을 거친 후 "structuring"이 일어난다. 끝으로, structuring후에 postshaping 조작이 따른다. 주된 가공 조작은 위에서 언급된 특히 수송 현상, 용융 유변학, 혼합의 공학적인 근본에 기초하고 또 고분자 물리학과 화학에 기초한다.

18장 고분자 공업과 산업

18.1 세계 고분자산업의 발달

세계 고분자산업의 발달과 규모는 19세기 말부터 도입되기 시작한 고분자량의 화합물에 대한 개념이해와 그 후의 몇몇 고분자의 합성과 상업화 과정을 통하여 미루어 짐작할 수 있다. 고분자재료의 공업화는 20세기 중반부터 선진국을 중심으로 확대되기 시작하였으나 실제로는 인류역사의 시작과 더불어 인간은 동식물과 같은 생명체가 가지고 있는 천연고분자를 이용하는 기술을 개발해 왔다. 동식물의 유전자인 DNA, 단백질, 목재의 주성분인 셀룰로오스가 대표적인 천연고분자이다. 이러한 천연고분자를 인류의 문명발달과 함께 이용해 왔으나 단지 이들이 선형고분자 물질이라는 점을 이해하고 이들 유사체를 합성을 통해 인공적으로 모방하는 기술이 20세기에 접어들면서 시작되었을 뿐이다.

고분자공업의 발달에 획기적인 전환기를 이룬 중요한 사항들을 최대한 간소하게 정리하면 다음과 같다.

1839	가황 고무 발명 (C. Goodyear)
1868	Nitrocellulose 합성 (J.W. Hyatt)
1909	Phenol-formaldehyde 수지 제조 (L.H. Baekeland)
1922	H. Staudinger의 고분자 개념 제창.
1927	Buna S (butadiene-styrene 고무) 개발 (Bayer Co.)
1928	Poly(methyl methacrylate) 상품화 (O. Rohm).
1930	Polystyrene 생산.
1931	Neoprene 고무 생산 (DuPont Co. W. H. Carothers)
1935	Nylon 66 제조 (W.H. Carothers).
1937	Polyethylene 합성 (O. Bayer).
1938	Nylon 6와 epoxy 수지 개발. LDPE 합성.

1941 PET 합성 (J.R. Whinfield와 J.T. Dickinson).
1955 G. Natta 의 Ziegler형 촉매를 이용한 입체규칙성 고분자 발견.
1956 Poly(phenylene oxide)개발 (A. S. Hay)
1963 G. Natta와 K. Ziegler와 노벨상 수상
1984 Bruce Merrifield 노벨상 수상 (Methods of polypeptide synthesis)
1991 메탈로센 고분자의 상업화 (Exxon 사)
2000 A. J. Heeger, A. G. MacDiarmid, H. Shirakawa 노벨상 수상

18.2 우리나라 고분자산업의 발달

우리나라에서 고분자 산업이 태동한 것은 해방 이후이나 본격적으로 고분자를 생산하기 시작 것은 1973년 울산석유화학단지가 조성된 이후이고. 현재 고분자 생산량으로 본다면 범용 고분자의 경우 세계 4-5위에 이르고 있다.

1943 국제고무 말표고무신 생산
1946 (주)락희화학(현 LG화학) PVC 사출, 한국나이롱 N-66 방적 시작
1963 한국나일론 - 나일론 6 생산
1966 대한 플라스틱 - PVC 생산
1967 한일합성 - 아크릴 섬유 생산
1968 대한 합성섬유 - 폴리에스터 생산
1971 한남화학 울산에 PS 벌크중합 공장 가동
1973 울산석유화학단지 건설
1976 한국고분자학회 창립
1979 여천석유화학공업단지 건설 : 호남에틸렌 35만t/y, ABS, PBT, Isocyanates 생산
울산석유화학단지 증설
1990 대산석유화학단지 건설 : 현대, 삼성 70만t/y

다음 표는 2001년에 집계된 세계의 에틸렌 생산 능력을 나타내고 있다. 에틸렌의 생산량은 보통 그 나라의 화학공업의 척도로 사용되는데 화학공업은 또한 고분자 공업에 비례하는 보다 포괄적인 공업 분야라고 볼 수 있다. 이 표를 보면 우리나라의 경우 고분자를 포함한 화학공업의 규모는 세계 총생산량의 약 5%를 점유하고 있으며, 또한 생산량에 있어서의 국가별 순위도 5위임을 알 수 있다. 그리하여 우리나라의 고분자에 대한 데이터로부터 적어도 범용수지의 경우는 세계의 생산량 및 경향을 간파할 수 있다.

표 18-1 2001년 주요국가별 에틸렌 생산능력 및 점유비

(단위: 천톤)

	미국	일본	사우디	독일	한국	세계
에틸렌생산능력	27,253	7,315	5,510	5,280	5,230	106,259
점유비(%)	25.6	6.9	5.2	5.0	4.9	100

(출처: Tecnon 2000 Ed.)

또 다음 표는 우리나라 고분자재료중에서 플라스틱 재료의 수급현황을 나타내고 있다. 1960년대의 경제개발 5개년계획의 시작과 반복으로 우리나라의 중화학 공업은 급속한 속도르 팽창해 왔으며 다음 표는 그중의 하나인 석유화학공업의 한 부류인 플라스틱 공업의 성당과정을 보여 준다.

표 18-2. 국내의 플라스틱 수급동향

(단위: 톤)

년	생산	수출	수입	국내소비	인구(1,000명)	1인당소비량(kg)
1995	6,689,222	2,767,221	194,819	4,116,820	45,093	91.30
1996	7,260,117	3,110,393	229,294	4,379,018	45,525	96.19
1997	8.198,298	3,822,117	177,918	4,554,099	45,954	97.80
1998	8,456,136	5,282,546	96,796	3,270,386	46,287	70.65
1999	9.082,664	4,818,122	168,016	4,432,558	46,617	95.08
2000	9,196,622	4,858,306	175,243	4,513,559	47,008	96.04
2001	9,489,688	4,844,054	163,815	4,809,449	47,343	101.59
2002	10,083,000	5,035,000	265,000	5,313,000	48,230	110.20
2003	10,361,000	5,474,000	221,000	5,164,000	48,387	106.70
2004	10,635,000	5,552,000	181,000	5,312,000	48,584	109.30

(출처: 고분자 과학과 기술 Vol. 17, No. 5, 668, 2006)

이 표를 보면 알 수 있듯이 수입보다는 수출량이 훨씬 많으며 마지막 컬럼에 나타난 1인당 소비량도 기억할 필요가 있다. 2004년 기준으로 우리나라의 플라스틱 생산량은 1000만통 이상이며 이는 전세계 생산량의 약 5%에 해당한다면 전 세계적인 플라스틱의 생산량은 약 2억톤 정도에 이를 것이라는 것을 짐작할 수 있다. 또 플라스틱의 1인당 소비량은 앞으로 녹색성장의 발달로 변화될 가능성은 있으나 아직까지는 한나라의 국민소득에 비례하는 양으로 분석되고 있다.

이러한 수급동향을 보다 상세히 분석하면 다음 표와 같은데 표에 나타난 바와 같이 ABS를

제외한 5대범용수지인 LDPE, HDPE, PP, PS, PVC의 총 생산량이 전체생산량에 비하여 90% 이상을 점유하고 있다.

표 18-3 국내의 범용 플라스틱 수급동향

종류 ＼ 구분	2003년(1,000톤)				2004년(1,000톤)				2005년1월~6월(1,000톤)			
	생산	수출	수입	국내 소비	생산	수출	수입	국내 소비	생산	수출	수입	국내 소비
LDPE	1,624	802	45	867	1,680	755	36	961	850	431	19	438
HDPE	1,931	1,130	10	811	1,927	1,083	10	854	988	621	5	372
PP	2,700	1,454	15	1,261	2,821	1,579	14	1,256	1,424	797	7	634
PS	1,164	677	17	504	1,173	638	9	544	583	347	10	246
ABS	1,138	906	5	237	1,194	966	5	233	566	469	3	100
PVC	1,261	376	51	936	1,255	392	21	884	653	240	23	436
열가소성수지합계	9,818	5,345	143	4,616	10,050	5,413	95	4,732	5,064	2,905	67	2,226
페놀수지	96	7	23	112	110	11	25	124	53	5	13	61
아민수지	26	0.8	7	32.2	34	1.2	8	40.8	14	0.7	4	17.3
불포화폴리에스터	115	15	2	102	128	18	3	113	61	8	1	54
에폭시수지	140	80	32	92	150	82	34	102	67	37	15	45
폴리우레탄	166	26	14	154	163	27	16	152	75	12	9	72
열경화성수지합계	543	128.8	78	492.2	585	139.2	86	531.8	270	62.7	42	249.3
합계	10,361	5,474	221	5,108	10,635	5,552	181	5,264	5,334	2,968	109	2,475

(출처: 고분자 과학과 기술 Vol. 17, No. 5, 668, 2006)

또 다음 표에는 삼대 고분자재료에 속하는 플라스틱과 합성섬유 및 합성고무의 수급현황이 나타나 있다. 이들 삼대 고분자재료는 대응하는 천연고무, 천연섬유 등이 인류의 문명과 함께 오랫동안 생활용품 소재로 자리 잡고 있었으나 천연플라스틱의 경우는 거의 알려져 있지 않은 상태에서 합성소재의 등장으로 급격히 그 수요가 확대되었다는 사실도 잘 분석하면 흥미로운 사실임을 알 수 있다.

표 18-4 3대부문 기준 국내 석유화학제품 수급실적 및 전망의 플라스틱 수급동향

(단위 : 천톤, %)

구분	2005년(추정)				2006년(전망)			
	생산	수입	수출	내수	생산	수입	수출	내수
합성수지	10,237 (2.4)	139 (45.1)	5,770 (5.7)	4,604 (△0.5)	10,437 (2.0)	168 (20.5)	5,824 (0.9)	4,781 (3.8)
합성원료	7,373 (7.7)	761 (△13.1)	3,273 (25.2)	4,860 (△4.8)	7,488 (1.6)	722 (△5.1)	3,359 (2.6)	4,851 (△0.2)
합성고무	464 (3.6)	31 (△0.3)	264 (8.5)	231 (△2.0)	467 (0.6)	31 (△0.1)	260 (△0.7)	238 (3.1)
3대부문계	18,074 (4.6)	93 (△7.1)	9,308 (11.9)	9,697 (△2.8)	18,392 (1.8)	920 (△1.1)	9,443 (1.4)	9,870 (1.8)

(출처: 고분자 과학과 기술 Vol. 17, No. 5, 668, 2006)

연 습 문 제

1. 작년 우리나라의 고분자 재료의 생산량을 용도별, 재료별로 분류하여 조사하시오.

2. 생산량에 있어서 50위 안에 드는 유기, 무기 공업화합물에는 어떤 것이 있는지 조사하시오.

3. 에틸렌, 프로필렌으로부터 한 단계 공업적인 반응과정을 거쳐 합성되는 모노머에는 어떠한 것이 있는지 조사하시오.

19장 기능성 고분자 및 고분자 전망

고분자 재료가 일상생활 및 산업재료로서 다양하게 쓰이기 시작한 것은 산업화가 먼저 시작된 서구사회에서 봐서도 20세기 중반부터라고 할 수 있다. 이러한 고분자 재료가 물체의 구조제로 사용되는 경우인 범용고분자와 비교하여 재료로서의 역할이 특수한 경우를 기능성 고분자라고 한다.

기능성 고분자는 기술선진국을 중심으로 보다 부가가치가 높은 고분자재료로서 연구와 개발이 활발히 진행되고 있는 분야이다. 기능성 고분자재료는 빛, 전기, 열, 압력과 같은 기계적 외부자극에 대하여 응답성을 갖으며 그 응답성을 이용한 기능재료로서 소재나 부품에 이용되고 있는 고분자 재료이다. 이를 인체에 비교하여 생각한다면 시각, 청각, 후각, 미각, 촉각과 같은 오감의 기능, 신경과 같은 정보의 전달기능, 뇌와 같은 정보의 저장 및 판단 기능을 갖는 고분자 재료이다.

일반적으로 가장 먼저 개발된 기능성 고분자 재료로서 받아들여지고 있는 것은 이온교환수지이다. 그러나 20세기 후반부터 다양한 다른 종류의 기능성 고분자들이 나타나기 시작했는데 코팅에 의한 제품의 표면 개질에 이용되는 감광성고분자, 제품의 사용온도를 올리는데 사용되는 고강도 내열성 고분자, 전자공업의 칩 제조에 필수적으로 사용되는 포토레지스트 고분자, 생분해성 고분자, 전기전도성 고분자 등 실로 많은 종류의 기능성 고분자가 개발되었다. 그리하여 어떤 종류의 기능성 고분자들은 기능성의 특수한 용도를 넘어서서 일상생활에 다량으로 광범위하게 사용되고 가격 또한 저렴한 관계로 현대에는 기능성고분자로 분류하기에 적합하지 않는 경우도 있다. 본 장에서는 많은 종류의 기능성고분자 중에서도 현재 고분자 산업에서 광범위하게 적용되고 있는 고분자들은 가능한 생략을 하고 아직도 특수한 용도로 소량 사용되고 있거나 개발 중에 있는 고분자 재료들만 선별하여 서술한다.

19.1 기능성 고분자

19.1.1 전자기능성 고분자

전기전도성 고분자 : 대부분의 유기고분자는 전기의 전도성에 있어서는 절연체이다. 이는 유기분자들이 가지는 일반적인 특성으로 분자 단위로 원자들이 결합하고 분자들간에는 반데르발스 인력이나 이온결합과 같은 약한 결합에 의해 물질이 구성되기 때문에 원자들이 삼차원으로 무한하게 연결되어 자유전자가 생성되는 금속과는 재료에 특성에 있어서 근본적으로 다르기 때문이다. 그러나 π-전자가 콘쥬게이트된 구조의 몇몇 고분자에서 반도체 수준의 고유한 전기전도성이 알려지면서 이에 대한 연구가 광범위하게 진행되었다.

이러한 전도성고분자 연구의 출발점이 된 것은 일본의 시라카와(Shirakawa)에 의하여 발견된 폴리아세틸렌의 합성과 요오드 도핑을 통한 전도성의 급격한 증가이다. 폴리아세틸렌 중에서도 특히 트란스 구조의 고분자가 높은 전도성을 나타내는데 π-전자가 길게 콘쥬게이트 된 이중결합이 무한히 연결된 구조가 전도성 발현을 위한 이상적인 화학구조임을 나타내고 있다. 그러나 폴리아세틸렌은 산화나 열에 매우 약한 단점이 있어 응용에 있어서 한계를 나타내고 있다.

전도성의 발현을 위한 이상적인 콘쥬게이트 구조와 안정성을 동시에 갖춘 몇 종류의 전도성 고분자가 그 후 알려지게 되었는데 그 대표적인 것으로는 다음과 같은 것이 있다.

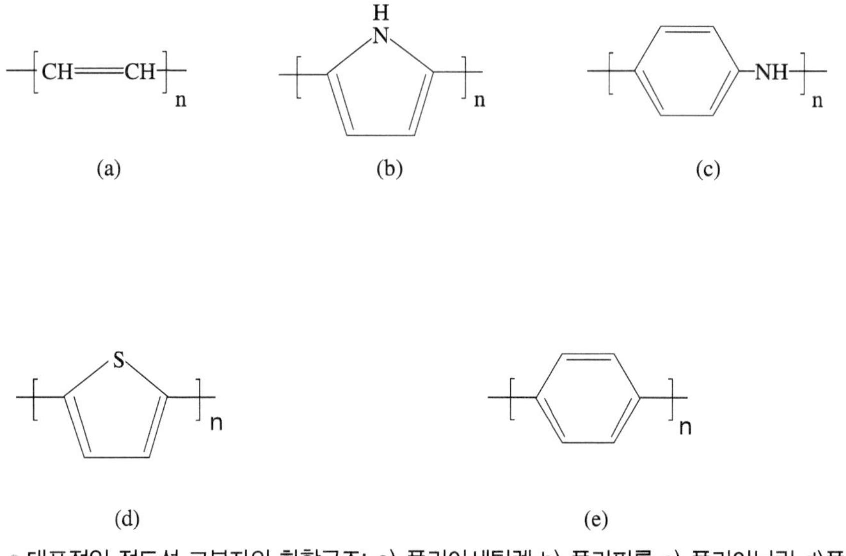

그림 19-1 대표적인 전도성 고분자의 화학구조; a) 폴리아세틸렌 b) 폴리피롤 c) 폴리아닐린 d)폴리티오펜 e) 폴리파라페닐렌

이러한 전도성 고분자에 대하여 시라카와의 폴리아세틸렌 합성을 시작으로 멕디아미드(MacDiarmid), 히거(Heeger)에 의하여 함께 체계적인 연구가 이루어져 유기 전도성고분자에 대하여 많은 것을 이해하게 되었으며, 이들 세 과학자는 그 공로로 2000년에 노벨화학상을 수상하게 되었다. 위에 나타난 것들은 전도성 고분자의 기본 골격구조이며 이들의 용해성, 가공성, 안정성을 개선하기 위해서 측쇄의 도입이나 공중합 등의 방법을 통한 수많은 변화가 이루어 질 수 있다. 특히 이들 고분자들의 입체 구조가 전기적 성질에 매우 큰 영향을 미치며, 또한 측쇄의 입체위치규칙성(regiospecificity) 또한 전기적 성질을 결정하는 중요한 인자임이 확인되고 있다.

폴리아세틸렌의 경우 전이금속 촉매를 이용한 연쇄중합으로 합성되며, 폴리피롤, 폴리아닐린, 폴리티오펜의 합성은 산화제를 사용한 화학적 중합법이나 전기화학적인 산화법을 이용한 중합법에 의해 합성된다. 많은 경우 합성과 함께 도핑이 진행되며, 폴리아닐린의 경우는 색과 전도성이 차이가 나는 4단계의 산화/환원 과정이 수반되는 것은 널리 알려진 사실이다.

전도성 고분자는 유기고분자 자체로 전도성을 나타낼 수 있으며, 고분자 주쇄의 산화 및 환원과정을 수반한 도핑을 통하여 전도성의 변화가 급격하게 이루어진다. 이러한 산화환원 반응을 이용하여 고분자전지의 양극 및 음극재료로 이용될 수 있으며 부도체인 일반 유기고분자와 브랜딩하여 전도성이 있는 고분자 복합재료로 활용될 수도 있다. 또 금속의 부식 방지를 위한 코팅이나 투광되는 빛의 양을 조절할 수 있는 스마트 윈도우 등에도 그 응용이 연구되고 있다.

이러한 전도성 고분자들의 전도성을 설명하는 물리적인 해석은 일반 금속의 전도성과 차이가 있으나 분자궤도함수(molecular orbital)의 중복으로 형성되는 HOMO와 LUMO 사이의 밴드갭으로 정성적으로 그 전도성을 설명할 수 있으며 금속의 자유전자와 달리 솔리톤(soliton), 폴라론(polaron), 바이폴라론(bipolaron) 등의 다소 생소한 전하이동매체로 그 전도성을 설명하기도 하는데 여기에서는 상세한 기술을 생략한다.

압전성 고분자: 압전성 고분자(Piezoelectric Polymers)란 압력의 변화를 전기흐름의 변화로 전환할 수 있는 고분자 재료를 말한다. 가장 잘 알려진 압전성 고분자는 폴리비닐리덴프루오라이드(PVDF, polyvinylidene fluoride)이다. 이러한 압전성의 PVDF는 현재 적외선검지기, 음파탐지기, 무접촉 스위치, 마이크로폰, 이어폰, 확성기, 도난경보기, 화재경보장치에 널리 사용된다. 또 PVDF 보다는 못하나 나일론-11도 압전효과를 나타내는 것으로 알려져 있으며 이 경우 나일론-11의 전기적 성질은 기수의 탄소를 가지는 나일론의 반복단위당 순쌍극자 모멘트로 설명하고 있으며 반결정성 고분자의 필름에서 전기장으로 처리하여 이루어지는 쌍극자 배향으로부터 적외선 감지 텔레비젼 카메라와 잠수함의 검파장치에도 응용되고 있다.

19.1.2 생체적합 기능성고분자

의료용 고분자 : 의료용 고분자 재료로 쉽게 우리가 접할 수 있는 것으로는 일회용 의료용 재료인 혈액백, 주사기 등에 사용되는 폴리에틸렌, 폴리프로필렌, PVC, PS 등의 범용고분자들을 우선 들 수 있다. 또 PGA(폴리글리콜릭산), PLA(폴리락틱산)등의 흡수성 수술용 봉합사가 있으며, cellulose, poysulfone, polyamide로 이루어진 중공사 형태나 막형태로 이루어진 혈액투석기, 산소투과도 및 우수한 투명성으로 인해 콘택트렌즈의 재료로 사용되는 아크릴계 고분자 및 PHEMA도 있다. 또 PET섬유로 직조하거나 불활성 표면을 가지는 PTFE로 제조한 인공혈관, 기계적 강도를 가진 폴리우레틴으로 제조된 인공심장이 있으며 이외에도 많은 종유의 고분자들이 의료용 고분자로 응용되고 있으며 그 범위는 점점 더 확대될 예정이다.

이러한 의료용 고분자들은 기본적으로 생체적합성을 띠고 있는 경우가 많은데 필요한 생체적합성에다 생체용 재료의 표면개질이나 의약전달체(DDS, drug delivery system)로도 이용되며 에멀젼 형태, 이중막 형태의 베시클(vesicle), 다중막 등 다양한 형태로 생체 조직을 모방하거나(biomimics), 생체조직의 배양을 위한 틀 등으로 응용하기 위한 연구가 진행되고 있으며, 실제 의료산업용 재료로 적용되고 있는 경우도 많다. 다음에는 생체적합성이 있어서 의료용 고분자로 다양하게 응용되고 있는 고분자들의 기본 구조를 나타내고 있다.

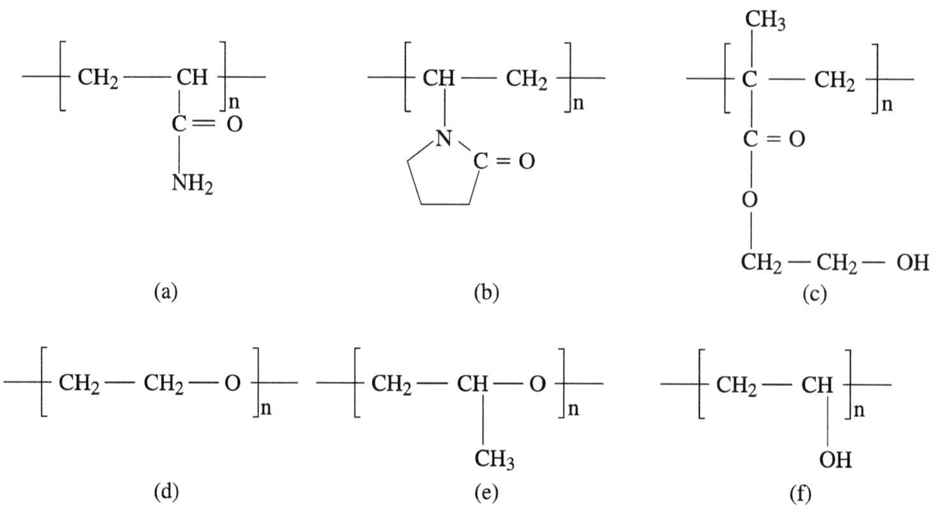

그림 19-2 의료용 고분자로 자주 사용되는 대표적인 고분자의 화학구조; a) 폴리아크릴아미드 b) 폴리비닐피롤리돈 c) PHEMA d)폴리에틸렌옥시드 e) 폴리프로필렌옥시드 f) 폴리비닐알코올

위의 그림에서 나타난 고분자들도 앞의 경우와 마찬가지로 어디까지나 생체적합성 고분자 재료로서 사용되는 고분자들 중에서 예로 든 몇종에 불과하다. 실제적인 면에서는 화학구조상의 유도화나 복합재료화를 통해 그 성능을 최대화 하고 있다.

고분자 의약품 및 고분자 시약 : 고분자 분자쇄에 약제나 효소, 촉매를 부착하기 위한 많은 기술이 개발되어 있다. 대표적으로 사용되는 고분자는 클로로메틸 또는 디페닐포스핀기가 붙어 있는 가교의 정도가 조절된 구형의 폴리스티렌 입자이다. 폴리스티렌의 페닐 그룹에 부착되어 있는 클로로메틸이나 포스핀 그룹은 여러 가지 반응성그룹과 화학결합을 형성하기 때문에 이곳에 의약품, 촉매 등을 다양하게 화학 결합시킬 수가 있기 때문이다.

약제의 경우 이와 같은 고분자 쇄에 고정하는 방법 외에도 고분자로 마이크로 캡슐화하여 약제가 서서히 조절 방출되도록 하는 기술도 DDS (drug delivery system)로 널리 알려져 있다. 이러한 DDS 기술의 예로는 에틸렌-초산비닐 공중합체로 만들어낸 자궁 내 피임기구에 의해 프로게스테론을 1년 이상 동안 조절 방출하는 것을 들 수 있다.

효소의 경우도 고분자 표면에 공유결합에 의하거나 또는 겔과 마이크로캡슐 속에 넣어 고정화 될 수가 있다. 예를 들면, 고체 폴리아민은 오렌지쥬스에 함유되어 상품명으로 Colestid로 판매된다. 담즙산 제거는 신체를 콜레스테롤로부터 더 많은 담즙을 생산하게 하고 따라서 혈류에서 콜레스테롤 수치를 감소시킨다.

Merrifield 수지는 고분자 시약 제조에 사용되는 대표적인 기능성 소재이다. 이 수지의 반응성 클로로메틸기는 여러 가지 친핵체와 치환반응을 일으킨다. 이를 사용하여 제조된 고분자 촉매는 반응 혼합물로부터 제거가 쉬운 장점이 있다. 수지와 결합된 화학시약도 분리가 쉬우며 효과는 이온교환 수지와 비슷하다. 예를 들면 고분자와 결합된 카보디이미드는 카복시산으로부터 무수물과 불안정한 알코올로부터 알데히드의 합성에 사용될 수 있다. 카보디이미드의 기능은 대응되는 요소로 변하며 쉽게 분리되고 미반응의 고분자 결합 카보디이미드로 재 변환된다.

고흡수성 폴리머 : 고흡수성 고분자란 물에 녹지 않고 자체 무게의 수백 배의 물을 흡수하고 유지하는 능력을 가진 고분자 재료이다. 이러한 고흡수성 고분자는 1974년에 미국 농무성에 의한 농산물 유효이용을 위한 연구과정에서 탄생되었는데 당시의 재료는 수용성 고분자와 고분자 젤의 중간체 정도로 그다지 주목을 받지 못했지만, 이 발표를 계기로 다수의 화학회사가 연구개발에 착수하고 1980년대에 상업화 되었다.

고흡수성 고분자는 먼저 종이 기저귀에 채용되면서 우수한 흡수성능이 평가되었는데 유아용 및 여성용품으로서 수요가 급증하였다. 고흡수성 고분자의 기본원리는 수용성의 고분자를 가교함으로써 흡수해도 형상을 유지하는데 있다. 물과 친화성이 높은 이온성 기를 가지며, 폴리머 분자 상호간에 결합이 있는 가교구조의 폴리머라고도 할 수 있다. 이온성 기로서 아크릴산 나트륨계 중합체의 가교물이 가장 널리 사용된다. 고흡수성 수지는 이외에도 노인용품이나, 농원예용 보수제, 건축·토목자재, 식품, 의료등 각 분야에서 새로운 용도전개가 이루어졌다.

19.1.3 광기능성 고분자

광감성 고분자 : 광감성 고분자의 범위는 매우 넓다. 광감성 고분자로 현재 산업화가 널리 이루어진 분야는 바닥장식재, 상재류 등의 코팅에 사용되는 광경화성 반응이며 이 경우에는 광에너지에 의하여 올리고머 혹은 고분자량의 광감성 고분자들이 가교화되어 경화되는 경우이고 아크릴계 고분자와 가교제를 사용한 배합물 시스템이 가장 많다. 또 다른 경우는 광에너지에 의하여 고분자량의 화합물이 분해를 일으켜 용해성이 증가하는 성질을 이용하는 것으로 어느 경우이든 포지형 혹은 네가형으로 photolithography에 이용되고 있다. 이외에도 비선형광학재료나 유기태양전지 재료 등도 어떤 면에서 광감성 고분자재료로 볼 수 있으며 이러한 재료들은 여러 종류의 물리적인 현상들이 결합된 소자로 사용되는 고분자재료는 모두 전도성 혹은 반도체 성질의 고분자를 결합한 소자로 여기에서는 상술을 생략한다.

발광다이오드용 고분자 : 발광 다이오드(LED, light emitting diode)는 빛을 발하는 결정성 반도체 소자이다. 1960년에 개발된 최초의 LED에서는 빨간색과 녹색만 표현이 가능했다. 유기발광 다이오드(organic LED)는 저분자량의 유기화합물 혹은 고분자재료로 구성된 발광다이오드를 말하며 1989년 캠브리지 대학 Friend 그룹에서 집중적으로 연구가 시작되었다. 발광다이오드 고분자재료로 중요한 고분자는 PPV를 시작으로 개발되었으며, 다양한 구조의 변화로 현재 모든 빛의 색깔을 나타낼 수 있는 고분자재료의 조합이 가능하나 아직 수명과 효율에

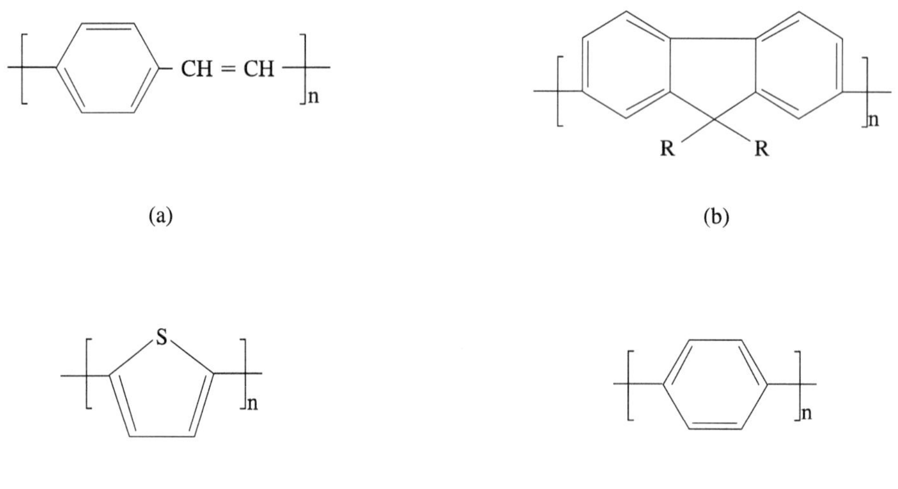

(a) (b) (c) (d)

그림 19-3 ◦ 발광 다이오드용 고분자로 많이 연구되고 있는 대표적인 고분자의 골격구조; a) 폴리페닐렌비닐렌 b) 폴리플루오렌 c) 폴리티오펜 d) 폴리파라페닐렌

있어서 특히 푸른색을 중심으로 개선해야 될 여지가 많이 있다. 다음에 현재 많은 과학자들의 연구대상이 되고 있는 OLED 고분자재료의 중요한 기본구조들이 나타나 있다.

위의 그림에 나타난 고분자들은 발광 다이오드에 사용이 연구되고 있는 고분자들의 골격구조를 나타내고 있음에 주의해야 한다. 실제 최근에 연구되고 있는 고분자들은 위의 그림에 나타난 고분자들의 공중합체나 다양한 측쇄, 혹은 고분자 주쇄의 변화 등에 있어 실로 그 변화가 매우 방대하고 다양함을 관련 학술잡지를 통해 확인할 수 있다.

19.1.4 이온교환수지

기능성 고분자중에서 가장 일찍 개발되어 많이 사용되는 분야가 이온교환 수지(ion-exchange resin)이다. 다음에는 이온교환수지에 사용되는 대표적 기능그룹을 나타내고 있다. 이러한 기능그룹들은 일반적으로 폴리스티렌, 폴리올레핀 등의 매트릭스 고분자에 기능그룹을 함유한 모노머가 공중합체의 형태로 삽입되어 있는 경우가 가장 많다.

이온교환 수지 기술은 1935년경부터 영국의 Adams와 Holmes의 연구가 시작되어 현재에는 다양한 상품명의 합성이온교환 수지가 전 세계에서 판매되고 있으며 양이온과 음이온 교환 물질로서 대별될 수 있다.

스티렌과 디비닐벤젠의 술폰화된 공중합체는 양이온교환수지에서 가장 많이 생산되는 타입의 구성요소이다. 전형적인 제품은 Amberlite, Dowex, Duolite, Ionac과 같은 상품명으로 판매

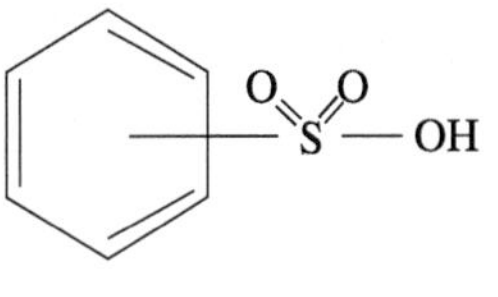

(a)

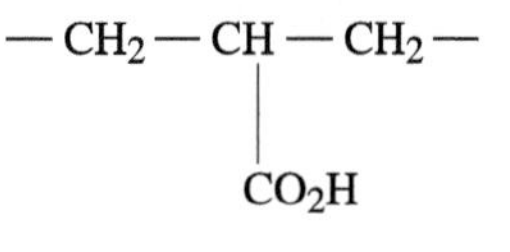

(b)

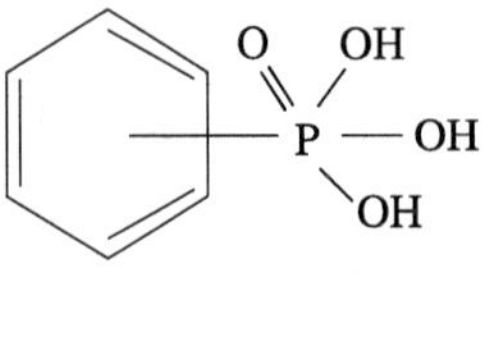

(c)

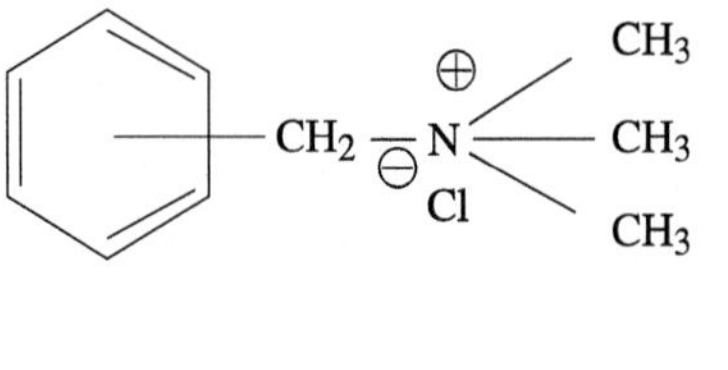

(d)

그림 19-4 • 이온교환수지에 사용되는 대표적인 기능성 그룹; a) 설폰산 b) 카르복실산 c) 포스핀산 d) 4차 암모늄염

되고 있다. 기본 고분자의 술폰화는 각 방향족 핵의 para 위치에 한개의 술폰산기가 도입되도록 합성변화되며 약산, 양이온 교환수지는 아크릴산과 메타크릴산을 원료로 하고 포스폰산기의 도입은 염화알루미늄 존재에서 폴리스티렌을 삼염화인과 반응시켜 합성된다.

음이온교환 수지는 폴리스티렌을 염화메틸화한 다음 아민화시켜 얻을 수 있다. 페놀-포름알데히드 수지도 이온교환 수지제조에서 기본 고분자로 사용된다.

이온교환 고분자의 적용은 물의 정제, 폐수처리, 설탕, 포름알데히드와 같은 화학제품을 정제할 수 있는 등 매우 다양하다. 이온교환 수지는 제품의 복잡한 혼합물의 분석에도 매우 유용하다. 미세하게 분리된 이온교환 수지는 위산을 줄이고 담즙산을 중화시키는 치료제로서 사용된다. 클로랄칼리(Chloralkali) 제조를 위한 새로운 이온교환막은 테트라플루오로에틸렌과 이온그룹을 함유한 불소화 비닐 에테르 모노머(vinyl ether perfluoroacid) 전구체와 공중합에 의해 제조된다.

19.1.5 그 외의 기능성 고분자

분리기능막 고분자 : 고분자물질은 구조형성재료로 막을 만드는 데 적합하다. 막의 양측에 서로 격리되어 있는 물질 사이에서 이동이 일어나, 어떤 물질은 그 막을 통과할 수 있고 다른 물질은 통과할 수 없을 경우, 그 막은 그들 물질의 분리기능을 갖게 된다. 실용화되어 있는 고분자막의 예로, 바닷물의 담수화에 사용되는 셀룰로우스아세테이트계 역삼투막, 폐수처리 등에 사용되는 각종 한외여과막, 인공신장용의 투석막(재생 셀룰로오스) 등이 있다. 또 요즘 연료전지에 사용되는 수소이온전도성 고분자인 나피온(Nafion)이나 나피온 유사체의 고분자 재료도 일종의 분리막 재료로 볼 수 있다.

중공사막(Hollow-Fiber Membranes)**용 고분자** : 중공사막은 바닷물과 소금기가 있는 물의 담수화에서 역삼투 시스템에 사용된다. 다른 곳에 응용되고 있는 경우로는 한외여과/미세여과, 혈액투석(인공신장), 암모니아 공장과 정유에서 수소의 회수, 공기로부터의 질소의 생산, 천연가스로부터 이산화탄소와 황화수소의 분리를 포함하는 기체분리 등이 있다. 중공사막은 1mm 이하의 직경의 모세관이며 벽은 반투과막과 같은 기능을 가진다. 보통 중공사 물질은 원통형 막으로서 사용되며 평평한 시트 또는 관상막에 비해 단위 부피당 높은 생산성을 나타낸다. 중공사막의 구조에서 사용되는 고분자는 초산셀룰로오스, 폴리술폰, 폴리아크릴로니트릴, 폴리메틸메타크릴레이트, 폴리아마이드, 폴리벤즈이미다졸이 있다. 걸프전 동안에 군대에 모든 식수를 공급한 미군의 이동정수차량은 역삼투 기술을 사용하였다. 도시의 쓰레기, 농업파치, 직물쓰레기, 화학공정으로부터 나온 쓰레기의 처리도 이 기술이 사용된다.

고분자전해질 : 고분자전해질에 많은 종류가 있으나 현재 중요한 것으로는 가장 주목을 받고 있는 이차전지인 리튬전지에 사용되는 리튬이온 전도성의 고분자 전해질이다. 전해질의 고분자재료화에 의하여 전지의 박막화 및 대면적화가 가능하며 누액을 방지함으로서 안정성의 증대를 꾀할 수 있다.

19.2 고분자 전망

고분자는 인류의 재료산업에 있어서 가장 최근에 등장한 재료이며 인류의 문명을 유지하기 위한 필수적인 재료이다. 우리나라의 고분자 공업은 1990년부터 년 10% 이상의 큰 성장을 해온 것으로 분석되고 있다. 그러나 대부분의 고분자 제품들이 내수대비 생산능력이 훨씬 초과하고 있다. 따라서 우리나라 고분자 공업의 수출의존성이 매우 높으며 신제품 개발, 품질향상, 생산성 향상 등을 통한 가격 경쟁력을 확보해야만 한다.

이러한 가격경쟁력을 확보하기 위해서는 우리나라 고분자공업에 종사하는 사람들이 지향해야할 몇 가지 중요한 과제를 보면 다음과 같다.

먼저 IT 분야와 관련된 부가가치가 높은 기능성 고분자소재의 개발에 박차를 가해야 한다. 반도체, 휴대폰, 디스플레이 소재와 같은 전자소재에 있어서 우리나라가 점유하고 있는 기술수준과 제품 경쟁력은 선진국 수준이라는 것은 모두가 알고 있는 사실이다. 이러한 IT 산업을 지원하는 부품소재 산업으로서 고분자공업은 부가가치를 극대화 할 수 있는 우리나라 고분자 공업이 특히 관심을 기울여야 할 분야이다.

다음으로는 에너지 환경기술과 관련이 큰 고분자 소재의 개발과 기술 확보에 힘을 기울여야 한다. 현재 범용수지를 중심으로 한 고분자 재료들은 개발도상국과의 기술 격차가 급격히 줄어들고 있으며 노동비 대비 생산성에 있어서는 이미 경쟁력을 상실하고 있다. 공해물질 배출과 온실가스 배출에 대한 국제사회의 규제와 고유가의 고착화 등에 충분히 대비하여야 하며, 녹색성장과 친환경 기술에 적합한 고분자공업으로의 방향전환을 모색하여야 한다. 신재생 에너지의 개발과 관련되고 친환경적인 부품소재 공업으로서의 고분자 재료개발과 산업화에 역시 관심을 기울여야 할 것이다.

마지막으로 바이오기술과 관련된 고분자공업의 응용분야를 모색해야 할 것이다. 바이오 기술은 화학물질이나 부품소재의 생산에 있어서 미생물이나 효소를 이용하는 생명공학 기술을 접목하고, 공정기술의 청정화, 에너지 소비량의 감소, 유해 폐기물의 제거, 폐기물의 감소 등이 포함되어 있다. 에너지를 생산하는 기술인 바이오메스의 이용과 같은 것도 좋은 고분자의 응용분야이다.

고분자 소재는 현재 중요기술중의 하나인 NT의 중심에 놓여 있다. 대학에 진학하는 학생들은 이공계를 기피하는 경향이 만연해 있고, 우리나라의 화학회사들은 고유가와 거대한 중국의 기술 추격에 직면해 있다. 이러한 어려움을 직시하고, 냉철한 가슴으로 남보다 먼저 고부가가치 기술을 선점하고 산업화 하는 것이 우리나라 고분자 공업이 나아가야할 길이다.

연 습 문 제

1. 전기 전도성 고분자들이 공통적으로 갖추고 있는 전자구조의 특징은 무엇인가. 이들 전자구조의 특징을 반도체의 밴드이론과 결부시켜 조사하여 보라.

2. 이온교환 수지의 이온교환 과정을 화학식으로 표현하여 보라. 또 이온교환수지의 제조는 보통 현탁중합에 의한다. 그 이유는 무엇인가.

3. 다음 전도성 고분자들의 화학적 중합메카니즘을 조사하여 보라. 일반적으로 사용하는 산화제에는 어떤 것이 있는가?

1) 폴리티오펜　　　　　2) 폴리아닐린

4. PPV는 어떤 모노머로부터 어떻게 합성되는가?

5. 기능성 고분자를 이용한 다음 소자의 작동원리를 설명하라.

1) 유기태양전지　　　　　2) OLED (organic light emitting diode)

부록

[참고자료]

부록 A 고분자 이름 약어들

AAS	Acrylonitrile, acrylate, styrene의 공중합체
ABR	Acrylate-butadiene rubber
ABS	Acrylonitrile-butadiene-styrene 공중합체
ACR	Acrylic ester, butadiene으로부터 제조된 acrylic rubber
ACRYLIC	Methyl methacylate 단일중합체 또는 공중합체
ACS	Acrylonitrile-styrene 공중합체와 chlorinated PE의 블렌드
AES	Acrylonitrile, EPDM, styrene으로부터 제조된 rubber
AMMA	Acrylonitrile-methyl methacrylate 공중합체
ASA	Acrylonitrile-styrene-acrylate 공중합체
BMC	Bulk molding compound
BOPP	Biaxially oriented poly(propylene): 양축 배향된 PP
BR	Butadiene rubber: polybutadiene 탄성체
CA	Cellulose acetate
CF	Carbon fiber; cresol, formaldehyde로부터 제조된 열경화성 수지
CMC	Carboxymethyl cellulose
CN	Cellulose nitrate
CPE	Chlorinated polyethylene
CPVC	Chlorinated poly(vinyl chloride)
CR	Chloroprene rubber
CSM	Chlorosulfonated polyethylene
CTFE	Polychlorotrifluoroethylene
EC	Ethyl cellulose

EAA	Ethylene-acrylic acid 공중합체
EEA	Ethylene-ethyl acrylate 공중합체
EMA	Ethylene-methacrylate 또는 ethylene-methacrylic acid 공중합체
EP	Epoxy resin
EPDM	Ethylene, propylene, non-conjugated diene으로부터 제조된 rubber
EPM	Ethylene-propylene 공중합체
EPR	Ethylene-propylene rubber
EPS	Expanded(foamed) polystyrene
EVA	Ethylene-vinyl acetate 공중합체
FEP	Fluorinated EPM
GF	Glass fiber
HDPE	High density polyethylene (밀도: 약 960 kg/m^3): 고밀도PE
HIPS	High impact polystyrene
IIR	Isobutene-isoprene rubber (butyl rubber)
IPN	Interpenetrating polymer network
IR	합성 cis-1,4-polyisoprene
LCP	Liquid crystal polymer: 액정 고분자
LDPE	Low density polyethylene (밀도: 약 918 kg/m^3): 저밀도 PE
LLDPE	Linear low density polyethylene: 선형 저밀도 PE
MBS	Methylmethacrylate-butadiene-styrene 공중합체
MDPE	Medium density polyethylene (밀도: 약 930-940 kg/m^3)
NBR	Nitrile rubber: butadiene-acrylonitrile 탄성공중합체
NR	Natural rubber: 천연고무
PA	Polyamide
PAA	Polyacrylic acid
PAE	Polyarylether
PAEK	Polyarylelherketone
PAES	Polyarylethersulfone
PAI	Polyamide-imide
PAMS	Poly-α-methylstyrene
PAN	Polyacrylonitrile

PAr	Polyarylate
PAS	Polyarylsulfide
PB	Poly-l-butene
PBT	Polybuthyleneterephthalate
PC	Bisphenol-A polycarbonate
PCTG	Poly(cyclohexane terephthalate-glycol)
PDMS	Polydimethylsiloxane
PE	Polyethylene
PEBA	Polyether-block-amide
PEC	Polyestercarbonate
PEEK	Polyetheretherketone
PEI	Polyetherimide
PEO	Polyethyleneoxide
PEG	Polyethyleneglycol
PES	Polyethersulfone
PET	Polyethyleneterephthalate
PFEP	Tetrafluoroethytene-hexafluoropropylene copolymer
PI	Polyimide
PIB	Polyisobutene
PMMA	Polymethylmethacrylate
PMA	Polymethylacrylate
PMP	Poly-4-methyl-l-pentene
PO	Polyolefin
POM	Polyoxymethylene (Acetal)
PP	Polypropylene
PPE	Polyphenyleneether
PPG	Polypropyleneglycol
PPS	Polyphenylenesulfide
PS	Polystyrene
PSO	Polysulfone
PSU	Polyphenylenesulfone
PTFE	Polytetrafluoroethylene

PTMG	Poly(oxytetramethylene glycol)
PTR	Polysulfide rubber
PU	Polyurethane
PVAc	Poly(vinyl acetate)
PVA	Poly(vinyl alcohol)
PVB	Poly(vinyl butyrate)
PVC	Poly(vinyl chloride)
PVDC	Poly(vinylidene chloride)
PVDF	Poly(vinylidene fluoride)
PVF	Poly(vinyl fluoride)
PVME	Polyvinylmethylether
PVP	Poly-N-vinylpyrrolidone
SAN	Styrene-acrylonitrile 공중합체
SBR	Styrene-butadiene 탄성공중합체
SBS	Styrene-butadiene-styrene 블록공중합체
S-EPDM	Sulfonated ethylene-propylene-diene 삼원공중합체
SEES	Styrene-ethylene-butylene-styrene 블록공중합체(수소화 SIS)
SEP	Styrene-ethylene-propylene 블록공중합체
SI	Silicones
SIN	Simultaneous interpenetrating network
SIS	Styrene-isoprene-styrene 블록공중합체
SMA	Styrene-maleic anhydride 공중합체
SMS	Styrene-α-methylstyrene 공중합체
TPE	Thermoplastic elastomer: 열가소성 탄성체
TPEs	Thermoplastic polyesters, 예: PBT, PET.
TPO	Thermoplastic olefinic elastomer
TPU	Thermoplastic polyurethanes (linear)
TPX	Poly-4-methyl-l-pentene
UHMWPE	Ultrahigh molar weight PE (분자량 3 Mg/mol 이상)
ULDPE	Ultra low density polyethylene (밀도: 약 900-915 kg/m^3)
VLDPE	Very low density polyethylene (밀도: 약 885 kg/m^3)

B 부록 고분자 상표명 및 일반명

널리 알려진 대표적인 상품명들이다. 여기에 나온 상품명들은 대부분 등록된 것이며 등록표시 ®을 생략했다.

Araldit	Epoxy resins (CIBA)
Bakelite	Phenol-formaldehyde resins
Buna	합성고무에 대한 역사적인 독일 명칭. Buna S = butadiene-styrene 공중합체. Buna N = butadiene-acryloniaile 공중합체
Cellophane	Cellulose hydrate의 필름.
Dacron	Poly(ethylene terephthalate) fiber (DuPont)
Delrin	Formaldehyde로부터 제조된 polyoxymethylene (DuPont)
Diolen	Poly(ethylene terephthalate) fiber (Glanzstoff)
Dralon	Polyacrylonitrile fiber (Bayer)
Epikote	Epoxy resin (Shell)
GR	Government rubber = 이차세계대전 중에 미국에서 독일 특허를 바탕으로 급속히 개발된 합성고무. (Buna 참조; GR-S, GR-N 등)
Hostaform	Trioxane으로부터 제조된 polyoxymethylene (Hoechst)
Hostalen	Polyethylene 류 (Hoechst); Hostalen PP = polypropylene류
Hostalit	Poly(vinyl chloride) (Hoechst)
Hycar	다양한 합성 탄성체들 (Goodrich)
Kevlar	Poly(p-phenylene terephthalamide) (DuPont)
Lexan	Bisphenol A polycarbonate (General Electric)
Lucite	Poly(methyl methacrylate) (DuPont)
Lupolen	Polyethylene (BASF)

Luran	Styrene-acrylonitrile 공중합체 (BASF)
Lycra	Spendex fiber (DuPont)
Makrolon	Bisphenol A polycarbonate (Bayer)
Marlex	Polyethylene (Phillips Petroleum)
Moltopren	Foamed polylurethane (Bayer)
Neopren	Polychloroprene rubber (DuPont)
Nomex	Poly(m-phenylene isophthalamide) (DuPont)
nylon	α-아미노산에서 제조된 것을 제외한 polyamide 고분자에 대한 일반명 (원래는 상품명이었음)
Orlon	PolyacIylonitrile fiber (DuPont)
Parylen N	Poly(p-xylene) (Union Carbide)
Perlon	Poly(ϵ-caprolactam) fiber (Perlon Association, 독일)
Plexiglas	Poly(methyl methacrylate) (Röhm)
Pluronics	Ethylene oxide와 propylene oxide의 세그먼트화 공중합체(Wyandotte)
Polyox	고분자량 poly(ethylene oxide) (Union Carbide)
Quina	trans,trans-diaminodicyclohexylmethane과 dodecanedicarboxylic acid로부터 제조된 고분자 섬유(DuPont)
saran	섬유형성성 물질이 중량으로 80 % 이상의 vinylidene chloride단위 $-CH_2CCl_2-$로 이루어진 섬유에 대한 총칭
spendex	섬유형성성 물질이 85 % 이상의 세그먼트화 polyurethane으로 이루어진 섬유에 대한 총칭
Styrofoam	Foamed polystyrene (Dow Chemical)
Teflon	Fluoropolymer의 일군을 지칭하는 용어 (DuPont). 예: poly(tetrafluoroethylene), tetrafluoroethylene과 hexafluoropropylene의 공중합체 (Teflon FEP), tetra fluoroethylene과 perfluorinated vinyl ethers의 공중합체(Teflon PFA)
Terylene	Poly(ethylene terephthalate) fiber (ICI)
Thiokol	다양한 thioether에 기초한 고무류 (DuPont)
Trevira	Poly(ethylene terephthalate) fibers (Hoechst)
Ultramid	Polyamides (PA 6, 66, 610) (BASF)

부록 C 고분자 관련 자료들

C1 학술지 및 잡지

C1.1 국내

폴리머(Polymer(Korea))

고분자과학과 기술(Polymer Science and Technology)

Korea Polymer Journal

한국화학공학회지

한국섬유공학회지

C1.2 국외

Advances in Polymer Science

Angewante Macromoleculare Chemie

Colloidal Polymer Science

European Polymer Journal

Journal of Applied Polymer Science

Journal of Biomaterial Science - Polymer Edition

Journal of Macromolecular Science

Journal of Material Science

Journal of Membrane Science

Journal of Polymer Science - Polymer Chemistry Edition

Journal of Polymer Science - Polymer Physics Edition

Macromolecules

Polymer
Polymer Bulletin
Polymer Degradation and Stabilization
Polymer International
Polymer Journal
Progress in Polymer Science
Rubber Chemistry and Technology

C2 핸드북 · 사전류

- M. Chanda and S. K. Roy, Plastics Technology Handbook. Marcel Dekker, New York 1987.
- Engineering Plastics. Volume 2, Engineered Materials Handbook. ASM International Metals Park, 1988.
- J. Frados, ed., Plastics Engineering Handbook of the Society of the Plastics Industry,Inc., 4th ed., Van Nostrand Reinhold, New York, 1976.
- C. A. Harper, Handbook of Plastics and Elastomers. McGraw-Hill, New York, 1975.
- C. T. Lynch, ed., Handbook of Materials Science. CRC Press, Cleveland, 1980.
- H. F. Mark and N. M. Bikales, eds., Encyclopedia of Polymer Science and Technology. JohnWiley, New York, 1976.
- H. F. Mark, N. M. Bikales, C. G. Overberger, and G. Menges, eds., Encyclopedia of Polymer Science and Engineering, 2nd ed., John Wiley, New York, 1985.
- W. J. Roff and J. R. Scott, Handbook of Common Polymers: Fibres, Films, Plastics and Rubbers. CRC Press, Cleveland, 1971.

지은이 소개

▸ 류주환

- 충남대학교 공과대학 고분자공학과 교수, 고분자물리화학 전공
- 미국 Case Western Reserve University, Ph. D.

▸ 김정수

- 충남대학교 공과대학 고분자공학과 교수, 고분자합성 전공
- 독일 Stuttgart Univ.

▸ 이기윤

- 충남대학교 공과대학 고분자공학과 교수, 고분자가공 전공
- 미국 Polytechnic Univ.

▸ 홍성권

- 충남대학교 공과대학 고분자공학과 교수, 고분자형태학 전공
- 미국 Case Western Reserve Univ.

▸ 주혁종

- 충남대학교 공과대학 고분자공학과 교수, 고분자복합재료 전공
- 한국 충남대학교

고분자공학개론

❙ 2009년 3월 1일 초판 1쇄 발행
❙ 2026년 2월 25일 초판 13쇄 발행

지은이와의 합의로 인지 첨부를 생략함

❙ 지은이 류주환 · 김정수 · 이기윤 · 홍성권 · 주혁종
❙ 발행인 박 종 성
❙ 발행처 사이플러스 Science plus
❙ 우 07202 / 서울특별시 영등포구 양평로 30길 14 세종앤까뮤스퀘어 1106호
❙ 전화 332_6171 / 팩스 332_6185
❙ 등록 2005.10.20. 제2022-000100호

❙ ISBN 978-89-92603-20-1 03400 값 **25,000**원